循归初真

——徐

U0265344

徐知劲 黄建中 主编

市交通规划思想集粹

中国建筑工业出版社

图书在版编目（CIP）数据

循归初真——徐循初城市交通规划思想集粹 / 徐知劲，黄建中主编.— 北京：中国建筑工业出版社，2016.11

ISBN 978-7-112-19925-9

Ⅰ.①循…　Ⅱ.①徐…　②黄…　Ⅲ.①城市道路—城市规划—交通规划—文集　Ⅳ.①TU984.191-53

中国版本图书馆CIP数据核字（2016）第230952号

责任编辑：刘爱灵
责任设计：李志立
责任校对：王宇枢　李欣慰

循归初真——徐循初城市交通规划思想集粹

徐知劲　黄建中　主编

＊

中国建筑工业出版社出版、发行（北京西郊百万庄）

各地新华书店、建筑书店经销

北京京点图文设计有限公司制版

北京中科印刷有限公司印刷

＊

开本：787×960毫米　1/16　印张：35¼　字数：620千字

2016年12月第一版　2016年12月第一次印刷

定价：118.00元（含光盘）

ISBN 978-7-112-19925-9

（29135）

超越我，超越你自己！

徐绪初

序

循初兄于 1951 年考入上海交通大学土木工程系，院系调整后转入同济大学建筑系，与我一起师从于中国城市规划专业创始人金经昌先生学习城市规划。循初与我是大学时期的同班好友。我们不但课桌相邻，而且宿舍同室，一度还是"上下铺"的关系。循初聪明、勤奋好学，热爱城市规划专业。在这一点上，我与他有较多的共同语言，因而成为经常切磋的好友。他的学识和智慧常常给我以帮助和启发。大学毕业后循初兄留校教学，我进京工作。又同在城市规划领域工作共事，同学同事五十余载。在我们每次开会相遇的时候，循初兄总是热情地与我讨论规划、交通等问题，其对专业的执着和热忱溢于言表，令人感动。

循初兄留校后跟随金经昌先生进行城市规划的专业建设与教学实践，在 20 世纪 50 年代苏联专家援助同济大学专业建设期间，翻译了大量苏联的城市规划教材与相关教学资料文献。改革开放后循初兄的研究侧重于城市交通规划，系统性地引入西方现代交通规划理论，并结合中国国情与文化背景，在吸收消化的基础上，创立与完善本土的城市交通规划研究体系，成为当时国内一批从事城市交通规划相关研究的代表性学者，被同行们誉为"我国城市交通规划领域重要的奠基人和开拓者之一"。

在城市交通规划理论和方法、城市客运交通发展模式、轨道交通发展与土地开发模式，特别是针对我国不同类型城市的道路网结构布局特征、客运换乘枢纽规划、交通方式转变和城市用地发展与交通方式结构等多个方面的研究，循初兄辛勤耕耘取得了丰硕的成果。同时他还积极地将研究成果用于城市道路与交通规划的实践工作，对我国城市道路建设和交通规划的发展产生了历史性的深远影响，享有崇高的声誉。

循初兄治学严谨、思维清晰敏锐，每一个听过他讲课的学生和同行都会被他循循善诱、深入浅出的讲解所吸引。他踏勘过中国的许多大中小城市，对中国城市交通的发展问题现状了如指掌，在同行中有"中国城市规划活地图"的美誉。他谦虚低调、待人热情无私，一起共过事的同行们都乐意与他再次合作。

在纪念循初兄辞世十周年之际，汇集编纂《循归初真——徐循初

城市交通规划思想集粹》一书，顺着书中的章节脉络与内容能让大家
重归初衷，回顾中国城市交通的发展历程，总结城市交通发展的经验
教训，探索以人为本解决城市交通问题的决策思路与方案。实感欣慰，
幸以作序。

郭德慈

2016 年 6 月
于北京·中规院

前言

徐循初先生 1932 年 12 月 13 日生于浙江嘉兴，1951 年考入上海交通大学土木工程系，1952 年随院系调整进入同济大学建筑系，1955 年毕业并留校任教，后成为同济大学城市建设系的第一批教师。历任讲师、副教授、教授、博士生导师；曾任同济大学建筑与城市规划学院城市规划设计研究所所长；全国市长培训中心教师；中国城市交通规划学术委员会副主任委员；中国城市公共交通学会第一、三、四、五届理事；《城市规划》、《城市规划学刊》、《城市交通》等学术期刊的编委和顾问编委；上海、重庆、深圳、武汉、苏州、杭州、厦门、临沂等地城市规划和交通规划顾问；中国城市规划设计研究院和上海城市综合交通研究所高级顾问等多种学术和社会职位，享受国务院颁发的政府特殊津贴。

在长达半个世纪的教学和研究生涯中，先生逐渐将自己的研究重点聚焦于城市交通规划领域，成为同济大学建筑与城市规划学院城市道路与交通规划方向的学科创始人和带头人。长期的坚持不懈和辛勤耕耘，先生为这一领域的发展做出了大量开创性的贡献，尤其在城市土地空间规划与交通规划相结合方面，引领着国内几十年的发展。先生主编的普通高等教育土建学科专业"十一五"规划教材、高校城市规划专业指导委员会规划推荐教材《城市道路与交通规划》（上、下册），已多次再版并仍在全国范围内广泛使用；先生主持编写的国家标准《城市道路交通规划设计规范》GB50220—95及讲解材料，对推动我国城市规划和交通发展起到了不可替代的指导作用；先生参加的中国"交通运输技术政策"（蓝皮书）、中科院院士咨询项目"21世纪中国城市交通发展战略"、"中国工程院十一五重大工程建设咨询项目交通组课题"等重大科研项目的研究和编制工作，以及国内外 40 多个城市的交通规划、公交规划和城市总体规划、详细规划，多次获得国家和省部级的奖项，受到广泛赞誉。

徐循初先生的城市交通规划思想与理念，始终以尊重自然、立足国情和以人为本为核心，特别是在引入西方的城市交通规划理论时，十分注重研究国外理论形成的背景条件，消化吸收西方理论的经验教训，充分认识本土的自然经济环境与人文风土条件的具体特点，逐步地建立自己独有的思想体系与设计理念。从城市交通规划理论和方法、城市客运交通发展模式、轨道交通发展与土地开发模式，到不同类型城市的道路网布局结构、城市交通方式结构转变、城市用地发展与交通方式耦合，及至城市客运换乘枢纽设计、物流中心布局、停车规划、交通节点设计和交叉口组织等诸多方面，先生都进行了全面深入的研究并取得了丰硕的学术成果，对我国城市交通规划的研究和实践产生了历史性的深远影响，在国内城市道路与交通规划领域享有崇高的声誉，被誉为"我国城市道路与交通规划重要的奠基人和开拓者之一"。

在先生发表的研究论文中，我们会发现其中还有许多至今仍有指导意义和学术价值的内容。例如，先生自1970年代起即提出"优先发展城市公共交通"的战略思想，在1990年代初连续发文探讨"中国城市与交通改善之道路"，并在21世纪初发表"新千年回顾与展望"以及"精明增长策略与我国的城市空间扩展"等文章，对我国城市交通发展战略的制定起到了积极的推动作用；先生早在1978年便开始关注自行车交通规划、客运交通结构、货运交通组织等问题，提出"城市客运交通的整体化研究"思想，并结合实践探讨城市交通规划方法的改进，特别是2003年发表的"关于确定城市交通方式结构的研究"一文，从理论上对我国城市交通方式的竞争和转换提出了令人信服的解释；先生在1990年代陆续发表的关于"城市道路网规划中的问题"的"五论"，至今仍被认为是城市道路网系统规划的经典之作，其中关于城市道路网密度的分析、关于城市支路网加密的理论，对解决当前城市交通问题仍然具有重要的指导意义；先生自1980年代末期开始提出的一系列关于城市交通系统的发展水平评价、投资规模与质量以及治理的讨论，更是体现了先生关于城市交通规划研究的系统性与前瞻性。

在我国社会经济转型发展不断推进和深化的今天，城乡发展的动力、机制和操作手段都将发生重大的改变，城市交通也面临着新的机遇和挑战。如何在转换期开拓创新城市交通规划设计的思想与理念，如何制定整治城市交通顽疾的解决方案等是城乡规划行业急待解决的课题。在纪念徐循初先生谢世十周年之际，全体徐先生的学子们合力编纂《循归初真——徐循初城市交通规划思想集粹》一书，在表达大家对先生浓浓的思念与感谢的同时，更是希望读者能以"循归初真"的思路，顺着书中各章节脉络与内容重温中国城市交通的发展历程，归纳总结城市交通发展的经验教训，探索思考以结合国情人为本理念来治理城市交通问题的决策思路与解决方案。

本书选取了徐循初先生的53篇论文，分为4个部分呈现给大家。其中，"城市交通发展与战略"部分12篇、"城市交通规划理论与方法"部分22篇、

"城市道路网规划与设计"部分 9 篇、"城市交通系统建设与管理"部分 10 篇。另外附上先生指导的 44 篇硕士论文、15 篇博士论文和 4 篇博士后出站报告的论文目录,以及先生主持和参加的主要科研与实践项目,力求能让读者更全面地了解徐循初先生的城市交通规划思想体系,从一个侧面体现他"持之以恒,天道酬勤"的人生态度。

本书的出版得到了同济大学建筑与城市规划学院诸多同仁的关心和支持。先生的家人和所有学子都积极参与了本书的资料收集和出版筹备工作。边经卫、黄建中、李朝阳、郭亮等提供了先生的主要文献,徐知劲、黄建中负责整书出版的策划组织、撰文与编排设计,张乔、刘嘉丽、胡刚钰、许晔丹、张芮琪、朱淑珩等协助完成书稿的文字录入、图表绘制、排版和校对等工作。在此一并致谢!

由于一些文献年代久远和时间仓促等原因,难免还存在一些疏漏和图表精度不足等缺点,恳请读者谅解并批评指正。

需要说明的是,先生留给我们的记忆绝不仅仅是一位享有崇高声望、严谨细致的学者,更是一位极具人格魅力的老师和平易近人的长者。在收集与编辑本书文献资料的过程中,先生的音容笑貌和谆谆教诲又重现在大家眼前——在超员课堂里深入浅出、通俗易懂的话语;在学术讨论会上创想泉涌、思路清晰的发言;在踏勘现场矫健有力的身影、细致敏锐的眼神;在夜排档里畅饮神侃、风趣幽默的一幕幕场景栩栩如生,历历在目。本书的编纂,只是从学术成果的角度来反映先生的城市交通规划思想。作为先生的家人和学子,希望今后还能有机会通过更多的资料和照片,全面展现先生在教学指导、日常生活和社会活动中的为人为学态度,体现先生"立学先立身"的人生追求和人格魅力。

编者

2016 年 8 月吉日

目录

一、城市交通发展与战略

发展城市公共交通、压缩自行车流

一、对自行车在城市中活动的反映

在我国，无论大中小城市，自行车是一种很主要的客运交通工具。不仅量多，而且在上下班时间出行极为集中，使道路交通量骤增，当道路上机动车交通（公交或货运等其他车辆）较多时，这种潮涌现象会造成整条道路交通组织混乱；车辆行驶速度降低（低到10km/h左右）。通行能力下降，交通也不安全。

但由于自行车机动灵活，速度也不慢，深为大家所喜爱，所以近年来发展很快，从国内一些城市的调查资料来看，在近十多年来，不少城市自行车每年递增10%以上，有的城市自行车增长了2~3倍，更有甚者，4~6倍，例如：昆明增了4倍，成都增了6.5倍，若按城市居民备有的自行车数来看，平均每2~3人就备有一辆自行车的城市也不少，例如：北京、天津、广州、昆明、兰州、包头、杭州……等。与此同时，机动车的年增长率超过了12%~16%。可是道路的长度和宽度，为交通运输使用的用地面积却增加得很少，远远不能适应交通量猛增的要求。

面对这种情况，不少城市规划、建设和管理工作者都十分关心，甚至忧虑。

有的同志对整个城市的道路面积作了最大可容纳车数的估算，感到车辆发展之快，使道路将出现车满之患。

也有的同志认为：自行车行驶时所占的道路面积太大，如果城市禁止自行车通行，可空出大量的面积给其他车辆行驶。

也有的公交部门认为：公交铰接车每辆可载180人，如将它的行驶面积给自行车行驶，至多填入30辆自行车，所以，必须淘汰自行车。

汽车运输公司认为：由于与自行车混在一起行驶，使事故增加，车速减低，造成运输效能的损失是很大的。

公安局交通大队的同志也认为：自行车的存在，不仅对交叉口交通组织引起了许多麻烦，在路段上干扰车流也严重，与机动车抢路，是引起事故的苗子，并且自行车在路边人行道上乱停乱放，对行人交通的干扰很严重，引起整个街道混乱，希望道路建设能对各行其道、快慢车辆分流、对自行车的停放等提供条件。不少老民警同志以切身的体会谈到：规划设计道路时要想到下几代的子孙们使用，不能光顾眼前的这点交通问题。

也有的同志认为：随着科学技术现代化的发展，畅想未来远景，自行车必然要淘汰，所以在道路网规划时，不必专为它多考虑什么，目前混合行驶，以后逐步淘汰。

于是，自行车在城市中的"存"、"亡"问题，就成为规划道路网时的一项争议问题。

二、自行车被其他交通工具代替的可能性

1. 我国的社会制度和当前国民经济水平决定了大量自行车交通不会用小汽车来代替，它只会用公共交通来代替，而发展出租汽车交通作为它们的辅助。

2. 政策是很重要的。例如1978年8月，上海对公交月票补贴的办法改变以后（每张月票个人只负担1.5元）使月票的发售量猛增，净增了20.4万张月票。通远郊工业区（龙华—吴泾）的公共汽车路线，月票发售量从4000张猛增到20000张，净增4倍，的确，几个交通紧张的交叉口上，在上班高峰时间感到自行车减少了，商店内寄售的自行车也增加了。但1978年秋冬以来，公交客运量的增长率超过往年1倍以上。（往年年增长率5%左右。1978年超过了10%），交通空前紧张，春节前后的客运量已超过900万人次/日，出现了公交铰接车接龙运行的情况，使车速下降，周转次数减少，所损失的车公里超过了为客流的增加而加添车辆所运行的车公里数（约1万车公里）。当然，这个情况随着公交部门的努力，调度工作的适应和改善，现已能确保正常运行。

这个例子，使我们看到了政策的作用，也提醒了我们在执行一项交通政策之前，各方面的交通措施、道路措施等等，一定要仔细考虑，密切配合，才能奏效，否则造成相反的效果，且影响面极广。

3. 由于目前城市中所拥有的自行车数量极多。它在不同规模的城市分担了全市1/3～1/2的上下班客流，并且车流的方向来自各个居住区、汇集到几个工业区或行政办公地点，时间又集中，所以较难用一、二条大容量的列车路线来运送这些乘客。

如果从城市居民拥有公交车辆数来看，目前大多数城市的服务水平还是比较低的，据不完全统计，除几个特大城市公交车服务水平为1500～2500人/车以外，不少人口在50～100万人口的大中城市，公交车服务水平约在4500～7000人/车，如果要增加车数，改善服务水平，也非一日之功，

除了涉及公交企业内的一系列问题外，还涉及提供公交车辆行驶的道路条件、布置站点的用地……等一系列问题，例如：北京公交车数虽多，但道路密度太稀，路线重复系数过大，居民仍感不便，自行车仍年年飞速发展。

4. 一个城市现代化的标志，其中有一项是时间指标，就是说，不管城市有多大，居民在城市内活动所需的出行时间（T）必须有个限度。从目前我们的水平看，至少应该是：

城市人口	万人	> 100	100 ~ 50	50 ~ 20	20 ~ 5	< 5
$T_{最大}$	min	60	60 ~ 45	45 ~ 30	30	< 30
采用交通方式	地铁、公交 自行车	公交 自行车	公交 自行车	公交 自行车	自行车 步行	

随着四个现代化的实现，将来这个 T 最大还应该缩短。

在公交的服务质量指标中，安全、迅速、准点、方便中，后三项也都与时间有关，这就要求在发展城市用地的同时，必须考虑交通的方式和工具，以及与之相适应的措施，并且用等时线图来分析和衡量它，如果不能满足这一点，自行车必然是自发地增加，并且一辆自行车的寿命至少二十年。

为了使公交车辆能逐步发展和替代自行车，除了用法令规定或经济政策以外，主要是看一个居民从甲地到乙地所花的时间，乘公交或骑自行车哪一个省，也即：$T_{交} \leqslant T_{自}$ 时，居民才会考虑乘公共交通。

我们的任务就是要采取各种办法使居民使用公交的出行时间（$T_{交}$）少，使 $T_{交}$ 的各个组成时间（$T_{交}=t_{非车内}+t_{车}$）少。

① $t_{非车内}=t_{步}+t_{候}+t_{步}+（t_{换}）\leqslant 15min$。

我们常听到居民在议论公交时说。

甲："公交车倒很多,就是车站离我家和上班地方都太远,走起来不方便。"

乙："公交车站离家和上班地方很近,就在门口,就是车太少,等的时间太久。"

这二人的对话虽平常，却提出了他们共同关心的问题，就是去乘车时或离站时，要走得少，在站上要等得少，即希望 $2t_{步}+t_{候}=$ 最少值。

二人的对话还提出了公共交通路线网密度（δ）实质。

在一个人口数已定的城市里，客运周转量基本上是一定的，或逐步增加的，变化不会太大。换句话说，为完成客运任务所需的车辆数（规划车数）

也基本上是一定的。这时，若公交路线越多，则每条路线所服务的城市用地面积就越小，居民出门步行到站点的时间也就越短；但路线越多，每公里路线上所能分配到的车数就越少，使行车间隔时间长，居民候车时间也长。反之，路线少，行车间隔时间就短，候车时间也短；但路线网稀疏，居民步行到站点的时间就长。

由此，我们知道步行时间（$t_步$）的 t 增量与路线网密度（δ）的 t 增量成反比。候车时间（$t_候$）的 t 增量与路线网密度（δ）的 t 增量成正比（算式推导从略）。于是当（$2t_步+t_候$）为极小值时，最佳的路线网密度（$\delta_最佳$）也可以求得。由于 $t_{非车内}$ 的时间在 $\delta_最佳$ 值的左右增加很少，所以，最佳密度可以有一个幅度，约 2.5 ～ 3.0km/km^2，或幅度更大一些。这个数值对我们提出了为公交网使用的道路网密度问题。

到过上海的同志都有一个感觉，即乘车方便，因为上海市区的 δ=2.34km/km^2，即步行三四百米就有路线可乘。但到南市、杨浦、闸北区，δ=1.6 ～ 2.0km/km^2，则感到不便，如杨浦区长白、控江、风城、鞍山新村四大居住区，约在 1 ～ 1.5km 的范围内没有可开辟公交路线的道路，迫使自行车发展。

②对站距的确定也是如此。一个已经乘在车内的人，总希望车辆快点到达下车目的地，最好中途一站不停；而对于路线中途要上下车的人，他最好出门就是站，下车就是目的地，使他的步行时间最少。由于各人对站距的要求不同，就产生了矛盾。即使对同一位乘客说，他也有这样的要求和矛盾，这就是因为他们都想使出行时间最少的缘故，即 $2t_步+t_车$ = 最少值。

步行时间（$t_步$）的 t 增量与站距（a）的 t 增量成正比；车内时间（$t_车$）的 t 增量与站距（a）的 t 增量成反比，（算式从略）。于是，又可求得（$2t_步+t_车$）为极小值时的最佳平均站距，$a_最佳$=0.5 ～ 0.6km，如果平均乘距加大，最佳站距也应加大些（当然，市区的站距宜小点，郊区的可大些）。这个数值提出了站址在道路上的布置问题，车辆停站对道路上其他交通的影响问题，站点的通行能力问题等等。

③换车时间（$t_换$）也提出换车步行距离要短，候车时间要少的问题。目前不少城市由于道路交通拥挤，交叉口不够宽，将原来在交叉口附近、换车很方便的站点，逐步向路段移，最后出现了站点设在路段两交叉口的中间，使乘客换一次车步行长达 350m。例如：南京新街口地区鼓楼地区。所以，换车提出了站点的设置和道路的配合问题。

④车内时间（$t_车$）还与居民的平均乘距（$L_乘$）成正比，与车辆的速度

成反比。随着城市工业的发展，工厂向郊区的扩展，使大量居民上班的距离加大了，近郊的厂，行程有10km左右，远郊的厂，超过20km。从一些大城市的统计资料看，全市的平均乘距从3km左右已经升到了4km多，（实际还要大些，因为其中有不少人换了车，统计时将乘距折成两个短程了）。这就提出了必须提高行驶速度（$V_行$）、运送速度（$V_送$）和调整居住缩短乘距的要求。

提高行驶速度，缩短行驶时间，除了加大站距外，道路的畅通是关键。如果公交车与自行车（甚至马车等）混行在一起，公交车跟在它们后面，除了给城市多增加点噪声之外，在提高车速上是没法使劲的。此外，采用街道以外的快速交通工具，如地下铁道或独立路基上或架空的电气列车等等，能使行驶速度提高一倍。这些都对道路和交通的规划和建设提出了要求。

提高运送速度，就得缩短行驶时间和停站时间。在路线上，停站时间约为行驶时间之半，且变化很大，常常由于停站时间过长，使行驶中所省下的时间全部损耗掉，十分可惜。停站时间过长还会造成站点堵塞、路线运载能力下降，行车秩序混乱。所以，对于乘距大的乘客，应尽量省去不必要的停站时间，采用大站快车，可减少停站次数和时间。还可以合理配备和调度车辆，使运能符合客流起落。在车辆和站台秩序方面也可作改进，方便上下车，以缩短的车辆停站时间。要做到这点，须先掌握客流变化规律，在行车组织调度等方面也要做大量工作。例如：上海结合几个不同时间内客流变化的规律，设置了高峰时的大站快车公交路线网、平时的公交路线网和通宵车路线网，以利乘客出门活动。

调整居住地点，使职工能就近从事工作和生活活动，这是减少客运工作和道路交通的根本措施。要做好这项工作，涉及面很广。劳动局对新分配的职工，应尽量就近分配；各单位对长途跋涉的职工应调整其工作单位或居住地点。另外，我国多职工的家庭比较普遍，如果一些人为的限制因素，使职工都挤在市中心区，而工作到郊区，势必会造成大量单向集中的长距离流动。应该在住宅建设和生活服务设施上提供条件，鼓励小家庭制，才便于就近安排工作，缩短乘距。否则一家五六口，三四人工作，即使有一人就近工作，还有二人仍会在市区对流。

从以上对公交的出行时间中几个分项时间所作的简单分析，可以看出，必须对道路网的系统、密度乃至交叉口设计，交通畅通，站点的设置……等等都作全面的考虑，并且提供切实的保证，才能使公共交通的出行时间少于自行车的出行时间，才使它替代自行车有了可能。

5. 在一些大城市规划和建造地下铁道，是十分必要的。从目前城市中的客运量来看，如上海，早已超过了公共汽车和无轨电车的运载能力，几辆大型铰接车接龙行驶，就意味着是地面列车的运行。因此，建造快速高效的电气客运是迫在燃眉。它（例如地铁）不仅能分担大量地面客流，减轻地面公共交通的压力，还在于它的运送速度高。例如北京，从动物园到北京站，乘114路无轨电车到木樨地换地铁所花的时间，要比乘103路无轨电车直达所花的出行时间短得多，并且乘客掌握时间有保证。

这里告诉了我们，在使用两种不同交通工具作比较时，主要是权衡其有所得要大于有所失。从无轨下车步行换乘地铁，是增加了一些非车内时间，但由于地铁的运送速度高于103路无轨电车在市区道路上辗转的运送速度，结果仍有所得。因此，有了地铁系统后，对地面的公交系统要作重新规划和调整（当然这要考虑居民乘车习惯），使居民在其间换乘时，方便、省时。这样，自行车省时的优点就会逐步消失，直到骑车人自觉地放弃用它来作为长途跋涉的交通工具为止。

三、积极和逐步缩小自行车的活动范围

1. 在目前道路交通组织的状况，公交的车速、公交网的密度、行车间隔时间，站点设置等等，组成一个综合的效果，就是乘公共交通出行的时间不仅在近距离、即使是远距离（如12km），也没有骑自行车省。再加上自行车可以锻炼身体，节约开支等等因素的影响，自行车就与日俱增。城市自行车交通量增加，使道路交通不畅，影响了公交和货运车辆的行驶速度，增加了乘公交出行的时间；反过来，使自行车越发增加，如此循环不已，直到饱和。

如果将自行车在道路上行驶时所占用的道路面积（按四辆自行车换算一辆小汽车），折算成小汽车行驶时所占用的道路面积，则某市近郊上班职工骑自行车的100多万人相当有25万辆小汽车，而乘公交上班的60万人所占用的面积不及它们的1/10。从该市的自行车流量图看，大多数自行车的出行距离在6～7km以内，但也有更远的。在有的城市，公交服务水平差，步行时间长，行车间隔长，又不准点，使 $t_{非车内}$ 的时间过长，而且乘客难以预计，结果乘客对公交不寄信任，大多数远距离职工都用自行车来解决准时上班的问题。

还有一些远郊工厂的职工，他们从家骑车到市郊的交通枢纽点，存了自行车，换乘郊区的快车或厂内的直达车上班，下午再回到存车处，取车骑

回家。分析这个现象，也是为了节约时间和精力，也提出了存车处的要求。

2. 根据上述这些，再讨论一下自行车的活动范围（$L_自$）。

$$设：T_交 = \frac{2l_步 \times 60}{v_步} + t_候 + \frac{l_车 \times 60}{v_{步送}} \text{（min）}$$

$$T_自 = \frac{l_自 \times 60}{v_自} = \frac{2（l_步 + l_车）\times 60}{v_自} \text{（min）}$$

式中：$v_步$、$v_送$、$v_自$为步行速度、公交运送速度和自行车速度，均以（km/h）计，其余符号同前。

如果居民骑自行车出行所花的时间大于或等于乘公交车辆所花的时间，那末，他基本是不骑车的。这样，就可以求得自行车的活动范围（$L_自$）。

令 $T_自 \geqslant T_交$，联立上面两式，并根据下面参数：$l_步 = 0.35$km，$v_步 = 4$km/h，$v_送 = 16$km/h，$t_候 = 3.5$min，$v_自 = 10 \sim 12$km/h 代入，则：

当 $v_自 = 12$km/h，$L_自 = 9.1$km，$T_自 = 45$min，这就是常见的男同志上班骑车的情况。如果是女同志，$v_自 = 10$km/h，则 $L_自 = 5.1$km，$T_自 = 30$min；但实际上，在有些城市公交路线配车较少，使 $t_候$ 较长。若 $t_候 = 7.5$min，则 $L_自 = 6.8$km，这就是目前常见的情况。

如果对客流的规律掌握得好，可在某些路线上开辟大站快车，使运送速度提高到 24km/h，行车间隔时间缩短到 2min，$v_自 = 12$km/h，则 $L_自 = 3.1$km，$T_自 = 16$min。这就是某些客运组织得好的大城市的情况。当然，由于某些工厂从厂门到车间有相当长的距离，实际骑车活动的范围还要大些。

根据一般骑车人的反映，认为骑自行车上班的时间在 20min 左右，活动范围约为 3 ～ 4km 为宜。而要达到这一点，各有关部门必须在一个时期内积极地共同采取多方面的措施，才能使公交服务水平有明显的提高，使 $T_交$ 可大大短于 $T_自$。

这个数值还启示了我们，对离厂小于 3km 的大多数人，骑车是比乘车省时间，在规划公交路线时，可以将这些人放在第二步考虑，而在设计道路和交叉口时，却要重视这股车流的影响。

3. 缩小自行车活动范围的意义，在于减少道路交通量。上列例子中，当 $L_自$ 从 7 ～ 9km 减少到 3km，自行车即使仍然全部骑出，然而它的车公里数却要减少 60% 左右。也即在全市道路网上自行车交通所占用的道路面积可减少 60% 左右。这对减轻目前道路交通压力，适应机动车交通的增长是很重要的。如果这时要搞独立的自行车道系统，所需要的道路（在市区）也就不会很宽了。

四、结语

总之，自行车在城市中的"存在"，给城市居民的工作和生活带来了促进作用，也带来了麻烦，随着时代的前进，生产力的发展，道路交通量的增加，自行车给城市带来的利和弊也会转化。

目前，我们没有能力不用自行车，今后也不能禁用自行车，只能让它继续存在，但却要尽量使它自然而然地少出车，或者缩小活动范围，继续发挥它有利居民活动的这一方面，就像在西欧一些国家，小汽车和公共交通都甚发达的城市还存在着大量自行车那样（如荷兰每 1.6 人、丹麦和西德每 2.2 人、瑞典每 2.3 人有一辆自行车），是一种近距离的辅助交通工具。

因此，今后我国城市自行车交通的"存亡"，决定于各城市对待发展公共交通的努力程度，以及城市道路的规划和建设是否能密切配合创造有利条件。而现实交通量增长的速度已迫使我们不能再慢慢来解决上述问题了。

本文原载于《城市规划汇刊》1979 年 03 期　作者：徐循初

必须全面落实优先发展公共交通

一、问题所在

（一）技术上

乘客采用公共交通作出行活动，他所消耗的时间由四部分组成。即：由家到上车站和下车站到目的地步行时间、公交站上候车的时间、乘在车内的时间，以及途中换乘另一条线路所花的步行和等候时间（图1）。乘客出行活动的距离越长，换乘次数越多，他消耗的时间也越长。有的大城市，随着城市用地不断扩大，居民每天单程出行时耗超过90min的已达几十万人，并且人数和时耗还在增加。不少城市的专业工作者都在规划或研究，希望能依靠快速大容量的地下铁道或轨道交通来解决乘车难的问题，但是，这种交通方式是资本密集型的项目，不仅造价昂贵，而且日后运营时，票价几乎不足以收回成本，更不用说折旧和投资成本回收。而且，在建成后，它所能分担的客运量也不过5%，留下的95%客运量还得用常用的地面公共汽、电车去解决，对此不能过分乐观。

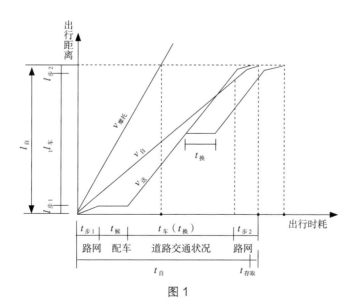

图 1

从上述存在的问题的分析中，可以找出今后改善的依据。

1. 城市道路网的规划与建设

① 我国不少沿海的老城市，道路网很密，道路的间距近，行驶了公交线路后，居民步行到车站的距离很短，使公交站点具有很大的吸引力。例如，上海黄浦区、静安区的公交网密度在 $4km/km^2$ 以上。但大批城市的新发展地区路网却很稀，$1km^2$ 大的面积内公交线路进不去，居民步行到公交站的路程很长，在站点两端步行往往要花费二三十分钟，这点时间若骑车可走 4 ~ 6km，有的已达目的地，而乘车者却仍在站上，居民就不愿乘车去浪费时间。哥伦比亚首都波哥大的居民步行到站距离很近，因此，公交十分发达，居民出行乘车比例很高（图 2）。

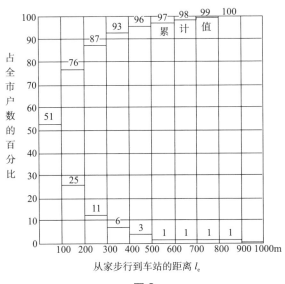

图 2

② 我国城市用地少，人口密度高，尤其近年来居住区的建设又由多层高密度发展为高层高密度，单位时间内由居住区出来要乘车上班的人数大大超过公交所能负担运量，例如：某居住区，平均每公顷住 300 人，其中职工占 60%，则 $1km^2$ 内在高峰小时上班的人数将有 1.8 万人，扣除步行上班和三班制的人数，则要求乘车和骑车的人将达 1.1 万人。设在这个地区有 16 个公交站台（双向），则在 1h 内，每个站台要有 1400 人上车，若公交线路的发车间隔为 1.5min 一次，则每次公交车到站要有 35 人上车。设站距为

500m，采用铰接公共汽车，则车行驶到第 5 站即 2.5km 以后，车厢将超载，而乘客的平均乘距至少为 3.5km，因此，在第 6、7 站上，必然出现乘客等候几次乘不上车以致吊住车不放的现象。最后，有相当一部分人放弃使用公交而转为骑自行车上班。城市道路网越稀，公交站点越少，发车频率越小，居民出行距离越长，则骑车的人越多。所以，首先应从道路网的密度着手，为加密公交线路网创造条件，使每条公交线路或每个站点的客流负荷不超过公交所能负担的能力。

2. 居民候车时间

保证乘客能及时乘上公交车是缩短候车的方法。但有些城市，由于公交月票亏本，在高峰小时上班客流大的线路上配车很少，使职工乘车拥挤（图3），这要从政策上解决。有些城市车少人多挤不上车，或在非高峰小时客流少，为了提高车辆满载率，停掉部分车辆，使行车间隔时间很长，乘客在站上等候处于被动状态，加上公交行车不准点，就会逐步失去信誉，失去乘客。欧洲的城市，有些公交客流也不多，行车间隔也长，但他们在每个站上挂出公交车到站时间，使乘客掌握了交通主动权，早到站的乘客可以到附近的商店、邮局、书报亭去浏览，在车到前 1 ~ 2min 赶回站上，这样就节约了大量乘客的时间。在我国有些城市的公交线也曾挂过行车时刻表，受到了群众赞扬，但不久就拿掉了，因为有一些个体客运车在公交车到达前几分钟开来将候车乘客全部载走，使公交载不到乘客，这在发展中国家自由竞争的客运市场里还要激烈，但他们通过政策规定，或组织公、私客运联营机构，实行统一服务管理、按行驶里程分利的方法，管好了客运服务市场。

3. 车内时间

近年来，由于道路交通量飞速增加，道路容量已趋饱和，加上公交服务质量下降，自行车猛增，车流密度加大，道路车速逐年下降，从而使居民乘车的时间不断增加，在同样的出行距离中，乘车没有骑车快，进一步加速了自行车的发展，使道路越加拥挤，交叉口延误越发严重，公交车在

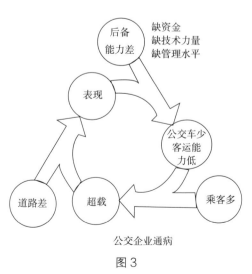

公交企业通病

图3

13

自行车的海洋中行驶，加上停站时间损失，公交车没有自行车快。当公交一旦掉进了恶性循环的漩涡，就不能自拔（图4）。目前不少城市的交通结构，公交与自行车客流的比例已经严重倒置，普遍为1∶9，更有甚者达1∶28，只有少数几个公交经营服务水平较高的大城市还具有1∶1～1∶3的水平。乘公交与骑自行车出行的相同时耗等距线正在不断向外扩展，如果这个等距线包络了整个城市用地，则公交还会有什么吸引能力（图5）。为了减少非机动车对机动车的干扰，近年来在城市道路上普遍采用了设置隔离墩和装栏杆的做法，对交通安全取得了一定的成效。但有的城市道路较窄，在不足15m宽的道路上边采用了栏杆，结果中间只有两条机动车道，仅够双向车辆行驶，每当公交车停站时，则路段受阻，后续车辆难以超越，或者被卡在路段上，使车流密度骤增，道路车速明显下降。

此外，在三幅路的道路上，乘客由人行道穿过非机动车道到站台乘车的过程，在高峰小时常会遇到多行切不断的稠密的自行车流。乘客看到公交车进站，好容易穿过自行车流，公交车已经开走，又得等一班车。如果公交车开到人行道边停站，则公交车在进站与出站时，都要与自行车流发生交叉干扰，尤其是自行车在停站车的外侧骑过时，常被车行道中间的机动车夹在当中，十分不安全，相互干扰也很严重。

因此，从道路上为公交创造畅通的快速的条件是十分重要的。乘客的车内时间常占出行总时间的一半以上，这里可挖的潜力是有的。

$$T_{自} = \frac{60l_{步}}{v_{自}} + t_{存取}$$

$$T_{公} = 2\left(\frac{60l_{步}}{v_{步}}\right) + t_{候} + \frac{60\left(l_{出} - 2l_{步}\right)}{v_{送}}$$

$$\Delta T = T_{自} - T_{公} = bl_{出} - a - t_{候}$$

$$b = \frac{60}{v_{自}} - \frac{60}{v_{送}}$$

$$a = 2\left(\frac{60l_{步}}{v_{步}}\right) - \frac{2 \times 60l_{步}}{v_{送}} - t_{存取}$$

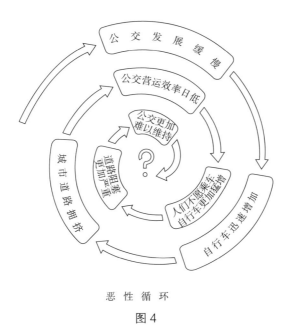

恶 性 循 环

图 4

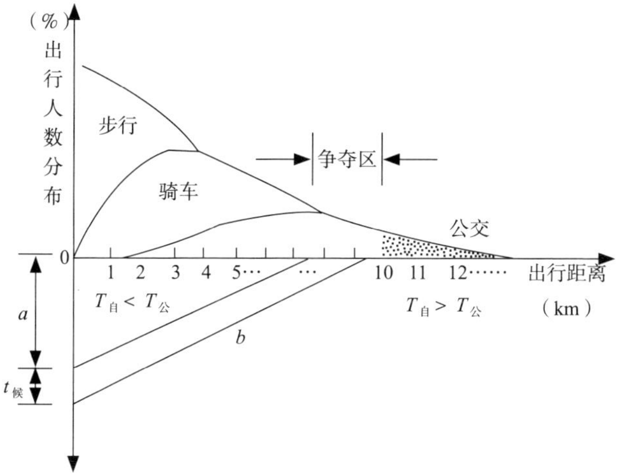

图 5

4. 换乘时间

　　这是常被忽视的一个问题，应该指出，近年来公交服务质量下降得最快的就是由它造成的，表现的方面有：

　　① 道路交通拥挤，原来设在交叉口附近的公交站，换乘很方便，由

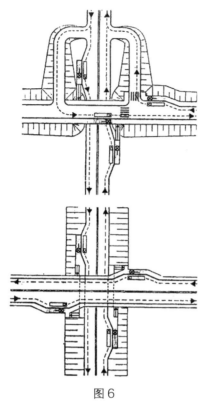

图6

于对交叉口交通有阻碍，被逐渐向路段中间移，以致人们在路口弄不清应向哪头走才能找到换乘的车站，经常搞错方向，多走了近一站路程，浪费了大量时间和精力。目前不少城市换乘一次要走300～400m，实在不便。当然，也有一些城市十分合理地作了安排，将票价进入另一档的、换乘特别多的几个公交站合在一起，做到同站换乘，减少了交叉口和路段上的行人流量。

②城市立交的建设，对交叉口交通的畅通，提高道路通行能力和车速是起到了积极作用；但对公交设站却造成很大困难，有一条很不合理的规定："桥上不能设站"，这就是说公交站只能设在立交桥起坡点以外。而国外是在桥上、下设站，乘客上、下换乘，只需步行十多米（图6）。由于我国非机动车多，要求坡度小，而近年建的立交层数越来越多，坡道很长，垂直两条线路的乘客换乘一次至少要步行15min，路程长达1km，这对于本市的居民来说，就等于宣判了"不宜乘公交"，更何况在特大城市里，出行乘公交要换乘两次以上才能到达目的地的人有几十万，如果他们改骑自行车的时耗少于公交，他们也会骑车的，这就是为什么在城市里有一大批人每天被迫骑90min以上时间去上班的原因，根据北京、上海对骑车人的调查表明：为省时、为换乘不便、为公交站太远、为准点上班而骑车的占65%。某市近年在改革中将城市公交线一截两段，从收入讲是有所改善，但对乘客的换乘站的设置就很不便。

③在有多种交通方式的城市里，其间的换乘站衔接是非常重要的。例如由地铁站出来，就是无轨电车站、公共汽车站，或者就是自行车存车场地，但也有些城市公交终点站放在两个地铁站之间，相距近10min的路程，实在不便，好像有意要"井水不犯河水"似的。在城市中，越是交通方式多样化，就越应该有方便的综合换乘站，在联邦德国的一些城市里，不仅是在地点上、空间上结合在一起，并且在行车时刻表上也是紧密配合的，公

共汽车一定是在地铁乘客出站，或火车站旅客出站以后才开，在空间上有的在地下合站，采用不同高度的站台相连接，或横向走到另一侧站台换乘，也有在地面两个站的距离相距不到30m。有的城市为了便利居民从家里出门到公交站使用自行车，特地在地铁站的外围50m内，建造了存车场，方便存车换乘。同理，在城市快速轨道交通的城郊站上都有为私人小汽车服务的免费存车换乘点。

综上所述，可以清楚地看到在城市规划和建设中，对"优先发展公交"的技术措施、还是没有落到实处，相反，在不少地方是对公交设下了重重障碍，阻碍公交的发展。

（二）经济上

长期以来，由于城市公交企业的性质是服务性的生产企业，使它不能按价值规律办事。公交企业每天向社会提供了大量适销对路的产品，将大批职工和市民送到工作岗位和市内各地，节省了他们许多交通时间，减少了各行各业自办交通的开支，换来了城市繁荣和效率。但是公交企业为运送乘客所创造的价值却得不到等价交换，长期以来，公交的车票，尤其是月票的价格严重低于成本，即使政府给予一定的补贴或优惠，但没用法律的形式固定下来，使企业仍常处在亏损状态。社会商品不断调价，使公交成本不断增加，公交企业就越发难以采用新设备、新工艺、新技术去提高劳动生产率，只能勉强维持简单再生产。近年来，不少公交企业采取了经营承包责任制，得到了一定效果，但价格与成本倒挂，使企业经常面临生存危机，是影响企业更好为城市居民服务的重要原因。

当前，城市公共交通的市场逐步开放，多家经营已从构思变为具体实施，它对客运市场引向竞争机制起了推动作用，多种交通方式的出现，产生了用不同的价格可以换回不同的时耗和舒适度，有利于提高服务质量、方便群众和弥补公交路线不足，但这里也存在着一个客运市场管理和合理的价格梯度问题，否则，大量群众性的公共交通将更处于被动的地位。目前有些城市小巴的迅猛崛起和过量增长，前阶段出租汽车漫天要价，以及上下班高峰线路公交配车成为象征性的情况，都是在经济上不合理所造成的反馈现象。

二、改善的探讨

（一）政策的保证

从目前国内的交通研究进展看，大多偏重在具体的工程技术手段，面对城市交通的发展战略研究较少，尤其是对城市交通政策的研究还刚起步，国家科委编制的中国技术政策（蓝皮书第九号）书中指出了交通发展大方向，但如何去落实贯彻它，还要有一系列的政策来保证，才能"优先发展公共交通"。

1. 投资政策

发达国家的历程，以及近年来一些发展中国家的经验已经清楚地指出，国民经济的增长与交通的建设和发展是紧密结合在一起的。每年用于城市交通建设的投资在城市国民生产总值中所占的比例应该是长期稳定的，根据世界各国城市的调查资料，一般不低于1%～2%，其中主要是用于道路建设和发展公共交通，过去由于政策上的偏差和失误，城市交通建设的费用很少给公交或少得可怜，近年来已有所转变。如果我们认识了交通发展的超前性和交通发达后对整个社会和人民所带来的巨大社会效益、经济效益和环境效益，拿出这点投资也是我们城市财力办得到的。这样，城市交通的发展就容易转入良性循环。

2. 交通发展政策

目前我国城市中，公共交通并不发达，自行车占主要地位，公交客流与骑车人流相比，大量城市都在1:（9～12）的范围内，有些中小城市甚至达到1:（20～30），连特大城市占1:（3～4）也为数甚少。自行车有很多优点，但人均占用道路的时空较大；并且它是一种私人交通工具，日后会向私人机动交通工具——电动自行车，或摩托车，私人小汽车转化。如果在今后一个阶段，城市建设和道路系统改造没有跟上，当私人交通工具发展失控，则后果是极其严重的。据发展中国家经济增长和这些交通工具的发展关系来看，我国到1995年后将会在自行车浪潮之后出现第二次浪潮——摩托车发展浪潮，到2000年以后，将出现第三次浪潮——小汽车发展浪潮。而在这短短的二十年左右时间内，我国城市能有多少财力来改造，以适应这些交通工具的发展呢？不能不令人担忧。应该认识研究大力发展各种层次公共交通的迫切性，从而制定出完善的交通发展政策，确保城市交通的畅通、高效、低能耗。

在大城市里，人所共知它的生产效率比小城市高，单位产品的能耗、原材料消耗及流动资金的消耗都比较少，城市中第三产业和信息也比较发达，这些有利因素使大城市的吸引力越来越大，城市人口不断增加，城市用地日益扩大，相应的市民出行时间也越来越长，但总应该有个限度，通过技术手段来控制居民的最大出行时耗，使居民在多种交通方式竞争的情况下，始终能优先选择公共交通方式，这是在城市交通发展政策中又一个需考虑的问题。发展地铁或轻轨，在运输上可适应大众捷运的需要，但它们是资本密集型的交通方式，投资和运营费用都较高，在我国经济实力没有发展到一定程度时，还需寻求更价廉的大众捷运交通方式。这样才能在公共交通和私人交通的发展中保持合理的交通结构。

3. 交通需求管理政策

自古以来，交通工具总是适应生产力的发展而不断变革、进步的，而道路和交通设施的建设由于受环境的影响，总是落后于交通工具的发展，供小于需是经常出现的，只有在交通设施建设刚跨过"门槛"的一段时间里稍为适应的。因此，要研究对道路使用者的交通需求管理的政策，使它能适应"供应"。当然，从宏观上看积极建设是第一位的，消极的"限制"和"禁止"只能换来低速度、低效率或仅仅是在城市中交通紧张地点的转移。但是，在今后交通将飞速发展的时候，也只有用这个办法来控制对交通运输的过量需求，尤其是对私人交通的需求，这不是"削足适履"，而是解决发展中国家城市交通运输危机的一个必由途径。可以通过发放地区许可通行证、征收道路使用费、燃油费、车辆停放费、车辆使用税等等措施和政策法令，进行需求管理，虽然在管理政策执行初期会受到一些阻力，但政府必须有这样的决心坚持下去，花大力气来博得群众的接受，在情况发展和变化时能作出相应的调整，例如美国当年推行合伙乘车时，也是这样做的。当然，对于我国的城市，即使有了各种需求管理，仍要大力投资建造道路和发展公共的客运和货运，因为我国在这方面的数量太缺少了。

4. 交通的经济和税收政策

为了保证上述的各种政策的实现，除了行政法令和规定以外，利用经济政策扶助公交的发展，抑制过量发展的私人交通是非常有效的。应该本着"谁使用、谁得益、谁付钱"的原则定出税收政策；对于在行驶时或停放时，占用道路和交通设施时空少的交通方式，应给予优惠，反之，就应增加税收和使用费。此外，对公交月票或客票的价格应该合理，我国城市居民的生活费用中交通费用的比重太低，例如天津只占 0.9%，大大低于国外的比重。宜将个人承担的部分提高到占本人平均生活费用的 3% ~ 5%，使之与建国初期的比例相近。

（二）公交规划

在城市交通发展战略研究的基础上，对将来城市公交的发展方向确定以后，又有政策的保证，就可以着手做具体的公交规划，其中包括：公交线路网规划、站点布置和客车站维修保养场站设施的用地规划。

由于城市的功能和对周围城镇的集散能力的加强，城市公交线路网应将市区线路、郊区线路与对外交通线路紧密衔接起来。在客流预测的基础上，规划线路。根据国内各城市道路系统中存在的缺点，在规划公交时必须同步完善城市道路网中的干路与支路系统，使公交线路能伸入到居住区内，并使其站点的服务范围能很好地覆盖整个城市。

根据城市规模、土地使用和布局，预测客流发生量和吸引量的大小、流向和客流性质，在规划公交线路时，要分清线路的主次，选择和配置不同的交通方式和车辆数量。

应该指出，在公交线路规划时，尤其在特大城市里，采用常规的交通组织方式，已使大量居民的单程出行时耗超过一个半小时，换乘次数也多，很不方便，根据国内外的做法，在高峰时间开辟大站快车、跨线联运车、或"定班定时定人"上班直达车是一种花钱少效益高的办法。前者在国内已运营很多年，取得了很好的成效，其车辆满载系数平均可达 0.7，（但车辆在线路两端空、中间段挤）；后者为 1987 年开始研究，通过上海今年四条线路的运营，满载系数均匀，可高达 0.8，车速高，乘客无需换乘，每天平均可节省 30min 以上，乘客和公交企业都有利，并且还改善了乘客之间、乘客与公交企业之间的关系，深受乘客的欢迎，其效益赛过企事业单位通勤班车。这种"定班定时定人"上班直达车的组织是在电子计算机的辅助设计下完成的。从城市规划角度看，这种直达车的产生，使乘客在规定的出行时耗内，大大扩展了活动范围，对城市用地的扩大起到了积极的促进作用。

为了适应城市居民多种出行目的的需要，在特大城市还需要考虑在城市中心到城市周围各客流活动频繁的集散点之间和各外围集散点之间，设置快速的直达车或大站快车，和方便的综合换乘枢纽站，使本市居民和外来的旅客可用最短的时间在其间活动，或通过换乘到达更远的地方。在各枢纽站之间运行的车辆可以是在高架路或轨道上的大功率汽车或改型的无轨电车，以造价低于轻轨、行驶时不受地面交通干扰为原则。等到将来城市财力富裕了，再建造更永久性更现代化的地下轨道交通。为此，换乘枢纽站的用地规划必须及早进行，选址及用地面积要留有发展余地，并与行人交通配合好。

公交的规划要作技术可行性研究，以便进行方案比较，择优建造。

（三）评价

公交线路网规划后，一般常用公交线路网密度、线路长度、线路重复系数、线路非直线系数和站点通过能力等来衡量是否满足指标值的要求，但这些指标并不足以全面反映居民出门活动时公交线路的综合服务水平。

利用以公交站点为中心，以一定半径（例如：300、500m）绘制的等距圈，可以反映出居民乘车的方便程度及公交线路覆盖的状况（图7）。

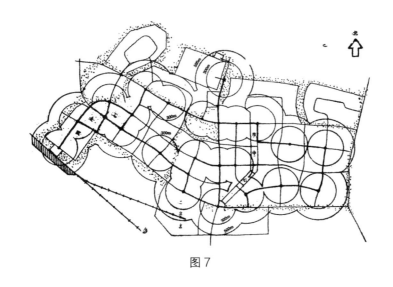

图7

利用居民出行交通等时线，可以反映全市居民到达某一个吸引点（例如：市中心、工业区或体育场等）所需消耗的时间（图8），计入人口密度，就可以分别求得消耗不同的时间的人数，和超过最大出行时间的人数，从而为调整公交线路、改善车速、控制城市用地发展范围，提供科学的依据。绘制居民出行交通等时线是通过电子计算机完成的，当吸引点很多时，每变换一个吸引点可以绘一张图，（约20min），极为形象地表现出全市居民到某一吸引点所消耗的时间。公交等时线还可以与自行车交通等时线一起绘制，可以看出两者同一时间消耗下，所包络的面积和人口，对研究城市交通结构、调整公共交通线路、增添桥梁所产生的效果表现形象、具体。若将全市各重要的吸引点都绘制等时线图，则还可以对城市用地的交通服务质量进行综合评价。交通等时线还可以扩展其功能，用于分析城市快速路网、地铁等，是城市交通规划的一个重要的CAD辅助设计手段和评价手段。

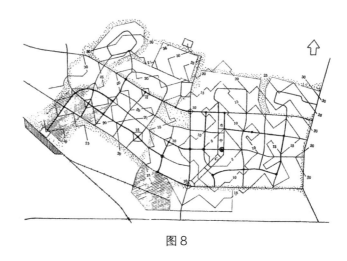

图8

　　总之，通过上述的各个方面，综合提高公交的规划水平和服务水平，使市民在出行活动中，感受到使用公交的方便、可靠和价廉，而在竞争的客运市场中赢得声誉，更好地为城市的发展作出贡献。

本文原载于《城市规划汇刊》1989 年 02 期　作者：徐循初

Imperative to Fulfill Full Priority Development of Public Transport

In the bluebook regarding public transport policies of our country, various documents and specialized papers on traffic management, great emphasis has been laid on giving priority to the development of public transport. However, the problem of difficult bus-riding has become increasingly serious. What efforts have we made to facilitate the priority development of public traffic in our urban planning, urban construction, and traffic management? What preferential policies have been adopted for that purpose? The author attempts to discuss how, on the competitive market of passenger transport, public transport can make greater contribution to urban development.

I. Existing Problems

A. The Technical Dimension

Passengers make use of public transport in their outdoor activities. The time they spend on travelling. may fall into four parts, namely, the time for walking from home to the get-on stop and from the get-off stop to the destination, the time of waiting for the bus at the stop, the time of riding in the bus ,and the time of walking and waiting when one has to change buses. The longer his travelling distance is,the more buses he has to change, and the longer it takes him. In some big pities, with the increasing expansion of the urban area, residents whose daily one-way travelling time exceeds 90 minutes amount to several hundred thousand. Moreover, this figure and time are still rising. Many urban planners are undertaking planning and research in the hope of alleviating the problem of difficult bus-riding by relying on the subway and rail transport which are both characterized by high speed and great capacity. However, both of these mean transports are considered capital intensive projects. Not only is the cost too dear; even when it comes into operation, its ticket price is insufficient to recoup the cost, still less to recoup the depreciation and investment costs. In addition, following its completion, it could only share no more than 5% of the passenger volume, with the remaining 95% still commuting by the normal public bus and trolley-bus on ground. Hence, we should not be too optimistic about it.

Form an analysis of the above-mentioned problems, a basis can be found for considering future improvement.

1. The Planning and Construction of Urban Road Network

1) In many of the old coastal cities in our country, the road network is fairly dense, with very short distances in between. With the operation of different lines of public transport, the residents have to walk only a short distance to get to a bus-stop, making it very appealing. For instance, in the distances of Huangpu and Jingan, Shanghai, the density of public transport network is very sparse. Public transport is not available even within an area of one square km. As a result, it would take about 20 to 30 minute's walking distance before the residents can reach a bus stop. The bicycle riders can cover 4 to 6 km within such a period which in some cases, is enough for them to reach their destination, while the bus riders are still waiting at the stop. Consequently, the residents are reluctant to waste their time to wait for the bus. In Bogota, capital of Columbia, the residents enjoy easy access to bus-stops; therefore, its public transport is well developed with very high utilization rate (Fig.1).

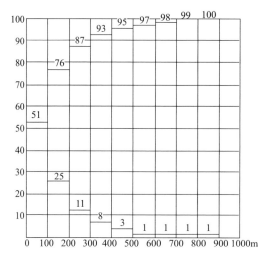

fig.1 walking distance between household and bus stop

2) Owing to the society of land and high density of urban population, development in residential areas have changed from multi-story to high-rise high-density in recent years. It follows that the number of people riding to work per unit time greatly exceeds the carrying capacity of the public transport system. For instance, in a residential area where 300 people dwell on each hectare on the average and 60% of them are workmen, within one square km

18,000 waiting to ride to work during the peak hours. Even after deducting those going to work on foot and those on three shifts, 11,000 people still want to go to work by bus or by bicycle. Within there, there are 16 bus stops (two-way), and therefore 1,400 people will get on the buses within the period of one hour. If buses are dispatched at the interval of one and a half minutes, at each stop there will be 35 persons getting into each bus. Supposing the distance between two stops is 500 meters, and articulated bus will carry an overload of passengers when it reaches the fifth stop, namely after running for only 2.5 km and, as the riding distance for the average passenger is at least 3.5 km. It follows that at the sixth and seventh stops, some passengers will hang onto the bus after failing several times to get on for several times. In the end, a considerable number of them give up public buses and commute to work on bicycles instead. The sparser the urban road network, the fewer the bus stops, the smaller the dispatch frequency, the longer is the walking distance for the residents and the more people will choose to cycle to work. Thus, it is imperative that we begin with the density of the road network and make use of opportunities to increase the density of the public transport network, so that the load of passenger flow on each public traffic line and at each stop will not exceed the carrying capacity of public buses.

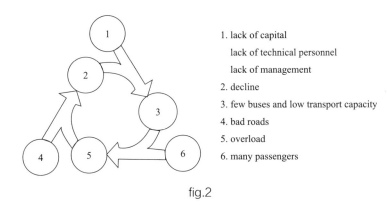

1. lack of capital
   lack of technical personnel
   lack of management
2. decline
3. few buses and low transport capacity
4. bad roads
5. overload
6. many passengers

fig.2

2. Waiting time

The way to reduce the waiting time is to ensure that passengers can get on buses timely. However, since monthly ticket for public transport loses money in some cities, only a small number of buses are allocated to those heavy passenger flow lines during the rush hours, often   resulting in over crowdedness on buses. Such a problem can only be coped with by appropriate polities (Fig. 2). In some cities, too many people try unsuccessfully to get onto too few buses, or in order to raise the carrying rate of public buses, some buses are suspended during non-rush house, when the passenger flow is small, causing greater interval between bus services. With the passengers waiting passively at bus stops and public buses arriving behind schedule, public bus service will gradually lose its credibility and its passengers. Nevertheless, in some European cities where the passenger flows are small and the service interval is long, a poster is fixed up at each bus stop to inform passengers of the arrival time of all buses, thereby offering them the opportunity to take the initiative. For example, those who come early could just visit the nearby stores post office or bookstall and return to the stop one or two minutes before the bus arrives. In this way, much time is saved for the passengers. Operation schedule was once available at each bus stop, in some of the cities in our country, winning popular acclaim. But it was soon taken away, for some individually operated buses would come to pick up all passengers at the stop shortly before the public bus arrived. The passenger transport market in other developing countries characterized by free competition, witnesses even more intense completion in that regard. Nonetheless, they have done a good job in running the passenger transport market by means of promulgating relevant policies and provisions, organizing joint operation by the public and the individual passenger transport services, which practises joint management and divides the gains according to mileage.

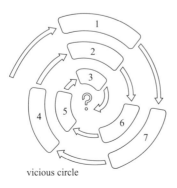

vicious circle

1. slow development of public transport

2. low efficiency of management

3. more difficult to maintain public transport

4. crowded urban road network

5. more serious traffic jam

6. prefer riding bicycle to bus

7. sharp rise in bicycle ownership.

fig.3

3. Riding time

Over the recent years, with volume soaring up all the time, traffic streets have been heading for the saturation point in terms of their capacity. As a result of additional factors like degraded public transport service, increased bicycle flow and greater density of vehicle flow, public buses run at a reduced speed with each passing year. Within the same travelling distance, riding a bicycle is faster than riding a bus, which has further stimulated the growth of bicycle riders. Consequently, traffic becomes more congested, the delay at crossroads become more and more serious and the public bus, driving in the midst of bicycles with additional loss of lime for pulling up at stops, is slower than the bicycle. Once it is tripped in a vicious circle, the public transport system is unable to extricate itself. At present, the traffic pattern in many cities, namely, the ratio between public buses and bicycles has generally been seriously reversed to be 1;9 or, ever worse, 1;28 in some cases (Fig.3). Only the few big cities which enjoy a high level of public transport operation still manage to maintain the level of 1;1 or 1;3. The lines of equidistance along which travelling by bus or by bicycle consumes the same length of time are still extending outwards. Just imagine; what appeal can public buses retain if such lines of equidistance ultimately embrace the urban area in its totality? In order to reduce the disturbance to motor-driven vehicles caused by non-motor-driven vehicles, dividers and railings have been introduced to urban streets in recent years, an arrangement which has achieved certain positive results in terms of road safety. However, the streets in some cities are relatively narrow, and the introduction of railings in streets less than 15 meters wide will only allow two lanes for vehicles in between, just enough for a two-way traffic. Each time a public bus pulls up at a stop, the section is blocked, making it impossible for the vehicles behind overtake or causing them to come to a sudden halt. Consequently the density of the vehicle flow rises sharply and the driving speed plummets.

Besides, in a three-part street, passengers are often hindered by the continuous flow of bicycle riders during the rush hours when they cross the non-motor-driven vehicle lane from the pavement to the bus stop. They watch the bus pulling up at the stop, but when they manage to cross the bicycle flow, the bus is already gone and they have to wait for the next one. On the other hand, if the bus pulls up at the sidewalk, it will inevitably interfere with the' bicycle flow. Especially when the bicycle riders overtake on the outer side, they will find themselves squeezed between the flow of driving vehicles on one side and the bus at stop on the other, which is extremely dangerous and causes much mutual disturbance.

Thus, it is extreme to create conditions in terms of streets for an unimpeded and speedy flow of public transport vehicles. Usually, the riding time of a passenger accounts for over half of his total travelling time, so it is obvious that some potential remain to be tapped.

4. Bus-changing time

This is a point that is often overlooked, but is the underlying cause of the quickest decline of the quality of public transport service in recent years, as manifested in the following aspects;

1) As a result of traffic congestion, the bus stops that were once conveniently lo-Gated near crossroads have all been gradually moved towards the middle of the section in an attempt to remove their impediment to the traffic. However, it also becomes difficult for passengers to determine which direction to go in at the crossroads so as to reach the right stop to change buses. Very often, they take the wrong direction and walk for nearly the whole distance between two stops wasting much time and energy. At present, in some cities, one has to walk for 300 to 400 meters in order to change buses once, which is extremely inconvenient. Nevertheless, some cities also arrange in the system a rational way so that the stops of several bus lines with the same ticket pricing, where a lot of people change buses, are put together, so that they could change into different buses at the same place, thereby reducing the volume of the pedestrian flow at the crossroads and in the section.

2) The construction of flyovers and overpasses in the urban area has played a positive role in keeping the traffic unimpeded at the crossroads as well as in raising the capacity of the streets and the driving speed. However, it has also caused great difficulties to the location of bus stops. There is one very irrational regulation which says that—/"No Stops on the Flyover". That means that bus stops can only be put somewhere outside the starting point of the ramp leading to the flyover itself. In foreign countries, however, stops are put on and under the flyover, which enables the passengers to change buses walking up or down

for merely a short distance (Fig.4). Owing to the face that there are a great deal of non-motor-driven vehicles, the ramp has to be very gradual; but the recently constructed flyovers have more and more stories resulting in very long ramps; a passenger travelling south or north as to walk for at least 15 minutes and cover a distance of 1 km before he can change to a bus running east or west. For Local residents, this is tantamount to a "don't take public buses" verdict. In big cities, there are several hundred thousand of people who have to change buses twice before they reach their destination by bus. If it proves that riding a bicycle takes them less time than riding a bus, they will all switch to bicycle-riding. This explain why a great number of people are forced to go to work by riding a bicycle for 90 minutes daily in some cities. According to the surveys conducted in Beijing and Shanghai, 65% of the bicycle riders do so in order to save travelling time and get to work on time, since it is so inconvenient to change buses and bus stops are always too far away. A certain city recently cut its urban public bus lines into two parts as a move of reform. In terms of revenue, that move is an improvement; nevertheless, it also causes greater inconvenience to the location of bus interchange stops, slops for the passengers.

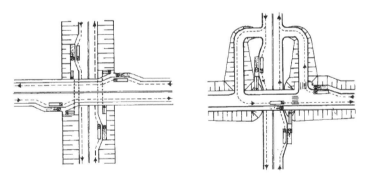

fig.4

3) In those cities where many modes of communications exist, it is absolutely important to arrange their stops in such a way that one mode of transport is conveniently liked to others. For instance, coming out of the subway, one immediately finds a trolley bus stop or a bus stop or a parking lot for bicycles. However, in some cities, terminal bus stops ate put midway between two sub-way

stops, about ten minutes of walking distance away, which is very inconvenient, as if deliberately observing the rule that "well water doesn't interfere with river" In urban areas, the greater the diversity of communications modes are, the more convenient the overall change stops should become. In some cities of West Germany, not only are different communication modes well-coordinated in terms of space and geography but also in operation schedule. For example, a bus is arranged to depart only after passengers have come out of the subway or the train station. In terms of space, different means of -communication share one underground stop and are linked to each other by platforms at different levels, while in other cases, one can walk across to the platform on other side and change to another means of communication. In some places, the distance between two ground stops is within 30 meters. In order to make things convenient for those passengers who ride bicycles from their homes to the public transport stops, some cities specially build parking lots within 50 meters around the subway stop. For the same reason, free parking lots offer service to personal automobiles at suburban stops on urban expressways.

To sum up, it is obvious that, in urban planning and construction, the technical measures for ''' giving priority to the development of public transport" have not been fulfilled yet. On the contrary, in many places obstacles have resulted, seriously hindering the development of public transport.

B. The Economic Aspects

For a long period of time, owing to the fact that urban public transport enterprises bear the nature of service production, it has been unable to operate under the guidance of the law of value. The public transport enterprises provide society with a large amount of products in great demand-carrying workers, staff, and residents to their work posts and various places within the city, saving them much travelling time, reducing the expense of the work units of different walks of life for operating their own regular bus service, and therefore, contributing to the prosperity and efficiency of the city. However, the value created by public transport enterprises in transporting passengers has never realized an exchange at equal value. For decades, the price of bus tickets, especially of monthly tickets, is far lower than the operational cost. Although the government gives a certain amount of subsidies and preferential treatment, they have never been fixed by law, and it follows that the enterprises often operate at a loss. The constant adjustment of commodity price only serves to raise the cost of public transport service, making it all the more difficult for these enterprises to adopt new equipment, now technology and new techniques so as to raise labor productivity. Instead, they could only manage to maintain their simple reproduction. 'Over the past years, many public transport enterprises have adopted the operation contract responsibility system, which has achieved some positive results. Nevertheless, the price and the cost are so divergent that the enterprises themselves often face the crisis of survival. That is a major factor that prevents the enterprises from providing better service to passengers.

At present, the market of urban public transport has been gradually opened up, and multi-operation has changed from a tentative idea into a reality, which helps to push forward the introduction of a competitive mechanism into the market of passenger transport. The emergence of various means of communication makes it possible to get different lengths of time consumed and different degrees of comfort for different prices, which is conducive to rising service quality, facilitating the masses and making up for the inadequacies of public transport service. At the same time, however, there also emerges the problem of the management of passenger transport market and a rational pricing hierarchy. Otherwise, the mass public transport system will find them in an even more passive state. Currently, there has been a sudden rise and excessive growth of individually run buses. Some time ago, taxis asked exorbitant prices; while public buses on morning and evening rush lines became no more than symbolic. All this represents the feedback effect of economic irrationality.

II. An Attempt at Improvement

A. Policy Guarantee

Progress of domestic traffic research shows that much emphasis has been placed on specific engineering and technical means, while little research has been done on the strategy of the development of public transport and only preliminary efforts are being made to study the policies for urban transport. The China Technological Policies (Bluebook No. 9) worked out by the State Scientific and Technological Commission has pointed out the direction for future development of public transport. Nevertheless, a series of policies are still needed in order to fulfill and implement it and to guarantee" that priority will be given to the development of public transport".

1. Investment Policy

As shown clearly by the course of development in developed countries and the experiences accumulated by some developing countries in recent years, the growth of national economy is closely associated with the construction and development of transport infrastructure. Each year, a steady proportion of urban GNP should be devoted to the investment in inner-city infrastructure construction. According to the investigations of cities in various countries, that proportion should not be less than 1-2% generally, with the bulk devoted to road construction and public transport development. In the past, because of variations in policy, either the money for urban traffic construction was seldom allocated to public transport or very little was allocated for this purpose. These have been some improvements in recent years. If only we come to realize the leading character of transport development and the huge social economic, and environmental benefits that advanced communication will inevitably bring to the whole society and the people, such a little investment should be within the financial capacity of our cities. In this way, urban transport can easily be returned into a benign circle.

2. Transport Development Policy

At present, public transport is tar from advanced in the urban areas of our country. It is the bicycles that play a dominant part, and in many cities, the ratio between the low of public transport passengers and the flow of bicycle riders is around 1;9-12. In some small and medium-sized cities, the ratio becomes 1;20-30, and even in big cities, it is uncommon to keep a ratio of 1;3-4. Bicycle riding has many advantages to bicycle riders, but the per capita occupation of streets in terms of time and space is great. Moreover, it is a form of personal communication and will develop in the direction of personal motor-driven means of communication in future, such as electric bicycles, motor cycles and automobiles. In the coming period, if urban construction and the reconstruction of the street system fail to develop as quickly, while the development of personal means of communication soon gets out of control, there will inevitably be serious consequences. Judging from the relation between the economic growth and the development of the above-mentioned means of communications in the developing countries, following the wave of bicycles, there will come the second wave by the year of 1995—the wave of motor cycle development. The year of 2000 will witness the emergence of the third wave -that of automobile development. Thus, how many financial resources could our cities devote to street construction within such a short period of two decades in order to cater for the development of those means of communication? That is the issue that weighs on our mind. Therefore, it is imperative that we realize the urgency of .conducting research on vigorously developing transport at various levels, so that we can work out perfect policies for communication development that will guarantee unimpeded, efficient and energy-saving traffic in our urban areas.

As we know, the productive efficiency of big cities is higher than that in small cities, and consequently, the consumption of energy, raw materials and current capital by per unit product is less. Its tertiary industry and information are better developed. Owing to those positive factors, big cities grow constantly in terms of its attraction, urban population and size. Accordingly, the travelling time of local residents become longer and longer. But there should be a certain limit to that ever-increasing time length and efforts should be made to control the maximum consumption of travelling time through technical means, so that the residents can always choose the means of public transport, regardless of a diversity of competitive means of communication available.

That is another issue that calls for consideration in urban transport development policies. Developing the subway or light rail may meet the public need for convenient transport. However, they are capital intensive modes of transport demanding huge investment and operation funds. At a time when our economic strength has not yet grown sufficiently, it is necessary that we explore cheaper means of communication for convenient transport of the passengers. Only in this way can we expect to keep a rational pattern of communications in the development of public transport and individually-run transport systems.

3.Traffic Demand Management Policy

Throughout history, means of communication have undergone constant improvement and progress in order to be in keeping with current productive forces, while the construction of roads and communication facilities, owing to the influence of the environmental factors, has always lagged behind the development of the means of communication, often resulting frequently in a state of supply falling short of demand. Only shortly after the construction of communication facilities has exceeded over the "threshold" can supply be in keeping with demand. Therefore, studies ought to be done on the policies for controlling the traffic demand on the part of road users so as to suit demand to "supply" .It is true that, from the macro perspective, active construction is of course of primary importance, for passive "restriction" or "prohibition" can only incur low speed, low efficiency, and a mere shift of intensity points in urban traffic. Nevertheless, in days to come when communication will be developing rapidly, this will be the only approach that we can take to cope with excessive demand for communication and transportation, especially for personal transport demand. This is by no means "to cut the feet to suit the shoes", but rather an inevitable approach to a solution to the crisis of communication and transportation in the developing countries. Control may be exercised on demand by way of such measures, policies and regulations as issuing regional driving permit, collecting fees on road use fee, oil consumption, parking fee, and vehicle use, although there will be some resistance, during the initial stage of the implementation of such administrative policies, the government must be determined and firm in pursuing these policies, work hard to achieve this acceptance by the people, and make necessary readjustments corresponding to new developments and changes. For instance, the U.S. did the same thing when it advocated joint riding. Of course, even when various control policies are put into effect, in our cities, vigorous efforts are still required to invest heavily in road construction and in developing public passenger and freight transport, which has been lacking in our country by far.

4. Economic and Taxation Policies for Communications

To ensure that all the above-mentioned policies be fulfilled, in addition to administrative rules and regulations, it would be helpful to develop and check the excessive growth of private individual vehicles through introducing some economic policies. Taxation policy should be formulated on the principle of "he who uses the road and benefits from it should pay for it." Preferential treatment should be given to those means of communication that only occupy little space and a short time of the road in both driving and parking. Otherwise, tax and user fees should be increased. Moreover, the prices of monthly ticket and passenger ticket should be fixed reasonably. Communications cost occupies only too small a proportion in the total living expenses the urban residents in our country. For example, it is merely 0.9% in Tianjin, much lower than that in foreign countries. So it is proper to raise that proportion borne by individual passengers to the average of 3%-5% of the living cost, so as to the ratio at the time of the founding of the People's Republic

B. Public Transport

On the basis of the research on the development strategy for urban transport, and after the direction is defined for its development and policy the guarantee has also been provided, work can begin on making concrete planning for public transport which includes; planning for the network of public transport stops arrangement and the use of land by stops and such installations as repair and maintenance yard.

Because of the strengthening in the city's functions and its collecting and distributing capacity in relation to surrounding towns, a city's network of public transport lines should be arranged in such a way that the urban lines, the suburban lines and inter-city transport lines are closely linked up. Planning for the transport lines should be formulated on basis of the passenger flow prediction. Considering the problems existing in the street systems of various cities in China, in planning for public transport, the systems of arteries and branch lines within the network of urban streets must be integrated so that the public transport lines can stretch into residential areas and the service of their stops can cover the city in its entirety.

The prediction of the sizes of the incurrence volume and attraction volume of the passenger flows, their orientations and natures must be based on the size of the city, its land use and distribution. In making planning for public transport lines, we must differentiate distinctly the main and subordinate lines, so as to select and equip them with different means of communication and different quantities of vehicles.

It should be pointed out that, in planning for public transport lines, especially for very big cities, as a result of the use of the conventional method of communication organization, a large proportion of the residents are forced to travel one way for an hour and a half, including many times of bus-changing, which is extremely inconvenient. Judging from overseas and local practice, it is a cost-saving and efficiency-producing method to operate major-stop fast buses, transit buses of joint operation or through buses that run "at regular time and for regular passengers" during the traffic peaks. The former has been in operation at home for many years, achieving very good results, with the average coefficient of loading capacity reaching 0.7(the buses are somewhat empty at two ends and crowded at the mid-section, though) Studies on the latter began in 1987. The coefficient of the loading capacity of the four lines through Shanghai this year was as high as 0.8. Such buses run at a high speed, and the passengers, without the need of changing buses, can save an average of over 30 minutes daily. Such through buses, beneficial to both the passengers and public transport enterprises and to the improvement of the relations between the passengers on one hand and the public transport enterprises on the other, is warmly welcomed by the passengers. Its benefits surpass that of regular passengers at regular time "are done with the help of supplementary design by electronic computers. From an urban planning point of view, the emergence of such through buses greatly expands the scope of activity for the passengers during the given length of travelling time and actively contributes to the expansion of urban land use.

In order to meet the needs of urban residents with various travelling purposes, the especially big cities should also consider setting up fast through buses or major-stop fast buses as well as conveniently located key overall bus-changing stops between the town center and various collecting and distributing centers where great passenger flows haunt, both on the periphery of the city and in the suburbs, so that local residents and visitors to the city can move around within the shortest possible time, or to be able to get to farther destination after changing onto another means of communications. The vehicles running between key overall bus-changing stops may be either high-efficient buses on an elevated road or track or modified trolley buses. The principle to be kept in mind is that the cost of production should be lower than that of light-track buses and its operation must never be interfered by ground traffic. Underground track traffic that is more advanced and will last longer should only be constructed in future when cities will be able to afford more financial resources. For that purpose, the land use planning for key bus-changing stops must be worked out in advance, and in deciding the area of land use reserving sites for future development. Also, attention should be given to its coordination with pedestrian traffic.

Feasibility studies must be done on the planning for public transport, so that we can compare one with another and select the finest for construction.

C. Evaluation

Following the formulation of plans for public transport networks, what is generally whether the networks satisfy the demand of the target value is generally assessed on the basis of the public transport lines, the lengths of the lines, the coefficient of over lapping lines, the coefficient of indirect lines and the passing capacity of the stops. However, these targets are insufficient to reflect in a comprehensive way the level of service provided by public transport lines to residents engaged in outdoor activities.

Taking a bus stop as the center and radius (say the degree or 500 meters), convenience for we can show residents in drawing an equidistant circle of a certain riding buses and how well public traffic line over the given area (Fig.5).

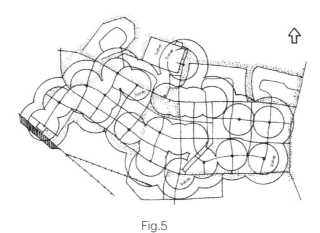

Fig.5

By drawing different traffic line for residents' travelling, we can reflect the different lengths of time that all residents in the city have to spend to get to a point of attraction (for instance, downtown or the stadium).if we take into account the population density, the numbers of different groups of people who spend different lengths of time and the number of people who spend the longest time in travelling can be obtained providing a scientific basis for readjusting public transport lines, improve driving speeds and controlling the growth of urban land useThe different lines of residents' travelling are drawn by electronic computers. When there are many points of attraction, a diagram may be drawn for each point (within about 20 minutes),which can very vividly show the different lengths of time all residents' must spend in order to arrive at a given point of attraction. isochronal lines for public transport and for bicycle traffic can be drawn simultaneously, and a comparative study of the two, both vivid and concrete in expression, with particular attention paid to the areas and populations the two lines cover, will help the study on the structure of urban traffic, readjustment of public transport lines and building additional bridges (flyovers). If different lines are drawn for all major points of attraction within the whole city, a comprehensive evaluation of the quality of traffic service on urban land becomes possible. The function of transport isochronal lines can also be expanded to analyse a city's expressways and subways. Therefore, it constitutes a major CAD supplementary means of design and evaluation for urban transport.

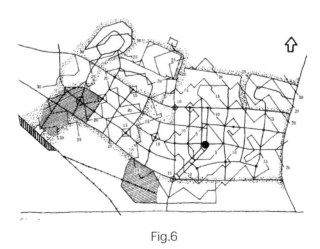

Fig.6

In short, we hope that, through efforts in all the above-mentioned aspects, the planning level and service level of public transport can be comprehensively raised. Only then could the residents when engaged in outdoor activities, experience and feel the convenience, reliability and cheapness of public transport. Only then could public transport win a good reputation in the competitive market of passenger transport and better contribute to the development of urban areas.

本文原载于《China city planning review》1990 年 02 期 作者: 徐循初

中国城市与交通改善之"道路"（一）

一、问题的提出——困扰和思考

"第三次浪潮的到来，将改变人们的价值观念。人的价值提高了，时间的价值提高了。我们再不能在交通拥塞，迂回往返中消耗我们的精力，浪费我们的生命。我们早该放开那种惯用的摊大饼手法，使城市的膨胀病濒临不治。我们早该对城市进行疏解，使它重获新生。"——金经昌

城市是人类的主要居住地之一，理应是方便的、舒适的、美好的、协调的，但是，在现实和理想之间似乎普遍地存在差异。

（一）旧日的秩序

"街道主要是按照步行者的需要，以不规则和自由亲切的布置方式形成道路系统的，这些通路——倒不如说是人行道——宽度和式样时常变化，以便让人群方便地和自然地慢慢走动。在某些重要的转弯处，通路就会增加宽度，使街景显得更加开阔，同时使人们有时可以在那里集会，而不致妨碍交通"。在沙里宁描绘的这幅优美城市图画中，我们似乎看到：曲曲折折富于变化的街道、优美的天际轮廓线以及人们安步当车的情景，旧有的一切似乎都更为朴素、美好和协调。

过去的耐人寻味，因为它不是现实，同时旧时代的秩序是建立在人类低的舒适性、生产的低效率和城市缓慢的发展基础之上的。新时代的来临，对快速和高效的追求取代了原有的对情趣的追求。这是历史发展的必然和不可抗拒的。

（二）新时代的困境

工业革命给世界带来了新的社会、新的文明，城市也因着工业革命才成为世界的主宰。但是，它也给人类带来了曲折。

工业的大集中带来了城市的根本变化，它的迅变使原有发展缓慢的城市措手不及。城市范围的迅速扩大和布局的混乱形成了大量的紊乱的交通，居民们在居住与工作地点间往返奔波，而现代化的交通工具充塞在旧有的狭窄街道里，人口的惊人暴涨也使得这一空间越发拥挤不堪，均已构成了对环境、工作、生活的影响而成为四处蔓延的"城市病"。

事物的状态存在于"度"的制约中。城市是以其聚集获得经济效益的，

但是当城市扩大到一定的规模，它所带来的非经济后果就要超过聚集带来的利益。经济的增长本身不应是终极目的，而是为人类创造更多更美好生活条件的手段。

（三）走向新的秩序

动荡的城市孕育着未来的雏形，旧日的平衡被打破，出现了城市在再发展中的适应性问题，因此，众多的城市规划理论、学说和相应的实践应运而生，具有代表性的有：霍华德（E. Howard，1898 年）的"田园城市"及由其追随者恩维（Raymond Unwin，1911）进一步发展而形成的卫星城理论；索里亚·玛塔（D. A. Sona Mata，1882 年）的带形城市及随后的城市"轴向发展"理论；沙里宁（Eliel Sarrinen，1918）的有机疏散原则；杜克塞迪斯（A. Doxiadis，60 年代初）的"动态城市"概念；勃兰西（Melville C. Branch，70 年代后期）的"连续城市规划"学说等等。

虽然他们尝试解决城市问题的途径各异，但是将城市从封闭的集中系统引导至开敞的自由系统的趋势却是共同的，而城市规划为了有效地对付城市快速增长和变化周期缩短的现实，则开始更为强调城市结构的灵活性和滚动性，以便能够及时地对未来的变化作出反应。同时大城市影响范围的不断扩大和增长，以及城市群现象的出现，使对一个单一城市进行功能分区的概念，已不能完全适应需要，而在"城市规划"与"区域规划"之间，概念的界限也变得更为灵活。

在这种情况下，多中心的开敞布局越来越为人们所推崇。从交通意义上讲，它能改变原有单中心团块城市过大带来的中心城市交通聚集和核心区的交通全面紧张；从生活环境改善方面，它可使城市中的人们重新获得"新鲜的空气、灿烂的阳光和清清的流水"；而从经济效益角度，多中心城市作为"在活动上仍是相互关联的有功能的集中点"，既能满足规模经济的需要，又可为生产提供便利快速的交通，从而促进生产和消费的流通；加上多中心布局对未来发展的良好适应性，它成为现代大城市发展的共同趋势。

（四）城市与道路交通

城市与道路交通密切相关的事实是随处可见的。首先，城市多在交通便利之处形成；在区域中，城市自身又往往扮演着交通枢纽的角色，而在城市内部，土地的利用和开发同样也以便利的交通为前提，古今中外的城市都有一个共同的规律，即城市市区的范围，明显受交通可达性的约束，现代城市的扩展和疏散趋势也是同现代的交通方式和速度相吻合的。

城市发展与道路交通系统之间的能动联系在告诉我们：一个经周密考虑

的道路交通系统，可以促进城市的发展和结构的改善。应当充分利用这一特性，使城市朝人们希望的正确方向发展。

因此，如果把城市道路交通系统建设的目的，简单归纳为"避免交通瘫痪"和"缓解交通压力，是远远不够的。城市道路交通规划也不应仅仅是解决城市中已经出现的交通问题那种在"事实之后的规划"（after the-fact-plan）。

日本城市规划界提出的城市结节点理论把城市交通建设同城市结构的形成发展紧密联系起来，它主张在交通枢纽点上分散并培养城市功能，以形成大城市的功能结构体系，并以此作为实现多中心城市结构的前提条件。

（五）中国的现实

虽然有不少人由于中国家庭的普遍多职工现象，对多中心规划布局在中国的现实性抱有疑虑，但是并不能因此放弃对美好未来的追求。事实上，多中心城市的组群间并非完全地割断，它们是由快速畅通的交通线连接起来的有机整体。

从交通角度而言，能使人们在交通上用最短的时间非常方便地参加他们想参加的活动和获得想要得到的东西是规划者追求的目标，虽然不可能使所有的活动都是近距的或在步行距离之内的，但是，一个坏的规划却会把大多数的活动安排得不变和远距，而这"坏"与"好"之间正是规划者的努力所在。

从城市角度而言，随着经济的发展和生活水准的提高，改变生活在过度拥挤的单核心城市中的人们的非自然和非正常的状况势在必行。目前，"城市疏散已成为一种普遍存在的趋向。在可预见的将来，这种趋向将继续存在下去"（巴里·库帕，）但是，在无序的松散与有机的疏解之间存在极大的差异。

"美国的大城市以小汽车为先导，开始了城市人口的疏散，就业岗位及商业文化设施的郊迁，大城市实现功能的疏散，但是由于用地管理不当、控制不力，出现了城市蔓延现象，耗用了大量的土地"（"城市居住人口分布及再分布的基础研究"，朱介鸣）。

中国众多的人口决定了城市对未来的选择只能是分散与集中相结合，因此，针对中国的国情，我国城市规划工作者一再呼吁："要在城市规划中，合理调整布局，形成多中心城市以方便职工生活，减少客运量、减轻对市中心区的交通压力"，而在各地的城市规划实践中，对各大城市的规划，也普遍提出了多中心综合片的城市结构方案。

但是，现实中的中国城市，普遍的形态仍是单中心圈层式紧密结构（参阅表 1）。事实上，多中心结构布局的实现是以快速交通扩大了城市与人的活动空间从而产生的城市"松动"为前提的，只有提高可达性，才能将城市外围边缘用地"激活"，那些地区才具吸引力，才有可能诱导城市人口重新分布，从而促使城市空间结构向合理的方向发展。

表 1

城市结构类型	团状	平行	对置	组团式
该类城市所占比重 %	62	10	18	10

（"城市道路交通设施系统发展投资方向的分析"王英姿）

城市道路交通系统，是由路、车、流诸要素组成的，它的优劣主要取决于诸要素及其组合的合理程度。中国现状城市中的道路低水平供应（路）、交通工具低层次（车——常规公交、自行车）及各种车辆不分客货、快慢、机动与人力畜力，在同一条道路上混合行驶（流）等等都阻止了城市的跨越发展。

在这种道路交通慢速度发展与城市人口急剧畸形增长并存的情况下，我国大城市结构紧密度进一步增加（城市中的旧区改造也是以建筑容积率和人口密度提高为效益标准的），使城市在用地功能混杂的同时向外摊开形成难以对付的"大饼"。可见，没有便利的交通，城市就难以实现由单中心向多中心的转化。

（六）我们的使命

规划者希望改变现有的封闭的单中心城市格局，建立起开放的多中心城市；希望改变城市中的交通拥挤，建立起快速、流畅、方便的运输体系；希望改变现有的公交吸引力日低、私人交通工具泛滥的状况，建立起一个良好舒适的公交系统，使人们能够方便地流动、方便地到达……

人类的理想是美好的，中国的城市规划工作者和交通工作者也为此作了大量有益的尝试和探索，取得了可喜的进步。但是，在很多方面，中国城市与交通的现状依然令人扰心：自行车仍然有增无减、公交吸引力仍低、道路依然不畅，而城市形态还是"大饼"，而且越摊越大……

规划需要理想甚至梦想，但是规划应比理想更进一步，即规划必须提出办法来。事实上，一种政策、一种措施不是制定了就完事大吉了，更关键的在于对现实进行切实可行的引导，这是现实与理想之间的必要桥梁。

从城市规划的学科发展来说，新的规划已经取代了原有的把城市看为一张静止的理想蓝图的观念，而把规划看为是对城市的动态引导，是使城市更加有序、协调和美好的一种过程实现。

目前，中国经济处于比较稳定持续的发展时期，随之而来的不断城市化进程将加重摆在规划者面前的任务：对城市的发展如何合理地引导？必须作出解答。

从道路交通角度而言，"经济的增长也意味着交通量的增长"，而且交通需求的增长幅度远远大于经济和人口增长的幅度，中国特有的交通起点低、道路基础条件"先天不足"，（一下子从轿子时代跨进汽车时代），以及由于历史畸形造成的道路设施建设的"后天不良"与"使用不当"，使中国的城市交通问题远比国外的许多城市尖锐得多、复杂得多，也困难得多。同时，中国特定的经济基础、社会背景及中国特色的自行车交通问题都决定了我国不可能照搬外国的模式，而必须走出自己的路来——中国的城市与交通改善之"路"。

作者希望能在以上方面作出一点探索和努力，文章自始至终贯串着这样的线索：如何在现有国情下（历史、经济、现状），使城市与交通系统"沿着预定方向，走向明确目标、形成逐步演变"，故本文更着重于一种方法和思路的介绍，一种过程的实施和一种步骤的实现，而不局限于一种固定的图式。

（七）补充说明

原本，城市交通由客流和货流构成，应该统一加以研究，不过，考虑到我国大多数城市客货流不同峰、货运又相对可控的特点，及近年来客流逐渐成为城市交通主体的发展趋势，所以，文中着重从客运交通出发，探讨中国城市与交通改善之"路"。

近年来，我国不少城市采取了货运避峰，开展夜运等措施，收效良好。如上海市自 1987 年 6 月以来，在市中心区实行货运"避峰"，措施实行后，早高峰时各道路货运机动车平均减少 89.19%，部分重点路口的下降幅度超过了 99%，"上海市中心区货运避峰有效"《交通与运输》1987.6）。

北京市的车辆调查表明："客运交通已占主导地位，货运交通已居次要地位。城市中心区内环路 12 个路口的抽样统计：客运机动车流量占 82%，货运机动车只占 18%"（《北京市城市交通现状及对策》）。（未完待续）

本文原载于《城市规划汇刊》1990 年 06 期　作者：周岚　徐循初

中国城市与交通改善之"道路"（二）
——中国的城市交通问题

二、问题的分析

"中国城市与交通问题的解决，必须基于对中国城市与交通问题特殊性的了解。"

城市交通问题出现的根本原因在于供求关系的失调。而在不断增长的交通需求与相对稳定的设施供应这一对矛盾中，交通结构起着极为重要的作用，因此，关于公共交通与私人交通的研讨一直是城市交通问题的热点。

（一）中国城市自行车发展的必然和出路

"近 10 年来，自行车拥有量增加了两倍，现在仍在以近两位数的增长率上升，尽管人们清楚地认识到自行车发展的失控，但往往却不得不从实际出发，寄希望于自行车饱和之后，目前自行车交通处于一种'卡不死、管不了、而且少不了'的状况。"

1. 必然的产物

① 共同的大潮

如 "拯救巴黎的勃罗什交通计划" 中指出："巴黎车多，出门最头疼的问题是交通拥塞和停车问题，尽管市政当局绞尽脑汁，采取了多种措施，但巴黎市区的交通问题依然不断恶化。"（城镇建设，国外情报 1987—2）

来自汉城的消息说："目前南朝鲜的交通问题已日趋恶化，在汉城，每天就露面的汽车就有数百万辆，使市区道路拥挤不堪。"（上海译报 1988.11.14）

上海的报告说："自行车洪流冲击交通，是上海交通的主要矛盾之一。"（"改善市区交通的若干建议"上海市城市经济学会）

尽管中外"贫""富"有别，个体交通工具有异，但是很显然各国城市普遍面临着个体交通泛滥的大潮冲击。

这种情况不仅仅来自公交的特有困难。公共交通作为一种社会性服务，它的主要特征是"定时和定向"，而个体交通则具有"随时和非定向"的自

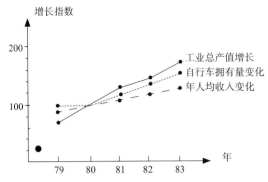

图 1　北京市自行车拥有与产值及收入的相关

主性。因此人们对私人交通工具的追求不仅仅是缘于公共交通的落后，还在于它所代表的一种生活方式和一种心理的满足，而这种欲望是难以被禁止的。

② 自行车对中国经济承载力的适应性

中国市民对自行车交通方式的选择是以半年平均工资支付生活费用后的节余为投入的。城市劳动者用国家发给的车贴与公共交通费用上的节省，在 4 ~ 5 年内可全部回收购买自行车的投入。而产出则表现在整个社会活动与日常生活的时间的节省和费用的减少及效率的提高。

在城市公共交通有待开发，小汽车尚难以问津的社会经济发展现阶段，城市居民以投资回收与投入产出的价值观选择了自行车，事实证明：自行车十分适合中国 80 年代的社会经济承载力（图 1），中国人正以个人投资促进着城市自行车的发展。

③ 自行车的范围适应性

在正常的情况下，"4 ~ 5km 是自行车与公共汽车相互转移的区间，在此范围内，自行车活动占有较大的优势，而 5km 以上的出行应该使用公共交通。"（图 2）

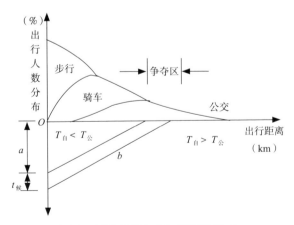

图 2　居民出行方式与距离的关系

显然，对于小城市及大多数布局紧凑的中等城市，自行车的发展并不仅仅取决于公共交通的落后，而是由自行车在这一特定范围内的优势所决定的，因为这类城市，由市中心到城市边缘的距离一般在 4 ~ 5km 以下，故城市的绝大部分处于优势覆盖圈中，只有在少量的较长距出行线上产生对公交的需求。

随着城市用地规模的扩大、对公交的普遍需求，按理城市中较长距的出行应由公交承担，但在我国的大城市与特大城市，都出现了自行车泛滥的不正常局面。

中国大城市公交线网布置过于稀疏，增加了居民步行到站时间；车辆配备不足及由管理道路条件等因素造成的不正点现象又延长了乘客的等候时间；而道路条件恶化（卡口、混行车流的干扰等）又大大降低了公交运行车速，增加了车内时间。在这种情况下，自行车长距出行不断增加现象的产生就是不足为奇的了。

2. 自行车的功过是非与出路

① "功"

"乘车难"是一致公认的现实，根据我国目前的经济实力，道路供应条件以及车辆和能源方面的因素，可以说公交是无力完全挑起城市客运这副重担的。事实上，要限制一种交通工具，必须有吸引这一部分交通的能力，在中国现有的公交服务水准下，自行车客观上起到了对公交的弥补作用。

如成都市的报告中："我市现有公共汽车 616 辆，公交线路 50 多条，为数不多的公共交通设施，每天承载着几十万居民和外地旅客，即使公交超负荷达最大限度，也无法满足社会对交通的需要。"

根据北京市的调查：人们骑自行车外出的原因与公交落后直接相关的占27%（因附近无公交者占17%，因公交换乘多不方便者占10%，因挤车困难不舒服者占10%），间接相关的占46%（为保证正点上班上学者占26%，能节约路上时间者占20%）。

② "过"

有的公交部门认为："公交铰接车每辆可载客 180 人，如将它的行驶面积给自行车使用至多填入 30 多辆，所以必须淘汰自行车"。

汽车运输公司认为：在快慢共用的道路上"由于自行车的存在，使事故增加，车速降低，造成运输效能的损失很大。"

公安部门交通大队的同志认为：自行车"不仅给交叉口交通组织带来了许多麻烦，在路段上干扰车流也严重，它与机动车抢路，是引起事故的苗头。"

③存亡与出路

自行车的"过"使一部分人把恶化城市交通的根源归咎为自行车，更有人把自行车的发展看成是客运交通的厄运，他们主张消灭和淘汰自行车。

但是，中国城市中自行车的发展实际上是一种结果。如果造成这种结果的原因和背景不改变，主观地希望有一天自行车会突然消失，只能是一种善良的愿望而已。"实际上自行车在中国居民生活习惯安排下不会被抛弃。"

如深圳起步时的道路规划是基于对机动化程度高的估计以及对自行车限制的基础上进行的，虽然目前深圳市机动化程度确实远远高于内地城市，但是现状中自行车仍扮演着重要角色。

既然自行车在中国现有背景下，在相当长一段时间内不会"大势已去"，既然私人交通工具有其存在的必然性和合理性，那么，我们为什么不换一个角度来考虑问题，顺应自行车发展势不可挡的客观趋势，承认它在目前城市客运中的地位，把重点放在削弱自行车对交通的干扰上呢。

同时，事物没有绝对的优与劣，自行车方便灵活与经济实惠的特点，在短距离内的出行，有公共交通无法取代的优势。而且同其他私人交通工具相比，自行车又有占用空间少、无污染、低能耗的特点，我们可以扬其长、避其短，充分发挥它的近距离优势，逐步缩小自行车优势范围，建立起合理的自行车公交换乘系统，使之成为公共交通的辅助和补充，共同达成客运交通系统的综合效应。

（二）中国城市公交的困境与出路

公共交通作为一种有效和经济的交通方式，正逐渐受到各国的重视，同样，"优先发展公共交通"也作为城市发展政策记载在中国技术政策蓝皮书中。

1.困境

"乘车难"已成为中国众多城市的诸难之首，严重地影响了正常的生产和人民的生活。有的乘客做出形象的比喻：上车是"古巴"（怙爬）、下车是"朝鲜"（朝下掀）、途中是"几内亚"（挤累压），在这种情况下，自行车的发展失控和泛滥也就是无可诧异的了。（图3）

中国城市公交困境的最直接

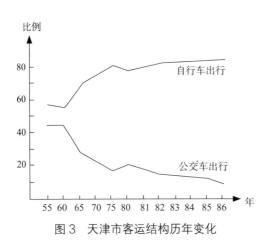

图3　天津市客运结构历年变化

表现是人多车少，因此，人们的最直接思考是要"增线加车"，但是，根据对北京市的调查：北京市"每条公共汽车、电车虽增加 200 辆新车，但实际年运量增加幅度却在逐年下降，到 1986 年下降到零"。

　　显然公交的困难不仅仅在于运力的不足。事实上，公交的乘车难与自行车失控是一个问题的两个方面，而造成这对矛盾恶化的原因是多方面的（图 4）

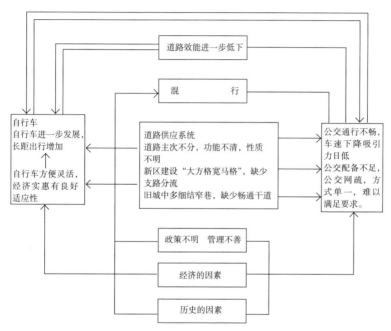

图 4　城市道路交通系统的困境

　　随着对公共交通工作的日益重视，各城市的公交车辆配备却有所增加，有的城市运能的增长甚至超过运量的增加。但是，由于车阻路阻而损失的营业公里要占全部营业公里损失的相当比重，本文拟着重从改善这一部分条件出发探讨改变公交困境的出路。

　　2. 出路

　　自行车长距出行的减少，有赖于公交车速的提高和吸引力的增加，但这一点在现行的交通体制下是不可能实现的。随着经济的不断发展和人民生活的不断改善，如果这一局面仍无根本改观，公共交通面临的将是更有竞争力的对手。

但是要把自行车活动限制在某一范围内，就等于对公共交通提出了更高的发展目标，必须在更多的范围内，比自行车更省时。分析一下公交的出行时间构成：

$$T_{公}=t_{非车内}+t_{车内}=2l_{步}\times60/v_{步}+t_{候}+l_{车}\times60/v_{送}$$
$$T_{自}=(2l_{步}+l_{车})\times60/v_{自}$$

对于 $t_{候}$，除了配备必要的车辆之外，还可以采用公交定时定位法使之减少为 2～3 分钟，或者更少；步行时间的缩短依赖于步行行程的缩短，这要配备较密的路网；而非车内时间的缩短，则主要依靠公交运送速度的增加。

目前，一般公认的公交线网最佳密度的研究前提是：使非车内时间，即 $(2t_{步}+t_{候})$ 最小，但是随着管理调度水平的提高，可以通过对公交的定时定位控制，使候车时间成为不受车辆配备影响的常数（图 5），这时研究的前提条件发生了变化，从减少步行时间出发，有必要配备更密的路网。

对于要把自行车优势覆盖圈缩小到 20min 这一目标而言，一般情况下，相应的公交车速应在 20km/h 以上，而这是一般常规公交难以实现的，频繁的停车造成的公交车速下降是公交的"致命伤"，因此在较密的路网、较小的步行行程和较快的车速、较大的站距之间存在矛盾，这使人们对常规公交的改善缺乏信心，普遍把希望寄托于修建快速轨道交通方式上。

轨道交通方式运能大、速度快，是解决大城市交通拥挤的有效方法，也是目前大多数西方国家城市改善公共交通的一项有力措施，但是它存在初期建设投资大、工程复杂、施工期长等缺陷，其高昂的代价使我国的绝大多数城市只能是"望洋兴叹"，在目前的国力下，只有极少数的特大城市的某几条线路有可能采用轨道交通方式，然而交通的问题及公交的困难却是普遍存在的，因此我们必须寻求出一种既适应中国经济承载力又能解决实际问题的"权宜之计"来，它的主要特征应是"价廉物美"。

正如世界银行研究报告（《城市交通政策》，1985 年）中所指出的："当路面需要超过其通行能力时，修建地铁常常是一项引人注目的解决方法，至于这一决定的正确性及其造成的深远影响，特别是巨大的投

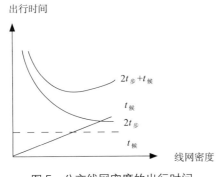

图 5　公交线网密度的出行时间

资却令人怀疑，是否除了修建地铁之外，就别无办法，是否定要花费巨额而别无更便宜更有效的办法去取代它，显然是否定的。"

请看两份改善公交的报告：

一份是世界银行的研究报告："在混合交通下，公共汽车系统每条线路每小时能运送 10000 名乘客，如果采取措施重点保证公共汽车的通行，那么客运量可以增加到 15000 名，大型的公共汽车（载客 200 人）可达到 20000 名左右，而在专用车道上运行的公共汽车在交通高峰时可达 23000 名"。经验证明，它可挖掘原有道路潜力提高通行能力，而且投资少，"修建 1km 地铁的费用可以修建约 13 ~ 15km 的公共交通专用道，"是一种特别适合第三世界国家的城市交通改善良策。

另一份是上海公交公司的报告："我们在掌握客流动态后，有计划地组织高峰线网，以大站快车的较快速补充早晚高峰的运力不足，由于高峰线的大站快车有迅速方便的特点，特别为较远距离的乘客所欢迎。"

可是现实中也存在"价廉物美"的方法，对于客运需求，可以提供两个意义层次上的公交服务：一是大站的较快速的公交服务（有条件的可采用公交专用道形式），另一是较密的方便到达的公文服务，前者满足客运高峰时主要流向上的交通需求（相当于 Artery System），后者则作为前者的补充和完善（Feeder System）。

图 6，图 7 是芜湖市在交通规划中运用计算机软件对普通公交与大站快车线路两种等时线状态的比较，显而易见，大站快车扩大了居民的可达范围，是一种有效地减少长距出行时耗的服务方式。

目前，对于中国城市公共交通的出路，有很多的讨论和探索，其中有不少具有建设性的有益建议，如陈祯耀工程师提出的自行车与公交合理换乘的系统就极富建树（参见《城市规划汇刊》，1989—6）。

他提出有必要将公交出行时间的计算改为：T 公 $=2t$ 自 $+$ t 候 $+$ t 车内，并说明："这样的修改包含两方面的意义：①不增加公交线网的吸引范围，步行 10min 到站的距离大致为 600 ~ 700m，而骑自行车 10min 到站的距离至少可达 2km"，"②由于不改变（甚至可加大）现有的公交线路的间隔，即维持或降低公交线网密度，对公交与道路的改造投入需求减少，从而使集中财力优化公交干线，提高服务水平成为可能。"（参阅图 8）

我们可以把上述的模式作为未来交通的楷模，但是其中缺少过程的实现。事实上，并不是自行车长距出行少了，并作为换乘手段，才扩大了公交线网吸引区范围，使集中财力优化干线成为可能，从而达到增加公交吸引力的目的,而是反过来,只有公交干线优化了,提高了道路通畅性,公交车速才能增加,公交才有方便的可达性,才具吸引力,自行车长距出行才有可能减少,这时才能实现自行车与公交合理换乘系统的形成与完善,这并不是纠缠什么"鸡生蛋、蛋生鸡"的问题,而在它切切实实地关系到我们改善交通的步骤,以及如何把有限的钱用于刀刃上的问题。

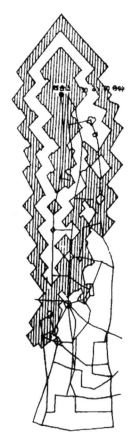 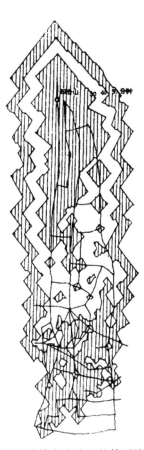

图 6　常规公交方式下的等时线分布　　　图 7　大站快车方式下的等时线分布

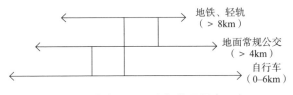

图 8　城市交通工具出行范围层次示意

过街楼下烟杂店

双桥折跨丁字河（杨贵庆）

本文原载于《城市规划汇刊》1991 年 01 期　作者：周岚　徐循初

中国城市与交通改善之"道路"（三）

"走不同的路，带给各民族不同的命运"。那么，什么样的"路"，把中国的城市与交通系统引向美好的未来呢？

在进行一部分论述之前应明确两个最基本的前提：

经济背景

"经济是我们社会的物质基础"，没有经济基础就没有社会现象的产生。因此每一个规划者必须首先考虑建设费用大小和效益获得程度两个方面，然后决定解决问题的最好方法。中国人均产值仅为 300 多美元（《中国统计年鉴》1988），属低收入国家的这一国情，是我们分析和解决一切问题的根本出发点。

密度的意义

土地是人类不可缺少的生存条件，尽管当代科技日新月异，也没有减少人类对土地的依赖和对空间的需求。中国人多地少，人均耕地仅为世界平均值的 1/3。因此，城市应紧凑地布局。

一、目标

从交通角度看，世界城市发展的模式可以分为两大类，即充分小汽车化的模式与优先发展公共交通的模式。

1. 两种不同的发展模式

小汽车问世已有一个世纪，就其固有特性而言是一种理想的交通工具，所以西方富裕社会的民众趋之若鹜。全世界每年以千万辆计的数学生产和销售着小汽车，而充分汽车化的模式必须立足于能到处通行无阻。

与充分汽车化模式相应的理想城市形态为："低密度的城市结构，同时将公共设施分散布置，以便将道路负荷均匀分布在广大地区"。1950～1960年代，由于对小汽车过分乐观的估计，不少西方城市的新发展区或整个城市都采用了这种模式。

但优越迷人的汽车却不时产生噪声、污染、事故、能源消耗、用地浪费……，这些缺憾使人们对"拜车主义"进行了反思，美国城市交通发展的历程，为世界各国提供了范例："当大城市企图无限制使用小汽车（即使在最有利的条件下），将会产生什么样的后果"，因此近年来世界各国普遍转为对公交的重视。

鉴于私人小汽车的良好动力性能和种种便利，普通常规的公交方式是难以竞争过这个强有力的对手的，因此，西方城市的公共交通复兴，不是一个简单的回归，同任何事物的发展一样，是一个螺旋上升的过程，而经济的发展技术的进步及对交通的再认识促成了这个上升。

它们改善公交、增加其吸引力的方法是：提供多层次的公交服务，形成大中小运量协调发展的整体化公共交通系统：高速铁路、地铁、轻轨＋公共汽电车＋小巴、出租车等，同时创造良好的换乘条件，为私人交通工具换乘公交配备良好的设施（如 $P+R$），促使其向公交方式转化。

2. 中国的选择

"美国大城市在'人均一车'的情况下停车场用地几乎占到城市用地的30%"。（邹德慈，《汽车时代的城市空间结构》）

新城密尔顿凯恩斯"仅用于城市网格状的主干道投资高达 1 亿多英镑，而这种松散低密度的城市设计对住宅和服务设施造价的影响还没有计入交通成本的计算。"（斯蒂芬鲍特，《交通革新与城市用地结构》）

与充分汽车化模式相应的松散布局，对设施空间的大量需求以及惊人的投资都是中国国情无能为力的，无疑在中国的大城市中，应限制私人小汽车的使用。

另外，小汽车对中国人来说，也不是可望不可及的。现在中国已经建立了生产小汽车的工厂，加上经济的持续稳定增长和生活水平的提高，肯定会激发人们购买小汽车的欲望，应该承认，私人拥有小汽车在中国将是不可避免。

人们在选择交通方式时，有时是自愿，有时是无奈，不应使人们选择私人交通工具的动机是出于公交不便。在大城市中，限制私人交通工具是必要的（包括对其税收、汽油供应登记、牌照等方面的控制和对道路停车场进行使用收费，但是更重要的是为城市居民提供相当的公交服务，使大多数的居民在大多数的情况下都觉得公交十分方便有效，这才是解决问题的根本方法，是"引"而不仅仅是"堵"。当可以争取到大多数的乘客和大多数的出行时，就实现了在私人小汽车有力竞争和强大吸引下的公共交通上主导地位。

二、对策

目前，中国私人交通工具机动化的高潮尚未到来，但已初露端倪，因此必须未雨绸缪。对未来的分析、对自行车出路的分析、对公交前途的分析都使我们别无选择:必须在有限的时间内,逐步地真正实现公共交通的改善。

1. 专业化的启示

人类的第一次劳动大分工,出现了以农业为主的固定居民点,第二次劳动大分工,形成了以商业手工业为主的城市,每一次社会分工的加细,都表明是人类历史的一种进步。到了近现代,福特汽车公司的第一条生产流水线更向人们展示了专业生产的强大优势。可见,专业化程度的提高、分工的深化是发展的大势所趋。

(1)道路基本功能的分离

事实上,城市道路具有两种不同的功能,即"通"(movement)与"达"(access)。在大量的交通流动没有成为城市中道路设计的主要决定因子之前,几乎所有的道路都基本上作为人们到达的手段,它们的不同仅在于宽与窄、喧闹繁华与僻静安宁,可以说,那时的道路是"通达一体化"的模式。

在本文(一)中曾指出,新时代的显著特征之一是时效取代了情趣,正是由于这一观念上的变化,导致了城市中道路交通两种基本功能的分离,现代交通的大量性和对快速的需求,使"通"的功能独立出来,并在城市中首次出现了以满足"通"的功能为主的快速路与主要交通干道,形成了金字塔形的道路分级系统。

(2)交通流的分离

现代城市的交通过程特点是有大量的多层次车辆参加。随着车速的提高,对交通过程中参加者的统一性需求也在提高,因为由大约同一种类型的车辆组成的以相近速度行驶的车流属于比较均匀的运动,彼此干扰小,比不同动力性能的车辆组成的车流速度要快得多,因此有必要将相互干扰,需求各不相同的车流分开。

(3)对中国城市的意义

从道路分工来讲,中国城市中现有道路大多仍是"通达一体化"的旧模式,既缺少高层次的道路满足"通"的要求,又缺少广泛到达的支路,大多数城市只能提供两个层次的道路供应:即间隔800~1000m左右的所谓主要道路。在老城中,道路弯曲狭窄缺少通畅干道,新建设区又多是在"大方格、宽马路"思想指导下的产物。大方格下的居住区规划,则多从本区利益出发,以避免交通穿越为目的,规划出的道路有意互不相连,由于缺乏平行支路分流。从大块居住区中涌出的人车流统统集中在主要道路上,因此,主要道路上既存在因超负荷引起的"越级服务"现象,又存在混合使用下的"降级服务"现象。

从交通流分工现象看，不同动力性能的车辆混合行驶是我国城市交通的普遍现象，同时也是最大的弊端，由于车种混合，我国城市道路的车速大为下降，通过能力大为降低，交通拥塞严重、交通事故上升。

根据北京市交通死亡事故调查：50% 以上事故是由不同车流间的冲突造成，其中又以机非碰撞造成的事故比例最大（《北京市城市交通现状及对策》）。

据建设部林家中、武涌文："由于道路设施不足和机非混行，我国城市机动车速从 60 年代的 25km/h 下降到 15km/h 左右，高峰时局部地段有的只有 4 ~ 5km/h。

在时间就是价值，效率就是生命的今天，现有的低速交通现状越来越无法适应腾飞的时代需求，提高干道车速，改变交通慢吞吞的局面成为当务之急，因此，必须尽快实现城市干道上的机非分流。

2. 关于三块板形式的机非分流

现状中，一方面是自行车的大量存在，同时在设计中无视自行车交通特征又是在不自觉地执行着，三块板形式的分流则是典型的"事后规划"（after-the-fact-plan）的产物。开始城市中道路普遍采用一块板形式，随着交通量的增加，机非相互借用空间的优点在丧失，而干扰在加强，于是不得不在有限的道路两侧划出一定的空间以供非机动车行驶，这成为三块板的"初级形态"。当然，应该承认，三块板的分流形式在一定程度上减少了机非车流之间的干扰，但是由此引起的问题也是不容忽视的。

首先，表现在交叉口的干扰上，平交路口是路网通行能力和交通安全的"隘路"，我国城市中的交通阻滞和中断主要发生在平交路口。而在三块板形式的道路相交之处，机非车流之间产生严重的交叉和冲突（灯管路口，机动车之间的冲突点仅为 2 个，而机非之间为 12 个），使问题变得复杂化。

其次，即使在路段上，三块板形式也未能完全解决好机、非及行人之间的相互干扰。我国的自行车交通具有较强的生活出行功能，这使相关的商业文娱等生活性服务设施趋之若鹜，因此我国城市中的一个普遍现象是：一旦修建好一条三块板道路，很快地在其两侧，商业等活动活跃，这是我国自行车多用途使用（购物等）的必然结果。而当道路两侧是商店及人流吸引点时，自行车及行人将频繁地穿越马路，影响机动车的正常行驶，造成干道的"降级服务"。

来自合肥的报告："现状中的公建和商业服务点，已形成了沿干道两旁排列设点的状况, 越是主干道, 两侧的公建越多, 越是主要的交叉口越繁华。"

横穿行人及自行车数	10	50	100	200	300	7300
造成障碍间隔（m）	700	140	79	35	12	连续障碍
机动车速度减少率（%）	0.4 ~ 1	2 ~ 4	4 ~ 10	8 ~ 20	20 ~ 30	—

目前, 我国城市中绝大多数的三块板道路是以主要交通的姿态出现的, 但这形式本身的弱点决定了它难以满足快速、流畅、少干扰的交通需求。

3. 另一种方法

三块板形式的机非分流不能完全地解决中国城市的交通问题, 显然有必要在某些道路上将自行车流完全地排除出去。而一个完全的机非两层次系统, 即大量的自行车专用道系统又是目前国力所不允许的, 因此, 在我国绝大多数城市里, 机非分流系统只能因地制宜, 逐步施行。

（1）抓住矛盾的主要方面——经济的释疑

虽然目前中国城市中道路供应问题颇多, 但我国的经济实力决定了我们不可能提出一个全新的交通网, 而总是对现有网络的改善和发展, 因此抓住矛盾的主要方面是我们解决问题的基点。

在现状的中国城市中, 机非车流之间具有相同的空间特征, 即机动车的主次支路同时也是自行车的主次支路, 对于这样的使用所引起的后果, 打一个不甚准确但颇形象的比喻, 如果支路上机非之间的干扰是 1 + 1, 那么次干道上的干扰可能是 2 + 2, 而主干道上的干扰则可能是 4 + 4 或者更多, 这也仅反映了数量上的变化, 还没有计入当量变到一定程度时引起的质变。显然交通最困难处来自主干道（图 1）, 而这也正是我们解决问题的着手点。

来自芜湖市的报告:"全市机动车和非机动车同时集中在少数几条道路上。"北京市的交通调查也表明:机动车流量较高、负荷度较大、交通最困难的路口同时也是非机动车的集聚口, 典型的如:

	东四	东单	府右街南口	崇文门
机动车流量辆 /h	4591	1086	3724	3828
非机动车流量辆 /h	11067	10478	8015	8110
负荷度 %	97.81	101.25	102.45	93.02

"在城市的主要交通方向上,选择有条件的主要道路作为机动车专用道,同时在相近范围内,选择整理原有平行支路或开辟平行辅道作为自行车专用道"(参阅图1乙)。这样的做法,既可以充分利用原有道路,发挥它们各自的优势,又可以在满足两种不同交通需求的前提下,减少相互之间的干扰(从原来的 1 + 1,2 + 2,4 + 4 变为 0,2 + 2,0)保证了城市主要交通流向上的车流快速通畅。

根据对我国 31 个大城市的调查:城市中的道路一半以上都是宽度不足 7m,不能行驶机动车的小胡同。如北京市宽度在 7m 以下的路占总数的60.2%,上海市 1400 多条道路中能够通行机动车的不到一半,成都市道路宽度在 9m 以下的占 3/4,显然城市中存在这种可以综合利用的支路。由于自行车灵活轻便,对道路线形和交叉口转弯半径及视距要求都很低,只需要提供非常便宜的路面和基础,因此整理原有支路和开辟必要的连接线的自行车道路的投资都是较少的,这为我们的方法提供了经济可行性。

(2)对公交的改善——释疑之二

在城市中设置自行车专用道,往往会使人们产生错觉:这是一种对自行车交通的鼓励。但是,分析一下机非之间的不同动力性能,事情就很明白了。自行车作为一种人力驱使的交通工具,速度变化范围为 10 ~ 20km/h;而对于机动车,其车速可由混行时共同的 10 多 km 提高到 40km,甚至 60km/h(路段车速,考虑城市对车速的限定),显然,效率是明显的。

人们的另一个疑问是:既然自行车的出路在于与公交的换乘,那么,应首先解决到达公交站点的自行车出行与公交线垂直,而不是与公交线平行的自行车交通。答案在于规划师不可能强迫居民采纳自己认为理想的方案。从居民个体来讲,当自行车比公交更快更方便时,为什么一定要换乘公交呢?因此只有首先使公交在主要流向上的较长距出行比自行车更快更省时,才有可能促使这一部分出行转向公交,这是一种解决问题的迂回战略。

在本文建议的方法中,由于在城市交通的主"骨架"上,已经排除了自行车的干扰,故可以提供较优的通行条件。在此基础上,根据客流意向,在机动车专用道上配备动力性能良好载容量大的公交车,采用大站车、直达车(与常规正班车相配合)的方式,可以提供比一般情况下常规公交高得多的车速和通行能力。如果在平行方向上还有其他道路,高峰时,可将机动车专用道作为公交专用路,以进一步提高车速和运能,增加公交吸引力,从而达到减少自行车长距出行的目的(图2)。

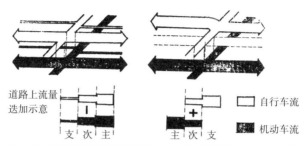

道路上流量
迭加示意

支 次 主　　主 次 支

□ 自行车流
■ 机动车流

甲、现行道路使用下的交通流迭加　乙、推荐的道路"空间差"利用

图 1　两种不同的交通流空间安排

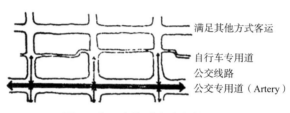

满足其他方式客运

自行车专用道
公交线路
公交专用道（Artery）

图 2　客运高峰时车流安排示意

4. 进一步的思考

（1）关于吸引区深度和道路间距

各城市情况不同，在主要方向上道路吸引区的深度也迥异，因此，有必要讨论专用道吸引区深度和间距，这影响着城市专用道数量的配备。

根据 T·西尔克斯的吸引区理论："交通线的吸引区深度随着车速的增加而增加"，因此，机动车专用道的间距可以大于一般干道的 800 ~ 1000m 间距，一般认为，主干道间距在 1.5 ~ 2.5km 之间是合适的。

自行车道路平面交叉的交通处理能力在 20000 辆 /h 以下，一般在 8000 ~ 15000 辆 /h 之间，考虑将来长距出行的减少，目前可选用较高值，每条进口道限值可取为 2000 ~ 4000 辆 /h，据此，我们可对自行车道路作一简单估算：

设 d：吸引区深度；l：研究区域长度；

F：研究区域面积 $F=2dl$；

k_1：方向不均匀系数；

α：区域中职工高峰小时出行系数

（$\alpha \approx 0.6 ~ 0.7$）

β_1，β_2：区域中职工及学生比例；

（$\beta_1 \approx 0.5 \sim 0.6$，$\beta_2 \approx 0.2$）

γ_1，γ_2：区域中自行车出行比（学生 $\gamma_2 \approx 0.2$，职工 γ_1）

D：区域中人口密度

Q 限：每条进口道限值；

k_2：该道路承担交通量比率（$0 \sim 1$）；

L：平均出行距离；

则 $F \cdot \dfrac{D\,(\,\alpha\beta_2\gamma_2 + \beta_2\gamma_2\,)}{2} k_1 \cdot k_2 \cdot \dfrac{L}{l} = Q_{限}$

$\therefore d = Q_{限}/[DLk_1k_2\,(\,\alpha\beta_1\gamma_1 + \beta_2\gamma_2\,)]$

对于一个确定的城市，除 k_2 外，式中各个参数都是确定的。因此城市中自行车道的间距选择主要取决于 k_2 值，也即城市在多大程度上实现机非分流。在目前建设资金有限的情况下，投资额最小的方案必然是最有可能实现的方案，因此 k_2 可先取较小值以减少改造面，同时考虑机动车专用道的设置，故在道路建设的最初阶段自行车专用道可与机动车专用路对应设置。

（2）关于交叉口的处理

同混行系统下的交叉口交通情况相比，机非分流的系统显然要有利得多，其优势不仅表现在交通流平面交叉时的冲突点减少，还表现在交通流立体交叉时的用地节省和造价节约。它可以大大简化交通流线间的交叉，故交叉口设计可做得比较经济实用和有效。

当自行车路与机动车路相交时，由于自行车净空要求低，相应的坡道短，一个简单小巧的下穿式立叉就可解决机非冲突；而自行车路间的交叉（一般在高峰超过 20000 辆 /h 时，才产生立交需求），可以充分利用它车身短交织长度小转弯灵活的特性，采用双层小环交：左转下穿，大量的直行及右转在原有平面上，一个简单的"四洞一环"就可以解决大量的自行车流间的互通。（图 3）

（3）关于机动车专用道上公交的进一步思考

前文提出的公交干线应能符合：

·车速达 20km/h 以上，相应地需较大站距；

·按时刻表正点运行；

·有方便的换乘条件。

目前，中国城市中公交站点的服务半径一般是 400 ~ 600m，对于大于 5 分钟以上的步行时距，居民已不易接受，因此初看起来，较大的站距与为

61

缩小步行距离的较小公交进出口——站点的间隔存在矛盾（参阅图4），但这仅考虑了某一具体的车辆，从总体而言，在公交干线上站点是常规的，间距较小的；而对每辆具体的行驶中的公共汽车而言，站点是有选择的（基于客流意向与公交OD），站距是较大的，速度是较快的。

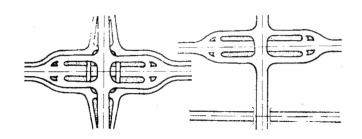

甲、混行系统下的立交(用地6～7ha) 乙、分流系统下交叉口组织（用地4～5ha）

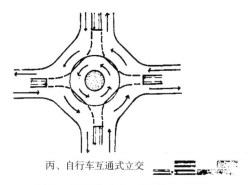

丙、自行车互通式立交

图3 不同的立交口处理

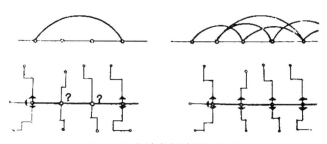

图4 公交站点与站距的关系

当客运高峰过后，大量的公交乘行减少，同时货运等机动车将大量进入，此时公交又应如何考虑？这里有必要谈谈三块板道路的综合利用问题。

目前，我国城市中主要道路基本上都采用三块板形式，而细分起来，又可分为两类：临时分隔的原有较宽的一块板及有固定分隔的三块板，后者为适应大量的自行车交通需求，往往设计得较宽，这为我们再利用三块板的道路提供了可能。

鉴于自行车流已经分离出去，我们可以利用原有的非机动车道作为公交干线上的"常规车道"；当处于客运高峰时，专用路上的原有机动车道用于满足大站及直达车（主体的），而常规车道用于提供按普通站点运行的公交服务作为补充；当客运高峰过去，机动车高峰来临（占主体），大站快车的功能逐渐衰减，大量乘客的减少需要频繁的停站来收集客流，此时常规公交车道既可满足公交需求，又可减少对大量机动车流的干扰。

（4）与布局的结合及设施配备。

曾经，小区规划按"最佳的覆盖性能"将中心布置在几何形心，但是逐渐地它就为沿街布置的喧哗的商店所取代，这种现象的产生缘于商店追求利润的本能，中国自行车多用途使用和家庭多职工就业现象决定了人们往往是顺道购物，由于内向的布局使人很难了解和光顾，现代的城市设计普遍趋于采用外向型中心布局。

在本文提出的方法中，小区中心可在机动车专用道、自行车道及次干路限定的区域内发展（图5），这样的选址可同时满足公交乘客及自行车的顺道采购，而且通过合理设置公交站点与配备自行车停车点，可以促进自行车向公交换乘。

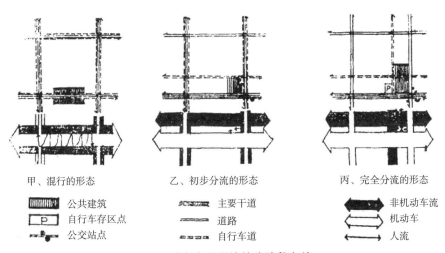

甲、混行的形态　　　　　乙、初步分流的形态　　　　　丙、完全分流的形态

公共建筑　　　　主要干道　　　　非机动车流
自行车存区点　　道路　　　　　　机动车
公交站点　　　　自行车道　　　　人流

图5　城市交通设施的分阶段完善

63

首先实现城市主骨架上交通的快速便捷不仅仅是限于解决现状的交通拥挤，还有助于城市的生长和结构改善。从交通角度而言，枢纽点由于交通十分方便，将对公共设施起磁吸引力作用，便利的交通加上生活服务性设施的聚集可能成为未来城市多中心发展的"潜点"。因此我们要利用这一因素，在城市发展的主要方向上，通过便捷的交通系统疏散过密的城市人口，同时选择这样的潜点，有意识地诱导设施的集聚，随着经济实力的上升，不断完善枢纽点的功能。从某种意义上讲，城市多中心布局实现的过程可以看作是对交通为先导的城市疏散进行诱导和设施配备（交通设施和商业设施）及完善的过程（参阅表1）。

5. 对方法的评价

在城市中必须实现机非分流，改变现有混行系统引起的交通混乱，是很多有识之士已经认识到的。但在实际中，许多城市却往往"按兵不动"，而造成这种现象的一个重要原因是人们对分流系统的成本的担忧和其效益的怀疑。

本文推荐的是一种低成本的方法。根据笔者对我国许多城市的研究分析，自行车道系统在最初约有 60% ~ 80% 可利用原有道路，而机动车专用道则基本上是对原有道路的改良，这样小的改造面是我国大多数城市能够支付得起的，而由此引起的效益则是极其明显的（参阅表2）。

表1

城市 与交通	经济		
	经济水准Ⅰ	经济水准Ⅱ	经济水准Ⅲ
措施	抓主要矛盾，首先实现主骨架交通快速便捷	完善区内道路系统，提供便利，促进设施向次中心聚集	进一步完善枢纽点功能，完善次中心设施在新老中心间建设快速路系统
	在优化的干线上，结合交通OD配备大站车，直达车，有条件的更采用公交专用道（公交竞争者：自行车）	完善公交网络，增加公交可达性，协调空间主次线间以及与自行车的换乘	在城市客流主要方向上建设快速路轨交系统（大城市），营建无障碍的综合换乘枢纽；（公交竞争者：私人小汽车）
改善	实现城市中长距公交出行畅通，抑制并减少自行车长距出行	初步的自行车公交换乘形态	自行车成为公交的助手，形成合理的换乘系统
	疏散过密的城市人口，选择并培养发展潜点	形成初步的多中心形态	实现向多中心的转化

表2

项目			混行系统	分流系统
交通状况		交通组织	困难，交叉口冲突点多而复杂	减少了冲突点，简化了交叉口交通组织
		交通安全	事故率将随交通量的增加而不断增加	分流后事故率有明显下降
		城市客运交通	公交与自行车混行，车速低，居民出行时间长，引起交通结构的恶化	采用大站车，直达车或公交专用道形式使车速大大提高，出行时间减少
		交通管理	难以适应先进的管理方法，如绿波交通的施行	相近的车流速度为"绿波"使用提供了良好的条件
	交通设施占地面积	路段	高峰出行的不均匀性，造成道路空间的浪费（三块板的非机动车道）	对道路空间综合利用，当自行车流方向系数为k时，自行车专用路上，道路节约为100（k-1），如k=1.2时，节约20%
		交叉口	当采用立交时，要增加一个空间层面满足自行车流，即使在平交时，用地也较分流系统浪费	交叉口组织经济、节约、有效
		动态面积	车速降低，造成车辆行驶时占用道路时间延长，动态面积增大	车速提高，减少了车辆占用道路的时空值，加快了道路使用的周转，节约了道路空间
经济效益	时间损失	客运	研究表明：平均运输时间每超过10分钟劳动生产率就下降1.5%～4%，混行系统车速低，使职工出行时间延长，造成劳动生产率下降	随着社会的不断发展，人们对时间的价值看得越来越重，美国人认为每一乘客小时价值为0.8～2.0美元。当然各国情况不同，比值C就不相同。对于一个100万人口的都而言，每个居民出行时间增加10分钟，则时间浪费值为1.67×105C
		货运	根据北京市的一项研究推算：全市一年中机动车因车速下降，交通拥塞而延误的时间换算成经济效益约8000多万元	可提高车辆劳动生产率

续表

项目		混行系统	分流系统
经济效益	交通事故损失	全国城市（1985 年）共发生 9742 起交通事故，直接经济损失 6566 万元，而在交通事故中自行车及与其相关的事故占 60% 左右	减少事故、减少事故的赔偿费及其他经济损失
	能源及其他	据测算：汽车时速为 16km/h 时，与正常行驶相比，燃料消耗增加 5%，轮胎磨损增加 2%，其他损失增加 4%	可节约燃油，减少车辆磨损
社会效益	对生产和经济的影响	交通混乱，车速降低，生产周转慢，经济效益差	促进生产和经济发展，改善投资环境，有利于外引内联
	对人民生活的影响	乘车舒适性差，影响居民生产生活的正常出行	改善交通条件，使居民可以方便地到达，较快速地流动
	对城市的影响	城市难以延伸，难以摆脱单中心的结构布局及由此引起的困难	促进城市现代化和高效化。促进城市人口疏散，有利于布局的改善，有助于碱市总体规划的实施

结语

本文从中国城市的问题出发，从道路交通与城市相互影响角度探讨改变中国城市困境的方法，需要说明的是笔者并不想一厢情愿地认为这是唯一的改善之"路"。而且，对于公共交通而言，虽然采用不同形式的公共汽车专用线（道）可以部分地达到目的——缓解交通拥塞，提供足够的客运能力和质量上可被接受的公交服务，但是对于百万人口以上的大城市，随着经济实力的不断上升，应该选择更为有效和永久的解决方法——修建轨道交通系统；从城市道路角度而言，通过对主要道路整理后形成的机动车专用道，也只是一种"权宜之计"，城市的不断发展将需要"正宗"的快速路来满足需求，因此，本文提出的方法是一种过渡和"折衷"，仅希望由此实现向更好更佳的城市与交通系统的动态引导。

参考文献

[1]　＜英＞巴里·库帕.走在变革前列的规划师.城市规划动态，1988，9

[2]　＜英＞J.M.汤姆逊关于发展中国家城市交通规划的改进意见——世界银行工作研究论文第 60 号

[3]　吴旭寰.中国自行车交通特征.1989 年

[4]　陈祯耀.试论中国城市自行车交通的出路.城市规划汇刊，1989，6

[5]　朱国梁，吴旭宇.开辟城市公交专用道交通与运输，1988 年学术版

本文原载于《城市规划汇刊》1991 年 02 期。作者：周岚　徐循初

21 世纪中国的城市交通

　　随着改革开放，我国经济的快速增长，城市化的进程大大加快，交通需求量急剧增长。据 1990 年统计，城市道路担负的货运量为全国公路、铁路、水运、民航、管道总运量的 5.9 倍，公交客运量是铁路、公路、水运、民航总运量的 5 倍，城市客运周转量为全国客运周转量的 1/3，交通需求的剧增使城市车辆以年增 20% 左右的速度增长。而城市道路的建设却大大滞后，供求关系的脱节，使城市交通近几年来空前紧张。交通问题已成为困扰市民和市长们的头等难题。

一、城市布局

　　随着现代化交通通信手段的发展，跨国金融、贸易和工业生产的发展，全球的经济已出现发达国家与发展中国家在生产上的相互依赖。发达国家为了寻求更廉价的劳动力和原材料，将资金转移到发展中国家的一些大城市及其周围地区，以获取更多的利润；而发展中国家为了掌握现代化的科学技术和生产手段也希望对方来投资开发，以便将现代科学技术和国民经济早日搞上去。这种全球化城市的作用，在我国改革开放以来得到颇大的反应。城市土地批租使原来改造缓慢的旧城得到了活力，拆迁了旧城中一片片的房屋，大量居民外迁到郊区，而第三产业的工作岗位却在市中心区更加集中和强化；有污染的工业虽有序地外迁，但与居民的居住地点并不就近安置，职工上下班的出行距离普遍增加；三资企业的开办，大多是布置在大城市远郊区、沿公路的乡镇土地上，地价和劳动力便宜，又不需解决职工的居住，但对大城市的用地发展形成了蛙跳式的开发，使生产协作增加了货物的运距和货运周转量。

　　新一轮的城市规划修编，为满足城市生态环境的要求和用地布局的调整，大城市都提出了建设快速放射路和内、外环路的要求，以适应日益增长的交通量。根据我国前廿年和国外的经验，今后客货运周转量还将成倍增加。高速公路的建设，将运距从原来的几公里增加到七、八十公里，从而促使汽车需求量猛增和车辆载重量提高，也对道路路面和桥梁的承载能力提出更高的要求。

随着地区中心城市经济的发展，对外交通越发达，其聚散能力越强，该地区各乡镇企业和三资企业在中心城设置的办事机构也越多，若一个单位有二辆小车驻城，则每天在市区流动的这些车辆数，将接近或超过本城拥有的车辆数，它们对城市道路和停车场地的需求必须超前考虑。

沿海中等城市及其周围乡镇的经济发展与道路建设是紧密联系的。但由于各城市只从本身的利益和投资渠道考虑，道路网在各市的影响圈以外互不协调。因此，国土规划应该发挥更大的作用，尤其对港口、机场的布局应该有统筹规划，避免重复建设，既形不成规模，又造成空间相互干扰。

在经济发展过程中，有些中小城市"撤地建市"，将几个小城市组合成一个中心城市，其用地规模进入了大城市的行列。就其本身城镇建成区而言，仍是一个个小城市，是自行车活动的范围，但对几个小城市建成区之间的流动联系已提出了快速路的要求，这种布局将会刺激城市机动车的猛增，城市道路系统应有预见性，提前留出用地。

以上各类城市布局的变化，其居民出行分布的特征仍然是服从"近多远少"的原则，只是最大出行距离各有不同。在出行分布特征曲线中，小于 5 公里的居民仍占多数，他们是以步行和自行车作为主要出行方式的，再远的出行居民就要选择机动化的交通工具。

二、交通方式

从市场经济的角度看，买方（乘客）要求的是交通企业的服务质量。

1.高效率，在自由竞争的社会里，时间和效率是首位的，乘客所选择的交通方式要方便、省时、舒适；

2.按质论价，自由地选择各种交通方一式的可能；

3.行者要有交通主动权，能预计活动的时间；

4.市内不同的地块，出行时要有相似的交通可达性。

因此，卖方（交通企业）必须：

1.为自身在市民中树立可靠的信誉，公平计价，才能挤进竞争的市场；

2.将自由经营的一块运输天地、与整个城市中的其他运输方式在时间、空间上衔接好，与各种吸引人流的商店、文娱设施、对外交通枢纽和其他公共建筑衔接好，并融合在整体化的交通系统中，才能运到乘客，有利可图；

3.建设客运交通设施时，要重视实效，用较少的投入换取较多的产出。

以上这些要求正是我国城市公共交通建设和经营管理中，未被很好贯彻的，以致居民只能自找出路，在不同经济水平和生产水平的时期选择了一条从自行车、燃油助动车、摩托车到小汽车的道路。

1. 自行车

我国目前有自行车 3.1 亿辆，年产 4000 多万辆，国内旧车更新销售 3000 多万辆。应该指出，自行车在解决城市交通中立下了功劳，在不同的历史阶段，弥补了公交运力不足的矛盾，是公交可靠的同盟军，无论在能源缺乏，天灾人祸或道路施工中，自行车始终是畅通无阻的。但是，面对如此众多的自行车，占城市居民出行比例 50% 以上的自行车交通，我国始终未寻求和建造出安全、舒适的自行车道路系统。在 60 年代，自行车是生产部门和商业部门谋利的手段，是国家统计部门反映居民生活水平的一个标志。因此，得到各有关部门的重视。如今，生产部门和商业部门有了更可谋利的助动车、摩托车和小汽车。于是，大唱生意经，贬低自行车为"落后"的交通工具，社会舆论也与之和调，甚至城建部门也因为有大量自行车占用道路面积而要逐步消灭自行车，这真是跌入了误区。其实自行车是单位能耗做功最多的交通工具，自行车的优点毋用再多说，单从城市居民出行活动距离看，在三四公里范围内是任何一种交通工具所无法替代的。据英国研究表明，近距离（5 英里）小汽车出行的 80% 可用自行车替代。法国、荷兰的一些城市表明：即使小汽车拥有量达到了每户 1 ~ 2 辆的水平，但在出行交通结构中，小汽车约占一半左右，公交与自行车之和也占一半，其中：百万人口的城市，自行车占 10% 左右，十几万人口的城市，自行车占 40% 左右。当今，发达国家对城市交通公害和环境的治理提高到一个新的高度，提出了"后小汽车交通"（Post-Car Traffic）理论，为了求得"安宁交通"，重新提倡发展公交和自行车。可见自行车交通的生命力。正因为此，我们应该认真学习荷兰建造自行车专用道系统的经验，并在道路网规划中作为发展战略去研究它。

2. 公共交通

长期以来，对"优先发展公交"未能很好落实，全国高等学校至今没有培养公交人才的专业，使公交的建设和经营管理一直停留在低水平上，这是一个失误。公交车辆的建造没有专门设计的底盘，长期使用卡车底盘代替，国际上低底盘的公共汽车和电车，我们至今没有用到城市交通中。动力因素偏低的铰接公交车，已成为降低整个城市交通速度的因素之一。公交车的服务质量不能适应乘客的要求，一方面是公交企业本身的问题，但更多的一方面是城市规划和建设的问题。公交线路的开辟是在居住区和道路建成后去配置的，没有港湾车站，没有综合换乘枢纽，没有终点站的用地。

土地开发的强度没有与公交线路的运载能力相协调，其最终结果必然是将公交企业放在被告的席位上。公交的价格政策也是长期以来没有处理好的问题，经营性亏损和政策性亏损纠缠在一起，亏损补贴没有立法，以致公交企业容易丧失工作积极性，躺在市政府的大饭锅上。目前全国公交企业中，亏损的占绝大多数。公交服务水平差，大量客流转移，据不完全统计，在城市居民出行交通结构中，公交只占 5% 以下的城市是大量的，有的中等城市只占到 0.4%。公交客流少，行车间隔时间长，加上为乘公交在车站两头步行的时间长，总计在车外耗费的时间长达半小时以上，若骑自行车，可走 6km，这已经超过了百万人口城市大多数居民的出行距离。正因为如此，近年来，公交客流所占的比例越来越少，自行车、助动车和摩托车的比例越来越多。据公交人士透露，若公交经营体制改变，线路经营权通过竞争拍卖，票价制度调整，公交设施用地有保障，公交企业是可以办好的。国外的经验也证明，许多亏损的国营公交企业，通过竞争的手段，变为私营承包，都扭亏为盈，并且票价还维持在原来的水平上。因此，改变公交的面貌和服务质量，应该从一系列的方面着手，认真研究，切实贯彻，才能进入良性循环。否则，居民上下班出行乘公交的需求将会被日益增长、但并不经济的企业通勤车所替代。居民的生活出行将会被私营的小巴和自行车、助动车或摩托车以及出租汽车所替代。

3. 轨道交通

在特大城市，由于城市用地扩大，大批居民外迁，出行时间已从 60min 延长到 90min 甚至更长，迫切要求有不受街道交通拥塞和干扰的、街道外的快速大容量交通工具。根据几个建造地铁的城市资料，由于采用的车辆、站点设施、自动控制、通风和线路设施建设的水平都与国际接轨，使其每公里造价高达人民币 7 亿元以上，大大超出了城市的财力，使一批有建设需求的城市，望而生畏。建造轻轨，造价可以降低 1/2 ～ 2/3，建设速度也比地铁快 3 倍，一条轻轨线路可以当年建成，但至今没有建造的实例，车辆也需进口。而从我国城市发展规模看，未来将有一大批（至少 50 个）城市需要建造街道外的（地面或高架）轻轨交通。因此，我国应该引进国外的先进技术，生产国产轻轨车及其电气控制设备，以降低轻轨交通的造价。这是我国发展公交的一个重要战略，是使大城市公交走向良性循环的重要步骤，应该投入力量研究并在逐步实施中取得经验。

4. 公交专用道

根据我国一些城市建造高架道路的经验，以及国外建造公交专用路（或专用道）的经验，在大城市里可以开辟运行在高架快速道路上的大站公共汽车。按客流的大小，组织单辆汽车或几辆组成的列车运行，停站时可由匝道下到地面进入港湾式停靠站或路外的换乘枢纽站。高架道路可以是公交专用路，也可以与其它车辆共同使用。停靠站上应有地面公交和自行车停车场相衔接。这种组织公交的方法在现阶段是一种切实可行又花钱不多的办法，可以通过试点摸索经验加以推广，使大城市的公交及早走上良性循环的道路。今后我国城市财力充实后，再用轻轨或地铁来替代它。

5. 其他公共客运

对城市中其他客运交通工具（如：私营小巴、出租汽车）应严加管理，至少应将公交置于平等的地位上竞争，纳入统一的运营制度中，对其数量应加以控制，出租汽车的计价必须严格按计价表执行。关于出租汽车的型号，在有些城市里准备淘汰计价较低廉、为广大市民所能承受的"面的"或夏利车，理由是它们在道路上行驶太慢，影响交通。但从我国发展私人小汽车的车型看，即将推向市场的车辆也是这个档次的，所以"理由"是难以站得住的。对私营承包的出租车应抓的是车况及优质服务，研究这部分辅助交通工具在城市交通中所占的比重，及所需的服务设施的布局。

6. 私人小汽车

私人小汽车与私人摩托车一样，随着家庭收入的提高会进入家庭。根据世界银行的统计，一个家庭 6 个月结余款额相当于某种交通工具的售价时，这种交通工具就大发展。日本的研究也表明，当小汽车价格相当于家庭年收入的 1.4 倍时，就具备了购买小汽车的能力。其实公车私用的状况如此普及，已说明人们对小汽车交通的需求。"公车私用"国家为此每年支付 1400 亿元高昂代价，必须用发展私人小汽车来改变这个不合理的状况。公车私用曾代表了权利和地位，私人小汽车也会当作个人财富的标志，但它主要的用途是为了方便交通，节省时间。从这方面来看，乘用出租汽车要更方便些，可省去维护车辆的麻烦，以及寻找停车场的苦恼。尤其在我国城市中停车场（库）用地极其缺乏，在大城市里将成为影响私人小汽车发展的一个重要因素。日本大城市里有不少家庭为了显示自己的社会地位和财力，购买了小汽车。但平日搁置着，照常采用公共交通，只是到假日才驱车到市外游玩。因为，平时上下班活动乘发达的公交更快更方便，因此，要发展私人小汽车，必须与改造、扩建道路、提供停车场、燃料和维修等其它一些设施同步进行，构成一个系统。

对小汽车发展最大的制约是道路建设的供需矛盾突出，工厂生产流水线可以 1～5 分钟造出一辆汽车，但城市里很难在一小时里拆出和铺出一辆汽车行驶和停放所需的道路面积。为了使日益剧增的车流畅通，被小汽车文明覆盖的国家每年要支付巨额资金修路架桥。美国以政府一半财力承担了它的轿车文明。美国联邦政府施行的公共设施，半数与道路有关。日本自 1973～1977 年道路投资也高达 195000 亿日元。尽管各国在修建道路上消耗了巨资，但随着车流的膨胀，被制造商炫耀的轿车优势在市区并不存在，坐轿车没有骑自行车快，小汽车最多只能开出其经济车速的 25%～50%，即城市中每 100 辆车只起了 25～50 辆车的作用。而产生的交通公害却超过 100 辆畅通车辆所造成的影响。要发展私人小汽车就需要大量的道路面积，我国目前城市道路面积率大都只有 6%，而西方的实践经验要求 20%～30%。令人担忧的是城市房地产开发商为了眼前的利益，拼命提高建筑容积率，而不愿让出一寸必要的城市道路和交通设施用地。在大片土地批租、大拆大建的过程中，一旦失去了时机，日后市政部门也没有这么大的财力再来改造。因此，城市规划部门应对此早作规定，预留用地。而如何在土地开发和交通发展之间建立良好的运行机制，是一项值得研究的问题。此外，小汽车在城市交通结构中应占多少比例，才能保持良性的交通状态，苏联曾规定不能高于 10%～20%，日本则规定大城市的小汽车交通量控制在 25% 以内，西欧诸国约占 40%，我国在发展战略中应该有所研究。

本文原载于《城市发展研究》1995 年 02 期。作者：徐循初

世界各国交通发展的经验与教训

　　关于"轿车进入家庭"的讨论，一年多来已经被新闻界炒得火热，在城市里是大力发展私人小汽车，还是以发展公共交通为主、多种交通方式并存？道路交通状况是继续恶化还是有所好转？居民出行质量是下降还是有所提高？21世纪中国的交通该是什么样子？我们必须做出正确的选择。他山之石可以攻玉，我们不妨来看看。

一、美国

　　美国是一个随美洲新大陆开发而兴起的国家，对新技术的开发和使用较快，在交通发展上亦然。早期发展的城市，道路网密，有轨电车曾在20世纪初占据统治地位，成为市民普遍使用的交通工具。有轨电车运量大、票价低、交通很方便。

　　汽车工业崛起，公共汽车先在没有有轨电车线路经营的城市、新开发区和郊区运行，由于它快速方便、灵活、开办费低，具有很强的竞争力，在有轨电车设备需要花大量费用更新的年代，资本家面对新技术和投资低的公共汽车，不得不做出新的选择。虽然当时有轨电车乘客很多，但在第一次世界大战后物价上涨，票价低于成本，到1918年有半数有轨电车企业破产，到1920年代末，它终于在这场公共汽车的挑战中败阵，被大功率公共汽车赶出了历史舞台。

　　1930年代后，小汽车迅速发展，公共汽车也受到了挑战，但第二次世界大战爆发使小汽车发展受到限制，公交暂时得到了复苏。战后，由于军工转民用，小汽车飞速发展，它是在美国特定历史条件下的产物：当时由中东供应的石油价廉、充足；商品推销采取先用、后分期付款的"赊购"办法；交通需求，大量复员军人回国得到较高的荣誉，一般都安置在城市郊区住，而就业岗位在市区、每天需要有快速小汽车进城工作，况且复员军人大多会开车；车辆制造技术的改进使驾车技术日趋简单。于是公共交通几乎被挤出了历史舞台，乘客减少，收入下降，到1970代中，挣扎在濒临倒闭的状态，靠国家补贴维持。

　　战后，车数猛增到6000万辆，道路容量不够，停车无地，重型货车使原有路面、桥梁均不符所需，道路线型、净空也不适应，改造道路成为最迫切的任务，否则就造成车辆滞销，交通事故频繁，道路阻塞，为此，从1950 年代到 1960 年代，在"冷战"声中美国全国建造了大量州际公路（国防公路）和各州的高速公路，到 1976 年全国实有 61000km 的高速公路，联系着各州 42 个首府及 5 万人口以上的城镇数的 95%。车增建路，路多车增，不断发展，到 1983 年全国有 83956km 高速公路。

由于道路的建设，小汽车的增加，牵涉了美国 1/6 企业和 1/7 职工数。影响遍及全国各地。在为资本家的利润服务的社会舆论工具导向下，进入70 年代，群众的信念是：若小汽车生产下降，就意味着失业，建设道路是国家繁荣不可少的部分。对公交的社会舆论是：大量使用公交的时代已经过去，再要发展或扶助公交，就等于在有轨电车时代复兴马车出行一样，因此。只有在美国北部、人口、密集、交通拥挤的大城市，还以公交为主外，其余地区均以小汽车为主要交通方式。

汽车交通的发展，改变了许多事情：

1. 运输方式——铁路运输下降，汽车货运上升，公交客运下降，小汽车上升。汽车运输刺激了生产发展，加剧了竞争，也消耗了全球 1/3 的能源。

2. 家庭结构——人们在郊外可以买到居住条件和环境更舒适的新房子，尤其年轻夫妇特别向往。战前的大家庭制分解为小家庭制，年青人与城里的老人分开居住。

3. 出行方式——工作出行由乘车变为驱车，购物由市区大街转到郊外的购物中心，私人小汽车出行占统治地位，无车者或无能力驾驶者出行不便，全国 70 年代有驾驶执照者占总人口 63%。80 年代平均 1.3 人有 1 辆汽车。

4. 时代观念——从 50 年代高速公路建设到完善，使人们在 40 ~ 50min 的出行时间内。可达范围的半径达到 50 ~ 85km,大大改变原有的时空观念。昔日沿铁路车站发展城市的情况，如今改为沿着高速公路发展。人们对出行三、四百公里的行程已习以为常。随着蜜蜂型家庭飞机出租业务的发展，使人们的活动能力更强。

5. 城市建设——当人们追求田园式的低层独院现代化住宅的时候，土地开发者为了寻求廉价的土地。形成了蛙跳式的开发，用地很分散，公交显得无能为力。必须依靠小汽车交通。大城市郊区化的增强和发展。逐步形成了大都会区，在美国经济发达的地区出现了人口稠密的四大片城市群，大城市人口不断郊迁，市中心人口减少，税收也减少。市政设施失修。市区衰败，成为穷人和黑人的居住地，60 年代就产生了白人与黑人对立、械斗的事件。

为了吸引人们回到市区来活动，使市中心复苏，在市区兴建了步行商业街、步行商业区、大型综合商业建筑，以吸引旅游者和郊区居民光顾。在郊区，为适应汽车交通的需求，也出现了许多以汽车活动为中心的建筑，如：汽车可驶人的银行、快餐店、电影院、汽车旅馆和免费停车的超级市场等。

6. 交通公害严重——交通的噪声、废气、水污染、震动、交通分隔等随着车速提高、交通量增加而日趋严重。

70年代后，随着交通公害、能源危机及人权运动、群众参与规划建设活动的开发，历届政府都对复苏公共交通作了一定的努力。但为了使1.5% ~ 2%的小汽车乘客变成公交乘客，国家必须每年用60亿以上的美元来换取。显然，代价太高。虽然近十多年来新建了地铁，组织存车换乘，增添电话预订的小公共汽车，限制小汽车车速，鼓励合伙乘小汽车等措施。其结果却给外国的小型、低油耗、价廉的汽车们打入美国市场创造了条件，使美国的小汽车市场仍然旺盛。

进入90年代，美国人民开始反思自己发展交通走过的路，美国和世界银行的交通工程技术人员不断来中国了解全民广泛使用自行车的经验和优点。但是，美国的城市布局和生活方式决定了美国把整个国家建在四个轮子上，并且将继续发展下去，难以即刻改变。

综上所述，可以清楚地看到美国城市交通发展的历程对世界各国提供的一个活生生的例子是大城市无限制地使用小汽车所产生的后果。

二、西欧诸国

西欧诸国历史悠久，城堡、教堂和民居，造型丰富，建筑坚实，代表了古老的历史文明，深为后人所珍惜。早年有轨电车和自行车使用较普及，小汽车问世后，市区交通骤增，是拆沿街建筑拓宽道路还是加强交通管理、发展公共交通，他们选择了后者，并重视土地使用与交通发展的关系

二次世界大战后到50年代初，经历了一个自行车、摩托车向大众化小汽车迅速转化的时期，如联邦德国，人们羡慕美国生活方式，热衷拥有小汽车。到1979年人均拥有量为0.4辆。法国也热衷发展私人小汽车，提出"要使每个职工有一辆小汽车"。结果，交通发展过猛，路上车辆拥挤、堵塞，路边停车严重影响交通。行人过街困难、乱穿道路干扰交通严重，最后引起了对交通发展的反思，重新回到大力发展公交——新型快速轨道交通、地铁系统来解决城市交通的困境。

德国在战后恢复时期，对炸坏的有轨电车没有废弃，而是修复使用。进

入 60 年代，对城市小汽车的发展进行了反思。1963 年当人均国民收入达 1300 美元时，国家对全国 20 多个城市的有轨交通进行了全面改造和新建；70 年代后，人均国民收入超过 2500 美元，国家便着手大规模修建地铁。到 1980 年，联邦德国已有地铁和快速轨道交通 412km，有轨电车 2684km，无轨电车 70 公里 . 共计 3166 公里。这些轨道交通构成了市区内、市区与郊区间的客运骨架力量，担负了大量的客运任务，与轨道交通站点紧密衔接的 67 万余公里的公共汽车和长途汽车线路，联系着全国各地。

随着汽车工业的发展，欧洲率先建造了高速公路。战后在线型设计和建设上有了很大的发展。它像长藤结瓜似的联系着周围的城镇。最高时速可达 240km/h 以上。它承担了全国货运行程的 25%；高速公路还平衡了全国劳动力，加快了物资周转。加强了各大工业区厂矿之间的协作，扩大了大城市的辐射能力，缩小了城乡差别；高速公路还促进和发展了旅游事业 . 为国家赚得大量外汇，同时也刺激了商品经济的发展和进出口业务。

城市公共交通的发展，得到了政策上的扶持和优惠。有一个固定的模式：市际客运交通都伸入城市内。在市中心区边缘设站，旅客出站后可以直接走入市中心步行商业区。这里是金融、贸易和文化设施集中的地方，大城市、地铁和郊区快速轨道交通在市中心区地下汇集，可综合换乘。线路向外伸展，地铁延伸到建成区边缘，郊区快速轨道交通则延伸到市域边缘或更远的地方，车站上都设有免费停车场，供开汽车入城的乘客在此存车换乘，以减少市区小汽车交通量和停车量。城市道路网等级和功能分明，路网很密，其上密布的公共汽车线路与轨道交通站点紧密衔接，并将各种车辆的运行纳入统一的行车时刻表，公布于众，使乘客出行有交通主动权。中心城市，不建地铁，但有轨电车也与公共汽车紧密衔接。形成一个方便换乘的公交网。

欧洲国家的汽车货运发展较早，战后恢复和新建的工业区大都在郊区外环路或交通干道两旁，货运联系方便。货物流通中心一般设在外环路上。可将工业生产、仓库、转运、批发、包装等业务结合在一起，工作效率很高，对内河水运也十分重视，使用 1000 吨、2000 吨的宽身平底拖驳，进行集装箱和大宗散货的运输，以降低运输成本。

战后在恢复和新建城市时，对道路系统作人车分流的思想得到进一步实现。英国新城的道路交通有下列特点：

（1）设置独立的步行系统。居民可以安全地从家门步行到学校、诊所、商店和绿地，不与汽车交通相混。

（2）开辟自行车道。新城用地小，适宜自行车活动。为此建立了独立的自行车干道系统。当它与步行道相近时，用绿带隔开或用不同色彩的材料铺砌，以示区别。在郊区与汽车道相交时，建简易立交。自行车道由下面通过。因此.自行车道上事故极少。

（3）市中心禁止开辟机动车通行的步行区。机动车只能停在市中心附近的停车场内，以保证行人在活动时免遭车祸。

（4）增设公共交通。新城初建时规模小，乘客少，忽视了公交。60年代后，重视了公交的规划建设，使居民步行到公文车站的距离不超过100m（5min）。方便了居民。但公交企业是亏本的，必须靠政府的补贴维持

（5）分散交通集散点。减轻交通负荷，采取分散布局，将产生大量交通的工厂、仓库、就业中心等分散在市区边缘，一些无害的小厂安排在居住区,使全市交通分布均匀。有的城市还将市中公的功能分散为行政管理中心、商务购买中心等，避免交通过于集中拥挤。

以上这些做法，对世界各国都产生了很大的影响。

三、苏联

苏联在十月革命胜利后，一直以发展公共交通为主，不发展私人汽车。50年代，由于经济基础和地理环境所限，苏联积极发展有轨电车和无轨电车以满足客运需求，货运则以铁路为主，铁路工业支线、专用线多，铁路货运量80%，在铁路支线上装运，而货运卡车占的比重少。在城市建设方面受法国宫廷建筑的影响，强调道路轴线和视点，沿街建筑要高大，街道交叉口四角要有四大建筑物，道路要宽敞、有气魄等，这些处理手法在50年代也大大影响到我国。

到了60年代，苏联经济体制发生变革，开始大量吸收西方科技，引进西方的先进技术、成套设备（如菲亚特汽车厂），经济发展，人民生活水平提高，小汽车也相应发展。50年代平均400～600人拥有一辆汽车。城市规划时采用远期规划指标，为20～30人/辆，到1970年实际统计已达35人/辆。交通发展来势凶猛，道路系统不相适应，于是人们提出了改善交通状况的需求：

1、划分道路功能、渠化交通性干道，加强现代化信号管理，建造立体交叉，以提高通行能力和车速；

2、建路外专用停车场地，改变路边停车占路情况；

3、建设市际高速公路。

进入70年代后，人均国民收入达到1300美元，人们曾一度认为使用私

人小汽车是人民生活水平提高的标志，但经过几年的实践，小汽车交通的种种弊端为人们所认识，经过反思。大力发展公交的方针又重新确立。并且，根据大城市客流规模，制定了发展地铁或轻轨交通的政策；此外，还利用铁路伸入线与地铁线路合站，或利用由地下穿过城市的市区铁路，组织城市客运，使外迁的城市人口可以便捷到达市区，以适应城市规模不断扩大的交通需要。

80 年代后，城市公交发展更快，全国有 2400 多城市有公共交通，公交年客运量占全国客运量的 30%，市内平均运距超过 5km，市内出租小汽车和私人小汽车的客运量占全市的 6%，兴建地铁的城市由 7 个增加到 13 个，到 1985 年地铁线路总长达 460km。国家还规定：凡超过 25 万人口的城市都要做 15 ~ 20 年的城市交通综合规划，内容含城市和市郊的交通运输和道路系统规划。

显而易见，苏联的城市交通所走过的历程是：大力发展公交——大力发展私人小汽车——又大力发展公交。

四、日本

日本的城市布局和道路系统受我国古代城市的影响更甚。道路十分狭窄，且丁字路口多。明治维新以后，受西方文化的影响，发展很快，跨越了马车时代，一下子从轿子时代进入火车和汽车时代，城市规划和建设一时也难以跟上。日本在结合本国人口密集、能源少的情况下。在城市中大力发展大运量轨道交通，对日后解决城市交通起了重要的作用。

二次大战后，在恢复和重建城市的过程中，限于财力，将工业发展集中在东京湾、伊势湾和濑户内海三大片的城市，即东京、阪神和名古屋一带，大量农村人日外流就业都集中到这三片地区的城市。面积只占全国的 7.5%，集中了全国人口的 38%。到 1965 年竟集中了全国人口的一半。高度的人口、工业、商业集中，使城市不断膨胀。市内客货运量和运距不断增加，客货流、车流、人流迅速增长，远远超过了原来就较落后的城市道路和城市铁路的承受能力。除了交通拥挤、道路堵塞、交通事故频繁发生外。一切“城市病”也都暴露出来。而日本在资本主义国家中要从后面赶上去，必须高效率、抢时间、争速度，才有竞争力。否则要赚得外汇是不可能的。也无法去购买发展生产的原料和新技术。

面对严峻的局面，为了有效地利用道路空间，从 1952 年起，陆续颁布了道路法等一系列法规，1954 年起开始执行道路建设五年计划。在工业生产上发展石油重化工，采用海上运到原料后，立即在沿海工厂、甚至在填海的人工岛上生产高级产品后出口的方法，以减少城市内的交通负荷。对市民大力宣传遵守交通法规的意识，并从小学生的教育抓起，学会走路自觉遵纪守法，用 20 年的时间提高了全民的交通意识。在交通综合治理方面，日本多次派出考察团在世界各国考察，吸取各国改善交通的经验，认真贯彻。

在人均国民收入达到 700 美元时，开始建造高速公路，大力打建交通网和通讯网，逐步将只大片用高速公路，又用新干线高速铁路联系起来，使它们在时空上尽量缩短。进入 70 年代，人均国民收入达 1600 美元以上，日本提出了《第三次全国综合开发计划》，以"控制大城市，发展中小城市"为目标。开发计划包括五大部分，涉及国土建设、国土管理、国民生活基础、大城市及周围地区、地方城市和渔村。对大城市交通建设提出：交通设施应与城市的形成保持充分协调。要做好：1. 以大城市为中心向外放射的铁路公路交通干线；2. 连接各地区中心相互间的高速公路，交通干线；3. 连接各地区中心和它影响范围内的公路交通网。这三种交通干线的结合，把城市改造成多中心结构。此外，长期来日本还重视开发地下和高架的电气化铁道和轨道交通。使它们承担了城市 60% 以上的客运量，大大减轻了道路交通量和城市交通公害。70 年代中，人均国民收入超过 3000 美元，在私人小汽车迅速发展时，也是地下铁道的高速增长期，它发展了一批电气化新交通系统、地下铁道和地下商业街，一方面是结合防灾避难的需要和节约用地，另一方面是利用乘客综合换乘枢纽的建设，有效地将地面公交、自行车停车、商店组织在一起，大大缩短了乘客的换车时间，又方便了乘客购买，促进了物业的开发，和公交事业的发展，以减少私人小汽车在市区使用的次数。由于在 70 年代的新城和居住区规划建设中，将车行系统和人行系统分开，保证了交通安全，使交通事故率降低到世界最少的行列。人行系统的步行道与自行车道相结合，连接绿化、幼托、中小学、运动场、医疗和购物等生活设施和公交站点，创造了一个"安宁交通"的环境。

在货运方面：将由地区外进出的中转货物、过境货物和市内货运三者适当分开。中转货运置于城市外环上；在全国性公路交接点上，建造货物流动中心，集货物销售、保管、加工、运输等业务于一个综合小区内；对市内货运充分利用货运交通干道，使它与客运交通分开，此外，还大力提高港湾后方的陆上交通运输交通，建设海岸道路：

进入 80 年代，日本为了适应经济向海外发展的需要，加强国际交通的交通设施建设，如大型国际机场和海港对国内的城市交通发展政策为：在确保高速发展和多种运输需要下，不断增长的人和物的沟通，促进综合交通运输的发展，建立优越的综合交通。在干线交通方面，形成高速公路网、铁路新干线网和高效的物流网。在地方交通方面，在大城市范围，缓和交通拥挤，提高交通安全，有一个顺畅的交通体系；在中小城镇，根据交通需求发展铁路和公共汽车．提高人们的出行可达性；客运需求量小的地方，则发展公共汽车、出租汽车和私人小汽车。在交通建设费用上，本着使用得益者全副负担．国家给予一定补助的办法。

在发展城市交通的过程中，日本运输省交通局确定了三个观点：1. 缓解大城市客运紧张状况，必须大力发展以大运量公交为主的高效交通系统。选择各种方式，包括：地铁、公共汽车、独轨车和新交通系统。2. 交通运输的服务质量和服务水平，要服从于国民经济的发展水平，尽量做到高层次化、多样化。3. 要稳定和强化交通运输企业的经济基础、经济效益和投资能力。

日本对城市交通规划的执行极为严肃。交通规划山都市计划局提出，经市政府总务局组织专家讨论，上报国家运输局审议，批准后，由城市交通局执行实施交通规划每 10 年上报审定一次，分 A、B 两部分，A 是必须执行的，B 是 A 完成后有条件时可上升到 A。凡未列入 A、B 者，不可临时插入，以保持其严肃性。制定城市交通规划时，首先把起骨干作用的电气化铁道规划好，再综合考虑布置铁道、高速公路及其他交通方式的设施城市公交管理体制。属国家一级的，由运输省和建设局共同管理。运输省负责运输规划和经营管理，建设省负责公交设施的建设、投资和审批。

五、墨西哥

墨西哥首都墨西哥城，位于高原干涸的湖底上，首都区 2000 多平方公里的土地，集中了全国 50% 的工业，68% 的银行业，45% 的商业，居住了全国 21% 的人口，平均人口密度达 8700 人 /km^2，市中心区达 18000 余人 /km^2。由于经济的发展，1960 年起城市人口从 482 万人连年猛增，至 80 年代中，已超过 1800 万人，人均国民生产总值也从 640 美元增加到 2240 美元。收入增加，私人小汽车也迅速增加，道路交通阻塞，交通事故不断上升。

在严峻的形势下，墨西哥城的交通政策是：1. 大力发展公交，以轻轨、市郊铁、地铁为骨干，结合公共汽车、电车、出租汽车，构成一个相互衔接紧密的综合交通体系；2. 实行公交低价政策，鼓励市民用公交；3. 扩建和改造道路网,大力组织单向交通,在市中心单向交通的道路有 1000 余条;4. 限

制私人小汽车的增长，大力提高公共汽车的运载能力；5.重视交通安全．强化交通管理

为了保证公交的发展，每年从市政建设费中提出 37% 用于公交建设（一般发展中国家约为 15% ~ 27%），最高时超过 44%（1984 年，这些费用的提供，国家占 54%，市政府 40%，企业本身筹 4%，多年来，由于政府决心大，交通发展政策正确，所以城市公交发展快，保证了城市交通结构有一个良好的级配。其中：地铁占 17.5%，公共汽车站 29.2%，电车占 4%，出租汽车占 30%，私车占 16%，其他占 3.3%。

墨西哥市建设地铁的速度是惊人的。1967 年开工，到 1969 年建成 12.66km，到 1987 年建成 7 条，总长 130.5km，平均每年建 6.5km，为发展中国家建设大容量快速轨道交通树立了榜样。

在公共汽车方面，它保持 980 人/辆的服务水平，线路密布全市，出租汽车保持千人 5 辆的服务水平。此外还大量使用由 12 节车厢组成的市郊铁路列车，每 2 分钟发一列，承担了很大的出入城运量。

在道路建设上，在建成区的道路面积率为 27%，利用 17 条放射线和环路构成了城市快速交通走廊，在市区建立了 43 座立交桥。在其附近设置了地铁、电车和公共汽车站，以及公共停车场，以利存车换乘。在交通干道上每隔 250m 建一座行人大桥，以保证车流速度和行人过街安全、方便。

墨西哥城目前还在扩大，交通问题依然存在，但它大力发展公交交通政策 1800 万人的城市生产生活提供了有力的保证，为其经济快速发展创造了有利的条件，是最值得我国学习的。

六、香港

香港是亚太地区的主要金融、贸易和通讯中心。作为通向中国大陆的门户，它更扮演了特别的转口贸易的角色。改革开放以来，对华南地区的加工工业的集装箱物资运输更是日益增加，然而这一切活动都是集中在只有 1070km^2 的土地上，并且其中大部分土地是陡斜的山坡荒芜的岛屿，建成区只有 96km^2，仅占土地总面积的 9%。

经济繁荣和人口高密度，运输的高强度，需要有高效率的道路交通、铁路交通和海上交通的接驳。但崎岖的地形，狭小的面积，稠密、高矗的建筑群，实际上不可能提供大量的道路面积。而汽车交通日益发展，迫使香港政府必须寻找出一个既能顾及各类不同乘客需求和自由选择交通方式，又能最大限度地利用有限道路空间的交通发展战略，这就是大力发展公共交

通，加强道路交通运输设施的建设，强化交通的管理和控制，省出一半的道路面积和时空给货运车辆用。为此，香港的交通规划制定了一系列的政策，保证大容量快速轨道交通的建设同土地使用与开发强度紧密结合，建立综合换乘枢纽与物业开发结合，使各种交通方式：地铁、有轨电车、双层公共汽车、小巴、出租汽车和轮渡等紧密衔接在一起。换乘方便，也适应了不同收入阶层乘客的需要。

在港岛，根据原有的道路系统，经过整理，辟出了沿海的快速交通走廊，通过海底隧道使它与九龙的干道系统连成一体，而将商业组织在有轨电车通行的街道上，并且在商业繁华的地区，藉助架空的人行天桥和走道系统，将快速交通走廊两侧的重要建筑联成体，使市民和游人可以安全地到达各处。对山上的居民也是通过行人步道和石阶，以及新建的登山自动楼梯，构成一个步行系统，使它与汽车行驶的道路立体交叉，分离在两系统内，以确保行人交通安全和车辆的高速行驶。同样的手法，在新城、沙田或屯门等地，也都建了完善的人行系统，可以自由地步行到各个居住区、商业中心、公交车站和汽车停车场。这些对我国城市道路建设是很可学习借鉴的。

以上我们介绍了当今世界上一些经济发达的国家和地区是如何处理城市交通问题的，他们的许多经验和教训是可以直接为我所用的。它可以使我们少走弯路，使城市建设更健康地发展。

本文原载于《中国青年科技》1995 年 05 期。作者：徐循初

Non-Motorized Vehicle Transport in China

1.The Development of the Non-Motorized Vehicle in China

The background of NMV's development in China

Bicycles (main NMV in China) have developed rapidly since 1949. In the beginnin gof 1950's, only Shanghai and Tianjin were able to produce bicycles, and the output was low. It was a fashion for people to own a bicycle at that time. By the end of 1950's, massive production began in most Provincial capitals. Bicycles increased rapidly in 1960's and developed in the fastest speed in 1970's. In that time the price of a bicycle was about three month salary of an ordinary staff. In 1980's, the bicycle ownership rate was near saturated, about 1.2-1.4 person per bike. In 1990's, the annual output is about 30 million bicycles, in which most are for replacing the old one and a few for export.

The special circumstances for bicycle development

Since 1950's, for showing the improvement of people's living condition, Chinese government have required factories producing some key daily necessities such as watches, sewing machines and bicycles in 1950's; radio sets, electrical fans, disc-player and bicycles in 1960's; black and white TV sets, cameras, washing machines and bicycles in 1970's; advanced cameras, color TV sets, air-conditioners and light motors in 1980's; video cameras, PC computers and private cars in 1990's. It is government encouragement of bicycle production and family purchase that makes bicycle growing quickly.

Since 1949, a working citizen has been enjoying commuting supplement by a bus monthly ticket (if bus service available) or money compensation for riding a bicycle, which is about 1/15 to 1/20 of the salary or 1/36 of the bicycle price. So one can get enough money from the compensation to buy a new bicycle after riding 3 years, or do so after riding 1-2 years and selling the old one. This policy stimulates citizen's riding bicycles.

After 1949, social media required people being equal, discouraged healthy persons taking the rickshaw, so that the rickshaw diminished soon. Then many man-powered tricycles could be seen on streets. In 1958, during the Great Pacing time in China, most tricycle drivers were required to give up their job and to be workers of the steel plants which needed strong labor forces. Hence, tricycles reduced a lot. For meeting citizen's travel demand, the motor tricycle appeared a lot, which later converted to the mini-car and the taxi. At present, the motor tricycles are rarely seen on the street in large cities for passenger transport, yet are survived as a major travel tool in most medium and small sized cities in under developing areas.

During the Cultural Revolution (1966-1976), the bicycle developed dramatically. In that time, social orders were chaotic and abnormal including public transport, which was under half running and half halting, so that the bicycle became an only reliable vehicle for the citizen. Though public transport recently developed quickly, due to the road congestion, which did not affect the bicycle but the bus, riding a bicycle was faster than taking a bus within the distance of 8 km.

Most Chinese cities are under one million populations and less than 100 sq. kilometers in area. Residential and industrial areas are often mixed, which makes working trip distances within 3-4 km and is suitable for riding a bicycle that is faster than taking a bus, convenient, non-environment polluting and suitable for multi-purpose activity.

With the development of economy, motorcycles have developed a lot since 1980's. In developed medium and small cities,the bicycle has gradually replaced by motorcycles. But in large cities, the amount of motorcycle license has been strictly controlled. For long travel time in a large city, people, un-respecting government regulations, had to use the moped, which appeared quickly and in large quantity. The moped moved on the NMV lane, conflicting with the bicycle. For its low combustion efficiency in the engine, a moped emits more pollutants than that of a car. It has been tested in Shanghai that a moped emits 3 times NO x and 8 times CO than that of a car for the same amount of fuel. City as Shanghai, facing severe air pollution has taken strict measures to eliminate the moped step by step through annual license application. For replacing mopeds, the electrical bicycle is being produced now.

The Development of Man-powered Tricycles

In 1950's, shoulder bearing was replaced by the hand cart, which was popular in northern China. In the large city, the hand cart was reformed into the bicycle-pulled hand cart which is usually pulled by one or two bicycles and loads 500-1000kg (usually carrying vegetables), or was replaced by the man-powered tricycle capable of loading 250-400kg, which is able to carry people or freight or both and is popular throughout China. For facilitating tricycles' (and other NMVs) moving on the road, the grade of road ramp is designed less than 3%. The road is divided into three parts, the middle part of which is for motor vehicles (MV) and two sides of which are for NMV. By this means, it is attempt to reduce the conflict between MV and NMV on the road.

In 1980's, after the motorcycle, the motor tricycle developed that was used to carry people or goods. In large cities as Beijing and Shanghai, local governments have been tightly limiting the motorcycle's growth. Some tricycles were installed electrical motors by user themselves. Traffic police sectors controlled the tricycle by means of limiting its movement within their registered district.

In 1990's, many mini-trucks have been produced with 500-1000kg loading capacity. Freight tricycles have been mainly used in medium and small cities.

2. Traffic Facilities for NMV

Vehicles

In China, 90% of NMV are bicycles, which are mainly used for commuting. Owing to bicycle's time saving and punctuality, bicycles have been used more and more by high school students and senior primary school students, making playgrounds and open spaces of the schools be parking sites.

A passenger tricycle is able to carry two persons, with 1.2 meter wide that makes vehicle's balance point low and not tilted when turning suddenly.

The bicycle-pulled hand cart has been eliminated for its bad brake effects and unsafety. It requires two bicycles' pulling when fully loaded (usually vegetables), affecting road traffic with low speed. It was only allowed entering city after 21:00 and leaving before morning peak period.

The man-powered hand cart is a vehicle that a hand cart is able to be attached with a removable cycle part, and is mainly used in northern China. The disadvantage is that its brake is inefficient and the vehicle is vulnerable to tilt and overturn.

In south-western China, the foldable tricycle is a bicycle attached with a foldable cargo having a wheel. It is a popular form of tricycles, which is capable of carrying 200kg. The advantage is that the cargo is able to be folded from 75 cm wide to 15 cm, which reduces the requirement for parking land.

In middle-western China, there is a simple hand cart which is composed of a wooden board and a removable wheel axle. When parking, wheels can be taken away, leaving the board vertically against an object (a wall, a tree, and so on), which saves the parking space. There are 3 optional locations under the board to place the wheel axle, according to the easiness of user's pulling. The brake uses the friction between the edge of the board rear and the road surface, which often damages the road bitumen surface.

Road

It is stated in China Technology Policy (blue book) that the development of bicycle transport is as important as that of public transport in a medium and small sized city. And bicycle transport can be a major trip mode in small cities of plain areas.

In China Road Design Norms, it is provided that the grade of the road shared with NMVs should not exceed 3%, considering the down-road safety and the up-road easiness for NMVs. In urban planning regulations issued in 1980's, it is required that urban primary and secondary roads should have MVs and NMVs separated by physical divider, which decreases the traffic accidents and increases the traffic speed. It is proved very efficient in practice.

For dozens of years, tertiary roads have been long neglected in the road construction. In the circumstance of high population density and high floor area ratio development, all traffic concentrate on main roads, making NMV volumes in a NMV lane with 4.5-6m wide beside the main road exceed 10,000 bikes per hour in one direction, causing congestion and queues at the entrance of a junction and inducing traffic chaos and spending almost all green time by NMVs.

Recently, motorcycles and mopeds have increased very fast. At an intersection, motorcycles, mopeds and bicycles compete to go when green light starts, leaving little green time for buses and other MVs. The bus operation is under bad condition. Many passengers have converted to private travel modes, which has put further burden on intensive traffic, creating a deteriorate circulation that more private traffic causes more traffic tension which causes bus operation further deteriorate and more passengers convert to private traffic. Tianjin, for instance, has this problem since ten years ago. The trips shared by its public transport has been shrinking. Now Beijing and Shanghai are tracing after Tianjin.

In a bus stop, passengers have to pass a NMV lane when a bus stopping at the MV lane. If the bicycle flow is large during peak periods, crossing the NMV lane is very difficult or dangerous. A bus stopping at the NMV lane is convenient to passenger on and off board, but interfering with bicycles two times when entering and exiting the NMV lane.

Opposite one-way was first seen in Jinan that MV and NMV move in the opposite direction and one way, which reduced traffic accidents and horn noise by 10% and increased vehicle speed by 10% more. It has reached very good results and has been recently introduced to other large cities like Shanghai.

Intersections

When traffic is heavy, the left turn NMV flow is usually large, which often cuts NMV flows in long time that the intersection's passing capacity is decreased. In the Hefei city, the left turn bicycle was directed into a waiting area a head of the pedestrian crossing during red time. When green time started, left turn bicycles passed the intersection first in a short time, fully using the time before MV's arrival and avoiding conflict with MVs. By using this method, Hefei has solved the congestion problem of its two crucial intersections without having any physical reforming construction. Later, with traffic growth, pedestrian fly-passes were built and MV's stop lines were moved further ahead, which further increased the passing capacity. This method is not applicable when the left turn volume is too high and on the VIP road intersection such as in Beijing.

In a NMV congested intersection, a right turn waiting lane for MV-only is necessary if there are many right turn MVs. In an entry, during green light the NMV moves and the right turn MV waits; during red, the NMV stops and the right turn MV moves, without NMV's interference. This experience of intersection improvement comes from some Chinese cities.

At a rotary intersection, MV and NMV interferes with each other when weaving, so that the ring lane is usually divided into MV and NMV lanes that MV and NMV weave separately, but still conflict at the opening. When NMV passes a MV lane, which is dangerous for NMV. On the other hand, the continuous NMV flow would stop the MV flow, forcing MV queuing in the ring lane that finally would cause deadlock. In most cases in China, signal lights are installed in rotary junctions to solve the problem.

When MV and NMV flows exceed the passing capacity of an intersection and no other means are able to improve. It is necessary to construct a fly-pass or an interchange. For MV and NMV share the same road, it is very expensive to build an interchange with low grade, long ramps and multi-levels (usually 4 levels in China). The Beijing Civil Engineering Design Institute has proposed a recommended 3 level interchange design, which is composed of a three level rotary interchange for MV and a two level cloverleaf interchange for NMV inlaid into the former. The proposed interchange would have high passing capacity and require only 5-6 hectare land (4 level usually requiring 7-8 ha.). It is worth to recommend.

The bicycle traffic in China is too large on urban main roads that intersections on the main road are often saturated. In down town, it is very difficult to widen an existing intersection surrounded by bulky buildings. A case in the Fuzhou city has shown an alternative solution that the NMV is only allowed to pass intersections by using pedestrian crossing, which is done by extending barriers separating MV and NMV to close the openings of an intersection and moving the openings to the places 70-100m away from the intersection, which leaves the intersection solely for MV. It reduces the conflict between MV and NMV and induces bicycles to go tertiary roads and lanes, which is a primary form of establishing a NMV road system.

本文于 1997 年 8 月发表于 First Cluster Cities Meeting on Integration of Non-motorized Transport（NMT）into the Urban Transport System of Dhaka

作者: 徐循初

新千年回顾与展望

　　龙年在充满自信的欢呼中来到了。回顾过去的 12 年，我国的城市交通有了很大的发展：在城市规划的各个阶段中已开始十分重视交通规划，城市道路网的布局与城市用地的发展和交通的流量流向相结合，土地的开发强度与道路交通的集散能力相结合，解决城市车辆的各种停车问题也被提到了议事日程上，家庭小汽车的强劲发展和有限的道路空间资源，迫使人们越来越重视城市交通结构的研究，公共交通在体制、机制和票制的改革中获得了新生，为广大市民出行创造了日益方便的交通环境。在特大城市里轨道交通的建设，为扩展城市用地和带动房地产业的发展，正发挥着越来越明显的作用。城市交通监控和管理的手段空前提高，各种交通规划的软件也从引进、消化到自行编制更适合国情的软件。这一切都是全国各地从事城市和交通领域规划、建设和管理工作者共同努力的结果。

　　展望未来，城市交通问题将会越来越多。目前，国内许多城市正在开展畅通工程的竞赛，从加强管理、提高人们的交通意识入手，教育道路的使用者能共同遵守交通法规，使出行更安全，让道路能发挥更大的效率。从城市交通发展战略的角度看，愚意还需要研究以下几个方面：

　　1. 重视城市交通方式结构的研究。根据国内一些大中小城市的调查资料，城市道路的人均用地面积是很少的，并且增加面积的可能性也不大，许多城市周围的发展用地已经告罄，需要有很大的资金投入才能跳出现在的范围。如何在这有限的城市道路空间内，使不断发展的各种交通工具发挥最大的效能，就是城市中不同交通方式结构比例所需迫切研究的问题。目前，有些城市在改善交通结构方面已取得明显的效果，需要总结。

　　2. 要重视城市道路网的等级结构和布局结构的研究。《城市道路交通规划设计规范》颁发执行 7 年来，各地城市规划部门都很重视，但在对待不同等级的道路，各级领导却有了偏爱，对主干路既多又宽，有的路宽还要取吉利的数目：68、88、108m；而对支路就既少又窄，甚至在控制性详细规划中被遗忘了，或已无道路用地面积可用。城市道路等级结构不全，城市交通必定畸形，这已被新中国成立以来的历史所证明。在新一轮城市总体规划修编中，一定花大力气将城市道路网的等级结构调整过来，才能搞好道路网的布局结构，处理好其间的"蜂腰"和"瓶颈"，保证城市交通的畅通和各行其道。

3. 做好停车规划。行与停是城市交通的两个方面，必须同样对待。城市中配建停车场是主体，约占总量的 70% 左右，管理的重点是保证如数建造，并不许改作他用；公共停车场要多而散，由于在城市中公共停车的时间大多在 60min 以内，所以，应考虑泊位的周转。对少于 30min 的，还需考虑路边停车。

4. 重视大城市公交换乘枢纽的建设。大城市应大力发展公共交通，已为大家所共识。但如何使公交能吸引更多的客流，仍需要做许多工作，除了改善乘车舒适度、缩短车站两端的步行时间和候车时间外，缩短换乘时间也十分重要。在大城市里，市民面对各种公共交通方式的几百条线路是难以掌握的，他们需要线路搭接，同站换乘；更希望到达一些大型换乘枢纽站后，可以立刻就地换乘，到达市内各地，在这些大型换乘枢纽站间还可以开设大站快车。在城市对外交通车站，也应将公交车站与它紧密衔接，对外来旅客尤为需要。这对去国外参观学习过的同事一定深有体会。但在国内的一些城市，各交通运输部门为了本单位的利益，还故意将各自的车站相互拉开，苦了旅客，疲于奔命于各站点和线路之间，既多花钱财又浪费时间。其实，公交换乘枢纽站与房地产开发相结合，不仅方便乘客，而且能提高土地开发的活力，是一举多得的好事。但若失去建设时机，只能留下遗憾。

5. 总结已有的高效率的平面交叉口，并加以推广。随着城市交通的发展，原来较空的平面交叉口今已逐步趋向饱和，出现交通堵塞。一些城市热衷建立体交叉、高架道路，由于财力有限或考虑欠周，交叉口的交通未能系统解决，结果往往在道路下坡点仍然出现交通阻塞，只是将原来的交通阻塞地点转移。应该看到：有一些城市规划部门和交警相结合，在认真总结了交通管理的经验后，根据自己城市的交通特点，拓宽和改造平面交叉口的进出道口，充分利用交通岛组织好机动车、非机动车和行人，使十字形平面交叉口的通行能力超过 7000 辆 /h，平面环形交叉口的通行能力达到 5600 辆 /h，既节约了大量建设费用、又保持了城市有良好的景观环境。

6. 加强交通标志的建设。城市交通的规划、建设和管理是紧密联系着的，而且在第一线的管理人员最有发言权，搞好交通需要三结合。对已有的道路设施还有潜力可挖。合理加密交通指示标志，可使驾车者在行驶中不断得到正确信息的引导，减少车辆在诸车道间游荡；可使行人养成遵纪守法的习惯。

7.加强城市交通的科学研究。国外的先进交通理论需要积极学习，可以开阔思路，但更需要我们到国内交通事业的第一线去，参加实践、吸收营养，提高和总结已有的经验和教训，上升成为我国自己的理论。

8.随着我国改革开放的深入，在城市交通各个机构的组织体制上必然会产生一次大的变动，尤其是大城市，要将城市轨道交通、城市公共汽、电车、出租汽车、城郊长途汽车、轮渡、缆车、索道、自动人行楼梯、城市货运等，都纳入一个机构，由它来统一规划、管理和协调好全市各类交通运输公司，只有这样才能打破条块分割、各自为政的局面，才能贯彻综合交通发展和整治的思想，建造综合交通换乘枢纽站，保证城市居民出行获得最大的便捷，对城市经济也能得到更多的促进。

大地回春，万物萌发，深信在新的年代，我国的城市交通事业必将取得更大的进步。

本文原载于《城市交通》2000 年 01 期。作者：徐循初

"精明增长"策略与我国的城市空间扩展

1 问题的提出

"……当我们面对未来的城市化时,还存在着一个因素对我们具有挑战性,那就是将有越来越多的人居住在规模更大、密度更高的城市中。现在城市地区将会从'城市(cities)'扩展为'巨型城市'和'巨型城市地区'(mega-cities and mega-urban regions),我们能够有效应对这个快速城市化的世界所带来的挑战吗?"(Aprodicio A.Laquian,2001)。

伴随着快速的城市化进程,我国城市的空间形态也出现了急剧变化的现象,主要体现在两个方面:城市用地规模快速增长和空间结构迅速变化。明显地反映在近年来我国城市空间增长形态上:① "摊大饼"的扩展趋势在增强;② "城市发展模式的选择,更多地依赖于城市的增长速度,而不是发达的程度"(赵燕菁,2001)。当各个城市普遍具有"做大做强"的主观诉求,都面临产业资本和快速城市化对土地的巨大需求时,反思我国城市发展方向,并选择合理的城市空间增长策略就显得尤为重要。

2 城市蔓延:国外城市发展的前车之鉴

2.1 "城市蔓延"的形成

从西方国家城市空间增长历程来看,突出地表现为"小汽车城市"的形成和演变过程。在前工业化时期,城市空间增长过程极其缓慢。工业化时期,由于城市人口和工业技术的飞跃性增长,城市空间迅速突破中古时期建成区的界线,向外高密度增长。19 世纪末至 20 世纪初,小汽车的普及和公路大规模建设,使美国率先出现当代意义上的城市郊区化的趋势。二战后,这种郊区化趋势成为西方发达国家的一种普遍现象,尤其在 1970 年代之后,小汽车主导的交通方式极大程度上加剧了就业、居住低密度扩散,出现了所谓的"城市蔓延"(urban sprawl)(见图 1)。至此,城市空间增长形态发生转变,由工业化时期市区边缘的高密度蔓延转变为 20 世纪城市郊区低密度扩展(见图 2)。

2.2 "城市蔓延"的概念解释

美国经济学家与城市学家安东尼·当斯(Anthony Downs)在其所著

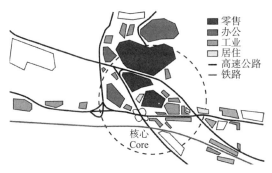

图1　围绕高速公路交叉口的土地利用

来源：Dr.Jean-Paul Rodrigue，2003.

图2　以树枝状道路为特征的郊区增长模式

在加利福尼亚的 Hayward，蔓延增长侵占了缓坡及自然景观。
来源：Alex MacLean，Landslides.

的《美国大城市地区最新增长模式》（New Visions for Metropolitan America）将城市蔓延表述为"郊区化的特别形式，它包括以极低的人口密度向现有城市化地区的边缘扩展，占用过去从未开发过的土地"（黄亚平，2002）。R.Moe 进一步把蔓延定义为"低密度地在城镇边缘地区的发展"（张庭伟，1999）。最后，Burchell 等将对于"城市蔓延"的诸多解释总结为以下 8 个方面（Johnson，2001）：低密度的土地开发；空间分离、单一功能的土地利用；"蛙跳式"（Leap frog development）或零散的扩展形态；带状商业开发（Strip Retail Development）；依赖小汽车交通的土地开发；牺牲城市中心的发展进行城市边缘地区的开发；就业岗位的分散；农业用地和开敞空间（open space）的消失（见图 3）。

　　除了深受小汽车主导的交通方式的影响之外，有学者更指出其产生的政治经济学背景，谷凯（2002）认为城市蔓延的出现与西方战后"福特式"大工业生产方式密切相关，"新的基础设施建设、倾向于低密度发展的区划法规和支持独立家庭住宅（single family house）的财政政策"充分推动了私人汽车这一典型的福特工业产品的普及和高速公路大规模的建设，逐步把城市塑造成为与传统城市完全不同的无节制的蔓延形态。对于城市蔓延造成的影响，Ewing（1997）认为城市蔓延将导致高额的支出以承担过度的出行、能源消耗、空气污染、市政基础设施的投资、占用农田以及对中心城市和人们精神上的损失。早期对于城市蔓延问题的研究（Burchell et al.1998）指出 27 项消极影响因素，14 项积极影响因素，其负面影响主要有：增加公共投入和私人成本；更高的汽车使用率、行程距离以及燃料消耗；与人口增长不成比例的农田和环境敏感区的土地消耗；环境污染；人口和就业岗位在空间分布上的不平衡导致内城（城市中心）持续衰落。与之针锋相对的意见是，也有一些人士认为城市蔓延能够带来一些对城市发展积极的影响，例如认为蔓延式的增长具有缓解城市压力的作用：在城市周围提供了更为廉价的住房，由于"郊区—郊区工作出行"的出现，一定程度上改变了区域交通分布模式，缓解了交通汇集于城市中心的状况；同时大量小型社区在大城市外围出现，为人们提供了更多的独立式住宅，小型的社区

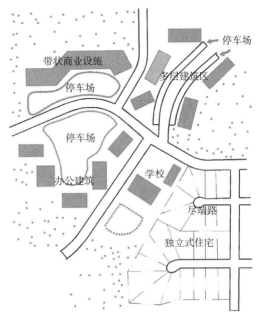

图 3 城市蔓延的典型土地利用模式：CSD（Conventional Suburban Development）

来源：PeterCalthorpe，1993.

管理结构也更能体现"自由"的民主制度（TCRP report 74，2002：21）。最终城市蔓延带来的不良影响被确定在 5 个方面：无节制的土地消耗；增加市政基础设施的投入；居高不下的车公里数（vehicle miles traveled，VMT）；不佳的土地利用形态；就业岗位和人口空间分布的不匹配以及由此而来的社会问题。

2.3 "城市蔓延"的定量分析

尽管许多专家认为很难对"城市蔓延"进行明确的定义和测度，但还是有学者坚持认为，不但应该能从发展形态上判断"城市蔓延"，而且应该能够定量地对"城市蔓延"进行描述。美国精明增长组织曾经对美国 83 个主要大都市地区的蔓延状况作过历时 3 年的研究，主要通过 4 项指标来测度城市蔓延：居住密度，居住、就业和服务的混合度，城市中心职能强度，街道联系的方便程度[1]。美国交通研究委员会（Transportation Research Board，TRB）在进行相关研究时（TCRP report 74，2002）引入了数学中的"四分位数（quartile）"概念[2]，以区域人口增长为样本值，以区域人口增长序列中上四分位数（upper quartile）为特征值来区分显著

增长（significant growth）和一般增长（average growth）。定量描述城市蔓延最重要的努力是由 Galster 和 Hanson 做出的（Galster *et al*，2000），他们用 8 个指标来标定这一概念：密度（density）、连续性（continuity）、集聚性（concentration）、紧凑度（compactness）、向心性（centrality）、聚核性（nuclearity）、多样性（diversity）、邻近性（proximity）等，通过 GIS 辅助的"菲尔德法"（field survey）以及利用美国 13 个大都市区（metrop0litan）的居住数据，对这 8 个方面分别进行测算，然后进行排序，通过对这 8 个指标赋以相等的权重,最后综合评定了这 13 个大都市区的"蔓延程度"得分（sprawl score）。虽然 Galster 和 Hanson 对于城市蔓延定量化的研究是一个里程碑式的方法，但是它需要依赖复杂的 GIS 数据和调查，所以将其推广到所有美国的大城市或者国外城市还是有些难度。Russ Lopez 等（2003）综合多种方法最终提出了"蔓延指数"（Sprawl Index）标定模型（Russ Lopez *et al*，2003）。

$$SI_i = (((S\%_i - D\%_i)/100) + 1) \times 50$$

这里，SI_i= 某一城市的蔓延指数，

$D\%_i$= 在高密度 i 地块内居住的人口比例，

$S\%_i$= 在低密度 i 地块内居住的人口比例。

城市蔓延问题目前已经成为国外尤其是美国等发达国家城市规划领域研究的重点问题，当我们还在讨论"郊区化"对于城市发展的利弊时，如何避免小汽车导向的城市蔓延扩展已经成为国外城市发展的主要目标之一。

3 我国城市的蔓延趋势

"这些世界上最新的大城市地区，不惜一切代价拼命增长，有这样的危险：把保持和提高生活质量的需要忘记得一干二净。如果这样，将来肯定要感到遗憾"（Peter Hall，2003）。

3.1 当前我国城市空间扩展特点

3.1.1 "GDP"增长导向的城市空间扩展

"GDP 崇拜"（吴敬琏语）的评价标准使得追求经济总量增长成为各级政府的最大目标，尽量加快产业资本集聚和城市化进程构成当前我国城市空间增长的基本动力机制，由此而生的很多"优惠政策"扩大土地供给，以吸引外地资本落户，而"扩大内需"政策选择又使得以交通设施建设为主的城市建设规模迅速扩张。这是目前我国城市建设用地增长速度过快的根本原因。

3.1.2　以外延式扩展为主的城市空间增长

这种过快的用地增长速度又多表现为粗放的、外延式为主的土地利用模式，主要表现是以各类"开发区"建设为主的郊区"非城市建设用地快速的转变为城市建设用地"[3]。伴随着开发区的建设，从 1999 年下半年开始，国内各城市又兴起一股建设大学城的浪潮，而且发展迅速 [4]。这种被称为"圈地风暴"的集中体现"单一价值标准"的用地增长方式使得当前城市圈占土地的规模出现了失控的趋势。

3.1.3　道路扩张引导的城市空间扩展

我国城市除了表现出粗放的、外延扩展为主的空间扩展之外，更为重要的是城市空间扩展体现出强烈的道路设施为先导的特点。一方面小汽车产业的快速发展[5]成为主要的需求压力，另一方面由于缺乏明确有效的规划干预，增加道路设施的供给量仍然是引导城市空间增长的首选策略，"想致富，先修路"的思路根深蒂固[6]。国外城市蔓延的过程清楚地说明，小汽车保有量的迅速增长和大规模道路设施建设共同发生作用是导致城市蔓延的主要原因，而大量研究也证明，单独通过道路建设并不必然导致城市的快速发展（周江评，2003），相反，过度倾斜于道路设施投资造成的交通设施供给失衡将导致严重的财政压力和社会问题[7]（见图 4）。

图 4　道路建设诱导的城市扩张

注：道路扩张必然带来沿道路两侧的土地利用，在缺乏公共交通的前提下，必须通过修建更多的道路满足不断增加的交通需求，而新增加的道路又会引发两侧新的开发，从而形成循环，最终导致开敞空间被城市用地填满。

3.2　蔓延化的城市空间扩展趋势

以上这种城市宏观发展政策和用地模式导致的结果就是西方式的城市蔓延问题，如果仔细观察，Burchell 对"城市蔓延"的描述，如郊区低密度的土地开发，缺乏联系、单一功能的用地单元，"蛙跳式"的零星扩展形态，出现于郊区的大型商业设施，依赖小汽车交通的用地模式，避开城市中心的改造而进行城市边缘地区的开发，就业岗位的分散，农业用地和开敞空间的消失等等，在我国当前的城市发展中均有较为明显的表现。由此造成的无节制的土地消耗、沉重的市政基础设施建设压力、严重的交通问题和生态危机、就业与居住的分离等问题，也是当前最感棘手的问题。

3.3 评价

应当承认我国城市目前这种用地扩展模式有其客观必然性，一是"迸发式"的城市化进程，二是国际资本转移引发的产业投资热潮，三是以"满足需求"为导向的制度设计，还有一个重要因素是土地有偿使用制度，在许多地方，土地出让金成了除了税收之外政府最重要的财政来源。应当意识到，如果不从发展观念上进行改变，城市蔓延将有可能在我国变为现实。

4 "精明增长"：国外应对"城市蔓延"的策略

4.1 "精明增长"（smart growth）理念的产生

近年来国外城市增长策略发生了深刻的转变，"直至近来才形成这样的舆论，即紧凑型城市形态（compact urban forms）最具可持续性"（Federico Oliva, et al, 2002），例如在以发达的小汽车交通而闻名的美国，城市增长正在向"填充式开发（infill）、紧凑化发展（compact development）的方向转变，"紧凑发展的目标是要达到自然资源（包括土地）和基础设施（道路和公用设施）的有效利用"，更加注重对于"城市边缘区农田和其他开敞空间的保护"，注重提高社区生活质量和提高人们对于住宅的支付能力（D.Gregg Doyle，陈贞，2002）。"精明增长"理念正是对这种思路系统的归纳总结。"精明增长"的目标是通过规划紧凑型社区，充分发挥已有基础设施的效力，提供更多样化的交通和住房选择来努力控制城市蔓延[8]。"精明增长"强调必须在城市增长和保持生活质量之间建立联系，在新的发展和既有社区改善之间取得平衡，集中时间、精力和资源用于恢复城市中心和既有社区的活力，新增加的用地需求更加趋向于紧凑的已开发区域，"精明增长"是一项将交通和土地利用综合考虑的政策，促进更加多样化的交通出行选择，通过公共交通导向的土地开发模式将居住、商业及公共服务设施混合布置在一起，并将开敞空间和环境设施的保护置于同等重要的地位（Geoff Anderson，1998；Victoria Transport Policy Institute，2003）。总之，"精明增长"是一项与城市蔓延针锋相对的城市增长政策（见图 5、表 1）。

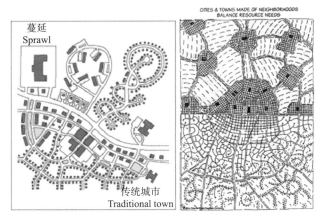

图 5 "蔓延"式增长模式（CSD，Conventional Suburban Development）与精明增长
提倡的传统社区模式（TND，Traditional Neighborhood Development）的比较

来源：Duany Plater-Zyberk & Company.

精明增长（Smart Growth）与城市蔓延（Urban Sprawl）的对比　　　　表 1

	精明增长	城市蔓延
密度	密度更高，活动中心比较集聚	密度较低，中心分散
增长模式	填充式（infill）或内聚式发展模式	城市边缘化，侵占绿色空间
土地使用的混合程度	混合使用	单一的土地利用
尺度	建筑、街区和道路的尺度（适合人的尺度，注重细部）	大尺度的建筑，街区和宽阔的道路；缺少细部。
公共设施（商店、学校、公园等）	地方性的、分散布置的、适合步行	区域性的、综合性的，需要机动车交通联系
交通	多模式的交通和土地利用模式，鼓励步行、自行车和公共交通	小汽车导向的交通和土地利用模式，缺乏步行、自行车及公共交通的环境和设施
连通性	高度连通的街道、人行道和步行道路，能够提供短捷的路线	分级道路系统，具有许多环线和尽端路，步行道路连通性差，对于非机动交通有很多障碍
道路设计	采用交通安宁措施将道路设计为多种活动服务的场所	道路设计目的是提高机动交通的容量和速度
规划过程	由政府部门和相关利益团体共同协商和规划	政府部门和相关利益团体之间很少就规划进行协商和沟通
公共空间	重点是公共领域（如街景、步行环境、公园和公共服务设施）	重点是私人领域（如私人庭院、商场内部的步行设施、封闭的社区和私人俱乐部）

来源：Galster，et al，2001

4.2 "精明增长"原则

"精明增长"是一项涵盖多个层面城市发展原则的综合策略，首先改变了以城市发展为主导的区域发展目标，将城市的发展融入区域整体生态体系的均衡和公平，提出"城市有边界的增长原则"，即城市对于土地需求的增长应当受到所在区域整体生态系统的制约（沈清基，2001）；在这种生态均衡发展的原则基础上，需要城市紧凑发展（compact city），一方面通过建立公共交通和土地利用之间的有机联系、设计功能复合（mix-use）的社区以及加强城市内部废弃土地（Brown Field）的再利用（用地填充，Infill Development）来减少用地的外延扩展，另一方面特别强调通过设置"城市增长边界"（UGB，Urban Growth Boundary）保持土地的集约化使用，城市新增用地需求尽量分配至已有城市建设区域内，尽量减少对农业和生态区域的侵入。美国的 Smart Growth Network 组织出版的研究报告 "Getting to Smart Growth II：100 more policies for implementation" 中提出了关于"精明增长"的十项原则（Smart Growth Network，2003：2；Smart Growth Online，2003），其中主要包括土地混合使用、紧凑和多种选择的住房、适合步行的社区、多模式的交通方式等要点。[9]

作为"精明增长"理念在设计原则上的体现，近年来相继出现了以土地集约化利用为特点的新的城市规划设计思潮，典型代表是"新城市主义"（New Urbanism）和"公共交通社区"（TOD）等。

4.3 美国的"精明增长"实践

1970～1990年代是美国"精明增长"运动的萌芽和发展时期，采取了多种努力去抑制和纠正城市蔓延趋势，综合起来较为普遍的有三种措施。首先是出台"增加公共设施条例"（Adequate public facilities ordinance，简称 APFOs）的政策（Rolf Pendall，1998），鼓励在本地内聚式发展，主要是通过土地盘整、提高公共服务设施的服务水平吸引人们继续在本地居住；另一种被证明行之有效的措施是利用"城市绿带"（greenbelt）来限制城市蔓延和保护开放空间；还有一种与此类似的措施是确定城市增长边界（Urban Growth Boundary，UGB），确保城市用地增长避开需要保护的区域，例如生态敏感区域和开敞空间等。

从1990年代开始，精明增长在美国得到了广泛的支持，根据"新城市主义协会"（The congress for the new urbanism，CNU）的统计，2001～2002年度全美与精明增长有关的开发项目增加了26%；截至2002年12月，共有472项与精明增长有关的开发项目完成；根据调查，未来至少有 1/3 的家庭倾向于选择在适合步行的紧凑布局的社区中居住。精明增长策略也得到了官方的响应，1999 ～ 2001 年，已经有 19 个地方政府颁布了与精明增长有关的规划条例，而在此之前的 8 年中这一数字仅为 12 项（Smart Growth Network，2003：1 ～ 2）。2000 年 10 月，美国规划协会联合60 家公共团体建立了"美国精明增长联盟"（Smart Growth America）主要是倡导地方、联邦和国家各层次的精明增长政策和实践，以推进农田和开放空间保护、邻里复兴、经济住房和"适合居住"的社区的建设等。同年 9 月，该联盟公布了进行的一份民意调查结果，78% 的人对控制城市蔓延的政策表示支持；80% 的人认为政府应当优先考虑对已有社区公共基础设施的维护，而不是投资进行新的蔓延式建设；80% 以上的人支持地方政府进行"增长管理"（growth management），建设绿带和农业保护区，以降低税收来促进社区改善等；调查还显示出更多的人会选择使用公共交通作为日常主要的出行方式[10]。

1998 年美国盐湖城开展了一项名为"展望犹他（Envision UTAH）"的规划研究（见图 6）。这项研究根据不同发展模式提出了四个方案对未来新增用地需求进行预测，包括从完全依赖小汽车交通的方案到 90% 的用地增长由步行及公共交通导向的"紧凑"社区组成的方案。结果显示，如果采取"小汽车导向"的增长模式，今后 20 年城市用地范围将增加 $1060 km^2$；如果采取基于步行及公共交通的"紧凑"增长模式，城市用地增长 $220 km^2$，只相当于前者的 21%。

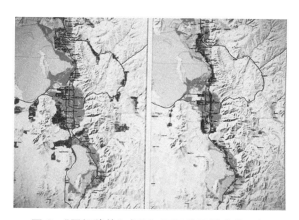

图 6 "展望犹他"规划：不同发展模式的比较

左：小汽车导向增长　右：步行及公共交通导向增长

来源：Calthorpe Associates.

美国波特兰市正在进行一项大胆的、并无先例的"精明增长实验"：波特兰都市区长远交通和土地利用规划（Portland Region 2040），通过实践"精明增长"理念摆脱美国传统的城市和社区发展模式，"全美国似乎都在注视着波特兰，期望它能够成为 21 世纪美国城市发展的范例和榜样"（Trimet，1998）。在波特兰都市区交通局"Tri-met"（"Tri-County Metropolitan Transportation District，简称为 Tri-Met"）1998 年发布的研究报告"At Work in the Field of Dreams：Light Rail and Smart Growth in Portland"中这样写道："波特兰都市区把公共交通作为公共运输工具，同时也作为引导和促进城市增长、清洁空气、城市中心复兴，并且作为与大规模高速公路建设相抗衡的工具"。主要手段包括设置城市增长边界（UGB），创建多模式的交通系统，鼓励高密度和填充式开发（infill development），波特兰已经改变了将主要资金投入高速公路建设的做法，转而投入铁路建设，同时在土地开发上与铁路建设配合，采取"TOD"模式的土地开发方式，致力于步行和自行车交通设施条件的改善，实施交通需求管理措施。

图 7　Portland Region 2040：三种增长策略比较

来源：Tri-met，1998.

在波特兰地区长远交通和土地利用规划（Portland Region 2040）中，首先提出的问题是"我们想要什么样的增长以及如何到达？"，对波特兰的增长提出了 3 种模式（见图 7）：①继续现有的增长模式，城市将突破增长边界的限制继续向四周蔓延；②强化增长边界的控制，将城市新的增长引向增长边界内部公交站点周围区域；③将部分新增增长需求引向周边卫星城市。经过这三种增长模式的方案比选，波特兰认为在新增用地压力之下，必须强化增长边界的控制作用，认为这是区别于其他美国城市增长模式的重要特征，必须加强公共交通的发展，在与小汽车的竞争中取得优势；将 MAX 轻轨站点作为地区发展的"增长极"。为了严格控制城市的蔓延，"Portland Region 2040"提出的主要策略是：

4.3.1　严格控制城市的扩散，强化增长管理措施，特别是严格控制增长边界。规划预测到 2017 年将会新增人口 40%，但城市范围将只增加 2%。而由于采取不同的增长方式，据预测西雅图今后 20 年新增人口 38%，但城市范围将会增加 80%！

4.3.2　将城市用地需求集中在已有中心和公交走廊周围。2/3 的工作岗位和 40% 的居住人口将被安排在各个中心和常规公共交通线路和轻轨线路周围。

4.3.3　增加既有中心的居住密度，减少每户住宅的占地面积。平均住宅占地面积已经从 1980 年代的 1242m^2 下降到 1997 年的 558m^2，这一数值必须继续降低。

4.3.4　必须将对绿色空间的保护从理论变为现实，投入 1.35 亿美元用于 137.6km^2 的绿色空间（占增长边界范围内总面积的 14%）的保护。

4.3.5　迅速扩大 MAX 轻轨系统和常规公交系统的服务水平和能力。根据预测各个次中心城市公交的需求将会增加 300%，规划提出服务能力要增加 3 倍。虽然未来 20 年内机动车交通量可能增加 50%，但是波特兰市政府决定其中只有 21% 由道路交通承担，其余将主要依靠公共交通系统。

5　"精明增长"策略对我国城市发展的启示

"精明增长"理念的核心是在"区域生态公平"的前提下倡导"科学与公平"的城市发展观，是对城市发展的三个关键问题：空间结构、用地模式、交通体系的综合考虑，对于我国城市发展的现状具有重要的启示和借鉴意义。

首先，"精明增长"理念是城市发展观念上的变革，城市的空间扩展必须置于区域整体生态系统的大背景之下，必须将城市发展与自然生态系统中其他生物系统的生存发展置于同等地位。

其次，由以外延扩展为主的城市空间扩展趋势向内涵更新优化的方向演化。优先考虑将城市新增用地需求引导至已经开发建设的区域，尽量减少侵占非城市建设用地，城市的发展坚持"速度和质量"并重的原则。

第三，城市的空间扩展不应采取道路扩张拉动的模式，必须将城市的外延扩展与大运量公共交通体系联系起来。"中国的城镇化必须走一条低消耗、高效率的道路，这就决定了我国不可能采用发达国家以大量的小汽车出行支撑广大的城镇体系的道路"（杨东援，2003）。

第四，城市的用地模式应当坚持高密度、集约化、功能混合的原则，把依托于公共交通系统的"适合居住"的社区作为城市的基本构成单元。

103

注释

[1] 引自《国外城市规划》，2003（1）：32，"海外信息速递"专栏。

[2] 四分位数：将统计样本值按大小顺序排列并分成四等份，处于三个分割点位置的数值就是四分位数。最小的四分位数称为下四分位数，最大的四分位数称为上四分位数。中点位置的四分位数就是中位数。样本值中有 1/4 大于上四分位数。

[3] 2003 年全国 24 个省区市的初步调查上报结果显示，全国共有各级各类开发区类型达 30 多种，数量 3837 家，其中经国务院批准的只有 232 家，占 6%；省级批准的1019 家，占 26.6%；其他 2586 家都是省级以下开发区，占 67.4%。据不完全统计，各类开发区规划面积达 3.6 万,超过了全国现有城镇建设用地总量(21 世纪经济报道，2003-09-08)。规模偏大、效益低下的主要原因在于开发区空间扩张中存在的非产业因素的促动，形成了独特的以土地闲置为特征的"光圈"效应和"蜂窝"效应（王兴平，崔功豪，2003 ）。

[4] 据初步统计，2001 年全国已建、在建和规划的新开发大学城共 50 多个。政府几乎都将新的大学城作为城市空间扩展战略、科技产业战略和教育文化"产业"的一个重要组成部分。

[5] 汽车工业已经成为我国国民经济的支柱产业，并于 2003 年出台了新的"汽车产业政策"，标志着汽车工业的发展已经成为我国长期的产业发展政策。根据国家统计局统计，2003 年我国轿车产量达到 206.89 万辆，比上年增长 80.7%。根据中国汽车工业协会的预测，今年总产量将达 510 ~ 534 万辆（2004-01-30，经济日报）。

[6] 这种理念在城市的外延扩展和内部改造中都有明显的反映。例如在城市外延扩展层面，目前颇为流行的是通过"定时交通圈"（如 1h 交通圈、30min 交通圈等）来引导城市外延空间扩展，这种交通圈的划分标准是以小汽车为代表的机动车出行时间，而实际上用不同的交通工具来测度，"定时交通圈"的覆盖范围和空间形态是不同的；另一方面，解决城市内部交通问题仍主要采用"扩大道路设施的供给能力为主"的应对措施。

[7] 在一个 80% 的出行是采用公共交通方式的城市里，主要交通投资用于满足有车族很难说是公正的（Nicholas P.Low & Swapna Banerjee-Guha，2002；转引自周江评，2003 ）。

[8] 同注释 [1]。

[9] 这十项原则是：

① 土地混合使用：土地的混合使用是取得更好居住环境的关键因素，通过土地混合使用可以为公共交通提供稳定的客源，能够减少人们不必要的出行需求，创造适合多种活动的道路空间，可以提供更多的税收和经济收益，同时可以吸引不同种族和收

入层次的人来此居住。

② 设计紧凑的住宅：占用更少的土地，为保护开敞空间提供更大的余地，住宅占用更小的基地将促使住宅增加层数，建造立体停车设施等，这样就可能有更多的土地用于开敞空间的建设。

③ 提供多种选择的住宅：为各种收入水平的人提供符合质量标准的住宅是任何精明增长策略中的重要组成部分，高质量的住宅不仅是一个社区基本的组成部分，更为重要的是这也是影响交通方式、公共服务设施、能源消耗的重要因素。通过提供多种层次的住宅选择可以减少对于小汽车的依赖，而且可以提高能源使用效率，就业和居住的平衡将为支撑一个公交车站和商业服务中心提供基础。并且能够在同一个社区包容不同收入水平的人，消除日益明显的社会阶层的分隔。

④ 创造适合步行的社区：主要包括两个方面，一是各种公共设施位于安全便捷的步行可及范围之内（如商店、学校、交通站点等），二是应该使步行成为可能，这就要为步行者提供相应的设施以及土地混合使用、紧凑布局，街道设计中平等地考虑步行者、骑自行车者、公共交通使用者和使用小汽车的人的需求。

⑤ 丰富社区自身特色，提高吸引力，创造鲜明的场所特点：利用自然和人工的边界或地标来创造社区的标志，建筑应该体现地方特点而且能够经历时间考验，为创造城市风貌作出贡献。

⑥ 保护开敞空间、农田和自然景观以及重要的环境区域：开敞空间对于保证精明增长策略的实施至关重要，一方面为人们提供游憩、接触自然的机会和场所，另一方面引导新的开发在已有的社区之中，为其他生物（动植物）的生存创造与人类平等的机会。

⑦ 强化已有社区的发展，将新的发展引导向已有社区：将新的开发需求导向已有的区域对于保护城市边缘地带和开敞空间至关重要，而且在既有区域内开发能够提高基础设施的利用效率，投资将更有效率，社区的发展也会增加税收来源。由于成本相对低廉，城市边缘地区的开发需求十分旺盛，这就需要在规划控制和引导上鼓励既有地区内部的重新开发，例如填充式开发等。

⑧ 提供多种选择的交通方式：为人们在住宅、购物和社区形式以及交通方式上提供多种选择是精明增长的核心目的。精明增长并不排除小汽车交通，而是鼓励其他交通方式与小汽车交通形成公平的竞争。

⑨ 提高城市增长的可预知性、公平性和成本收益：保证项目收益吸引投资商、银行和建造商参与开发，这部分收益很大程度上受到政府部门提供的市政基础设施和开发管理条例以及公平的竞争环境的影响。

⑩ 鼓励社区组织和相关利益主体参与发展决策：由于鼓励多种阶层的人们居住在同一

个社区，必须同时平等地考虑各个团体的要求，也会为精明增长带来更多的关注和支持。

⑪　引自国外城市规划 .2001（5）: 20

参考文献

[1]　Alex MacLean, Landslides. http：//www. cnu. org/resources/index，cfm? formAction = image_bank_detail&imagebank_id =139&CFID =3711946&CFTOKEN=80987601.2003.

[2]　Aprodicio A.Laquian-21 世纪城市的规划：机遇与挑战 . 国外城市规划，2001[6].

[3]　薄小波 . 长三角描绘"三小时蓝图". 文汇报，2003-08-09

[4]　Burchell，Robert W.，Anthony Downs，Samuel Seskin，Terry　Moore，Naveed Shad，David Listokin，Judy S. Davis，David Helton，Michelle Gall，and Hilary Phillips. The Costs of Sprawl Revisited. Washington，DC：National Academy Press. 1998.

[5]　D.Gregg Doyle 著，陈贞译，美国的密集化和中产阶级发展——"精明增长"纲领与旧城倡议者的结合，国外城市规划，2002[3]：2 ～ 9.

[6]　Dr. ean-Paul Rodrigue. Transportation and.Urban Form. http：//www. people. hofstra. edu/geotrans/eng/ch6en/conc6en/ch6clen.html. 2003.

[7]　Duany Plater-Zyberk and Company. http：//www. dpz. com/research. htm.

[8]　Ewing，R. Is Los Angeles-style Sprawl Desirable? Journal of the　American Planning Association，63 [1]：95 ～ 126.

[9]　Federico Oliva，Marco Facchinetti，Valeria Fedeli. 关于城市蔓延和交通规划的政治与政策 . 国外城市规划，2002[6]：13 ～ 24.

[10]　Galster，G.，R. Hanson，H. Woman，S. Coleman，and J. Friebage. Wrestling sprawl to the Ground：Defining and measuring　an elusive concept. Washington，DC. : Fannie Mae. 2000.

[11]　Geoff Anderson. Smart Growth Overview. Executive summary　of Why Smart Growth：A Primer by International City/County　Management Association. http：//www. smartgrowth. org/about/overview. asp. 1998.

[12]　George Galster，et al.. Wrestling Sprawl to the Ground：Defining and Measuring an Elusive Concept. Housing Policy Debate，Vol. 12，Issue 4，Fannie Mae Foundation（www. fanniemaefoundation. org/programs/hpd/pdf/HPD _ 1204 _ galster.pdf），2001，681 ～ 717.

[13]　谷凯 . 北美的城市蔓延与规划对策及其启示 . 城市规划，2002[12]：67 ～ 71.

[14] 国外城市规划"海外信息速递".美国公布城市蔓延最严重的 10 个地区和蔓延轻微的 10 个地区.国外城市规划,2003[1]:32.

[15] 国外城市规划.美国成立精明增长联盟.国外城市规划,2001[5]:20.

[16] 黄亚平.城市空间理论与空间分析.南京:东南大学出版社,2002.

[17] JHK & Associates, Transportation-Related Land Use Strategies to Minimize Motor Vehicle Emissions, California Air Resources Board(Sacramento;www. arb. ca. gov; available at www. sustainable. doe. gov/pdf/arb-report/arb-overview. htm),1995.

[18] Peter Calthorpe. The Next American Metropolis:Ecology,Community,and the American Dream. New York:Princeton Architectural Press,1993.

[19] Peter Calthorpe. 2002. The urban network:a new framework for growth. Working paper.

[20] Peter Hall. 长江范例.王士兰,王之光译.城市规划,2003[12]:6 ~ 17.

[21] 任春洋.新开发大学城地区土地空间布局规划模式探析.城市规划汇刊,2003[4]:90 ~ 94.

[22] Rolf Pendall. Do land-use controls cause sprawl? Environment and Planning B:Planning and Design, 1999, volume 26.

[23] Russ Lopes, H. Patricia Hynes. Sprawl in the 1990s:Measurement, distribution, and trends. Urban Affairs Review, vol. 38, 2003[3]:325 ~ 355.

[24] 沈清基.新城市主义的生态思想及其分析.城市规划,2001[11]33 ~ 38.

[25] Smart growth network. 2003. Getting to Smart Growth Ⅱ:100 more policies for implementation. ppl ~ 2.

[26] Smart growth online. Principles of Smart Growth. http://www. smartgrowth. org/about/principles/default. asp.

[27] TCRP(Transit Cooperative Research Program)report 74. Cost of Sprawl - 2000. Washington, D. C. National Academy Press.2002.

[28] Trimet. At Work in the Field of Dreams:Light Rail and Smart Growth in Portland. http://www. trimet. org/inside/publications/index. htm. 1998.

[29] Victoria Transport Policy Institute. Smart Growth:More Efficient Land Use Management. http://www. vtpi. org/tdm/tdm38.htm. 2003.

[30] 王兴平,崔功豪.中国城市开发区的空间规模和效益分析.城市规划,2003[9]:6 ~ 12.

[31] 杨东援.城市交通发展战略的思考.http://www.tongji.edu.cn/ ~ yangdy/paper/citytenasportation.htm.

[32] 杨涛.城市化进程中的南京交通发展战略与规划(上).现代城市研究,2003[1]:

50 ~ 55.

[33]　张庭伟 . 控制城市用地蔓延：一个全球的问题 . 城市规划，1999[8].

[34]　赵燕菁 . 高速发展条件下的城市增长模式 . 国外城市规划，2001[1]：27 ~ 33.

[35]　周江评 .2003. 要想富，慎修路——西方学者对交通投资与经济发展关系研究及其对我国的启示 . 国外城市规划，2003[4]：500 ~ 51.

本文原载于《城市规划汇刊》2004 年 03 期。作者：马强　徐循初

漫谈"城市交通"

1 基本概念与交通目标

1.1 交通与运输

交通这个词的概念非常模糊,它包含两个含义,一个是运输,一个是交通。运输英文是 transportation,交通英文是 traffic,这两个词的含义是完全不同的。

运输是研究客货交通源,研究源头的人或货物要到达的目的地、运输方式和运价。人和货物的源头摸清楚了,就跟城市规划的关系密切了。例如,朝鲜平壤的五一体育场举行的一次国际跆拳道比赛,有 15 万观众,疏散的时候除了贵宾是坐团体客车以外,其他人都是步行回家。汽车开出去已经半个多小时了,前面的人还在走,而且排好队走,这就是他们的交通运输疏散方式。运输的问题考虑以后才会出现交通流,才会出现人流、车流。

1.2 道路与街道

道路这个词的概念也是非常含糊的,街道英文是 street,道路是 road。街道是以行人交通为主的,车速慢,有公共交通。街道上沿街布置大量商店、要吸引大量外来人口。城市对外来人口是采取戒意,还是采取友好的方式非常重要,因为作为一个城市来讲,居民沿街有自己的一个领域和环境。只有把街道规划得非常好,才能使外来人口愿意到这里并在此停留、消费,从而促进城市经济的发展。道路以行驶机动车交通为主,速度快,流量很大,而街道以人的活动为主体,这是基本观念。如果把街道和道路等同,越是宽的马路两边越是要造高层建筑,建大量的商店,那么交通就不可能畅通。因此,必须区分街道和道路这两个概念。

1.3 交通目标

交通的目标是什么?不是比道路宽、立交多,也不是比汽车多,比新建轨道交通。交通的目的要看人和物的移动是不是两高两低:第一个是高效率,在单位时间内道路上能通过多少人和货,而不是通过多少辆车;第二个是高效益,城市交通发展应带来土地的增值。上海的成都路高架建成以后,两边的房地产掉得很厉害,这就不是高效益;第三个是低费用,不仅建设费要低,而且日常的使用费要低;第四个是低公害,包括汽车的尾气、噪声、振动、交通阻隔道路两边用地的联系等等。同时,还要有利于促进社会公平和交

109

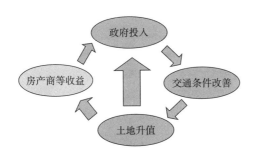

图1　交通建设效益的良性循环

图2　日本某道路交叉口的设计

通的可持续发展。

1）高效率

如图1所示，同样数量的人，公共汽车要一辆，小汽车要很多辆，两条道路上的效率就不能比了。最近有些城市自行车出行在增长，原因就是汽车没有自行车快，其实这条路天津很早就走过了。图2道路边上公共汽车的运输效率要比中间的小汽车效率高得多。有些人觉得公交车占用专用道心里不服气，国外在单向二车道的道路上，给公交车一条车道，小汽车也给一条车道，若嫌小汽车行得慢，就可以去坐公共汽车。

2）高效益

政府的投入使交通条件改善和土地升值，但是土地升值的效益不能只落入房地产商的口袋里，而是应该有一部分回到政府手中。交通建设应该是一个良性循环，这是它的效益。如图1所示。

3）低费用

交通建设不能盲目地求新、求高标准。现在很多城市都要建轻轨，这不是便宜的东西，其代价非常高。世界银行在20世纪80年代已经写过一个总结报告，国外很多城市为了装点门面搞轨道交通，后来背了很重的包袱。另外，交通建设要注重原有交通设施的利用，很多城市最后规划做完了，规划人员原有的思路都没有了。

4）低公害

城市过去是煤烟型污染，现在交通污染比例越来越高，已占到70%以上。

5）促进社会公平

社会公平是道路上的路权分配问题。在多数城市当中，高投资的道路建设以后，被占总人数不到20%的小汽车使用者和出租汽车占用，道路交通变得非常拥挤。如图3所示，道路上只有一两辆公共汽车，其他的是出租车和私人小汽车，这在路权的分配上是不公平的。另外，城市公共交通的费用要使城市低收入人群能够承受。

6）交通可持续发展

交通发展的目的应该是可持续发展。图2是日本一个道路交叉口的设计，可谓是精雕细刻。在直接进出隧道处有一条线，为了防止车辆看不清走哪一个车道，在沥青路面里面加上了碎玻璃屑，当车辆开过来的时候，阳光下闪烁的光非常清楚。不画线的原因是横向车辆通过时容易把线擦掉，交通岛和车辆进出的关系考虑得非常仔细。而我们在做交通规划的时候，交叉口做得很随便、很马虎。

2 交通与城镇发展

2.1 交通与城镇发展的关系

交通对城镇发展的影响有三个层次。第一个层次是市际交通，市际交通是城市出入口和外面城市的交通联系，主要是大交通，包括铁路、水路、公路和空运，城市是这几种交通方式的交汇点。大交通在城市经济开始起步时，起了很大的带动和促进作用，很多城市都是由一个铁路车站开始起步的。所以，现在建设高速公路、铁路、城市出入口交通，各类车站之间的换乘一定要做得非常好。第二个层次是市域交通，就是城市和周围所管辖县城的交通。市域交通包括各种各样的交通，不光是公路，也包括水运和其他方式。城市是地区经济的吸引中心，市域交通起到承上启下的作用，对中心城市是承上，对下面的小城镇是启下。如果加强与周围小城市和乡镇的联系、带动地区经济发展的这个环节做得不好，大城市周围就是贫困带。第三个层次是市内交通，也称作小交通。这个范围是在市内，主要解决高峰时间上下班交通和客货运输交通。城市运输工作量随城市人口成倍增长，城市人口越多，城市用地面积越大，出行距离就越长，要求乘车的人也越多。人次乘以运距就是人公里，城市越大，人公里数或者客公里数就越多。所以，市内交通在小城市问题不是太严重，而在大城市问题很多，特大城市问题就更大。交通与城镇间的相互关系如图3所示。

2.2 交通对地价的影响

交通对城市地价的增值有一定影响，越靠近市中心地价越高。郊区房价虽然便宜，但是交通运输费用贵，如图4所示。所以，一般人愿意取两者结合处，如点A，在距离L处，各方面的费用都比较合算。如果把轨道交通或者其他的快速公

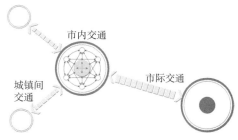

图3 交通与城镇间的相互关系图

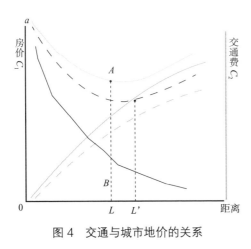

图 4　交通与城市地价的关系

共交通做好，使得线 *a* 下移，这个合成的点下降到点 *B*，则居住距离可以选到更远一点的 *L′* 处。

2.3　道路交通网络的超前性考虑

城市对道路交通网络要有超前性的考虑。交通带动土地的开发，基础设施建设必须同时考虑土地开发强度。土地不能过度开发，因为土地开发强度受到道路疏解能力和停车能力的制约，这两者一定要协调。

厦门自行车不多，出门可以乘坐公共汽车。莲坂小区到公共汽车站的距离在 100m 左右，支路网很密。在支路上有很多商店，下公共汽车就可以在支路上购买所需物品。而有的城市拼命发展小汽车，把所有的道路空间都占用了，交通就瘫痪了。

3　出行距离和出行时耗特征分析

现在出行距离越来越大，上海从 3km 增加到 6km，又增加到 9km。城市面积越大，最大出行时耗越应该控制。上海的出行时耗从 40min 到 60min 到 90min 再到 150min，从一端到另一端出行时间太长，就必须有大量的车，或者其他的快速轨道交通。

计划经济时期单位分房，人们都住在距工作单位 2005 年 11 月　第 3 卷 第 4 期城市交通 91~2km 范围之内。在这个范围内出行量很大，如图 5、图 6 所示，采用的交通方式是步行、自行车、公交车等。后来，由于对舒适性要求的提高，私人买房，居住地与工作单位之间的距离变大，如图 7 所示。出行距离的改变使交通方式也随之改变。

图 7 则是以时间为单位的出行时耗分布特征。不管距离远近，出行时间都缩短至 10~20min 内。愿意承受出行时间较长的人，不管是采用自行车、步行、摩托车，还是其他交通工具，出行时间到 40 min 的很少，这就存在最大出行时间的问题。因此，城市的规模决定出行时间的长短。从图 8 不同交通方式的出行时耗分布可以看出：不同交通工具有不同的出行时耗，小汽车与公共汽车出行的时耗长一些，其他的交通工具时耗应控制在 15~20min 之内，不同的城市出行时耗也不一样。

出行量百分比

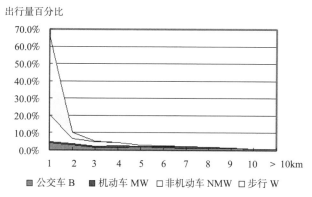

图 5　计划经济时期居民出行距离与出行量的关系

（%）

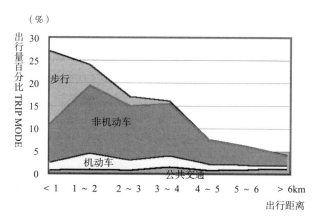

图 6　市场经济时期居民出行距离与出行量的关系

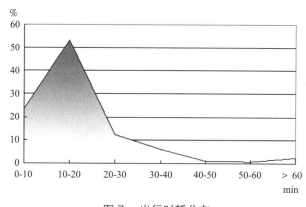

图 7　出行时耗分布

要缩短出行时耗可以从改善公交服务水平入手。第一，要加大公交线网的密度。例如，在北京中关村的一条道路上有 37 条公交线，站点怎么能不堵死？因此，加大公交线网的密度，重要的是使公交线路延伸到支路里，减少车站到居住地与工作单位的步行时间。第二，缩短行车间隔时距。第三，提高行车速度，这是道路上的交通管理。第四，方便乘客换乘。

公交车站设计完成后，按 300m 或 500m 画圆，其覆盖用地面积的百分比应作为强制性的规定。300m 的路程需要走 5min 左右，居民会比较方便。图 9 是哥伦比亚首都波哥大市居民到达公交车站的距离分布，从居住地步行至车站距离为 100m 的人，占 51%，为 300m 的人已经占到 87%。可见，波哥大市的公交线网非常密，而且换乘时间很短，这是一个以公交为主体的城市。

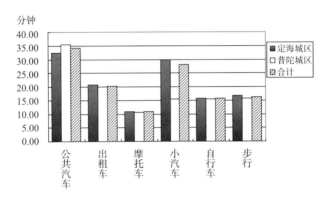

图 8　不同交通方式的出行时耗分布

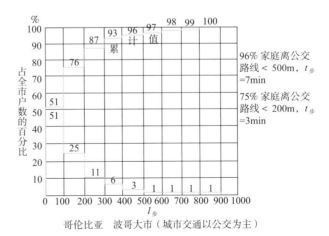

图 9　波哥大市居民出行到达公交车站的距离分布

4 交通方式转化

影响交通方式转化的因素是出行时耗、居民收入、舒适度和人口密度。当人口密度大到一定程度，就要发展轨道交通。20 世纪 70 年代末，日本的交通白皮书谈到日本的特点：缺少能源、城市人口密度大、土地面积小，所以，必须发展轨道交通。

4.1 公交和非公交的转化

影响公交和非公交转化的因素可以量化。骑自行车是两个时间：一个是骑，一个是存，可以和出行距离发生关系。另外一个是公交乘客所消耗的时间，包括步行到车站的时间、等候时间、车内乘车时间、步行离开车站的时间和换乘时间。

骑自行车的出行时耗 $T_{自} = t_{骑} + t_{取存} = 60 l_{出} / v_{自} + t_{取存}$（min）

乘坐公交的出行时耗 $T_{公} = t_{步} + t_{候} + t_{车} + t_{步} + （t_{换}）= 2 \times 60 l_{步} / v_{步} + t_{候} + 60（l_{出} - 2l_{步}）/ v_{送} + （t_{换}）$（min）

设 $\Delta T = T_{自} - T_{公} = 0$，则 $\Delta T = b - a - t_{候}$

$a = 2 \times 60 l_{步} / v_{步} - 2 \times 60 l_{步} / v_{送} - t_{取存}$

$b = 60 l_{出} / v_{自} - 60 l_{出} / v_{送}$

$T_{公} = T_{自}$，即从同一个地点出发，同时间到达。根据 $\Delta T = b - a - t_{候} = 0$，得到图 10。图中 a 值就是出行时间与出行距离的关系，斜率是两种交通工具的速度差额，即自行车和公交车速度的差额。

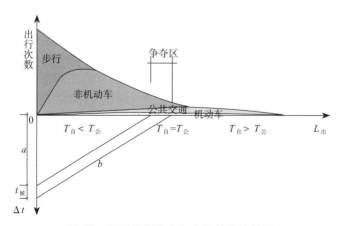

图 10 居民出行分布与交通结构的关系

如果骑自行车和乘坐公交车的速度一样，乘坐公交车的人还要等候，还要在车站的两头步行，就没有自行车快，这样的城市最后是自行车的天下。如果加大道路网和公交线网的密度，缩小 a 值，如图 11 所示，骑自行车就可以转化为乘坐公交车。如果道路上的公交车速度越来越慢，所有的人就都去骑自行车，整个城市的运行效率就会大大降低。所以，要研究交通结构，这个问题非常重要。

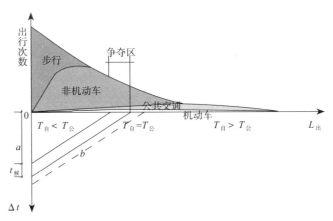

图 11   加密道路网和公交线网减少 a 值

图 12 就是增加 b 值，增加速度。现在许多城市在建地铁，因为地铁的速度不受地面交通的干扰。但是需要注意另外一个问题，即 a 值。地铁站不可能像公交车站那样密，因此 a 值就变得很大。所以，从理论上来分析，必须使轨道交通换乘非常方便。武汉建了一条高架的轻轨，遗憾的是，轻轨终点站没有公交车站，其他中途站就更不用说了。公交车不能和轻轨衔接，谁来坐轻轨？因此，a 值如果拉得很长，速度再快也没有意义，只有车站附近的一些人才会来坐轻轨，轻轨企业岂不亏本？政府岂不背上沉重的财政包袱？这是城市规划里很重要的一个问题。图 13，减少 a 值，车速提高，公交乘客增加。若轨道交通换乘不方便，争夺区仍要外移。图 14，即使减少 a 值，但道路车速降低，公交乘客也会很少，骑自行车的人数就会增加。

4.2 居民收入和出行方式的关系

图 15 是温州市居民收入和出行方式的关系。当居民的人均收入小于500 元时，步行和骑自行车的人数约占 75%；当人均月收入水平逐步提高到500~1000 元时，步行就减少，骑自行车的比例就增加；当人均月收入增加

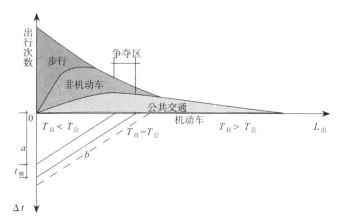

图 12　提高道路车速和公交车速增加 b 值

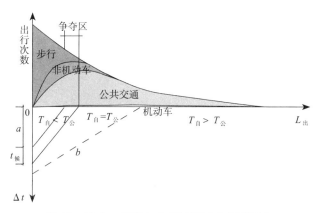

图 13　减少 a 值增加 b 值可使公交乘客增加

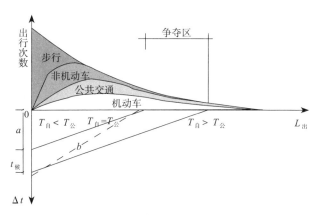

图 14　减少 a 值道路车速降低的情况（公交人数很少，自行车人数增加）

到 1000～2000 元时，助动车、摩托车、出租汽车就明显增加；当人均月收入大于 2000 元时，步行和自行车的比例就降到 25%，而各种机动化方式的出行就高达 75%。这个现象涉及到研究城市交通方式结构的一个重要内容。如果将来收入继续增加，城市交通方式结构会怎样？做交通规划时要考虑未来年国民经济的发展和居民的收入情况。图 16 是舟山市居民收入和出行方式的关系。当人均月收入达到 2500 元的时候，非机动部分占到 30%。同时，骑摩托车和乘坐出租汽车的人数增加了。乘坐公交车的人，当其收入超过 2000 元以后，就不坐公交车而改为出租车出行。温州市在做交通规划前也有这个现象，乘公交车的几乎没有，经过公交规划和改善，现在公交乘客明显增加到 10% 以上。图 17 是舟山市居民打算购置交通工具的意愿调查。所以，交通规划要考虑交通方式的转化。

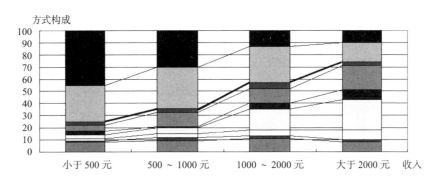

图 15　居民收入和出行方式的关系

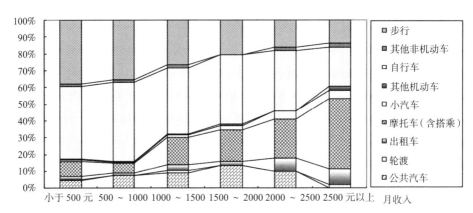

图 16　舟山市居民收入和出行方式的关系

4.3 交通工具的发展

由于自行车和电动自行车的继续增加，燃油摩托车在逐步淘汰。出租汽车业也不能无限制的发展，基本上每千人 3~4 辆。当然，有的城市每千人 7 辆出租车还不够供应，如延吉。出租汽车如果发展的好，可以节约大量的城市停车用地。出租车开了就走，而私人小汽车要找停车位置。

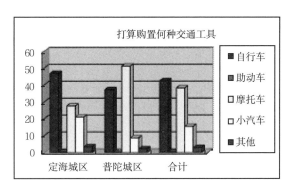

图 17　购置交通工具的意愿调查

不要控制私人购买小汽车，但要控制使用。因为根据道路使用公平的原则，应该把高效率的交通方式放在首位。表 1 是 1976 年法国的资料，各城市人口由多到少，在交通结构里小汽车均占一半左右。公共交通和自行车的比例关系是：城市越大公交车越多，城市越小自行车越多。所以，自行车并不是坏的交通工具。

英国在 20 世纪 50 年代就得出结论：自行车是消耗能源最小、产生最大功率的交通工具。而且，在发生灾难的时候，如唐山地震后和第二次世界大战后的德国、意大利等国的城市，最先出来的交通工具都是自行车。当年柬埔寨和越南在抗击帝国主义的解放战争中，能对抗敌人狂轰滥炸的运输工具就是自行车。现在欧美国家已把自行车作为一种绿色交通工具推出，所以自行车的发展是有一定的历史背景和经济条件的。应该指出，各种交通工具都有其优势范围。说自行车是落后的交通工具，所有的道路不准走自行车，同样对电动自行车和燃气摩托车一棍子打死，这样的作法都不尽合理。

因此，提出要充分发展综合交通体系，要多种交通方式共存互补。

法国城市交通结构　　　　　　　　表 1

法国城市	人口（万人）	交通结构（%）		
		自行车	公共交通	小汽车
里昂	149	17	32	51
里尔	100	36	14	50
杜尔	25	40	13	47
襄贝里	8	46	4	50
埃尔贝	5	51	3	46

5　结语

交通需求不是固定不变的，随着人们生活水平的提高，居民的出行目的、次数、方式、时间、距离、时耗等均发生了很大的改变。要明确城市交通现阶段面临的主要任务，摸清城市交通的主要特征，才能有的放矢地优先发展公共交通，保证市民在公平共享有限的道路交通设施时，能普遍地得到最大的利益，使城市能以较少的投入得到较多的总体效益，这才是我国现代化城市交通努力的方向。

本文原载于《城市交通》2005 年 04 期，并发表于中国城市交通规划学术委员会 2005 年年会暨第二十一次学术研讨会。

作者：徐循初

二、城市交通规划理论与方法

自行车交通规划中的几个问题

一、自行车交通的现状和发展趋势

1. 增长情况

解放后，我国的自行车无论城市或农村，数量增长很快，尤其是在沿海和平原地区。它不仅是上下班的客运工具，也是日常生活中的简易货运工具。

自行车因其使用方便、维修简单、不污染、无噪声，又能促进身体健康，深为广大人民群众所喜爱。

从一些城市近年的调查资料看：

城市	北京	上海	天津	广州	武汉	南京	长春	杭州	福州	唐山（震后）
自行车数（万数）	203	150	117	78	34	30	30	25	19	35

平均每户有一辆自行车，有些城市达到每户有 2 辆。尤其是近十年来，自行车增长的速度更快，不少城市自行车增加了 1 ~ 2 倍，有的城市以每年 10% 以上的增长率递增着。

2. 引起的问题

过去，由于城市中的机动车辆很少，自行车虽然多起来，原有道路仍能基本满足要求。但近年来，随着我国汽车工业的发展，机动车也以每年 16% 的增长率快速增加，不少城市近十多年来汽车数量增加 2 ~ 5 倍，结果道路交通量剧增，无论是交叉口或路段的通行能力、城市中的停车场地都不相适应，造成道路交通不畅，不少路口阻塞、车速普遍下降，客货运车辆的生产效率降低。

从职工上下班使用的交通工具看：在中小城市，由于每千居民所拥有的公交车辆少，乘客候车时间长，骑自行车比乘公交可以更节省时间、准点上班，所以，大多数职工都骑自行车。例如：唐山职工上班骑车率全市平均为 70%，市属企事业单位的骑车率高达 80%，个别厂矿达 95%。在大城市，由于近年来道路交通不畅，造成公交运送速度降低，行车不易准点；或因近郊工业区发展，公交服务不及市区方便，职工步行到停靠站的时间和候车时间均过长，使骑车的职工日益增长，例如：某市近郊 50% ~ 60% 职工骑车上班；职工乘公交上班的 60 万人，而骑自行车的超过 100 万人。如果将自行车在路段上行驶时所占的道路面积换算成小汽车所占的道路面积（按 4 辆自行车换算 1 辆小汽车），则道路上的当量小汽车高达 25 万辆，显然，这个很大的数字，是造成道路交通紧张原因之一。

从通过交叉口的自行车流量看：北京 1965 年早高峰小时，自行车流量最大的路口才 8600 辆 / 时左右，而到 1977 年，超过 10000 辆 / 时的交叉口就有 28 个，其中流量最大的路口超过 20000 辆 / 时，又如震后的唐山，自行车流量接近和超过 10000 辆 / 时的交叉口也有 8 个，天津通往工业区的两条干道交叉口，自行车流量竟出现过 58000 辆 / 时的峰值。

这些自行车流量的特点是：量大、时间集中，方向不均衡，占用大量机动车道，与机动车严重混行，在窄的路段根本不顾机动车行驶，迫使汽车车速降到 10 ~ 5km/h。

由于上述几种情况的发生，近年来随着交通量的增长，事故也大为增加。我国 1976 年因交通事故所造成的直接损失达 8 亿元，加上间接损失可达 45 亿元。

分析肇事的原因：主要是机动车、自行车与行人争路，在北方城市中更有大量马车在道路上混合行驶。不论何者，自行车总被夹在其间，十分危险。事故的发生，多数是因自行车惹起的。如杭州自行车与汽车相撞占总事故的 40%；在唐山有关自行车的交通事故占总数的 75%，其中自行车与汽车相撞的重大事故占总数的 60%。肇事的地点、市区和郊区各半。

为了消灭这些不幸的事故，近年来各个城市不仅交通民警加班加点全力以赴，还动用了大量新驾驶员和社会力量进行宣传和管理，虽然事故情况有所改善，但十分吃力。应该指出，这是一支相当大的人力，这种做法不能认为是长久之计。

3. 趋势的估计

根据我国发展自行车工业的方针，今后自行车不仅不会减少，而且还要增加。为适应人民生活的需要，自行车的型号和花色品种还会不断增加，用料和质量也会更讲究。

从国外走过的道路看：在 20 世纪 30 年代，西欧一些工业发达的国家自行车的数量也曾达到很高的标准。

1939 年	丹麦	荷兰	德国	比利时	英国	法国
人 / 辆	1.4	2.2	3.4	3.6	4.8	5.2

以后汽车工业发展，小汽车使用日普益及，自行车的拥有量和使用率才逐渐降低。1970 年代后，随着能源危机和环境保护引起各国的重视，自行车交通又东山再起。

国别	美国	日本	西德	荷兰	丹麦	瑞典
人 / 辆	3	5	2.4	1.7	2.2	2.3

从交通事故看：在 1930 年代的德国，自行车肇祸的比例也是随着自行车数增加而增加的。例如某大城市，从 1925 年到 1935 年自行车事故占交通事故总数的比例，从 17.7% 增加到 47.8%。又某市在职工上班途中所发生的交通事故比例：自行车占 53%，行人占 38%，其他交通工具占 9%。到第二次世界大战后，才变为汽车撞行人是主要问题，于是建了不少行人天桥和行人过街地道。近年来自行车又多起来，各国对此都比较重视，总结过去的经验教训，在规划和新建的城市中开始搞自行车、行人和机动车三者各自分流的交通系统，完全改变了过去那种在狭窄的街道上两侧挤满了高层商店、当中是一片杂乱的车人流交通的情况，也改变了越是在交通复杂的道路交叉口越是要在四周布置高层公共建筑的那种抢热闹地盘的做法 *；而是将行人和自行车交通分别组织在优美的绿化环境中，将机动车组织在快速通畅的道路系统中（图 1）

这种分系统分流的做法，在国外是：1940 年代早有设想，也遇到过实施上困难，但由于交通发展的矛盾，迫使它最后必然走上分流道路。

从我国自行车发展的情况看：在今后十年左右城市自行车

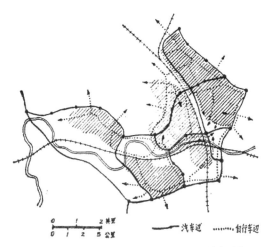

图 1　英国彼得包罗市自行车道系统规划

数发展到每 1.5 ~ 2 人一辆，是完全有可能的，而与此同时，机动车数也至少要增加 1 ~ 2 倍或更多。因此，我国大中城市（平原地区）的道路。交通将发生很大的问题。应该指出的是在这个时期中发展公共交通，在大多数城市中并不能有效地代替自行车交通，而只能分担一部分日益增长的客流。所以每个城市的规划工作者，应该及早考虑如何组织和改善城市交通，并为自行车开辟专用道路系统的问题。

二、自行车交通的现状调查和规划设计中的几个问题

为了结合各城市本身的特点，考虑解决自行车的交通问题，目前就应该着手调查研究工作。

1. 自行车流量的调查

（1）各主要路段断面的自行车双向流量，根据调查人力的多少，可以调查全日各小时的自行车流量或只调查上班高峰时间的流量。调查时间可按每 15min 统计一次，从中可以找出高峰小时的流量和它占全日流量的百分比。例如有的城市调查得自行车高峰小时流量约占其全日流量的 20%，货运高峰时自行车约占其全日流量的 6%，相当于平均小时的流量。

根据调查的路段流量资料，可以绘出全市自行车流量图。图 2 为某市部分地区的早上高峰小时自行车流量图。

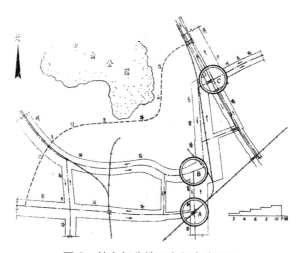

图 2　某市部分地区自行车流量图

（2）全市或个别交叉口的流量流向。为了改善交叉口本身，或由于道路

网规划不够合理，造成了大量迂回交通，对某些交叉口增加了不必要的负担。例如图2中的A、B、C三个交叉口，从图3中可以看到，有大量自行车是从新开路以西，经新建路绕过交叉口A北上的，或者经晓阳路绕过交叉口B北上的，这两股自行车流（即图3中有阴影的流量）汇合后，过桥左转沿滨河路北上，使交叉口C的交通变得复杂化。此外，从交叉口B到C的车流还经常受到铁路上编组车辆长时间的阻拦，造成交叉口A、B、C和桥面的堵塞，严重地影响上班交通。如果我们通过一系列交叉口的流量流向调查和流量图的绘制，就可以很清楚地找出矛盾所在，对症下药，引开自行车流，或改建交叉口。对于上述图2的情况，除了将铁路编组作业时间与上班高峰时间错开外，较彻底的办法，就是利用现有的小路加以整理和扩建，使傍山路成为一条自行车专用的道路，这样，不仅可以大大简化这个地区的道路交通，节约改建这个地区道路工程的费用，而且可以使每个骑车走傍山路的人缩短一公里行程。

交叉口流量的调查，只需记下每个路口通往其余各路口的交通量，汇总各路口来的交通量就是路口流出量。经过校核，流入交叉口的总量等于流出交叉口的总量，即可绘制交叉口分向流量图。

为了分析交叉口的通行能力，掌握改善交叉口的依据，在调查时，时间段宜分得短些，可以每10min或5min统计一次，同时记下交叉口上其他车辆的流量、自行车流所占用的宽度，和交通阻塞的情况等等。如果能对全市一系列交叉口都作流量调查，则各个交叉口流入和流出的流量，就是前述的路段流量。所以在调查全市流量时，常将两种调查内容结合起来，以减少工作量。

（3）市内各典型企业单位的职工骑车率，及其为生产和生活活动骑车出行范围等。

对于远景自行车流量的估计，可以通过远期居住区的规划、居住人数的分

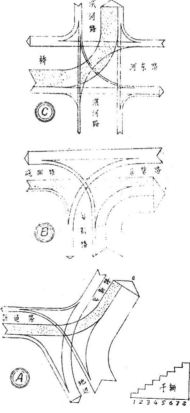

图3　交叉口流量流向图

布，工业区的规划、各类工厂的分布以及职工人数和各班工人数比例的估计，根据骑车率大致可以估计出早上上班高峰小时自行车的流量。但是从道路交通的复杂情况看：早上量虽大，比较单纯，机动车高峰也未出现，据有的城市调查，机动车流量约占全日机动车流量的6%左右，相当于平均小时流量，所以交通问题比较容易解决。而下午下班高峰，机动车交通与自行车交通的总流量与早高峰相近或略低，但行人穿越道路较多、自行车停车频繁，所以交通反而不如早上畅通。

根据大致估计出的居住区到工厂的定向流量，就可以按照规划的道路系统，将流量分配到道路上去，并绘出流量图，作为决定远景自行车道宽度的依据。

2. 车速

同设计机动车道一样，车速是决定道路各几何要素的依据。由于各城市的地理位置、城市地形、骑车习惯不同，车速各异。因人年龄和性别，车速也不同。

观测车速的方法很多，除了用一定距离测行驶时间来求速度的方法外，今介绍一种较简便的随车观测法。

观测前，数好自己所骑的自行车飞和踏脚牙盘的齿数，例如上海产凤凰牌 PA-12 型 28 英寸平车，飞 20 牙，踏脚牙盘 48 牙，这样脚踏一圈，车轮滚动长度（1）为 5.33m；同理，永久牌 26 英寸轻便车，脚踏一圈车轮滚 5m。这样，测车速时，只要跟着所需测的自行车流或其中的某辆车同步行驶，数自己踏脚所踏的圈数（n）和所需的时间（t）（s）就可以根据下式

$$v = n \cdot l/t \times 3.6 \ (\text{km/h})$$

算得速度（v）。如果将（t）规定为某一定值，比如 60s，则可将上式变成 $v = (3.6l/t) n = K \cdot n$，画成 $v-n$ 直线，随车即可查出车速。

根据观测，平时在纵坡小于 1% 的道路上，骑车速度青年男女约在 12～15km/h，壮年男女约在 10～13km/h；纵坡在 2% 左右的上坡段，车速约在 7～12km/h；在下坡段，滑行速度约在 15～18km/h，如加速骑可超过 20km/h。

早上上班（尤其是冷天），骑车人时间较紧，精力充沛、思想集中，车速较快，约 12～15km/h；而下午下班时，注意力较分散，关心沿街商品，自行车停车次数较多，沿途交通受行人影响也较多。车速普遍降低，约在 9～13km/h；晚上，夜深人静，车少人稀，思想集中，车速又提高到

13 ~ 16km/h。

如果考虑到交叉口红灯的影响，则平均车速还要降低10%左右。

3. 自行车在行驶中所占的道路面积

自行车在前进中是左右摆动的。根据对轮迹的多次观测，正常骑车人的摆动值为0.4m，就是说一辆自行车行驶时，如果左右空间不受限制时，他只要有一条0.5m宽的路面就可以安全行驶了，或者说一条自行车道的宽度等于自行车龙头宽度加摆动宽度，通常取0.9 ~ 1m。

自行车在车行道上行驶时，距路缘石平均为0.4m；在地道内行驶时，轮迹离墙壁为0.55m，骑车人的把手离墙壁约0.3m，为增加安全舒适应，宜采用0.4m。

根据这些数据，就可大致得出一条条自行车道的宽度。从西欧的资料看，他们是像机动车道一样，分成一条条车道来设计，计算通行能力的。

根据我国自行车交通量远远大于国外的情况，以及对自行车行驶特点的观测。发现自行车在前进中绝大多数是互相错开的，几辆车并列骑行只是少数情况。前后车辆的间距，在正常车流密度时，是大于或等于刹车反应距离与制动距离之和（这个计算方法与汽车刹车情况相同）；当车流较密集时，则往往小于这二者之和，但它们仍能安全行驶，这是因为后面车辆可以插入前面两车之间刹停的缘故。观测又发现，当前后车辆靠得很近时，它们的横向间距一定很大，因此，即使有紧急刹车，后车插入前车之间，它还可以使车龙头有左右摆动的余地而不致撞车；反之，前面车辆左右均很密，后面车辆就会自动离远点。这种现象不论在宽窄的路段都存在，而每辆自行车所占用的道路面积（F）却是相接近的。它有点像机动车道的车头间隔长度。掌握这个数值，对确定自行车道的通行能力和自行车道的宽度十分方便。

根据观测，自行车在行驶中随着道路和交通情况的变化，经常会自动调整F值，成为疏密相间的车流。例如在平段行驶时，车流密度正常；到了上坡时，车速变慢，车流变密，F变小；下坡时，车速加快，车流变稀，F就变大。同样，在进入交叉口时，车流受到红灯阻拦也会变密；离交叉口后又会变稀。如果车流过密，就会出现下面情况：当交叉口红灯一拦，整个车流没有多少压缩的余地，立刻会在停车线前出现一条自行车长龙。即使交叉口不久就开放绿灯，停车线处自行车已可驶出，但因受红灯的影响，后续骑车人不断下车的现象会像波浪一样向后推去，达100 ~ 200m，甚至到达后面的一个交叉口，这对提高道路通行能力确保路口畅通是不利的。此外，北方城市冬天结冰路滑，车流太密也容易出事。

为了保证道路上自行车交通能始终维持行驶，并考虑到交叉口横向交通的要求，建议在规划时，每辆行驶的自行车在路段上所占用的道路面积（F）取 $10m^2$。见下表。

每辆自行车所占的道路面积（F）（m^2）		道路上自行车交通情况
在路段上	9～10	骑车人很舒服，能边骑边聊天，可以自由超车，车速不限，行人只要注意来往自行车，能安全横穿街道
	8	骑车人尚舒适，车速不限，行人可横穿街道
	6	快车不能超车，骑车人要思想集中，行人已难穿过街道
	4.5	车速下降到10km/h左右，车流较密。行人已不能穿过街道
	4	车速小于8km/h，一车倒下，后面或邻车有跟着倒的情况
在交叉口附近	2.5	车速小于5km/h，接近交叉口的骑车人随时有下车准备。交叉口放绿灯时，达到此值时，即有人上车骑行
	2.1～2.2	车速约3～4km/h，大量推车而行，个别人骑车

4. 自行车道的通行能力与宽度

为了使用方便，将自行车道的通行能力折算成每米宽度的小时通行能力（N_1）。根据有些城市的实践经验，在机动车与自行车（其中夹杂一定比例的非机动车）混行的道路上，取 500（北京）～800（天津）辆/时，也有取 1000 辆/h（广州）。

从对一些自行车流量大又单纯的路段观测的结果，其最大通行能力是很高的。对一个连续通过自行车的断面（其中也包括交叉口内交替通过几个方向车流的冲突点在内）每米宽一小时内可通过 2000 辆左右。这个数值与西欧一些国家所提出的数值是十分接近。

考虑到规划自行车道的通行能力，要能满足：（1）今后交通量发展的需要，（2）在高峰小时自行车流的不均匀拥集现象，（3）横向道路的交通要求。所以取 N_1 时应留有充分余地。根据上述自行车在路段行驶的平均车速 v=10～12km/h，平均每辆车占用道路面积 F=10m^2/车。作为设计依据，则每米自行车道的通行能力（N_1）

$$N_1=1m \times v/F=1 \times （10～12） \times 1000/（10～12）=1000 辆/（h \cdot m）$$

这个数值与国外比，是比较低的，因为它受到平面交叉口的限制。

例如，丹麦提出用 0.9m 为一个车道宽度，双向双车道以 2000 辆 / 时作为验算车道宽度用的通行能力值，在续加车道时，每增一个车道，通行能力即增加 1500 辆 / 时。

荷兰资料认为：

自行车交通量（辆 /h）	车道宽度（m）
单向 1000	0.6 ~ 1.0
双向 2000	1.9 ~ 2.5
单向 2000	1.4 ~ 2.0
双向 4000	3.5 ~ 4.1
单向 3000	2.2 ~ 2.8
双向 6000	5.1 ~ 5.7

法国认为，每个车道宽 1m：

自行车道	通行能力（辆 /h）
双车道	1500
三车道	3000
四车道	4500

根据规划的自行车流量（M），就可以求得单独设置的自行车道宽度（B）

$$B = M/N_1 \text{（m）}$$

自行车道在穿过地道时，为使骑车人有安全舒适之感，其宽度还应适当加宽。

5. 自行车道的纵坡（i）和坡长（l）

目前在我国不少城市设计立交的非机动车道时，对纵坡都控制得较严格，一般以小于 2% 为原则，这个数值基本上能满足各种非机动车爬坡的需要，但是这里没有规定相应的坡长限制，如果地形条件苛刻，纵坡是否可以更大或者坡长可以有较大的变化。

丹麦曾在自行车道设计资料中规定：

纵坡值（%）	5	4.5	4	3.5	3
最大坡长（m）	50	100	200	300	500

这就给设计人员有了一定的灵活性。

据观测，纵坡在1%以下，自行车速度受影响很小，可以忽略不计，当纵坡达2%时，车速可能降到7～10km/h，如果是3%，则车速可能降到5～7km/h。这个现象说明了骑车人不自觉地在调整他爬坡的功率。根据一个人做功的特点来分析，骑车上坡所消耗的功率和其持续时间有关。如果上坡所需的功率越大，则其持续时间应越短；反之，上坡坡度平缓，其持续时间也可长些。

如果我们掌握了一些道路的纵坡（i）和坡长（l），或坡道起终点的高差（H），就可以作实地试验，测得爬坡所需的持续时间（t）和自我感觉。根据这些资料就可以按下列步骤进行整理分析：

（1）设骑车人自重为 G_1（kg），自行车自重为 G_2（kg）（一般平车为24～25kg），自行车载重为 G_3（kg），则爬坡所作功的 $W=（G_1+G_2+G_3）\cdot H$（kg·m）。

（2）骑车人爬坡所消耗的功率 $p=W/t$（kg·m/s），这样，按照不同年龄和性别的人、骑车载重与否的情况，可以绘出爬坡难易程度与所消耗的功率（p）和持续时间（t）的关系曲线。

（3）根据青岛、唐山、北京、天津、上海、石家庄等城市自行车爬坡的资料，我们可以按其爬坡难易程度，找出一条公认比较省力的 p–t 曲线，作为推荐曲线（图4）。

（4）由这条推荐曲线又可按不同的骑车速度换算成一条坡度（i）与坡长（l）的关系曲线（图5）供计自行车道的纵断面用。有了这条 i–l 推荐曲线，就可以结合地形灵

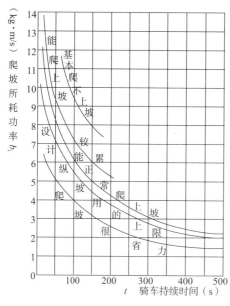

图4 爬坡与时间的关系

活设计纵坡和坡长了。

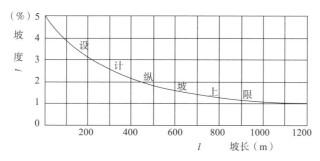

图5 坡度与坡长的关系

例如：有一条自行车道由于地形所限，如设计采用平均坡度为2%坡长达1000m，这就很累或者较难骑上去。如果按照骑车人消耗功率的特点来考虑，我们可以采用分成几个短陡坡并在其间插入几段缓坡的作法，结果，骑车人爬坡所作的功虽一样，但所消耗的功率就不同，并且在缓坡段既可得到休息，在陡坡段又可充分利用动能变成位能，使骑车人的心理因素大为改善，能较轻松地爬上这个坡道。

这种做法对于独立设置的自行车专用道（不是与机动车道并列在一起的非机动车道，即俗称三块板的做法）尤其适宜。

6. 交叉口设计

在我国自行车交通量很大的一些城市，高峰小时自行车过交叉口都十分紧张，存在的问题是：

（1）机动车与非机动车混行，在停车线前二者混杂在一起，而自行车因其小巧灵活，经常从夹缝中推到机动车前面停下，大多超越停车线，甚至要回过头**才能看到红绿灯信号的变换，引起交叉口交通组织混乱，堵塞右转车道，妨碍后续车辆通行，行人过街也不便。

（2）机动车在停车线前没有按左直右的去向分开停放，而是夹杂停在一条车道上，头上和中间夹的左转车辆压住直行车辆甚至右转车辆，妨碍它们的通行，使交叉口上相向的车辆不能成对通过，延长了不必要的等候时间，大大降低了交叉口的通行能力。***

（3）交叉口停车线前车辆（尤其自行车）排得太宽，影响对方车辆通过交叉口。

如果这些缺点一重合，则交叉口的相互干扰越增加，其通行能力就越低。

当机动车较多绿灯放行时间过长，横向交通很容易阻塞，使后续车辆排成长龙，造成恶性循环。

在一些城市，往往街道搞得很宽，而交叉口的设计只考虑了视距三角形、车行道转角半径和竖向设计；对交通组织却缺乏考虑，反而在交叉口四周建了不少吸引人流的公共建筑和商店，结果由于这个卡口没有疏通，使整条道路的通行能力很低。有的同志还认为这是道路不够宽，打算改建再加宽路幅，或者在没有仔细分析降低道路通行能力的症结所在之前，就贸然决定在某个交叉口上采用大立交大转盘，这是一种头痛医头脚痛医脚的做法。即使大立交建成了，它的通行能力也由于两头交叉口所卡住不能充分发挥。

为了使道路畅通，即提高车速和提高通行能力，应该从整个道路网或整条道路来考虑。通常采用各种手法（如立交、环交和信号灯管理交通）使这些相互干扰的矛盾在时间上或空间上错开，力求简化交叉口的交通。

立体交叉

优点:（1）车到交叉口不受横向车流阻拦，车辆可以快速通过，交叉口间距加大,使平均行车速度大大提高。（2)直行车流在空间上错开,互不干扰,通行能力可增加一倍多。

但为了保证具有一定速度的左转车辆上下匝道，要占很大的用地，常成为交叉口设计的难点。目前我国常采用加一层转盘使左转车辆低速环行而去的方法来解决。这在左转交通量较小较均匀是可行的，但如车速较高，或某一个方向的流量特别大，则只能采用多层定向转换车道的匝道来解决。这种方式的造价较高，但解决得彻底。在我国一般大中城市目前因机动车交通量小，整个道路网的车速又较低，尚不急于采用这种方式。但是，我国有大量自行车和行人，他们在交通事故中所占的比例很高，影响交叉口通行能力大，所以很有必要首先对他们采用立体交叉。以简化交叉口交通的复杂性，确保车人流的安全。

环形交叉

车辆过交叉口时减速交织。比车辆在十字路口停车再起动加速要省油少废气，通过路口也快。但随着交通量增加、车身日益加长，要确保车辆交织，环岛需做得很大，这就会延长车辆通过交叉口的时间。如果环做得小些，又会因车辆在环道内等候交织产生阻滞。根据我国以货运卡车为主的交通特点，整个环交的最大通行能力约为：机动车 2000 ～ 2200 辆 / 时，自行车 8000 ～ 10000 辆 / 时。此值大小主要是由环道（交织段）的通行能力决定的。

在非机动车交通量也很多的环形交叉上，通过环道交织段的各种车辆相互干扰很严重，甚至出现机动车将自行车拦在环岛边出不来，或机动车被自行车包围无法行驶的情况，而两种速度不同的车辆在同一交织段上大量穿梭而过是很不安全的，否则就得都降到非机动车的速度。因此，环形交叉的方式对车种多、量大的交叉口并不一定适用，何况它占地又大。而交通组织良好的十字交叉口的通行能力，反而会比环交高得多。

展宽式平面十字交叉口

自行车在交叉口停车线前的特点是：爱停在机动车前、爱并列挤在最前面，停车面积约为 1.2 ~ 1.4m²/ 车，起动比机动车（无轨电车除外）快，（过路口最快的平均速度甚至达 17km/h），这一现象在国内外都有。根据在唐山的观测，高峰时十字路口平均每 2 分钟循环一次信号灯，一个路口每次绿灯可通过直行自行车 200 ~ 260 辆，通过时间 30 ~ 60 秒不等，视路口宽度和有无机动车、马车的干扰而定。自行车过停车线的平均通过能力与它候驶排队的长度有关。若一次通过几十辆到近百辆车，路口宽、排队短，则每米宽度每秒可通过 0.6 辆；若一次通过一、二百辆或更多，路口窄、排队长，则因自行车先要疏展到一定的行驶面积才能推行或骑行，这就要一定的时间，故每米宽度每秒只能通过 0.3 辆左右。

因此，提高平面交叉口通行能力的方法，应该是结合上述各种特点采用因势利导的方法：

（1）展宽路口，划定自行车和机动车的候驶区，增加进入交叉口的车道数，使车辆在候驶区按左转、直行分列排队，候驶区车道的宽度要与候驶的车数相适应，以便缩短它们通过停车线的时间。

（2）分出右转车道，确保右转车辆畅通无阻。

（3）在满足交叉口各方向车辆通行的条件下，使候驶区（尤其是自行车的）尽可能接近交叉口内，以缩短车辆通过路口的行程和时间。

（4）将进出路口的对向车道用交通岛分开。

这样，三块板（或一块板）的道路平面十字交叉口设计，可有下列两种方案。

方案一（图 6）的特点是：

（1）将自行车的候驶区放在机动车的前面，并尽可能接近交叉口（以不妨碍交叉口交通为原则），缩短过交叉口的行程，自行车候驶区的面积根据规划交通量和每辆车占用停放面积而定。为提高停车线的通过能力，排短而宽的队，直行自行车的候驶车道宽度可设计成汽车候驶车道的倍数。例如 10m 宽 ×15m 长的面积，可停自行车 100 ~ 150 辆，这个数值对于自行

135

车很多的街道在一个信号灯周期中所需候驶的车数是相适应的。

（2）行人横道放在自行车候驶区与机动车候驶区之间。如果条件许可，最好能做成地下行人过道，利用四角留出的绿地做出入口，利用路中的交通岛设置采光通气孔。

（3）候驶区内，用可移动的混凝土条分隔。以便根据交通需要灵活调整。对骑车人目标清楚，范围明确，自觉遵守，易于管理。

（4）公交停靠站宜设在过交叉口后 50m 以远，以免影响交叉口的交通。交叉口中间的小岛既可供导流之用（使相向一对左转车流或直行车流可同时通过交叉口），又可设置交通岗亭、信号灯和路灯。小岛直径一般在 3 ～ 4m。

（5）采用信号灯管理。快速调灯法可使黄灯时间趋于最少值。预计整个十字交叉口每小时最多可通过机动车 2000 辆及自行车 15000 ～ 20000 辆。

方案一的缺点是机动车直行时，影响左转自行车进入候驶车道。

方案二（图7）的特点是：将机动车候驶区与自行车候驶区并列，而右转的机动车道与自行车道仍合并设在最右侧。这样可避免左转自行车进入候驶区时被阻，而左转（或直行）的机动车与自行车可同时成对通过交叉口。

方案二可适用于交通量比方案一更大的交叉口，预计整个十字交叉口每小时最多可通过机动车 3000 辆及自行车 30000 辆。

方案二的缺点是：左转自行车的行程有 50 ～ 60m，比方案一长，路口展宽较大，但其占地面积仍小于或接近目前常见的环岛直径为 40 ～ 50m 的环形交叉口。

图6 交叉口设计方案一   图7 交叉口设计方案二

因此，目前一些城市中的环交，如果交通量再增加，可以将其中心岛大大缩小，改铺路面，并适当展宽路口，改建成用信号灯管理的平面十字交叉口，同时组织行人立交。当交通量再大时，再过渡到大型立体交叉。这就为我们城市规划和道路工作者对改建整个城市的道路系统，作调查研究工作赢得了时间，延迟了动用大量宝贵资金的时间。

以上所述都是在目前机动车与自行车混合行驶或三块板情况下的交叉口解决办法。如果在规划中能将自行车组织成独立道路系统，则到了与机动车道相交的交叉口，情况就要简单得多（没有左转和右转交通），交通量小的可用平交；交通量大或车速高的，需用立交者，则只要考虑自行车向下（取其净空小，2.2 ~ 2.5m，坡道短的有利条件）穿过时，解决与地下管网的矛盾和排水问题。如有地形可以利用，则更好。

自行车道与自行车道相交时，交通量小时，可用一般十字交叉，穿梭而过；交通量大时，例如超过6000辆/时，可以考虑用环交，以充分发挥自行车车身短、速度变化大、交织长度很小的有利条件。如交通量再大时，可采用信号灯管理的十字交叉口。

7. 自行车的停车问题

目前在自行车众多的城市中，普遍感到自行车在街道上乱停乱放，影响人行交通严重。在停车有管理的地方，又普遍感到停放面积不够。例如天津和平路附近的商业服务中心，傍晚经常会出现存车处满额，无处存车，只能在入口处排队，等候别人取出一辆再存入一辆；

有的城市在规划中也考虑预留自行车停车场，但每辆自行车在城市中占有几个停车位难以确定。

根据唐山市交通大队的同志曾对路北区作过一些调查，以及在京津沪等城市观察到的情况，自行车一天的活动停放地点有：（1）在家中；（2）在工作地点；（3）在市内公建及商业服务网点前面。

家中的停放，一般分散在自己家门口或夜间放入室内者，可以不考虑专门用地；但对多层住宅或集体宿舍者，应该按其用车比例，准备停车用地或用房。

工作地点的存车，应设专门的车棚，防止日晒雨淋，目前工厂职工骑车比例很高，车数众多，如不很好安排会影响厂内生产交通与安全，应考虑最多的一班工人停车数，每车有一车位，停放面积可以挤些（出入通道可借用厂内已有道路），建议采用 $1 ~ 1.2m^2/$ 车。

文化生活活动的停车，上班之前少，下班以后多，根据唐山市路北区的资料。在各公建、商业服务网点前经常使用的停车位（还不是一次最大的停车数）的总和，约等于市区的自行车数，如计及每天存车数，则每一停车位每天约周转七次，这说明下班以后人们的活动是很频繁的。电影院前的停车位根据座位数而定，周转次数随放映场次而定，一般晚场存车数大于白天，可达 70% ~ 80%。停放面积因存车取车频繁，宜略宽大些，建议采用 1.2 ~ 1.4m²/ 车。

此外，在有些城市还有昼夜存车处，常设在火车站、长途汽车站、或市内某些人流集散地附近，主要是供短期外出的人存车用。存车数量和周转率各城市不同。但停放面积因每天存取次数不多，可以小些，建议采用 1 ~ 1.2m²/ 车。

以上对自行车交通的一些零碎的不成熟的看法，仅起抛砖引玉的作用，以求能引出各城市丰富的经验总结，也盼望国家能早日制定出适应我国自行车交通的道路规划设计准则和规范，文中不妥之处，请批评指正。

（本文曾得到建研院倪学成同志，唐山市交通大队李继尧同志合作帮助，深表谢意。）

＊这种做法，在我国不少城市的商业部门和某些领导城市建设的同志特别喜欢这样搞，这是一种作茧自缚的做法。

＊＊这主要是因为北方某些城市的信号灯位置不当，没有设置在交叉口对面或中心，而是并列在停车线的延长线上。

＊＊＊这主要是交叉口没有展宽。像北京崇文门交叉口，路口从 15m 展宽为 30m 后，交通阻塞现象消失，这个成功的经验值得推广。

本文原载于《城市规划》1978 年 06 期，《城市规划汇刊》1979 年 01 期。

作者：徐循初

职工工作出行方式和分布调查初探

本文内容是研究居民出行分布规律课题中的一部分。由于课题包括内容较广，且工作刚开始摸索，数据掌握较少，规律性还难以定量，只能定性表示。简要汇报如下：

一、调查目的：

1. 了解职工从住所到工作单位的距离和出行时间。找出它们的分布规律，从而可了解他们每天要花多少时间上班、长途跋涉的情况，以及有多少人应调整居住或工作地点，或应用快速的交通工具为他们服务；

2. 了解职工在不同出行距离的情况下，采用各种不同交通方式（步行、骑自行车、乘公共交通车）上班的比例，找出步行、骑车、乘车的规律，以便在得知规划的职工数后，可以求得他们采用不同交通方式的人数及其分布；

3. 了解骑自行车人的性别、年龄的特征，出行距离和出行时间的分布规律，以及最大和平均的出行距离和出行时间。

二、调查方法：

先到被调查的单位了解职工的家庭地址、交通方式年龄和性别，然后，以被调查的单位为中心，绘制步行和骑车的等距线图（也即等时线图），以及乘公交的等距线图和等时线图，再对照图纸，找出职工的步行、骑车和乘车的距离和时间，按不同的距离区间和时间区间归类整理，得出各种分布的曲线（或直方图）。

在工作过程中的几个具体问题。

1. 统计量的确定

根据调查目的，要求调查面广、单位多，有代表性；而统计数据又希望少点，以减少工作量。最好是抽样调查。但在总体分布的基本形式、数字特征（如数学期望、方差等）还不了解的情况下，要确定子样数量是困难的。所以，开始用了几次 20% 的总体数作为子样，来与总体进行比较，发现 20% 甚至 10% 的总体量，都具有代表总体的特征。但是，当将子样的数量按交通方式分类后，就发现骑自行车的或步行的子样数量偏少，尤其在按不同的距离或时间区间一分开以后，每个区间的数量会少于5（非首末的区间），这就不大好。所以，除乘公交外，以后对骑自行车的子样统计量还得增加。

2. 区间大小的划分

对出行距离按每1km为一个区间，出行时间按每5min为一个区间。在数据整理中，发现区间多了，每个区间内的数量就偏少，且直方图波动很甚，因此，有合并的必要，一般在10个区间左右较适宜。区间的大小，在等距线和等时线上可以分得小些，以后再合并较为主动。在分不同交通方式的直方图上，步行的距离是比较短的，若区间大，则无法看出步行分布的特征，最好每0.5km为一个区间（图1）。

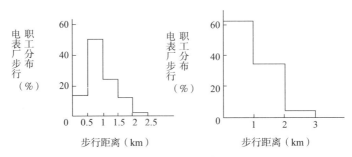

图1 区间不同，其步行分布的特征也不同

根据上述两点，我们认为：若步行、骑车、乘车同时统计时，一个单位的子样随机统计量宜大于400人。如果单位人数少，可按系统抽样。若只统计步行或骑车，则可根据具体情况，约统计100人。

3. 绘制等距线和等时线时，各参数的确定

各种等距线，按全市所有可通行的道路绘制，步行和骑车的等时线分别按步行速度为4.2km/h和骑自行车速度为13km/h绘制而得。乘公交的等时线，按乘车者化最短的交通时间（$T_{交}$）来确定，即按其换乘最便捷的路线来确定。

$$T_{交} = t_{步1} + t_{候} + t_{车} + t_{换} + t_{步2}$$

式中：$t_{步}$——根据上海公交路线网的密度和站点布置来决定。

$t_{候}$——根据市区和近郊的公交路线，在高峰时间内的发车频率加权平

均而得。

$t_车$——根据公交运送速度来决定。

$t_换$——根据路线实际情况乘客有不换车或换一次、两次者；对过黄浦江的乘客再加乘轮渡时间20分钟。（等距线及等时线图绘法从略）

各种等时线图的验证。我们调查了一些职工每天上班的实际交通时间，经过比较，证实从等时线图上查得的交通时间能与正常乘车上班的时间相符合。

4.职工居住地址和交通方式等原始资料的获得：

在各单位的人事部门有职工的车贴登记表，包括：家庭住址、交通方式、乘车的路线和走法，甚为详细。但缺年龄和性别，补全较为方便。

我们按调查的要求，随机抽样20%的人数，抄录所需的资料，十分方便。所有表格式样如下：

调查中发现问题：

①部分拿车贴的人并不乘车，而是步行上班；

②公交拥挤时，或春秋季天气好时，拿公交车贴的人常改骑自行车，使统计量有误差。有些路线过分拥挤，候车时间很长，远远超出等时线图上的候车时间，使统计量也有误差；

③步行的人和不拿车贴的骑车人，在车贴表以外，要另作调查，可从他们的地址录中找出。

席别		年龄						地址	出行距离（公里）	交通方式			出行时间（分钟）
男	女	< 19	20/29	30/39	40/49	50/59	> 60			步行	骑车	公交	

5.内业整理

根据所抄得的原始资料，对照各种等距线图和等时线图，就可以找出其出行的距离和出行时间，进行归并得出直方图（即出行分布曲线）。（图2）

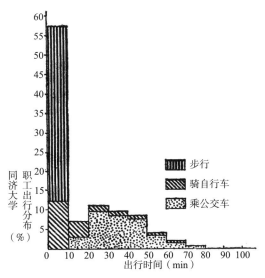

图2 某大学职工出行时间和出行分布图

三、调查资料分析

（一）分布规律：

1.职工的分布与城市规模，用地形状和大小有关，与单位的职工性别，单位新老程度有关。按职工出行时间所作的分布曲线比按出行距离作的分布曲线更有规律。因为①后者常受到城市用地特征的影响，例如：杨浦区的一些单位受到黄浦江、仓库码头等一些非居住用地的影响，使5km左右的职工特别少（图3）。

又如市百货商店地处市中心区，职工的出行距离就比较短，分布也比较集中（图4）

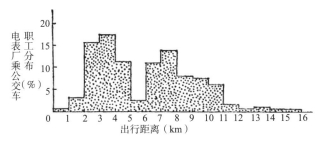

图3 某电表厂乘公交职工出行距离与出行分布图

142

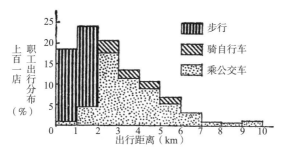

图4　市百货商店职工出行距离与出行分布图

　　②不同的出行距离，职工可以用不同的交通方式来补偿所花费的时间，使其出行时间最省。

　　2. 根据所调查资料发现：

　　①步行者：最大步行距离为2.5km；95%以下的人，步行都不到2km，少于25min；平均步行距离小于1km，即步行时间在15min以内。

　　②骑车者：最大骑车距离达16km，骑车时间达80min；95%以下的人骑车都不到9km，骑车时间少于50min；平均骑车距离为5km左右，平均骑车时间为25 ～ 30min。

　　骑车人的性别特征：男女的骑车比约为3 ～ 4∶1。

　　骑车人的年龄特征：按年龄分组其比例大致如下：

　　从表中可以看出40 ～ 49岁的男同志，骑车比例特高，分析其原因：①家务负担重，充分利用自行车干各种事，以便争取更多的时间；②年纪大，体力差，挤公交车不如骑车上班有把握、舒适；③经济上有能力买车。女同志骑车以未婚的较多，婚后有了孩子，骑车就少了。

　　③乘公交者：最大出行距离达25km，出行时间超过100min。但95%以下的人出行距离在11km以内，出行时间在60min以内。平均出行距离为6km左右，这项数值比公交公司用车票统计的平均运距（4km左右）多50%，平均出行时间为36min左右。

　　④职工出行使用不同交通工具的比例如下：

年龄分组		20 ～ 29	30 ～ 39	40 ～ 49	50 ～ 59	> 60	小计
所占的%	男	15	20	30	10	2	77
	女	10	6	7	—	—	23
合计		25	26	37	10	2	100

交通方式	步行	骑自行车	乘公交车	小计
所占%	34	16	50	100

尤其是属中央或省领导的大单位，用地面积大，往往就近还建有大片住宅，其步行和骑车的比例就更高。如同济大学，步行占45%，骑自行车占19.4%，其中市内和同济新村的骑车各占一半。

⑤不同出行距离，使用不同交通工具的比例，可用下列三条曲线来表示（图5、图6、图7）。这样，若知道了职工居住的距离分布，就可以得出其中步行、骑车和乘车的人各有多少，从而可以转化为道路交通量。

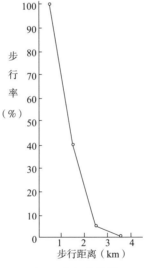

图5 步行率曲线

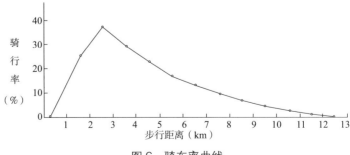

图6 骑车率曲线

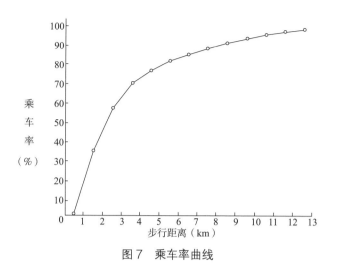

图 7　乘车率曲线

（二）存在问题

1. 调查单位太少，仅得沧海一粟，还应对不同类型的单位（如轻、重工业工厂、中央属市属或街道属工厂、科教文卫等各部门、新建或旧的企、事业单位）作大量调查分析比较，才能得出较为正确的数值；

2. 目前，对步行、骑车和乘公交的分布规律尚未找到，它属于非线性的多次方程，其中部分统计曲线虽类似皮尔逊Ⅲ型分布，但还有待进一步整理；

3. 整理资料中，确定乘公交者的出行距离和出行时间分布，所化的工作量较大（其他如步行或骑车的都较简单），如何简化，将是今后工作的难点；

4. 本题原打算通过调查掌握职工工作出行的分布规律和特征，从而最终可以掌握在上班高峰时间内的交通量。如果各单位的上班时间错开，则其道路上的交通量，可由各单位门口倒推出职工汇集的情况。但从上海历年春节前的交通拥挤混乱情况来看，问题更大的是夹有大量文化生活出行的下班高峰。而对居民文化生活出行的分布规律，目前还没有什么简易办法进行调查，这也是今后待摸索的难题。

上述为第一阶段工作汇报，内容初浅，错误难免，望不吝指正。

本文原载于《城市规划汇刊》1980 年 01 期。作者：徐循初　翟良山　林熙

我国城市道路交通状况分析及其对策

城市道路是城市重要的物质基础，道路交通在城市各项活动中起着先行作用。没有一个高效益的城市道路系统，就不会有高效益的城市经济建设和高质量的城市居住生活环境。由于种种原因，我国城市道路建设改造的速度多年来落后于城市其他事业的发展，致使道路交通服务水平下降，尤其是在大城市和特大城市中，道路与交通之间已经形成十分尖锐的矛盾，难以适应当前和今后大规模建设的需要，这种状况亟待改善。

一、我国大城市道路交通存在问题

我国解放后，随着工业生产发展，对城市道路进行了较大的改造，使之适应城市经济发展的需要，道路交通状况基本良好。（表1，表2）

1965 年 5 个城市的机动车和自行车保有量 [10]　　　　　　表 1

项目 ＼ 城市	上海	南京	广州	济南	西安
城市机动车保有量（辆）	15110	2882	4319	2380	4583
城市自行车保有量（辆）	519841	84179	220120	130000	（1975 年）45710

1956 年上海、南京几个主要路段、交叉口的机动车流量 [12]　　　表 2

上海（高峰小时路段流量）	外白渡桥	长治路	天目路	中山北路	注：
	621	551	539	456	（1）表列流量分别在两个城市当你观测数值中占前 4 位。
南京（全日进入交叉口的流量）	鼓楼	新街口	三山街	中央门	（2）交叉口高峰小时流量占全日流量的
	6034	4832	3152	2784	9% ~ 10%

1970 年代后，各大城市的交通开始出现问题，具体表现在：

（一）道路车速持续下降

据上海、南京、西安等城市的资料，1965 年以前，城市道路上的平均车速每小时可达 30 ～ 35km 以上，目前为 15 ～ 25km。天津市公交车辆的平均车速在 70 年代初为每小时 15km 左右，现不足 12km。其他城市也有类似情况。（表 3）

几个城市公交车速的逐年变化情况[12]

表 3
（ km/h ）

年份 城市	1972	1975	1976	1977	1978	1981	1982	1983
天津	（1971 年） 14.7	14.8	14.5	14.1	13.7	—	11.75	—
西安	16.59	16	15.71	15	14.9	—	14.5	—
上海	17–18	—	—	16.05	—	16.13	15.91	15.72

从整个城市的道路系统来看，市中心区的车速最低。如上海市公共汽车、电车线路通过市中心时的平均运送车速为全程车速的 60% ～ 80%。但市中心道路的车速逐年变化较小（表 4）这说明，近年来全市平均车速的下降主要是由于市中心以外的道路车速下降造成的。车速下降的情况还将进一步漫延到城市近郊区（表 5）。

上海市几条公交线路车速变化情况[3]

表 4
（ km/h ）

年份	公交线路 16	20	26	46	66
1965 年	14.40	14.86	14.40	16.95	14.32
1980 年	14.32	13.45	14.37	16.32	13.86

上海市公交公司近郊路线速度逐年变化的情况[12]

表 5
（ km/h ）

线路	时间 1981.7	1982.7	1983.7
汽车三场运营线路	23.34	22.64	21.97
汽车五场运营线路	20.36	20.37	20.34
汽车七场运营线路	21.34	21.17	19.74
汽车八场运营线路	21.52	21.33	20.69

（二）交通阻滞日益严重

交通流在平面交叉时发生短暂阻滞本是正常现象，但在许多城市道路上，这种阻滞随时间的推移变得日益严重，车辆排队长达数百米到一公里的路口，已非个别现象，在这些路口，车辆受冲击波的影响，无论在色灯的哪个相位里到达交叉口，都无法正常通过，造成很大的延误。在城市道路与铁路的平叉道口、桥头、城市道路与郊区道路的交接处，交通阻滞的现象也很严重，例如南京市的雨花路道口，正锁住城市的出口要道，每关闭一次所引起的混乱，往往长达半个小时都无法消除。

（三）交通事故迅速上升

1965 年以前，城市交通事故数量和死亡人数基本处于上下波动，缓慢增加的状态，1970 年代开始直线上升（图 1）。1981 年，上海市因交通事故而造成的物资损失超过百万元，死亡 498 人，比全市其他工伤事故死亡人数的总和还多。

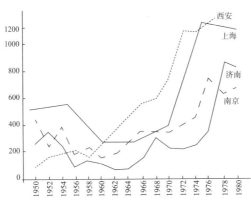

图 1　四个城市道路交通事故逐年变化示意图

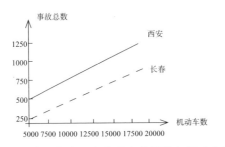

图 2　西安、长春二市交通事故总数与机动车保
有量关系图

统计表明，1970 年代以来，城市交通事故的增长与城市机动车拥有量的增长明显有关（图 2）。这说明，在现有道路条件下，仅用交通管理手段来控制交通事故的增长，收效甚微。

城市交通事故，尤其是恶性事故的受害者主要是骑车人和行人（占 90% 左右），加害者主要是机动车（占 80%～90%），在市中心地区，受害者绝大多数是行人（上海市 1982 年第二到第四季度在中山环路以内（包括环路上）发生的 92 起死亡事故中、67 起是行人受害，其中在黄浦区发生的 11 起死亡事故中，有 10 起是行人受害[12]；因此，从控制和减少交通事故的角度来看，在城市道路空间中仅仅考虑机动车与自行车的分离是不够的。

（四）公交服务质量降低

当前各大城市中，公共交通普遍难以满足居民的出行要求，这和道路交通质量下降有直接的关系。部分城市道路容量不足，限制了运营车辆的增加，使许多公交线路在上下班高峰时严重超载，迫使部分人改用其他的交通方式。另一些城市则因为路网密度小、行驶车速低、利用公交出行时耗多，准点率得不到保证，从而导致自行车的迅速增长。

二、造成大城市交通问题的原因

（一）道路建设的速度和交通发展的要求不协调

回顾城市的发展历史可以看出：造成目前大城市交通问题的直接原因是道路建设改造的速度跟不上交通发展的要求。

新中国成立后，我国大城市道路交通发展的过程大致可分成三个阶段：1. 1949 ～ 1965 年（"文革"前）；2. 1966 ～ 1978 年（"文革"开始到党的三中全会）；3.1978 年至今（党的三中全会后）。

1.1949 ～ 1965 年

这一阶段中，大城市道路交通有如下特征：

1）各类城市 * 道路容量较富裕，能适应交通量的增长。

第一类大城市在 1930 年代生产和城市道路设施建设曾达一定水平。后由于抗日战争和国民党破坏，城市经济一度衰退，但城市基础设施的"架子"还在，通过恢复时期及"一五"、"二五"时期的修复、改造和建设，形成了较适应的道路系统；第二、三类大城市也在 1950 年代的大规模工业建设中得到及时规划。其道路系统在结构上虽有不足，但主次分明，数量上也远远超过当时交通的实际需要。

2）受石油及经济水平的限制，汽车交通发展缓慢。

我国历史上是个贫油国，早在抗战时期就开始试制以木炭代替石油的汽车。解放初期，美帝国主义对我国沿海实行"禁运"，更加重了国内燃油方面的困难，缺油成为我国汽车运输发展最大的制约因素。因此，1950 年代我国交通运输设施建设的重点主要放在铁路和水路上。

我国多数老工业城市原有良好的水路和铁路运输条件，工业和仓库大多沿江河码头或铁路货站布置，新兴工业城市和老城市的新建工业区大都配有铁路专用线，城市内部运输大多批量小，运距短，以人力车也能满足要求相对而言，这一阶段中城市货运对汽车的依赖性较小。由于上述原因，在这一阶段中，城市道路上交通量较小，增长速度慢，车速相对稳定，交通事故呈下降趋势。交通情况总的说来是好的或比较好的。

2.1966 ~ 1978 年

这一阶段，大城市道路交通的发展有如下特征：

1）汽车运输逐渐上升为城市的主要货运方式。

a.一五、二五的建设为我国城市经济发展打下了良好的基础，使之能在三年自然灾害和十年动乱中经受了考验，在继续发展的过程中，城市内部的新老工业、国家工业与地方工业、骨干工业与配套工业逐渐融合为有机的整体，使城市内各工业部门间的横向联系加强。同时，随着经济实力增长，城市对其邻近区域的经济渗透作用愈来愈大。显然，由上述活动产生的交通要求只能通过道路运输来满足。

b.大庆油田的开发缓和了燃油危机，为汽车运输的发展创造了条件。

c.三年自然灾害和十年动乱中，国家在城市基础设施建设上的投资大幅度缩减。交通运输设施的建设几乎完全停顿。城市水路和铁路的交通容量很快趋于饱和，新增运量不得不向道路转移，从而进一步刺激了汽车运输的发展，使之逐渐成为城市货运的主要方式。

以上海市为例，本阶段在道路、铁路、水路三种交通方式中，唯有道路货运量的增长始终与工业产值保持同步（图 3），1978 年，道路运输量（不包括社会运输部分）在城市货运总量中的比例已达 57.6%。

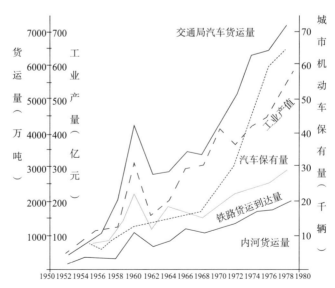

图 3　上海市历年水、铁、道路货运量与工业产值的关系曲线

2）自行车成为客运交通体系的重要组成部分。

城市在发展过程中，人口和用地规模不断扩大，居民收入水平逐渐提高，从数量和质量上对城市客运交通服务提出新的要求。公交体系未能及时地满足这些要求，从而导致 70 年代城市自行车大发展，成为客运交通体系的重要组成部分。

自行车有很多优点，它的普及实际上为城市居民提高了交通服务水平。但由于它占用道路面积多、稳定性差、管理困难、使城市道路交通状况迅速恶化。

在交通量迅速增加的情况下。城市用于市区道路建设的投资非但没有增加，反由于建设重点移向郊区而减少（表6、表7）。与此同时，城市的各种功能活动仍然主要集中在市区，使道路上交通密度迅速增加，纵横向交通、快慢交通、动静交通、交通功能与非交通功能之间的矛盾全面激化，表现出各种交通问题。

上海、南京两市部分统计数据[12]　　　　表6

城市	比较项目　年度	工业产值（亿元）	机动车（辆）	自行车（辆）	道路长度（km）	道路面积（万 m²）
上海	1949	30.95	9997	198634	711.1	588.9
	1979	488.68	33373/70150	754921/1769011	907.4	889.2
	增长倍数	14.79	2.34/6.0	2.80/7.9	0.28	0.51
南京	1950	0.86	720	19899	52.1	—
	1978	35.73/—	18193/26680	314717/—	238	—
	增长倍数	40.5/—	24.3/36.1	14.8/—	3.6	—
		市区 / 全市	市区 / 全市	市区 / 全市	市区	市区

注：市区、全市的增长倍数以 1949 或 1950 的总数为基数

上海市几个建设时期新建改建道路情况[12]　　　　表7

	单位	恢复时期	"一五"时期	"二五"时期	调整时期	"三五"时期	"四五"时期	1976 ~ 1979
新改建道路面积	万 m²	198.9	261.9	440	41.7	57.5	53.3	135.5
其中：市区	万 m²	198.9	261.9	378.4	3.5	8.8	53.3	28.2
郊区	万 m²	0	0	61.6	38.2	48.7	0	10.72

3.1978 年至今

党的三中全会后，城市基础设施的建设重新得到重视。道路改造建设的速度较前阶段提高。由于国家财政状况尚未根本好转，且各大城市中住宅等其他有关国计民生的项目欠账同样严重，暂时还不可能将大量资金投入道路建设，为解决道路与交通之间的尖锐矛盾，许多城市加强了对道路交通管理的研究，采取多样措施，收到了良好的效果。表现在：道路车速有所回升，事故减少，交通秩序明显好转。但从各城市实践的情况看，交通管理对局部路网上交通量增长的抑制作用，仅能维持一个很短的时期，并没有根本扭转道路服务水平不断下降的趋势。道路用地不足，限制了对道路交通设施的大规模改造。

（二）城市道路系统质量下降

我国目前尚处于汽车交通发展的初期，各大城市的万人汽车保有量远低于国外大城市。虽然将自行车"折合成小汽车"计算后，平均每车所占有的道路用地面积堪与国外大城市"媲美"，但由于城市布局紧凑，用地规模小，车辆实际周转量较低。并且，我国城市汽车大部分用于货运，与担任客运的自行车高峰时间相错，道路上瞬时极限流量远低于许多国外大城市。可是以我国五个特大城市每万辆车交通事故死亡率与国外五个大城市相比，前者却比后者高出几倍到十几倍（表 8、表 9）。

国内外大都市部分统计数据 [6, 7, 8, 9]　　　表 8

城市	城市人口（万人）	市区面积（km²）	人口密度（万人/km²）	道路长度（km）	道路面积率（%）	平均路宽（m）	路网（km/km²）	汽车总数（万辆）		每人道路面积（m²）	每车道路面积（m²）
东京	827	581	1.42	10653	13.5	7.4	18.34	292.2		9.5	26.8
大阪	280	209	1.34	3673	13.7	7.8	17.57	62.1		10.2	46.1
纽约	900	850	1.06	9791	35	30.4	11.52	400		33	74.4
巴黎	230	105	2.19	1200	25	21.9	11.43	185		11.4	14.2
大伦敦	742	1580	0.47	12677	11.5	14.3	8.02	230.1		24.5	78.8
香港（港岛、九龙）	350	100	3.21	694	—	—	6.07	—		—	—
上海	573	142	4.04	1051	8.8	11.1	7.45	7.75/101.1	28.5	2.04	43.8

城市	城市人口（万人）	市区面积（km²）	人口密度（万人/km²）	道路长度（km）	道路面积率（%）	平均路宽（m）	路网（km/km²）	汽车总数（万辆）		每人道路面积（m²）	每车道路面积（m²）
北京	395	300	1.32	2078	11	15.9	6.93	11.64/164.2	44.8	8.35	97
天津	345	148	2	735	5.1	10.2	4.95	5.28/143.9	31.9	2.54	69.3
广州	218	54	4.04	391	6.4	8.8	7.2	4.42/57	16.1	2.07	21.5
沈阳	222	144	1.54	539	9.1	27.8	3.3	3.19/74.6	17.2	6.76	76.2
南京	114	116	0.98	197	3.7	22.1	1.3	2.67/31.5	9.3	3.8	46.2
西安	140	129	1.09	319	6.8	27.3	2.47	3.62/45.3	13	6.23	73.2
								机动车/自行车	折合小汽车		

注：1. 资料统计年限为 1975 ~ 1982；

2. 各城市市区自行车数按城市保有量的 1/2 统计；

3. 混合车辆折合小汽车的系数为 1.5，自行车折合小汽车的系数为 0.16。

国内外大城市每万辆车交通事故死亡人数比较[6]　　　　　表9

城市	东京	大阪	纽约	巴黎	大伦敦	北京	上海	天津	广州	沈阳
每万辆车死亡人数	1.12	1.86	1.38	4.00	3.05	11.65	17.01	10	8.82	7.91

在同样的道路条件下，若对交通流进行合理组织，可以提高交通服务水平。如济南市 1979 年 9 月开始禁止大型货车上班高峰时在市中心行驶，同时，在局部道路上设自行车专用道及自行车和汽车的对向单行线。到次年 8 月止一年内该地区交通事故较上年度下降58%，单行道上，汽车速度提高16%。[16]

上述事实说明，不仅道路存在"量"方面的不足，道路系统在"质"上的落后也是促使交通问题激化的重要原因，它主要表现在两方面：

1. 道路空间在使用性质上未加划分，造成不同种类、不同层次、不同方向的交通在同一空间中混行，由于交通相互干扰而降低道路使用效率。

2. 传统的道路系统为闭锁型结构。一些主要交通干道往往是尽端式的，以大型建筑物为"对景"，致使道路无法随着城市的扩大而"生长"，在主要部位形成"卡口"、"堵头"，引起交通滞流。

（三）某些交通运输管理体制及交通政策不合理

1. 某些运输管理体制不合理，例如在城市货运中，专业运输车辆的平均里程利用率、实载率、油耗等项指标都比分散的社会自备运输车辆要好，因上缴利润过多，企业本身发展再生产的能力受到限制，运力增长无法满足运量增长的要求；另一方面，为了保证完成利润指标，运输部门必须保持一定的运价，这使得它在与分散的社会自备车辆进行货源竞争时处于劣势。

2. 社会流通市场管理落后，商品流通批发层次过多以及商品流通信息闭塞，造成不必要的重复运输。

3. 某些交通政策不合理。例如发放自行车补贴，公共客运交通的票价低于成本，使企业长期亏本，难以发展，等等。

大城市的交通问题普遍存在于世界各国城市化过程中。国外实践证明：城市道路建设既能在一定程度上解决交通问题，又会引起新的交通需求。从本质上说，城市功能的庞杂以及城市布局的混乱才是导致大城市交通问题的真正原因。这些问题不解决，就不可能有城市交通的高效率，低消耗。

三、道路交通问题对城市社会经济效益的影响

（一）对城市经济效益的影响

1. 低质量的城市道路系统既限制城市内部土地使用效率的提高，又不利于城市向外合理的疏散，从而降低了城市经济活力。影响大城市在经济发展中骨干作用的发挥。

2. 道路行车速度下降，直接造成社会财富和居民时间的损失。据粗略估计，当城市货运平均车速由每小时 35km 降至 25km 时，运输成本上升 11.8%；公交平均运营速度每小时降低 1km，每亿乘客人次时间损失可达 18 万个工作日。（见附录）

相反，及时对城市道路进行改造建设，能收到良好的社会经济效益。例如：重庆长江大桥建成前，长江南北两岸的货运全靠轮渡驳运，效率也低，每年光运费就要花 1000 多万元。1980 年国家和地方集资 6468 万元建成了长江大桥，平均每天通过 4500 辆汽车，货运量 200 多万吨。由于它缩短运距，节约运费和运输时间，每年为工厂企业单位增收节支 1093 万元，使全市 80% 以上的工厂得利。促进了重庆市的发展。[15]

（二）对城市社会环境效益的影响

1. 对于城市居民来说，道路交通服务水平的下降就意味着居住环境质量

的下降，这和发展经济、提高人民生活水平的最终目标相互矛盾。

2. 交通问题影响社会安定和精神文明的建设。北京近几年来特别注意了对交通秩序的整顿，使首都的面貌为之一新。

四、对大城市道路交通发展趋势的几点推测

（一）城市交通工具保有量的发展趋势

1. 机动车保有量的增长

有关研究[11]指出，城市汽车保有量与工业产值线性相关。笔者再次以京、沪两市为例进行同一分析，证实在城市经济发展正常的时期，这种关系非常明显。*

若设 x_b 为城市工业产值的增长率，y_b 为汽车保有量的增长率，由两因素线性相关的通式

$$y = a + bx \tag{1}$$

可推得

$$y_b = -x_b / (a/bx + 1) \tag{2}$$

显然，当 a 值为负时，有

$$0 < a/(bx) + 1 < 1$$

所以

$$y_b / x_b > 1$$

当 $x \to \infty$ 时，

$$a/bx \to 0, \quad y_b / x_b \to 1$$

上述结论可用文字表述为：城市汽车保有量的增长始终快于工业产值的增长；工业产值愈高，两者的差异愈小。

结论分析：

1）若不考虑居民生活需求，城市货运量相对于工业产值的增长速度主要取决于城市产业结构及其经济活动能力。其中，产业结构是关键因素。相对而言，经济的绝对增殖与产业结构的变革必然齐头并进。因此，随工业产值增加，其增长率与货车保有量增长率之间的差异会不断缩小。

2）从现在的国民经济发展水平来看，到 2000 年城市居民购买私人汽车的可能性很小，但出租小汽车和公交车辆将会有所增长。据有关方面预测，到 20 世纪末全国小汽车的保有量将达到 85 万辆[13]。按 90% 集中在城市计，全国的城市人口（2 亿）每 1000 人的平均小汽车保有量为 3.83 辆，是 1981 年同一指标（0.96 辆／每千人）的四倍。考虑到大城市是地区政治、经济、科学文化的中心，其增长速度可能快于全国的平均速度。但小汽车在城市机动车的构成中所占比例不高（表 10），对机动车保有总量的影响较小。

六个大城市保有的小汽车在汽车总数中的比例 [9，12]　　表 10

项目	城市	上海	广州	西安	北京	天津	大连
城市机动车保有量		75646	36226	34091	122490	50605	14273
其中：小汽车	数量（辆）	7342	4715	3060	24983	2355	1240
	占机动车总数（%）	9.7	13	8.9	20.4	4.7	8.7
统计年份		1980	1982	1981	1981	1979	1979

近年来，大城市中摩托车增长速度较快（表 11）。若不加以控制，将导致大城市机动车拥有量的迅速增长。

几个大城市机动两轮车增长情况　　表 11

城市	年份	1977	1978	1979	1980	1981	年平均递增 %
北京		11081	13593	15383	17953	21731	18.3
广州		1469	1804	2180	2646	3198	21.5
上海		2647	2843	8943	10540	—	58.5
南京		1337	1608	1540	2197	2605	18.1
西安		1497	1751	2159	2594	2902	18

注：北京、广州、上海为轻便摩托车和机动两用车的数字，南京、西安为摩托车总数。

2. 自行车保有量的增长

据有关资料预测，自行车增长趋势呈 S 形曲线。目前正处于快速上升阶段，到 1990 年城市自行车的平均保有量密度将达每百人 50 辆，比 1982 年增加一倍（表 12）。1990 年后，其增长速度放慢[14]。从这一情况看，大城市自行车数量还将继续增长。

八个大城市职工家庭自行车保有率　　　表 12

城市	北京	上海	天津	武汉	沈阳	南京	广州	西安
保有率（辆 / 百人）	42.8	18.31	50.47	18.93	45	35.34	35.57	37.56
几人一辆	2.34	5.46	1.98	5.28	2.22	2.83	2.81	2.66

由于道路系统的改善受到各种条件的限制，形成多样化的城市公交体系尚需一个相当长的时期。同时，自行车在城市一定范围内所具有的种种优点是公交所不能代替的。因此，预计在本世纪内，自行车在城市交通中的地位不会发生根本的改变。

（二）城市道路上汽车交通量的增长趋势

对全国 18 个城市[*]的汽车保有量 x 与城市干道交叉口高峰小时平均汽车流量 y 进行相关分析，得下式

$$y=0.0114x + 535 \quad r=0.79 \qquad (1)$$

其中，8 个北方内地城市该两因素的关系为：

$$y=0.0125x + 356 \quad r=0.97 \qquad (2)$$

10 个沿海及南方城市该两因素的关系为：

$$y=0.0121x + 637 \quad r=0.82 \qquad (3)$$

设 x_b 为汽车保有量增长率，y_b 为汽车交通量增长率，那么由式（2）得：

$$y=x_b/（28480/x+1）$$

由式（3）得：

$$y_b=x_b/（52645/x+1）$$

（4）、（5）两式中，显然有 $y_b/x_b < 1$，随 x 值增大，$y_b/x_b \to 1$。这也是近年来交通量的增加较前阶段更为惊人的原因之一。

按上述关系，并参考典型城市的实际数据推论：到 2000 年时，城市干道上的平均交通量将比目前增加 1.5 ~ 2.5 倍。

（三）交通量时空分布的发展趋势

1. 由于城市中心地区的容量日趋饱和，改造又十分困难，城市工业发展的重心将逐步外移，货运交通的 OD 点随之外移。在工业重心移动的过程中，市中心地区以外的机动车流量的增长将始终快于市中心地区车流量的增长。对市中心区实现交通管制后，市区的边缘地带将成为新的交通重心所在。

2. 在中心地区的干道上，机动车与非机动车相互借用道路空间的可能性减少，一块板道路断面的优点逐渐消失，机动车与非机动车的分流势在必行，其原因是（1）市区错开了上下班的时间及对货车行驶实行种种限制，使道路上客、货流交通峰下降，但高峰时间拉行，两者相互连接甚至相互重叠。（2）随着市中心区机动车交通构成中客车比重增加，客运高峰时道路上机动车流密度不断提高，逐渐形成新的机动车高峰（图 4）。

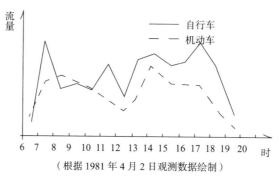

（根据 1981 年 4 月 2 日观测数据绘制）

图 4　合肥市樊巷口交通流量分布图

五、对策

根据我国大城市道路交通现状和发展趋势，我们提出如下建议：

（一）加强道路系统的建设改造

在城市道路的建设改造中，除了注意数量的增加外，还要在"质"的提高上狠下功夫，着重解决以下三个问题：

1. 明确城市道路的分类分级

1）重视人行道，行人立交及非机动车专用道路空间的建设，逐步实现机动车与非机动车、行人分流。

2）明确道路系统的等级划分，使一级干道成为大容量、高效率的城市机动交通走廊。

分类分级的道路模式:

国内外的实践证明:实行不同类型、不同层次的交通分道行驶,是提高城市道路空间利用率和运输效率的有效手段。在我国城市道路上,除汽车外还存在着大量的自行车和步行者。因此,对各类交通使用空间的划分便成为一件格外复杂的工作。本模式的基本思想是:建立一个连续,大容量的汽车专用道系统,以期吸引大部分中、远距运输的汽车周转量,从而保证其他道路空间能更好地为其他类型的交通服务,并最大限度地消除自行车、行人及其他低速交通对连续汽车交通的干扰。

模式的基本构成如图 5 所示。

关于上述模式的几点说明:

1)汽车路(或一级干道):以保证汽车交通的快速畅通,最大限度地吸引城市汽车周转量为主要目的。应封闭沿途除与之相接的城市干道外的一切出入口。积极创造条件限制自行车和行人进入,以形成汽车专用道。

2)自行车路:为汽车路的辅助性道路。不绝对禁止机动车进入,但车速不得超过自行车的一般速度。

自行车路与汽车路相交处应设分离式立交。

3)其余道路基本保持传统的形式。

模式的特点:

上述模式以常规格网为基础,改造量小、收益面大、现实性好。如沈阳市建设大道,原为机动车和自行车混行交通、交通阻滞、事故率高。1979年 10 月将建设大道改为机动车专用道,自行车分流到和此路平行的四马路、六马路上,经过一段实践后,交通状况有明显好转,机动车车速比改造之前提高了 20%,交通事故下降 20%。自行车速度也提高了,一般职工上下班出行时间可节约 10 ~ 15min。[11]

采用上述路网形式时,城市道路网的密度(不包括街坊内部道路)约为 6 ~ 8km/km²,道路面积率约为 12% ~ 20%。

2. 提高干道网的密度

与拓宽原有干道提高道路容量相比,提高干道网的密度有如下优点:

利于增加公交路网的密度,提高公交服务水平。

利于干道分类分级,提高道路空间利用效率。

分散交通流量,减少道路交叉口压力,增加可供行人穿越的行车空档。

加强道路系统的弹性。

便于利用原有的次要道路空间。

3.协调道路各组成部分之间的关系。1）在加紧改造路网的同时，应注意城市停车场及客货交通枢纽点的建设；2）注意道路空间各部分之间的协调发展，使道路容量分布与交通分布相互配合。

（二）在改善路网的基础上建设由常规公交、出租汽车、定线和不定线小型公共汽车等多种运输方式组成的综合公共交通体系，控制城市自行车交通的增长，严格限制私人机动交通工具的发展，为城市道路系统的改造赢得时间。

（三）特大城市应加速大容量快速轨道交通的建设。

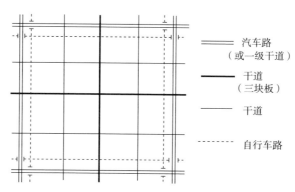

图5 大城市干道系统基本模式

此外，我们还建议：

（一）对城市道路使用者采用适当的经济政策和手段，以提高道路的利用效能，扩大道路建设资金来源渠道。

（二）建设地下管线的综合利用空间，减少管道维修对道路交通的干扰。

（三）调整城市布局，引导城市向多中心的结构发展，减轻中心城市的交通压力。

*设城市工业产值为x，汽车保有量为y，r为相关系数，对两要素相关分析的结果如下表所示：

城市名称	年代	回归方程	相关系数 γ
北京	1952～1960	$y=158.88x+7094$	0.92
	1970～1981	$y=680.56x-47330$	0.95
上海	1955～1960	$y=22.34x+5403$	0.97
	1971～1978	$y=235.06x-53378$	0.97

注：1960年至1970年由于经历了三年自然灾害和文革初期的改变，产值起伏很大，与汽车保有量没有明显的关系。

* 18 个城市汽车保有量与干道交叉口平均交通量的关系如下表所示

城市	北京	西安	郑州	太原	石家庄	合肥	邯郸	济南	南京
汽车保有量（辆）	81308	32521	21337	17767	14209	7400	4163	37251	26680
干道交叉口平均交通量（辆/h）	1430	698	573	659	638	479	379	719	970

城市	上海	广州	大连	青岛	重庆	贵阳	徐州	无锡	常州
汽车保有量（辆）	69133	31340	13735	18000	20937	12835	6430	5702	4349
干道交叉口平均交通量（辆/h）	1351	1173	988	849	1074	659	868	452	534

附录

据上海市运输公司的资料，每千吨公里的货运成本为 170.32 元，其中固定成本约占总成本的 41%，基本上不随运输周转量的大小而变化。如果以货车行驶时间占台班时间的 50%，平均行程利用率 55%，运送速度每小时 25km，车辆平均载重 8.5t 计，平均每台班的货运周转量就是 448tkm，运输成本 76.3 元，平均每吨公里的固定成本约为 0.070 元，可变成本为 0.100元。此时，若每小时车速提高 1km，台班货运周转量便可增加 18 吨 km，单位成本降低 1.5%；若每小时车速提高 10km，台班货运周转量便可增加 180tkm，单位成本可降低 11.8%。反之，若每小时车速下降 5km，台班货运周转量便要减少 90tkm，单位成本提高 10.6%（表 13）。

平均运送车速与单位运输成本的关系　　　　　　　　　　表 13

车速（km/h）	15	20	25	30	35	40	45
单位成本（元/tkm）	0.217	0.188	0.17	0.159	0.15	0.144	0.139
单位成本增或减（%）	27.7	10.6	0	−6.7	−11.8	−15.3	−18.2

实际上,因运输油耗与车速有关,可变成本也随车速的变化而变化（图 6）。

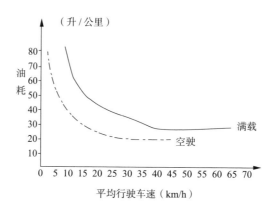

图 6 几种解放牌底盘汽车的平均行驶车速和单位里程油耗关系图

西安公路学院汽车系以解放 CA10B 车满载在市区行驶的实验结果表明，若将车速从每小时 25km 提高到每小时 35km，每百车公里可节油 3.58L，（每 100tkm 节油 0.90L）。上海市汽车运输公司研究所以东风 EQ140 车在市区行驶的实验结果表明：若将平均车速每小时 25km 提高到每小时 35km，每 100 车 km 可节油 5.40L（每百吨公里 0.54L），这就是说，仅仅上海市运输公司 1982 年在完成同样运量的前提下就可节油 3703L。（若加上空驶里程，则年节油在 7000L 以上）。

公交车速降低，不仅使运营成本增加，还造成了乘客时间的损失，按每乘客平均乘距为 3.5km 计，如公交车速由每小时 16km 降到 15km，每亿人次乘客车内损失的时间可达 1463h，约合 183 个工作日。

文献资料

[1] 上海市整顿马路、交通、市容办公室：三整顿简报第 48 期

[2] 南京市市政管理处 . 南京市城市老路维修与改造情况介绍

[3] 刘启龙、沈美英 . 环境，节能与交通

[4] 赵文、李江 . 关于交通安全度评价方法的探讨

[5] 1981 年全国统计年鉴

[6] 天津市科技情报处 . 国内外大城市近年来城市交通基本情况统计资料

[7] P. 霍尔 . 世界大城市

[8] J.M. 汤姆逊 . 城市布局与交通规划

[9] 马武定 . 关于降低我国城市交通过量系数的探讨

[10] 各城市总体规划说明书

[11] "改善城市道路系统，提高通行能力的研究"综合报告 1982.4

[12] 各市城建局、公安局和公交公司统计资料

[13] 中国汽车工业公司技术经济情报研究中心 . 对二〇〇〇年我国汽车需求量的初步预测，1983.7

[14] 天津市科学技术情报研究所 . 交通运输政策研究报告：< 我国城市自行车交通若干情况的综合分 >（讨论稿），1983.10

[15] 徐循初 . 城乡部市长研究班讲稿 1983.10

[16] 济南市城市规划设计室 . 对济南市利用现有道路组织城市交通的调查分析，1982.10

本文原载于《城市规划汇刊》1984 年 04 期。作者：陈燕萍　徐循初

我国城市客运交通结构的探讨

一、引言

公共交通和自行车交通是我国城市目前主要的客运交通方式。我国大城市的客运交通结构已经明显地分为以公交为主和以自行车交通为主的两个发展趋势（图1）。上海市和天津市分别是以公交为主和以自行车交通为主的两个典型（表1）。许多中等城市的规模正在扩大，交通结构向什么方向发展，这是当前我国城市客运交通发展和城市建设所面临的一个重要课题。

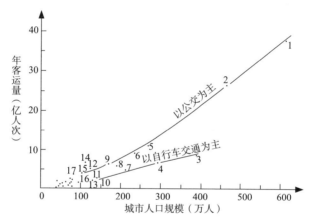

图 1　我国城市客运交通结构发展趋势[2]

1—上海　2—北京　3—天津　4—沈阳　5—武汉　6—广州　7—哈尔滨　8—重庆　9—南京
10—西安　11—成都　12—长春　13—太原　14—大连　15—青岛　16—济南　17—杭州

上海和天津的交通结构（%）[3]　　　　　　　　　　　表 1

	公交	自行车	合计
上海	73.1	26.9	100
天津	18.8	81.2	100

从实际情况来看，天津市以自行车交通为主的交通结构已给城市带来道路拥塞、车速下降、事故增多等一系列严重的交通问题。相比之下，上海

的交通问题就没有天津那么严重，这是大城市以公交为主的交通结构比之于以自行车交通为主的交通结构所体现出来的合理性。

据有关部门预测，到本世纪末，自行车仍将作为城市的主要个体交通工具而存在[1]。然而，从长远的观点来看，随着我国人民生活水平的进一步提高，自行车将会很容易地被个体机动化交通工具（摩托车、小汽车）所取代。曾以"自行车王国"著称的荷兰就是一例，该国的海牙市，从1955年到1967年这15年间，自行车交通的比重下降了3/4，而同一时期小汽车和轻便摩托车的比重上升了1.1倍（表2）。类似情况在西欧其他一些国家也有。我国近几年来也有了这个苗头（表3）。所以，以自行车交通为主的交通结构很容易转化成为以个体机动化交通为主的交通结构，这对大城市交通来说将会出现一系列难以解决的麻烦，我们对此应予以高度的重视。

荷兰海牙市交通结构（%）的变化[1]　　　　　　表2

年份	1955	1960	1965	1970
自行车	59.5	44.2	28.5	14.8
小汽车	28.9	38.8	54.0	71.3
轻便摩托车	11.6	17.0	17.5	13.9

我国一些大城市摩托车增长情况[5]　　　　　　表3

	1977	1978	1979	1980	1981	年平均递增率（%）
北京	11081	13593	15383	17953	21731	18.3
广州	1469	1804	2180	2646	3198	21.5
南京	1337	1608	1540	2197	2605	18.1
西安	1497	1751	2159	2594	2902	18.0

注：北京、广州为轻便摩托车和机动两用车数，南京、西安为摩托车总数。

为了防止将来个体机动化交通工具在大城市过量发展，而给城市交通带来混乱（摩托车和机动两用车引起的交通混乱在我国的台湾省已经出现，台湾的摩托车拥有率1978年已达160.1辆/千人，居世界首位，摩托车占了城市地区交通量的60%[6]），大城市必须积极地发展完善的、多层次的公交体系。只要公交能够充分地满足城市的客运需求，就能有效地抑制个体

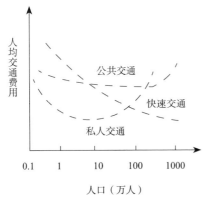

图 2　不同规模城市人均交通费用情况

机动化交通工具的过量发展。如加拿大的多伦多市，公交便捷舒适管理完善，有"交通最方便的城市"之誉，使人觉得没有自备汽车的必要[7]。

大城市发展公交在经济效益上也是有利的（图 2）。故而世界上许多大城市甚重视公交的发展。

我们认为，我国城市客运交通结构应随着城市规模的扩大，朝着以公交为主的方向发展，这不仅对于我国目前的道路状况和城市向外发展是必需的（表 4），更重要的是积极发展公交可以延缓和减少自行车向个体机动化交通工具的转化，为城市的道路建设和改造赢得时间，为 21 世纪我国城市交通的发展开创新局面。

上海市区外围新建居住区和老区交通结构情况 [9]　　　　表 4

	公交	自行车	合计
新建区	74.5	25.5	100%
老区	66.7	33.3	100%

二、基本分析模式

为了能清楚地揭示影响交通结构的因素，我们利用出行时耗、非步行出行人次频率分布和交通方式转移曲线三者之间的关系来建立一个基本的分析模式。

出行时耗是居民选择何种交通方式的一个最重要的因素，一般来讲，居民愿意选择出行时耗比较少的交通方式。

乘公交车的人，他的出行时耗为：

$$T_{公} = t_{非车内} + t_{车} = t_{步1} + t_{候} + t_{车} + t_{步2} + t_{换}$$

$$或 T_{公} = t_{步1} + t_{候} + \frac{60[L_{出} - \frac{v_{步}}{60}(t_{步1} + t_{步2})]}{v_{送}} + t_{步2} + t_{换} \quad （1）$$

骑自行车人的出行时耗则为：

$$T_自 = t_取 + t_骑 + t_存$$

或

$$T_自 = t_取 + \frac{60[L_出 - \frac{v_步}{60}(t_取 + t_存)]}{v_自} + t_存 \qquad (2)$$

式中：$T_公$——公交出行时耗（min）；

$t_{步1}$、$t_{步2}$——公交站点两头步行时耗（min）；

$\quad t_候$——候车时耗（min）；

$\quad t_车$——车内时耗（min）；

$\quad L_出$——出行距离（km）；

$\quad t_步$——步行速度（km/h）；

$\quad v_送$——公交运送速度（km/h）；

$\quad T_自$——自行车出行时耗（min）；

$\quad t_取$——取车时耗（min）；

$\quad t_存$——存车时耗（min）；

$\quad v_自$——骑车速度（km/h）。

由（2）式除（1）式，得出行时耗比：

$$\frac{T_公}{T_自} = t(L_出) \qquad (3)$$

此式表明，出行时耗比 $t_公/t_自$ 与出行距离 $L_出$ 有函数关系 t。式中有关的参数取适当的值：$t_{步1} + t_{步2} = 12min$，$t_候 = 2min$，$t_换 = 2min$，$v_送 = 16.5km/h$，$t_取 + t_存 = 1min$，$v_自 = 11km/h$。由此，有：

$$T_公/T_自 = t_1(L_出) \qquad (4)$$

上式的函数曲线如图 3 所示，函数值与实际调查的数据以及由统计所得的理论结果基本相符（表 5）。

时耗比 $\dfrac{T_公}{T_自} = t_1(L_出)$ 与实际时耗比和统计所得理论时耗比比较 [3]   表 5

$L_出$（km）	实际出行时耗比	统计理论出行时耗比	$\dfrac{T_公}{T_自} = t_1(L_出)$
1.2	2.90	2.19	2.43

续表

$L_出$（km）	实际出行时耗比	统计理论出行时耗比	$\frac{T_公}{T_自}=t_1(L_出)$
2.4	1.52	1.52	1.59
3.6	1.27	1.27	1.29
4.8	1.14	1.14	1.14
6	1.06	1.06	1.05
7.2	1.00	1.00	0.98
8.4	0.95	0.95	0.94
9.6	0.12	0.92	0.91
10.8	0.12	0.92	0.88
12	0.86	0.86	0.86
13.2	0.84	0.84	0.84
14.4	0.82	0.82	0.83
15.6	0.81	0.81	0.81
16.8	0.79	0.79	0.80

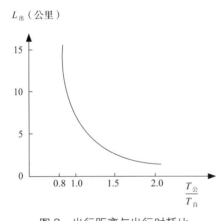

图 3　出行距离与出行时耗比

居民在不同的出行时耗比值时的交通方式（公交、自行车）转换关系如图 4 所示。

居民的非步行出行人次频率分布是随出行距离的变化呈皮尔Ⅲ型分布（图 5）。

把上述讨论的结果综合成图 6 便得基本分析模式。由图可见，随着出行距离的增加，出行时耗比就会变小，公交的比重就会增大；而出行距离增加，出行的人次却会减少。反之，出行距离缩短，出行时耗比就会增大，公交比重就会减小，而出行人次却增多。自行车情况则是远距离比重小，出行人次少；远距离比重大，出行人次多。当出行距离很近时，使用交通工具的人次减少，步行人次增多。

图 7 是实际调查的结果，与分析的情况是一致的。

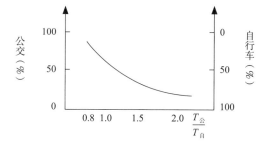

图4 交通方式转移曲线[3]

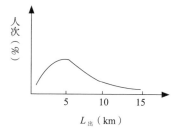

图5 非步行出行人次频率分布[3]

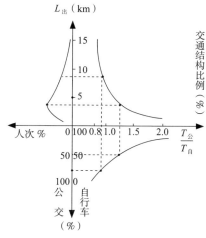

图6 综合分析曲线

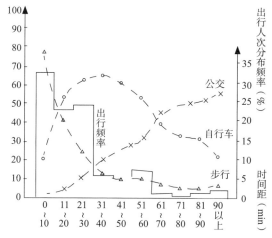

图7 天津市不同时间距出行人次频率分布和交通结构[10]

三、影响交通结构的因素分析及其改善措施

（一）出行距离

1. 城市规模

大城市比中小城市用地大，居民平均出行距离长（表6）。如果平均出行距离长，由图8可知，公交比重就高。1981年的统计资料分析也表明，城市大公交人均乘次高，特大城市每人每年平均乘公交411次，而中等城市为207次，只是特大城市的一半（表7）。

部分城市的规模与出行距离[3]　　　　表6

城市	人口（万人）	市区面积（km²）	出行距离（km）
上海	632.1	182	5
天津	312.7	156	3.6
徐州	50.31	34	1.9

城市人口规模与乘次情况[2]　　　　表7

	特大城市			大城市			中等城市		
城市	人口（万人）	年客运量（亿人次/年）	乘次（次/人年）	城市	人口（万人）	年客运量（亿人次/年）	乘次（次/人年）	城市	人口（万人）	年客运量（亿人次/年）	乘次（次/人年）
上海	613	36.8	601	重庆	190	5.8	303	杭州	91	4.0	442
北京	466	25.7	552	南京	170	6.2	364	昆明	86	1.8	210
天津	381	7.9	207	西安	154	2.6	169	乌鲁木齐	88	2.2	252
沈阳	294	6.6	226	成都	138	2.2	156	郑州	86	0.8	97
武汉	263	10.4	397	长春	125	5.2	416	贵阳	83	1.4	163
广州	234	8.7	371	太原	123	1.5	120	长沙	84	2.5	298
哈尔滨	201	4.9	233	大连	121	6.5	536	南昌	73	1.7	238

续表

特大城市			大城市			中等城市		
城市	人口（万人）	年客运量（亿人次/年）	乘次（次/人年）	城市	人口（万人）	年客运量（亿人次/年）	乘次（次/人年）	城市	人口（万人）	年客运量（亿人次/年）	乘次（次/人年）

特大城市				大城市				中等城市			
城市	人口（万人）	年客运量（亿人次/年）	乘次（次/人年）	城市	人口（万人）	年客运量（亿人次/年）	乘次（次/人年）	城市	人口（万人）	年客运量（亿人次/年）	乘次（次/人年）
				青岛	101	4.2	414	石家庄	81	1.0	120
				济南	101	1.7	170	福州	60	1.2	173
								邯郸	66	0.2	32
								徐州	65	0.8	122
								无锡	65	1.3	212
								洛阳	56	0.7	117
								合肥	54	1.9	347
平均			411	平均			294	平均			207

2. 城市布局

（1）就业岗位与居住地点紧凑布局

这种布局形式为居民就近上下班创造了条件。由图6可知，出行距离短，自行车比重上升，公交比重下降，公交的作用也就减少。这种现象在解放后按规划发展起来的城市中是常见的。

例如洛阳（图9），据调查，市区东西长15km，南北宽仅3km。西边涧西区工厂和居住平行布置，有18～20万职工就近上下班，约占职工总数的

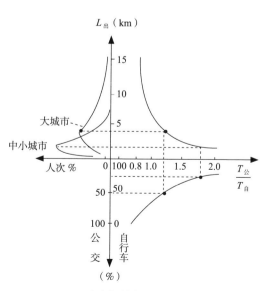

图8　城市规模与交通结构关系

171

2/3，而东部老城到涧西上班的仅 3 万人，远距离的不多。[17]

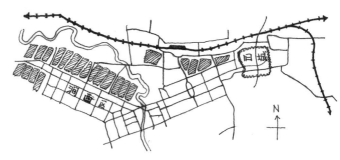

图 9　洛阳城市布局示意图

石家庄也是按规划发展起来的城市，现城市东西长 15km，南北宽 11km，工业区布置在生活居住区的两边，绝大多数职工骑车半小时内就可以到达工作地点。[17]

再如邯郸（图 10），市区东西长 11km，南北宽 8km，城区的北面是纺织工业区，西面是钢铁工业区，东面则是一些零星的地方工业，市中心是政府机关。这些就业区的附近就是职工宿舍，如纺织工业区与职工生活区仅相隔一条马路，上下班极为方便。图 11 是邯郸早高峰小时的自行车流量图，就业区与生活居住区之间短而粗的流量正说明了上述就近上下班的情况。[17]

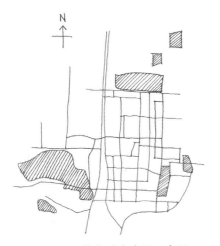

图 10　邯郸城市布局示意图

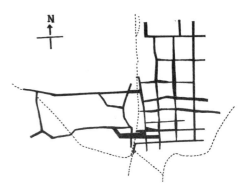

图 11　邯郸早高峰自行车流量图

以上这类城市，如果城市规模小，公交发挥的作用就更小，自行车交通当然地起主要的作用。不过这样的城市，总的居民出行量不大，尽管自行车交通占主导地位，城市道路空间仍有富裕，因此道路交通问题较少。

（2）工业向城外伸展布局

这类城市大多是原来有一定基础的老城，在发展过程中，常挖掘旧城的潜力，等到中心地区接近饱和,就向外伸展布置工业区。由于过去强调了"先生产后生活"，使城市生活服务和文化设施跟不上，以及新发展的工业区过于单一化，造成新建区男女职工比例相对失调，使职工不愿就近居住，多数仍住在老城区，每天长距离上下班，这样，公交负担加重，公交在上下班客运中起了明显的作用。

例如杭州，城区向北发展了拱宸桥和半山两大工业区，拱宸桥以纺织工业为主，半山和艮山门则以钢铁、重型机械加工工业为主。由于过分地强调单一专业化的工业区，男女职工难以相对平衡，生产生活不易就地安排。如半山、艮山门工业区约有 70% 的职工仍住在城内，没有形成就近上下班，高峰时道路上的交通压力很大。[17]

又如大连（图 12），城区向北沿海岸发展了大片工业区，整个城市平面呈"上"字形，工业区与生活居住区短边相接，不仅工业区与生活居住区之间长距离公交客流多，生活居住区内部纵向公交客流也多。

归纳上述分析由图 13 可见，伸展型城市布局使远距离出行增多，平均出行距离变大，交通结构中公交比重上升；紧凑型城市布局，出行距离短，公交比重下降，而自行车比重上升。

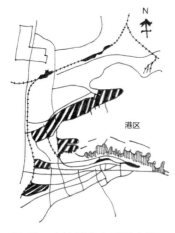

图 12　大连城市布局示意图

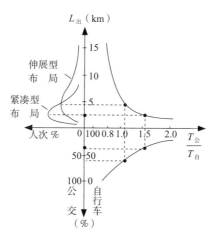

图 13　城市布局与交通结构关系

173

（二）出行时耗

1.非车内时耗

我国许多城市，公交发展缓慢，线路网密度低（表8），步行时耗长，并且居民的公交车辆拥有率低，候车时耗长，一般为10min，甚至更长。

由公式（3），如果令 $T_公/T_自=t_1(L_出)$ 中，步行时耗和候车时耗各增加3min，即 $t_{步1}+t_{步2}=15min$，$t_候=5min$，得：

部分城市公交线网密度表　　表8

城市	天津	沈阳	西安	郑州	邯郸	徐州
公交线网密度（km/km²）	1.61	1.57	1.07	1	1.8	0.41

$$\frac{T_公}{T_自}=t_2(L_出)$$ （5）

上式的计算结果见表9：

步行和候车时耗增加后 $\dfrac{T_公}{T_自}$ 的变化情况　　表9

出行距离 （km）	1.2	2.4	3.6	4.8	6.0	7.2	8.4	9.6	10.8	12.0	13.2	14.4	15.6	16.8
$\dfrac{T_公}{T_自}=t_2(L_出)$	2.43	1.59	1.29	1.14	1.05	0.98	0.94	0.91	0.88	0.86	0.84	0.83	0.81	0.80
$\dfrac{T_公}{T_自}=t_2(L_出)$	3.41	2.10	1.64	1.40	1.26	1.16	1.09	1.04	1.00	0.97	0.94	0.92	0.90	0.88

把 $T_公/T_自=t_2(L_出)$ 函数曲线综合到图6中，使得图14.由图可见，步行时耗和候车时耗延长，会使公交比重下降，自行车比重上升。

在公交运营速度不变的情况下，公交线网密度、候车时耗有下列关系[12]：

$$\delta=\sqrt{\frac{2v_营}{3\mu v_步}\left(\frac{W_行}{F}\right)}，\quad t_候=60\sqrt{\frac{2\mu}{3v_步 v_营}\left(\frac{W_行}{F}\right)}$$

道中：δ——公交线网密度（km/km²）；

$W_行$——行驶车数（辆）；

$v_营$——运营速度（$km \cdot h$）；

F——城市面积（km^2）；

μ——线路重复系数；其余意义同前。

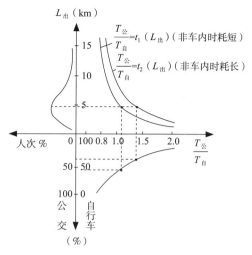

图 14　非车内时耗对交通结构的影响

式中可见，城市单位面积上的公交车辆拥有率 $W_行/F$ 与 δ 成正比，与 $t_候$ 成反比。因为城市面积一般与城市人口成正比（表6），因此城市单位面积上的公交车辆拥有率与城市居民公交车辆拥有率成正比，所以，城市居民公交车辆拥有率高，可使公交线网密度提高，或使候车时耗缩短，而且由分析可知，交通结构中，公交比重会上升，自行车比重则下降。统计结果表明（图15），公交车辆拥有率高，自行车拥有率就相对低些，这是总的情况，与前面分析的结论是一致的。

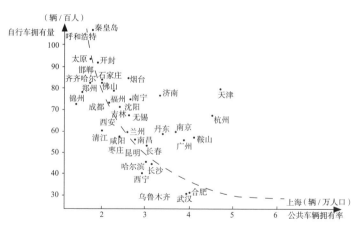

图 15　我国部分城市就业人口自行车拥有率与公共交通车辆拥有率之间的关系 [13]

此外，在一些公交客流量不大的城市里，或路线配车较少的近邻路线，候车时耗比较长，可在公交站点上实行挂牌，标明公交车到达时间，居民能按时到站，这也无疑缩短了候车时耗，而且可以提高公交的信誉。

当每辆公交车辆服务城市居民人数达到一定水平以后，公交的服务质量也会提高，并使公交在居民中建立一定的信誉，而使公交更具有吸引力。如图16所示，加拿大多伦多市的公交服务质量要高于图中所列的其余城市的公交，因此，表现在转移曲线上，同样的出行时耗比，公交的比重就高。这种情况，也会类似地反映到我国公交与自行车之间的转移关系上，由图17可见，同样的出行距离，公交服务水平高的，其公交比重大于服务水平低的。如图18所示，公交车服务于城市居民达到一定水平以后，乘次增加的幅度会变大。

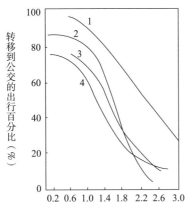

出行时耗比（快速公交时耗/小汽车时耗）

图16　国外交通方式转移曲线

1—多伦多工作出行；2—旧金山区域运输系统；
3—汉密尔顿中心商业区曲线；4—旧金山东港湾运输系统。

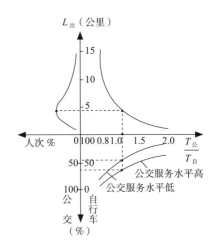

图17　公交服务水平对交通结构的影响

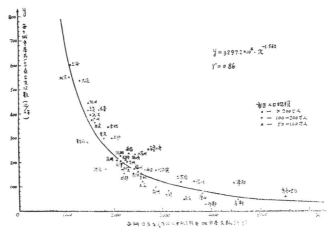

图18　不同规模城市公交车服务人数与乘次关系[2]

2. 车内时耗

道路条件差，像路窄、混行、拥挤和堵塞等，会使公交的运送速度下降，车内时耗增加。仍用前述的分析方法，由（4）式，使原来的的运送速度下降6.5km/h，即$V_{送}$=10km/h，得：

$$\frac{T_{公}}{T_{自}}=t_3(L_{出}) \tag{6}$$

这是运送速度下降后的函数式，计算结果见表10，函数曲线见图19。由图可知，出行距离相同，运送速度慢的公交比重要低于运送速度快的。运送速度降低乘客减少在国外也有实例（图20）。

公交运送速度下降后$\dfrac{T_{公}}{T_{自}}$的变化　　　　　　　　表10

出行距离（km）	1.2	2.4	3.6	4.8	6.0	7.2	8.4	9.6	10.8	12.0	13.2	14.4	15.6	16.8
$\dfrac{T_{公}}{T_{自}}=t_1(L_{出})$	2.43	1.59	1.29	1.14	1.05	0.98	0.84	0.91	0.83	0.36	0.34	0.83	0.81	0.80
$\dfrac{T_{公}}{T_{自}}=t_3(L_{出})$	2.56	1.86	1.63	1.49	1.41	1.36	1.33	1.30	1.28	1.26	1.24	1.23	1.22	1.21

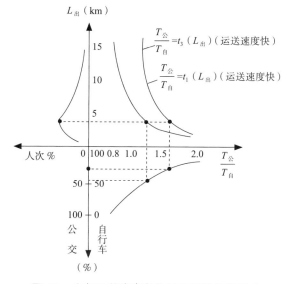

图19　公交运送速度变化对交通结构的影响

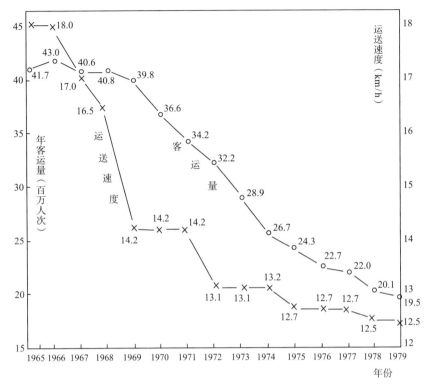

图 20　日本德岛市历年公交运送速度和客运量变化[14]

　　由于道路交通状况不好而引起的自行车比重增加，会使道路交通状况更加恶化，公交不仅运送速度降得更低，而且准点率、服务质量也下降，更多的公交乘客由此而转向骑自行车。

　　此外，高锋时大量乘客滞站和吊车造成的候车时耗增加和运送速度下降，也会促使乘客转向骑自行车。

　　所以，公交出行时耗增加会引起使自行车过量发展和公交最终衰退的恶性循环。天津市交通结构的演变就是这种恶性循环所致[15]（表 11）。这几年，天津市的人口一直在增长，而 1982 年天津公交的客运量却比 1981年下降了 2%，公交出现了衰退。

　　通过前面讨论，我们已经知道了非车内时耗和车内时耗对交通结构的影响，现在就这两个因素对交通结构的综合影响，研究一下发展公交的对策。

　　仍从出行时耗着手，考虑公交最不利的情况，即运送速度慢，非车内时耗长。由（4）式，令 $v_送$=10km/h， $t_{步1}$ + $t_{步2}$=15min， $t_候$=5min，得：

$$\frac{T_公}{T_自}=t_4(L_出) \tag{7}$$

上式的计算结果见表12。公交在这种情况下比重要下降（图21）。

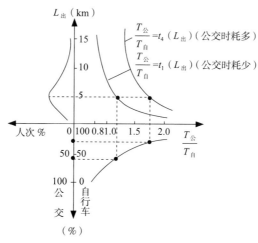

图21　公交运送速度低和非车内时耗长对交通结构的影响

天津市交通结构（%）演变　　　　　　表11

交通方式	年代			
	50	60	70	1981 年
自行车	38	54	77	81.2
公交车	62	46	23	18.8
合计	100	100	100	100

运送速度降低和非车内时耗增加后 $\frac{T_公}{T_自}$ 的变化　　　　表12

$L_出$（km）	1.2	2.4	3.6	4.8	6.0	7.2	8.4	9.6	10.8	12.0	13.2	14.4	15.6	16.8
$\frac{T_公}{T_自}=t_1(L_出)$	2.43	1.59	1.29	1.14	1.05	0.98	0.94	0.91	0.88	0.86	0.84	0.83	0.81	0.80
$\frac{T_公}{T_自}=t_4(L_出)$	3.37	2.29	1.90	1.71	1.59	1.51	1.45	1.41	1.37	1.35	1.32	1.31	1.29	1.28

为了发展公交，应采取提高运送速度和缩短非车内时耗的措施。现讨论一下这两种措施对交通方式转换的作用。

若令（7）式中，$V_{送}$=16.5km/h，便得（5）式，$T_{公}/T_{自}$=t_2（$L_{出}$），或令（7）式中，$t_{步1}$ + $t_{步2}$=12min，$t_{候}$=2min，便得（6）式，$T_{公}/T_{自}$=t_3（$L_{出}$）。由图22可见：

1. 远距离提高公交运送速度，公交比重增加得比较显著（a）；

2. 而近距离缩短非车内时耗；公交比重增加得较大（b）。

所以相应的对策是：

1. 公交要吸引远距离的乘客，宜先提高运送速度。可以开辟大站快车或直达车，或快速公共汽车，甚至建设快速轨道交通；从我国的城市建设的能力出发，尤其宜先发展前者，对特大城市，可考虑建后者。

2. 而要吸引近距离更多的居民转移到公交上来，还必须提高公交线网密度，减少步行时耗。可以发展能进出小巷运送的微型公交车或出租汽车等。

但是，在没有到非建快速轨道交通不可的情况下，这些措施的实现都要以相应的道路条件为前提。道路状况不好，公交运送速度就快不了；道路网密度低，公交线网密度也就无法提高。因此，对于我国绝大多数的城市，发展公交的同时还应加强道路建设，使之与公交发展相协调。

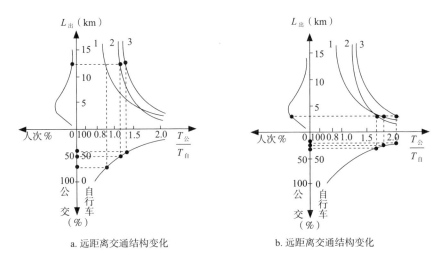

a. 远距离交通结构变化　　　　b. 远距离交通结构变化

图22　提高运送速度或缩短非车内时耗对交通结构的影响

图中：

① $\dfrac{T_公}{T_自}=t_2(L_出)$（提高运送速度）

② $\dfrac{T_公}{T_自}=t_3(L_出)$（缩短非车内时耗）

③ $\dfrac{T_公}{T_自}=t_4(L_出)$（公交出行时耗长）

另外还必须指出，具体的交通结构是多种因素综合影响下的结果。影响因素变了，交通结构也会产生相应的变化。我们只要掌握这些因素对城市客运交通结构影响的规律。就可以根据城市的特点，有的放矢地发展各种类型的公交，方便居民，促进城市的建设和发展。

例如广州、武汉，利用江河发展中短程的轮渡，对减轻高峰时道路交通负荷起了不少作用。轮渡的客运能力相当于地铁，每小时可达2万余人次。速度虽不如汽车快，但线路直接，并且利用驮带自行车，形成"骑车——乘船——骑车"的交通方式，比原来的"步行——乘船（或车）——步行"的交通方式所花费的总出行时耗更省。在目前我国经济水平尚低的情况下，快速轨道交通成为大城市客运骨干还需相当一段时间；而轮渡比起地铁不失为一种少花钱，见效快的大容量交通方式，有条件发展轮渡的城市应尽量发展之。

而山城重庆发展索道车和缆车，相对于沿山路迂回行驶的电汽车来说，减少了乘客的车内时耗，提高了运送速度，也不失为一种根据城市特点发展公交的好方法。

由此我们知道，发展公交的途径是多种多样的，而要固定于一种发展模式是困难的，而且也没有必要。公交内部如何配置各种交通工具，则应根据具体的城市而定。总之，原则是以最少的代价满足城市客运需求，不使个体交通过量发展。

（三）经济因素

1. 收入水平

居民收入水平提高后会要求出行时耗缩短，图23是美国不同收入水平的公交和小汽车转移曲线。由图可见，收入高对时间消耗敏感性强。我国公交与自行车之间也会有类似的情况，如图24所示。

图25表明收入水平高，自行车拥有率上升，它是居民要求出行时耗减少的表现。

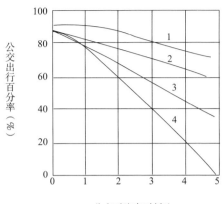

图 23　国外收入水平对交通结构的影响[11]

1—低于 2500 美元

2—2500 ~ 3999 美元

3—4000 ~ 6999 美元

4—超过 7000 美元

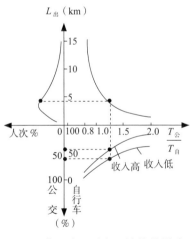

图 24　收入水平对交通结构的影响

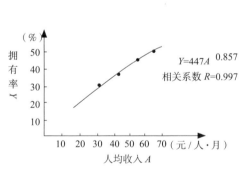

图 25　自行车拥有率和收入水平[13]

2. 自行车补贴

据 1983 年上海自行车交通调查[19]，自行车补贴平均每月为 1.60 元，基本上 10 年可以抵一辆自行车；而买公交月票本人每月至少要拿出 1.50 元。相比之下，促使一些人愿去骑自行车。今后随着居民生活水平的提高，这种影响会逐渐减小，但在收入较低的城市和地区，这种影响仍会持续相当的时间。

3. 公交经济政策

由于目前城市公交月票价格已低于成本，加上税目多，税率高，城市公交的发展已受到严重影响。特别是一些中小城市，由于规模小，公交本来就不易发展，为了保本或减少亏损，不得不采取"郊区养市区，零票补月票"的经营措施。其结果是市区公交线路发展缓慢，为上下班服务的线路稀少。公交线路多向郊区发展，市内则集中于火车站或商业中心。线路重复系数很高，一条干道上往往集中了好几条公交线路，但是公交线路网密度却很低，由分析可知，这种情况无疑助长了自行车的增加，因此今后应确定合理的票价制度，有利于公交企业的经营和发展。

（四）自然条件

自行车交通受地形的影响很大，据统计山城重庆就业人口的自行车拥有率仅 0.60 辆/百人，与平原城市西安 66.67 辆/百人相比小得多（表13）。

山城与平原城市自行车拥有率情况 [13]　　　　　　　　表 13

城市	重庆	广州	成都	西安
就业人口自行车拥有率 （辆/百人）	0.60	56.09	73.27	66.67

气候条件对自行车的使用也有影响。黄河中原地区的城市，气候干燥、少雨、冬天气温也不寒冷，既适于骑自行车又利于车辆的保养，这些城市就业人口的自行车拥有率一般要高于多雨或严寒地区的城市。如地处中原的太原、邯郸、自行车拥有率分别达 93.32 辆/百人和 89.13 辆/百人；居大、中城市之首。[13]

（五）人口密度

城市规模与人口密度 [2]　　　　　　　　表 14

城市	上海	西安	邯郸	开封
城市人口（万人）	613	154	66	42
城市面积（km²）	142	129	56	37
人口密度（万人/km²）	4.32	1.19	1.18	1.14

人口密度对交通结构的影响在大城市比较突出，因为大城市的人口密度高于中、小城市（表14）。密度高，高峰时单位面积上交通发生量大，公交负荷重，一旦公交运力出现紧张，大量乘客滞站和吊车，自行车就会发展。

早高峰居民出行乘车率和人口密度之间有下列关系式：

$$\beta = (2T\eta m\mu\delta) / (aDL_乘 t_间)\qquad(8)$$

式中：β——早高峰居民出行乘车率（%）

T——早高峰客运持续时间（min）

η——公交线路平均满载率（%）

m——平均每车最大载客量（人/辆）

μ——公交线路重复系数

δ——公交线路网密度（km/km^2）

a——早高峰出行人数占城市人口总数的比例（%）

D——城区人口密度（万人/km^2）

$L_乘$——平均乘距（km）

$t_间$——乘车平均间隔时间（min/辆）[注]

近年来，特大城市用地紧张，住宅都向高层、高密度发展，人口密度在上升（表15），这个趋势有可能要发展下去。由前面的关系式可知，如果增加人口密度而又要维持乘车率不变，则应采取以下几条措施：

1.延长客运持续时间，就是一般所说的错时上班。

2.增加车辆的载客量，如单机发展成铰接车。铰接车又发展成大容量站立式铰接车。

3.开区间车使客位公里得到最充分的利用。

4.增加高峰车或开辟新线，使路线网密度提高。

5.缩短行车间隔时间。

但上述措施总有一个极限程度：

1.错时不能太长，以免客运高峰与之后的货运高峰重合，增加道路交通的紧张。

2.载客量受车身容量的限制。

3.高峰车、区间车受公交企业经营限制。因为平峰时，这些车辆都要从线路上退下来，利用率低成本高。

4.公交线网密度受道路网密度的限制。

5.行车间隔时间受站点通过能力的限制。

上海市区人口密度增长情况[18]   表 15

区名		黄浦	南市	卢湾	徐汇	长宁	静安	普陀	闸北	虹口	杨浦	全市
人口密度（万人/km²）	1981 年	6.05	6.30	6.47	2.42	3.71	6.69	2.92	2.73	5.75	2.98	3.42
	1982 年	6.17	6.45	6.66	3.72	4.06	6.83	3.01	2.81	5.91	3.07	4.31
增长率 %		2.0	2.4	3.0	53.7	9.4	2.1	3.1	2.9	2.8	3.0	26.0

综上分析，盲目地提高人口密度，一旦现有公交所有的措施都用尽了，乘车率就必然下降。这样会迫使一部分乘客转向骑自行车上班，自行车比重就会上升。这对大城市道路交通是极为不利的，对这种情况要预先有所估计，及时地注意发展与之相适应的公交系统，如大容量的快速轨道交通，这种快速大容量的客运手段，在第三世界人口特别密集的首都或特大城市都已广泛采用，并且为实践证明是极其必要的；在工业发达的国家，采用这种交通方式是为了使乘小汽车的人能更快地向公交转化。在日本更鼓励自行车与快速轨道交通结合在一起，组织换乘，使居民出行时耗的节省达到一个新的水平。如果在城市里发展这种公交的条件还不具备，就只能对城区人口密度有所控制，使它与公交的运送能力相适应，切忌顾此失彼。

〔注〕关系式推导如下：

设城区人口为 P，面积为 F，公交线路长度为 $L_{线}$。如果公交要在 T 时间里完成客运，则必须满足下列不等式：

$$\alpha\beta PL_{乘} \leqslant \frac{T}{t_{间}} m (2L_{线})$$

两边同除 F，得

$$\alpha\beta \frac{P}{F} L_{乘} \leqslant \frac{2T}{t_{间}} m \frac{L_{线}}{F}$$

因为 $\frac{P}{F} = D$，$\frac{L_{线}}{F} = \mu\delta$ 代入上式，得

$$\alpha\beta DL_{乘} \leqslant \frac{2T}{t_{间}} m\mu\delta,$$

将不等式右边乘以 η（$0 < \eta < 1$），使等号成立，即

$$\alpha\beta DL_{乘} = \frac{2T}{t_{间}}\eta m\mu\delta,$$

整理后即得：

$$\beta = \frac{2T\eta m\mu\delta}{\alpha DL_{乘}t_{间}}。$$

（注完）

四、结论和建议

从我国已做的城市居民出行调查（如上海、天津、徐州等）和国外一些城市的资料看，可知：步行占总出行的 40% ~ 50% 左右（个体交通方式多的，步行比例较少些），公交和其他个体交通方式（在我国主要是自行车）占总出行量的 50% ~ 60%。应该指出：公交和自行车在城市客运中各有其长处和短处，在确定城市交通政策和客运交通结构的比例时，应该尽量扬长避短，使它们相互补充，满足居民工作和生活出行的需要。各城市可结合当地的自然地理条件和经济发展水平，考虑上述的影响因素，并通过典型调查来估计其交通结构中各自所占的比例，其中尤其是公交所占的比例，涉及城市道路的建设和改造、公交企业建设和经营以及公用事业和市政建设的投资能力等一系列问题。因此，我们只能根据可能得到的各种调查资料结合上述讨论的主要影响因素和一些典型城市的居民在公交、自行车、步行这三种交通方式中乘公交所占的比例归纳成表 16：

典型城市在主要因素影响下的上班乘车率　　　　　　　　表 16

城市规模	城市布局　　　道路状况　　其他因素	紧凑型布局			伸展型布局			建议乘车率（%）	备注
		适应	基本适应	不适应	适应	基本适应	不适应		
50万 ~ 100万人	每公交车服务城市人口数（已折算成单机）< 2000 人/辆					合肥杭州		10 ~ 25	伸展型布局一般取上限
	> 2000 人/辆	石家庄郑州洛阳邯郸	包头	徐州		乌鲁木齐	无锡南昌贵阳		

续表

城市规模	城市布局 道路状况 其他因素		紧凑型布局			伸展型布局			建议乘车率（%）	备注
			适应	基本适应	不适应	适应	基本适应	不适应		
100万~200万人	地形起伏	< 2000人/辆		重庆		大连	青岛		25~35	伸展型布局一般取上限
		> 2000人/辆								
	地势平坦	< 2000人/辆	济南长春	鞍山			南京			
		> 2000人/辆	西安	成都		太原				
200万人以上	< 2000人/辆		北京	上海（47%）广州			武汉		35以上	
	> 2000人/辆		沈阳	哈尔滨				天津（11.4%）		

注：1. 城市名称后括号内的数字为该城市早高峰上班乘车率实际调查值。

　　2. 2200人/辆为全国城市公交车（折算成单机）服务城市居民人数的平均值。

　　3. 适应——道路交通问题少；基本适应——问题不大；不适应——问题严重。

为了使不同规模和特点的城市能达到上述建议乘车率，城市规划和交通建设中应做到：

1. 道路网密度应在 $3km/km^2$ 以上。市中心地区应达到 $7~8km/km^2$，保证公交网的设置。

2. 大城市用大容量车型和快速轨道交通作为公交的主要方式；小城市则用中小容量车型作为主要的公交方式。

3. 积极发展出租汽车，对各企业单位的通勤车应由公交统一经营。与主要的公交方式相配合，形成多层次的公交系统。

4. 制定合理的公交经济政策，改变公交的落后面貌。

5. 对自行车收取道路使用费，把它用来建造停车场，改善道路条件。

6. 建立客运换乘枢纽，把城市里各种客运交通工具有机地联系起来，有效地发挥各自的客运作用。

以上是我们对国内城市客运交通结构所做的一些初步探讨，供有关课题研究时参考。在此，我们谨向各地有关方面的专家和同志所给予的热情帮助表示衷心感谢。

主要参考资料

[1]　天津市科技情报所.关于我国城市私人交通机动化问题的初步探讨 1983.10.

[2]　国家统计局.1981 年 220 个城市国民经济基本情况统计资料；城乡建设环境保护部.1981 年城市建设统计年报。

[3]　上海公交公司.保持和发展上海公共交通的优势 1983.9.

[4]　天津市规划管理局.典型城市调查——天津市自行车交通的调查分析 1983.10.

[5]　我国城市道路交通状况分析及其对策.城市规划汇刊.1984.第 4 期（总第 32 期）.

[6]　中国科学院地理研究所.台湾的城市问题，（译）。1982.10.

[7]　新加坡《南洋.星洲联合晚报》1983 年 3 月 26 日载文.

[8]　刘达容.关于城市合理规模问题的部分论点,《城市规划译文集 1》，中国建筑工业出版社，1980。

[9]　上海公交公司.上海市居民出行特征分析报告 1981–1982.1983.9。

[10]　中国城市规划设计研究院.天津市居民出行调查综合研究报告 1982.12。

[11]　R.J. 索尔特.道路交通分析与设计.

[12]　武汉建材学院等.城市道路与交通.

[13]　天津市科技情报所《我国城市自行车交通若干情况的综合分析》1983.11.

[14]　日刊《道路》1981.1.

[15]　余凡平.调整交通结构是解决城市交通堵塞的重要途径，城市公共交通 1980.2.

[16]　上海公交公司典型城市——上海市自行车交通调查分析 1983.10.

[17]　各地城市规划资料及现状调查.

[18]　上海统计局.1981 年上海国民经济统计；上海市人口普查办公室.上海市第三次人口普查手工汇总资料汇编.1983.2.

本文原载于《城市规划汇刊》1984 年 05 期。作者：徐循初　张涵双

State of Urban Traffic in China

Roads in cities are one of the most important basic requirements, and road traffic leads all activities in city life. Without an effective road system, it is impossible to achieve any efficient urban economic development or high-level living standard in cities. For various reasons, the speed of road building and reconstruction in China has fallen behind all other city developments, hence the consequent degrading of transport services.

I. Traffic Problem in China's Large Cities

Soon after the founding of New China, many roads were upgrated to meet the needs of economic development in cities. Traffic conditions were fairly good at that time.

Traffic problems began in all large cities at the end of the 70's:

A. Data from Shanghai, Nanjing and Xi'an shows that before 1965 traffic speed in these cities could reach 30-35km per hour, but has dropped to 15-25km/hr since. In the early 70's, speed for public transport vehicles in Tianjian was 15km/hr, but is less than 12km/hr now. The situation is similar in all other large cities as shown in Table 3.

Downtown area traffic speed is the lowest in the entire urban road system. For example, the trolley and bus speed through the downtown area in Shanghai is only 60-80%, the average speed through the whole route. However, the annual decrease of speed in the downtown area is small, which indicates that the decrease of average speed is due to the decrease of speed in the outer roads. The tendency of speed decrease will spread out into the suburban areas in the future.

Temporary stoppage of traffic at road crossings is a normal phenomenon, but the delay is getting longer with every passing day in large cities. It is not uncommon to see vehicle ques hundreds of meters long. At road crossings, cars advance in waves, but no matter what the color of traffic light is, the cars arrive at the intersections in confusion and cannot pass through. Where the roads interact with railroads, bridge heads or country paths, traffic jam is also very serious. For example, Yuhua Road in Nanjing meets the railroad just outside the city gate, it stops the traffic and causes confusion for as long as half an hour.

B. Sharp increase of accidents

Traffic accidents and fatalities increased only slowly before 1965, but increased sharply in the 70's. In 1981, loss of goods and materials due to traffic accidents was over one million yuan, and 498 persons were killed in the accidents which was a staggering figure that exceeded all the fatalities of work accidents.

Statistics show that since the late 70's, traffic accidents have been closely related to the increasing number of motor vehicles. It is clear that traffic control is not an effective means of reducing accidents.

Bicycle riders and pedestrians are usually the victims of traffic accidents, especially in the fatal cases. The killer is usually the motor car. Therefore, within the limited road space in cities, it is not sufficient just to separate motor vehicles and bicycles for the purpose of controlling accidents rates.

C. Degrading quality of public services

All large cities at present have trouble in satisfying demands for public transportation. This is closely related to the degrading quality of traffic. Roads in some cities are deficient in traffic capacity and so the number of operating vehicles have to be limited. This results in heavy overload of many bus routes at rush hours, which in turn compelled some commuters to shift to other means of transport. Some cities have very low density of roads, and traffic speed is low. Commuters spend much time on route but still cannot reach their destination on time. The result is a sharp increase of bicycles riders.

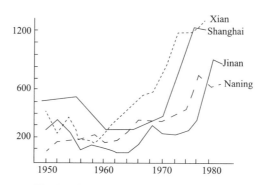

Fig.1.　Road accidents in four cities

Motors and bicycles in five cities, 1965   Table 1

City	Shanghai	Nanjing	Jinan	Guangzhou	Xi' an
Motors	15110	2882	2380	4319	4583
Bicycles	519841	84179	130000	220120	45710 (1975 figure)

Traffic flow at main road sections and intersections
in Nanjing and Shanghai, 1965   Table 2

Shanghai Peak traffic flow per hr.	Wai Bai Du Bridge	Chang Zhi Road	Tian Mu Road	North Zhong Shan Road
	621	551	539	456
Nanjing Traffic into intersection per day	Drum Tower	Xin Jie Kou	San Shan Jie	Zhong Yian Men
	6034	4832	3152	2784

Change of public transport vehicle speed in some cities,km/hr.   Table 3

Year	1972	1975	1976	1977	1978	1981	1982	1983
Tientsin	14.7(1971)	14.8	14.5	14.1	13.7	–	11.75	–
Xian	16.59	16	15.71	15	14.9	–	14.5	–
Shanghai	17–18	–	–	16.05	–	16.13	15.91	15.72

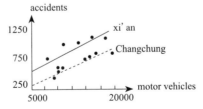

Fig.2.   Relative road accidents to number of motor vehicles in Xian and Changchun

II. Cause of Traffic Problems in Large Cities

A. Speed of road construction cannot keep up with the needs of traffic development

A brief review of the history of city development shows that the direct cause of traffic jam in large cities is the incompetency of road construction which falls way behind the needs of traffic development. Since the founding of New China, road construction can be divided into three stages:

1. 1949–1965

During this period, road construction in large cities had the following characteristics:

(1) Roads in all cities* had sufficient capacity to meet the needs of traffic increase.

Bus speed decrease in Shanghai (km/hr)   Table 4

Bus route	16	20	26	46	66
1965	14–40	14.86	14.4	16.95	14.32
1980	14–32	13.45	14.37	16.32	13.86

Suburban bus speed in Shanghai (km/hr)   Table 5

Year	1978	1982	1983
Bus squad No.3	23.34	22.64	21.97
Bus squad No.5	20.36	20.37	20.34
Bus squad No.7	21.34	21.17	19.74
Bus squad No.8	21.52	21.33	20.69

Large cities of Class I had fairly high level of production and transportation on the 1930's, but suffered regression during the Japanese invasion and under the KMT rule. However, there still remained the framework of the city, and during the first two Five-Year Plans, roads were repaired, upgraded and constructed and a compatible road system was formed. For the cities of Class II and Class III, road systems were planned during the first two Five-Year Plans. Although there were deficiencies in the road systems, yet the roads were clearly graded and more than enough to meet the needs of the time.

(2) Development of motor transportation was slow owing to limited oil resources and economic capacity. Historically, China was an oil-poor country. During the Anti-Japanese war, cars were run with charcoal gas. The embargo imposed on China in the early days of Liberation aggregated oil shortage. That was why emphasis was laid on railroad and waterways in the development of transportation in the 50's.

In the old industrial cities of China, there were good waterway and railroad systems. Plants and warehouses were usually built along the shore, near the docks or railway stations. New industrial cities or new industrial areas in the old cities were usually provided with special railway lines. Transport within the city was usually on a small scale and in a short distance, which could even be covered by carts. At that time, traffic volume in cities was comparatively small, traffic increase slow, traffic speed more or less stable and accidents tending to decrease. So, in general, traffic conditions were good.

2. 1966-1978

Traffic conditions in large cities during this period had the following features:

(1) Motor vehicles became the most important means of transportation.

a. A good foundation had been laid for the cities in the first two Five-Year Plans, so they were able to sustain the hardships during the three years of natural disaster and then the ten years of turmoil. In the progress that followed, industries in the cities, either old or new, national or local, key or auxiliary, gradually became interconnected and developed into an integrated whole. Besides, with the development of economy, the city began to infiltrate into the rural areas in its vicinity. It is obvious that activities thus resulted had to be completed with adequate road transportation.

b. Discovery and development of the Daqing oil field alleviated the oil crisis and presented possibilities for motor transportation.

c. As a result of the three years of natural disaster and ten years of political turmoil, State investment on urban infrastructure was drastically cut down, and traffic and transportation development almost stopped completely. On the other hand, all railway and aterway transportation capacities soon became saturated, so newly increased transportation volume had to turn to motor vehicles as the only way out. Under such stimulation, motor transportation soon assumed the leading position in urban areas.

In Shanghai, for example, only road transportation kept up with the total volume of industrial production during this period. In 1978, 57.6% of freight transportation was done by road.

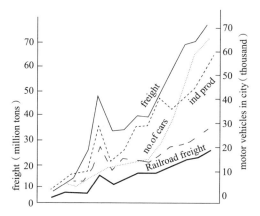

Fig.3.   Annual freight volume (railway, high-way, ship) in relation to industrial production of Shanghai

(2) Bicycles became an important means of passenger transport.

With urban development, the urban area expanded and population increased. As people's income increased, so did their demand on public transportation both in quality and in quantity, a demand which the public transport departments could hardly meet with. Hence an explosive increase of bicycles which became a very important sector in urban transportation.

Bicycles have many merits, but they occupy so much road area and are difficult to manage and add greatly to the serious inadequacy of urban transportation and road system.

While transportation volume increased rapidly, the investment on urban road construction decreased because development was gradually shifted from the city area to its outskirts and suburban areas. However, functional activities are still concentrated in the city district. This causes the rapid increase of transportation density and all kinds of traffic problems arise.

3. Since 1978

After the 3rd Plenary Session of CPC, emphasis is again laid on the construction of urban infrastructure, and road construction has been speeded up. However, it is not possible to put too much investment in road construction because of the limited economic conditions and the great number of vitally important items waiting to be developed, such as housing. In order to improve traffic under limited road conditions, many cities set out to study traffic control and the result was encouraging: increase of traffic speed, decrease of accidents and obvious traffic order. However, the improvement was only temporary. Shortage of land limited large scale road building, hence fundamental improvement quite impossible.

B. Decreasing quality of road systems

China is only in the early stage of motor transportation. The number of cars owned per ten thousand residents in the large cities is much lower than that in cities of other countries. The road area per car may be comparable that in cities of other countries of bicycles are converted into cars, but even so, the actual utilization of vehicles is low because the city districts are small and compact. Moreover, most of the motor vehicles in China are used for freight transportation and do not generally jam with bicycles in peak hours. So the instantaneous peak traffic flow is much lower than that in the most cities in other parts of the world. Nevertheless, traffic fatality per ten thousand cars in five large cities in China is several or even more than 10 times higher than in other countries.

Under the same road conditions, if traffic flow is reasonably directed, transportation service can be improved. For example in Jinan, starting from September, 1979, large freight cars were prohibited to move into the downtown area in the rush hours in the morning, and in some roads there were special bicycles lanes or one-way traffic was adopted for both bicycles and motor vehicles. Statistics in August, 1980 showed that during this one year's tome traffic accidents were reduced 58% and car speed increased 16% in one-way roads.

The above example shows that acute traffic problems are resulted from the inefficient road system, both in quality and in quantity:

Some Statistics of Shanghai and Nanjing   Table 6

City	year	indus.produc. (billion Yuan)	motor vehicle	bicycle	road length (Km)	road area (thousand M^2)
Shanghai	1949	3.095	9997	198634	711.1	5889
	1979	48.868	33373/70150	754921/1769011	907.4	8892
	increase percentage	1479	234/600	280/790	28	51
Nanjing	1950	0.086	720	19899	52.1	
	1978	3.573	18193/26680	314717/−	238	
	increase percentage	4050	2430/3610	1480/−	360	
		city district	city district/ whole city	city district/ whole city	city district	city district

Road built or improved during different periods in Shanghai (thousand M^2)   Table 7

	Recovery period	1st 5-year Plan	2nd 5-year Plan	readjustment Period	3rd 5-year Plan	4th 5-year Plan	1976-1979
roads built or reconstructed	1989	2619	4400	417	575	533	1353
of which: City district	1989	2619	3784	35	88	533	282
Suburbs	0	0	616	38.2	487	0	107.2

Some Statistics of Large Cities in China and Other Countries   Table 8

City	Population (thousand)	Area of city district (km^2)	Population Density (thousand/km^2)	Length of road (km)	Road area ratio (%)	Average Road with (m)	Road network (km/km^2)	Total No. of cars (thousand)	Road area per capita (m^2)	Rd. area per car (m^2)
Tokyo	8270	581	14.2	10653	13.5	7.4	18.34	2922	9.5	26.8
Osaka	2800	209	13.4	3673	13.7	7.8	17.57	621	10.2	46.1
New York	9000	850	10.6	9791	35.0	30.4	11.52	4000	33.0	74.4
Paris	2300	105	21.9	1200	25.0	21.9	11.43	1850	11.4	14.2

续表

City	Population (thousand)	Area of city district (km²)	Population Density (thousand/km²)	Length of road (km)	Road area ratio (%)	Average Road with (m)	Road network (km/km²)	Total No. of cars (thousand)		Road area per capita (m²)	Rd. area per car (m²)
Greater London	7420	1580	4.7	12677	11.5	14.3	8.02	2301		24.5	78.8
Hongkong Kowloon	3500	100	32.1	694	–	–	6.07	–		–	–
Shanghai	5730	142	40.4	1051	8.8	11.1	7.45	775 1011	285	2.04	43.8
Beijing	3950	300	13.2	2078	11.0	15.9	6.93	116.4 1642	448	8.35	97.0
Tianjin	3450	148	20.0	735	5.1	10.2	4.95	52.8 1439	319	2.54	69.3
Guangzhou	2180	54	40.4	391	6.4	8.8	7.2	44.2 570	161	2.07	21.5
Shenyang	2220	144	15.4	539	9.1	27.8	3.3	31.9 746	172	6.76	76.2
Nanjing	1140	116	9.8	197	3.7	22.1	1.3	26.7 315	93	3.80	46.2
Xi' an	1400	129	10.9	319	6.8	27.3	2.47	36.2 453	130	6.23	73.2
								Cars bicycles	Converted to passenger cars		

Note: 1. Statistics during 1975-1982.

2. Bicycles of city districts are taken as one half of all registered bicycles of the whole city

3. Various types of vehicles converted to passenger cars by multiple coefficient 1.5, bicycles by 0.16.

1. The functions of the road area are not clearly defined, resulting in the mixing up in the same space of different types, different levels or even different directions of traffic flow. Mutual interference of traffic reduces the effective

utilization of roads.

2. The traditional road system in China is of the closed type, i.e. some arterial roads are of the cul-de-sac type, terminating at a large building as a scenic focal point, thus blocking future extension of the road as the city grows and forming a bottleneck for the traffic flow.

C. Irrational management systems and policies

1. In urban freight transportation, specialized vehicles usually have better mileage, lower gas consumption and better carrying capacity than vehicles owned by various organizations in the society. But transport enterprises have to hand in most of their profit to the higher authorities, and so have not much resource for expanded reproduction. Therefore they are quite incompetent to meet the ever-growing demands. Besides, in order to fulfil a fixed quota of profit, the transport companies had to exercise fixed transport prices, thus putting themselves in a losing position in the competition with organization-owned vehicles.

2. Poor market management and poor information services end up in much redundant transportation.

3. There are some very irrational policies, such as public subsidies for buying bicycles, the much too low price of commuter ticket, etc. So public transport has long been a losing business.

Traffic problems in large cities are prevalent in all parts of the world in the course of urbanization. Building of new roads can solve part of the problem, but new problems are bound to arise. The fundamental cause of traffic problems in city and the disorderly planning of its development. It is, therefore, impossible to achieve any high efficiency and low consumption traffic system unless these basic shortcomings are overcome.

III. Effects of Traffic on Socio-economic Performance of the City

A.Effects on economic performance of the city

1.Low quality road system in cities restricts the effective utilization of land and hampers the rational expansion of cities to their outer areas, and so economic activities are restrained and the vital importance of large cities in national economic development cannot be brought into full play.

2.Decrease of traffic speed causes the losses of wealth and time. By rough estimation, when the average freight transport speed in a city drops from 35 to 25 km/hr, transport cost will increase 11.8%. if the average operating speed of public transport vehicles decrease by 1 km/hr, the loss of time for 100 million person-time will be 180000 workdays.

If roads are built or updated in time, the socio-economic performance will be remarkable. For example, before the bridge which spans across the Changjiang River (Yangtze River) in Chongqing was built, goods on the two sides of the river had to be ferried with poor efficiency at the cost of more than 10 million yuan per year. In 1980 the bridge was built with an investment of 64.68 million yuan made both by the State and the province. After that an average of 4500 motor vehicles and over 2 million tons of freight passed across the bridge every day. Distance was shortened, and time and money saved. Nearly 80% of factories were benefited to an amount of 10.93 million yuan per year, which was a great promotion to the development of the city.

B.Social effects on the city

1.To city dwellers, poor traffic system means poor environment, which is contrary to the ultimate aim of developing economy and raising the living standard of the people.

2.Traffic problems may result in social disorder and bear bad effects on spiritual refinements. Efforts in Beijing in recent years to improve traffic condition have brought about a fresh look to the capital.

IV. Trend of Development of Traffic System in Large Cities

A.Vehicles

Studies on transportation show that the number of automobiles in cities are linearly proportional to the value of industrial output. Studies made on conditions in Beijing and Shanghai show that if economic development is normal, the correlation is quite obvious.

Let x_b be the rate of increase of industrial production of a city, y_b be the number of motor vehicles, the general expression of linear correlation is

$$y=a+bx \tag{1}$$

From this it is possible to deduce

$$y_b = \frac{x_b}{\dfrac{a}{bx} + 1}$$ (2)

So that when a is negative,

$$0 < \frac{a}{bx} + 1 < 1$$

Therefore $y_b/x_b > 1$

As $x \to \infty$, then $a/bx \to 0$, $y_b/x_b \to 1$

The above calculation can be stated literally as:

The increase of motor vehicles in a city is always faster than the increase of production. The higher the production, the smaller the difference between the two values.

Conclusion of the analysis above:

1. If the living standard of the city residents is not taken into account, then the speed of increase of freight volume related to the industrial output of a city is determined by the business structure of the city and its economic activities. The absolute incremental economic value must be closely related to the evolution of the business structure. Therefore, as the industrial output increases, the discrepancy between this rate and the rate of increase of trucks will gradually disappear.

2. According to the present development of national economy, the possibility for city residents to own their private cars is still small. However, the number of taxis and vehicles for public transport will increase. It has been predicted that passenger cars will increase to 850000 by the end of this century. Assuming that 90% of this figure is concentrated in cities, then the average ownership of private cars for city residents will be 3.83 per thousand residents, about 4 times the quantity of 1981 which was 0.96 per thousand persons. In large cities, it is possible the speed of increase may be faster than the national average as large cities are political, economic, science and cultural centers. Even so, the number of passenger cars will only be a small percentage in cities, and will not play a very important role.

In recent years, the number of motor-cycles in large cities has been increasing, and proper control needs to be exercised.

According to relevant sources, bicycles are on the increase at a high speed especially at the present. By 1990, the average density will reach 50 bicycles per 100 persons, doubling the figure of 1982. The speed will slow down after 1990, but will still be on the increase in all large cities.

* If the industrial production of a city is x, number of automobiles, y and the correlation coefficient, γ the calculated correlation values are as follows:

Name of city	year	Repression equation	γ
Beijing	1952 ~ 1960	$y=158.88x+7094$	0.92
	1970 ~ 1981	$y=690.56x-47330$	0.95
Shanghai	1955 ~ 1960	$y=22.34x+5603$	0.97
	1971 ~ 1973	$y=235.06x-53378$	0.97

Number of passenger cars in 6 large cities and their proportion to the total number of cars　　Table 9

City	Shanghai	Guangzhou	Xi'an	Beijing	Tianjin	Dalian
total number of cars	75646	36226	34091	122490	50605	14273
Number of passenger cars	7342	4715	3060	24983	2355	1240
percentage	9.7%	13.0%	8.9%	20.4%	4.7%	8.7%
year	1980	1982	1981	1981	1979	1979

Increase of motor cycles in some cities　　Table 10

city \ Year	1977	1978	1979	1980	1981	Average increase per year (%)
Beijing	11081	13593	15383	17953	21731	18.3
Guangzhou	1469	1804	2180	2646	3198	21.5
Shanghai	2647	2843	8943	10540	—	58.5
Nanjing	1337	1608	1540	2197	2605	18.1
Xi'an	1497	1751	2159	2594	2902	18.0

	Beijing	Shanghai	Tianjin	Wuhan	Shenyang	Nanjing	Guangzhou	Xi'an
Bicycles/100 persons	42.80	18.31	50.47	18.93	45.00	35.34	35.57	37.56
number of persons per bicycle	2.34	5.46	1.98	5.28	2.22	2.83	2.81	2.66

Bicycles owned per family in 8 large cities   Table 11

Improvement of the road system is limited by many factors. It takes a long time to build up a public transport system with multi types of transportation. Before the end of this century, it can be predicted that bicycles will still hold their position in city transport.

B. Tendency of increase of motor vehicles

Correlation analysis of automobile quantity (x) to the peak traffic per hour at main road crossing (y) in 18 cities shows:

$$y=0.0114x+535, r=0.79 \tag{1}$$

in which, the factors for 8 northern inland cities are:

$$y=0.0125x+356, r=0.97 \tag{2}$$

and for 10 coastal and southern cities are:

$$y=0.0121x+637, r=0.82 \tag{3}$$

Let x_b be the rate of increase of autos, and y_b the rate of increase of traffic, then from (2) we get

It is obvious that (5), and as x increase,

$$y=\frac{x_b}{\dfrac{28480}{x}+1} \tag{4}$$

from (3) we get

$$y_b=\frac{x}{\dfrac{52645}{x}+1} \tag{5}$$

It is obvious that $y_b/x_b<1$ in (4) and (5), and as x increases, $y_b/x_b\rightarrow1$. This is one of the reasons for the last few years. According to the above relations and the data from typical cities, it can be deduced that up to the year 2000, the average traffic in main city roads will be 1.5 to 2.5 times more than it is now.

* Automobiles in 18 cities and average peaktraffic per hour at main road crossings.

city	Beijing	Xian	Zhengzhou	Taiyuan	Shijiazhuang	Hefei	Handan	Jinan	Nanjing
autos	81308	32521	21337	17767	14209	7400	4163	37251	26680
average traffic per hr. at main crossings	1430	698	573	659	638	479	379	719	970

city	Shanghai	Guangzhou	Dalian	Qingdao	Chongqing	Guiyang	Xuzhou	Wuxi	Changzhou
autos	69133	31340	13735	18000	20937	12835	6450	5702	4349
average traffic per hr. at main crossings	1351	1173	983	849	1074	659	868	452	534

C. Tendency of traffic time-spacc dispersion

1. As the traffic capacity of the central part of the city is getting more and more saturated, and it is difficult to develop a new road system, industrial centers of the city have to be gradually shifted to its outer areas and so change the O and D points in freight transportation. Since the centers of industry is shifting outward, the amount of motor traffic in the suburban areas will increase faster than the traffic increase in the downtown area. With traffic control in the downtown areas, the center of importance of urban transportation will be shifted to the fringe areas of the city.

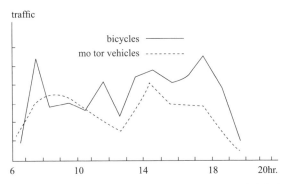

Fig.4.   Traffic dispersion at Fan Kang Kou in Hefei city

2. On the main roads in the central part of the city, the phenomenon of motor vehicles and non-motor vehicles travelling in the same lane will gradually diminish. It is inevitable that different lanes will be assigned for different types of vehicles.

V. Measures for Future Development

According to the present traffic conditions in China's large cities and the tendency of development, the following suggestions are made:

A.Greater emphasis should be laid on the building and reconstruction of the road system, and importance should be attached not only to quantity but also to quality. The key points are:

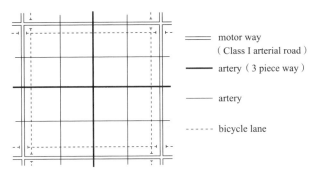

Fig.5.   Basic road system for large cities

1.Roads in cities should be classified and graded. Sidewalks, overpasses for pedestrians and special lanes for non-motor vehicles should be built, so that pedestrians and different types of vehicles will travel in different spaces. With a clear classification and grading on the road system, the first class arteries should be large volume, high efficiency ways for urban motor transportation.

Experiences in other parts of the world show that by separating different types of transportation into different elevations and special lanes, the utilization of road space can be improved and transport efficiency raised. In China, there are large numbers of bicycles and pedestrians besides automobiles in the urban areas. Therefore, to have different kinds of transportation moving along in different spaces is an especially complicated task. The basic idea of the road system is to construct special roads for large volume, continuous transportation to take up most of the long and medium distance motor transports. In this way, other types of transportation, eliminating as much as possible the interference between bicycles, pedestrians, carts and automobiles.

(1) Class I arterial road: This should be used exclusively by automobiles. In order to provide a high-speed thoroughfare to take up most of the traffic circulation, access to the arterial road from other roads should be controlled, and the access of bicycles and pedestrians should especially be prevented.

(2) The bicycle lane is an auxiliary to the motor road. The access of automobiles into the bicycle lane is not strictly forbidden, but their speed should not exceed that of bicycles. Overcrossings should be provided where bicycle lanes intersect motor roads.

(3) Other roads may remain traditional.

This matrix is based on regular grids. It is practical, profitable and the amount of work involved in the reconstruction of existing roads is not too big. For example the Jianshe Road in Shengyang used to have a large amount of traffic jam and traffic accidents as motor cars and bicycles are not provided with separate lanes. In October, 1979 this road became an exclusive road for motor vehicles, and bicycles were directed to parallel roads. Time proved that traffic improvement was phenomenal: motor speed increased 20%, traffic accidents dropped 20%, even higher speed for bicycles, commuters could save 10-15 minutes every day.

In the above-mentioned road matrix, the density of urban road network (not including streets in residential areas) is 6-8 km/km^2 and the rate of road area was about 12-20%.

2. The density of the arterial road network may be raised, which will have the following merits as compared with the widening of the existing arterial roads:

（1）Higher density of road facilitates improvement of public transport service,

（2）Roads can be classified and graded and better utilized,

（3）Traffic can be dispersed, releasing the pressure at crossing and hence more convenience for pedestrians to cross the streets,

（4）There will be more flexibility for the road system, and

（5）The minor roads and streets can be better utilized.

3. Different aspects in a road system should be coordinated.

（1）In the upgrading of a road system, attention should be paid to the building of parking lots and centers for passenger and freight transport.

（2）Attention should be paid to the coordination of different road components so that the distribution of road capacity will coordinate with the distribution of traffic.

B. While improving the road system, a good public transport system should be organized with buses, taxis, fixed or non-fixed route minibuses, etc. The growth of bicycles in cities should be controlled, and the development of private motor vehicles strictly restricted so as to gain time for the reform of the urban road system.

C. Large capacity, rapid transit systems should be built for metropolitans.

Besides, the following points are suggested for consideration:

To those who are benefited by the road system, proper financial policies and measures should be applied for the better utilization of roads and the opening up of new financial resources for construction.

Construction of underground conduits should be coordinated and maintenance of such conduits should be regularly carried out so as to minimize interference to traffic.

The planning of the city should be oriented to the polynucleared structure so that traffic pressure on downtown areas can be relieved.

本文原载于《中国建筑文选》1986 年 01 期。作者：陈燕萍　徐循初

城市货运机动车调查的准备和组织

进行城市级规模的货运机动车调查，在我国尤其是中小城市还是不多的。没有经验，缺乏参考，所以调查的内容都将成为宝贵的第一手资料。在调查前，需制定合理的调查目标和原则，才能保证调查工作顺利进行，并富有成效。在整个调查工作中，目标和原则不宜轻易改变，这要求有一全面、深入的研究，使调查工作进行期间能适应各种不同情况。

一、调查的目标：

城市货运调查是城市规划的组成部分之一，它的核心、涉及对象和范围等都以城市为基准，以城市规划的要求为出发点，在分析过程中，一种现象的产生原因和这种现象将带来的影响都是以城市因素为考虑的，基于这样的前提，城市货运调查将始终围绕为城市规划服务这一基本思想进行设计。

1. 与城市规划中其他平行项目协调：

如图1所示，依照规划的工作阶段、深入程度来分级，货运规划可作为第三级，同属第三级除交通规划中的客运规划以外，还有其他许多项目，这些同级的项目虽然在各自的研究对象上有所侧重，内容不一，但它们同属一个城市规划的整体之中，受着整体所确定的界限、范围和时限的制约。货运规划所进行的货运调查中，交通分区与客运调查的交通分区的兼容，与货源密度、用地性质、道路网、干道分布等的配合，都是这种整体性的要求。整体观念保证了有关因素具有系统的特性。

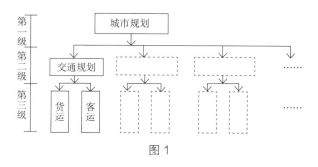

图1

2. 补充调查项目:

城市货运反映了一定地区的内外经济发展以及相互联系,这方面的调查也是进行货运规划的重要资料之一。广义的经济联系难以寻其头绪,它们互为因果,错综复杂。因此,需有一个明确的边界条件来限定调查的涉及范围和重点,边界条件以城市影响范围为考虑因素。地区的经济情况和货物运输调查相配合是进行城市范围的物资投入产出分析工作的基础。

3. 城市发展的阶段性:

调查数据只反映城市货运动态发展过程的一个截面,每一个截面都承继了反映城市货运发展阶段的信息,同时也具有延续的倾向。对于规划来说,自然后者更为重要,作为第一次调查,调查的项目、范围等都不自觉地规定了下一次调查的内容,以求得信息所反映的发展的阶段性。它是城市规划预测技术运用的基础之一。

二、调查的原则:

1. 科学性和现实性的统一与平衡:

调查是一项专业研究的组成部分,然而,它在进行过程中却要涉及众多的非专业领域,调查的质量需要这些领域的一定条件来保证,忽略这一点,很可能只是纸上谈兵,不能使调查成果满足预定要求。城市货运调查在许多城市尚属首次展开,脱离具体环境而只依照专业性技术要求或其他城市的做法,极易使调查数据包含不确切的因素,被调查者不得不在一些没有条件回答的调查项目中填上带有猜测或偏见的内容,而由此产生最终的结论性成果并不能发现这种错误,这样就带有更大的危险性。为防止出现这种现象,有必要进行试调查,分析调查的可行性情况,以确定正式进行调查的形式。如在常州市货运调查中,运距这一调查项目由于许多车辆的里程表无法使用,不能提供可靠数据而被取消,而以其他方式取代求得。

2. 调查数据的可靠性和利用效率:

除了由于调查项目设置不当造成数据出现错误以外,调查表格设计得合理与否也对调查数据的正确性有很大影响。同时,在各个调查阶段的衔接环节中,调查数据形式的变换也极易出现差错,这要求整个调查过程处于一个良好有序的组织之下,在阶段的衔接点上,具备有效的防范措施。另外,调查数据的价值还体现在它今后的利用效率,这不仅涉及调查数据的来源所具有的代表性,还与数据的保存方法及形式有密切关系。

3. 抓主要矛盾：

大规模的调查并不意味着包罗万象，在确定的调查目标下，没有必要对各有关因素的组合进行详尽了解。调查的目的不是获得数据本身，而是数据带来的信息。收集获得同一信息的不同数据，虽不能认为有害，但至少其中部分数据收集所花费的代价是多余的。因此，在常州市货运调查中，反映车辆特性的车辆种类项目仅以额定载重表示，而略去了它是什么车型、哪里制造等。同样，由于交通分区图的划分考虑了城市用地性质，从而也省去了反映到发地点情况的"设施"项目。

4. 合理减少调查工作量：

城市交通调查数据的收集要耗费大量的人力、物力、财力和时间。日本在 1980 年道路交通调查的预算额达到 57.4 亿日元；英国贺兹（Herts）县一年要花费 3 万英镑专用于交通调查。近年来在国内进行的类似调查每次费用也达数万至数十万元。这些形式的调查具有很强的简单重复性，一旦调查方法和程序确定以后，每一调查表都要执行一次这样的程序，所以，通过对调查方法和程序的改进，就有可能提高调查的效率，在不降低成果标准的前提下，使资金、人员、时间等有较大的节省。这对于各方面条件较差的我国中小城市进行交通调查更具有现实意义。

三、调查的程序：

为全盘掌握调查过程的内容、进度，并能根据调查中发生的变化来调整和控制调查的继续进行，需要制订一个调查全过程的程序，这一程序利用计划协调技术（PERT）和关键路线法（CPM）设计一套调查计划网络图，使这一过程更为直观。

网络图由一些代表工作实施始末的结点和一些工作进行路线的有方向的直线组成，虚线表示须事先输送的信息方向。根据常州市货运调查计划，设计计划网络图及调查工作内容如图 2 所示。

调查工作内容

0. 开始

1. 制订调查主体计划

2. 制定试调查计划

3. 设计试调查表

4. 决定试调查表形式

5. 准备试调查（复制、发表格等）

6. 试调查

7. 收表及分析试调查结果

8. 收集有关资料（用地、人口、行政区、道路网等）

9. 设计分区图、各编码对照表

10. 汇总这些辅助资料

11. 辅助资料定案

12. 复制辅助资料

13. 修改并决定正式调查表格

14. 复制正式调查表格

15. 研究和物色调查人员

16. 召集人员明确调查任务

17. 正式调查

18. 收表

19. 分类、整理、检查

20. 组织和培训编码人员

21. 考核编码人员

22. 解释、答疑

23. 编码

24. 检查、分类、准备输入计算机

25. 编制数据库文件

26. 调试修改

27. 决定数据库文件

28. 输入数据编码

29. 完成输入、抽查检验

30. 分类、合并、存盘

31. 编制处理程序

32. 调试、修改

33. 决定处理文件

34. 调试主控程序

35. 修改和准备正式处理调查数据

36. 数据统计和运行处理程序

37. 打印结果

四、调查项目的确定:

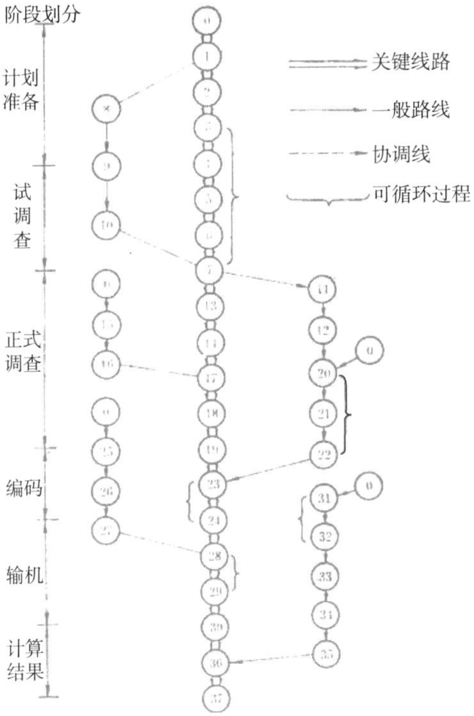

图2

调查项目只是一个媒介,通过它来反映研究对象的状况,从而发现、解释和提出研究对象所存在的问题。一般来说,调查项目应包括调查对象的三种有代表的征象:

(1)明显存在的问题:

这是对调查项目最基本的要求,如城市机动车货运交通所普遍存在的货运车辆与道路系统的矛盾。

(2)潜在的问题:

它需要进一步观察和探索,如货运中货源分布及车流发生原因等。

(3)事物发展的规律性方面:

它主要揭示了一个系统本身的运转状态。如货运构成因素的相互作用和整体的发展趋势。

全面性和代表性固然是确定调查项目的重要原则,然而,在进行实际调查时,某些现实问题的存在，使这种全面性并不能仅仅着眼于使调查项目包罗全部反映研究对象状况的信息，而须使它以尽可能少的形式来反映研究对象状况的关键所在，调查项目的这种代表性是在注重调查效率的前提下所应具有性质，也是每一次特定调查具有确切目标的要求；另一方面，调查项目的可行性还在于它是否具有填写的可能，是否能排除可能产生模棱两可的情况。由调查项目不明确而获取错误信息，要比缺少这些信息更有害于最后的研究成果。

针对城市机动车货运状况及进行货运调查的目标，调查项目从以下三方面来获得能反映存在问题征象的信息。

（1）货物流动情况；

（2）车辆运行情况；

（3）货运过程中的效率。

1. 货物与车辆：

货物保持两个基本内容：性质和数量，在运输过程中，它们表现为一定划分标准下的货物种类和车辆所负荷的实际载重。车辆对于货物而体现出本身的属性也有两个，即车辆种类和额定载重，另外，在一般意义上，车辆存在着一定的寿命，其生产能力或属性的保持是与它在寿命期中的一定阶段有关的。因此，车辆在这种阶段中表现出它使用状况的属性。

2. 车辆与道路系统：

在货运车辆运行过程中，货物与车辆合为一体，它的特性均已反映在车辆上，而不与道路系统发生直接联系，货运车辆作用于道路系统，它的流动产生了形式不同而结果一致的这种情况，即行驶路径的走向和空间起讫点走向，这些走向的两个端点是这种货物流动的基本原因和根源，另外，货流具有在时间分布上的不均匀性，它造成高峰时间集中的交通流量。

3. 车辆与驾驶人员：

货运车辆的出行效率与驾驶人员的组织形式有关，驾驶员的组织管理主要控制在行政的所属系统之下，出行效率低有其相应的原因，并且，在专业和非专业运输系统的不同情况下，出行效率有显著的差别。

4. 其他项目：

为使上述调查项目的内容与车辆一一对应，以及建立档案和数据库的技术要求，采用车辆的车牌号作为对应于数据的记录编号。

依照一般的记忆顺序和调查项目的性质，调查项目确定为两大部分共十六项内容：

A、车辆属性和组织状况：

①车牌号；②所属系统；③组织方式；④车种；⑤额定载重；⑥车龄；⑦行驶里程；⑧未出行原因。

B、运行情况：

⑨车牌号；⑩出发时刻；⑪出发地点；⑫所经路径（包括首末交叉口）；⑬到达地点；⑭到达时刻；⑮货物种类；⑯实际载重。

在常州市进行调查的实践证明，这些项目的调查是可行和可靠的。

五、调查辅助资料的准备：

调查是为城市规划做准备的，有关货运的辅助资料的收集，涉及众多的与之平行、甚至更高层次的组织机构，为此，全面调查工作必须在一个具有足够职能和权力的上层组织机构的统一指挥下进行，以减少由于行政机构的隔阂而对调查带来不便和障碍。

有关城市机动车货运交通辅助资料收集的目的，实践上就是了解和考察城市货运系统所处环境的状况，根据城市规划的要求以及货运构成因素涉及的范围，辅助资料由以下几方面组成：

（1）有关城市用地状况：

城市用地现状和规划图，道路系统现状和规划图，新旧地名、路名对照表，行政区划分图，城市停车场、码头、车站、限行道路的布局和状况，城市对外道路出口。

（2）有关城市经济情况：

主要产品、主要物资消耗及库存情况，产值增长情况，大型工厂和仓库状况，城市货运量及周转量，各交通方式所占比例。

（3）有关城市运输货物：

主要货物种类及大致所占比例。

（4）有关城市货运车辆：

主要车辆种类及大致所占比例，车辆注册数，车牌号分类情况，最大吨位。

（5）有关城市货运的组织系统：

城市各企业、事业单位的分类，主要专业运输单位，车辆组织及管理系统。

（6）其他：

编码和计算机数据录入人员、表格印刷单位，货运高峰时间等。

六、调查的组织：

调查涉及面的广泛性要求有一套严密和完善的组织措施来配合。组织措施以当地的行政管理部门的体制和结构为条件，一方面，它使调查的发起和组织者对调查的对象产生作用，另一方面，也建立起一个调查环境，这一环境是由调查涉及面的广泛程度确立的，它为调查提供必要的材料和其他辅助手段。组织也同样具有纵向的层次性，除了调查者和被调查者以外，还需一批中间组织者，他们在各个调查过程的环节中起着连接作用，并有一定的专门化训练。中间组织者代表调查者直接与被调查者发生关系，他们的训练程度决定了调查的质量。

1. 车辆的组织管理系统：

进行全市范围的车辆调查，必须通过一些能够掌握这些车辆的有关机构，为保证调查的质量同时简化调查的程序，这些机构必须既有权威又精干灵活。从我国现行的管理制度来看，市区车辆由公安局交警大队管理，而驾驶员属于各级行政机构，由于车辆的出行总是伴随着驾驶员和车辆的一体化，因此，在已进行过城市机动车调查的城市中，两种调查途径都有，但从几个方面进行比较，选择车辆管理系统更为优越。交警大队的车管员在各自所管辖的地区，通过各单位的安全技术部门，定期进行行驶安全教育、安全检查等工作，能基本掌握市区内车辆最近的使用状况，并且熟知城市内部的道路交通现状，这对于调查无疑是一个有利条件。车管员、各单位安全技术人员和驾驶人员形成一个金字塔形的车辆管理系统结构，调查表格能以这样的结构进行分发和回收。

	交警大队	各级行政机构
组织层次	少	多
组织结构	严密	不严密
权威性	强	弱
技术性	强	弱
纪律性	强	弱
机动性	强	弱

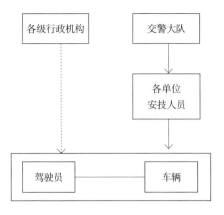

2. 调查对象的全面性和不重复性：

以城市范围为限，并考虑有关管理系统，调查车辆可分为三大部分：

（A）市区车辆

（B）外地驻市区车辆

（C）外地途经市区车辆

（A）受本市公安交警大队管理，（B）受交通局管理*，（C）受市交警大队检查站控制，对（A）和（B）按注册数发表调查，对于（C）在城市对外道路检查站拦停后口询或发表调查。这种分类调查的可行性不仅在于车辆管理系统的结构与分类取得一致，而且，车辆车牌号能反映这种分类。不同种类的车辆使用不同的调查表或采用不同的调查方式，检查站的调查人员能根据所经车辆的车牌号按一定需要拦截车辆，进行不同方式的调查（见表1）。

调查车辆分类及调查方式　　　　　　　　　　　　表1

调查车辆分类	运行情况及流经城市情况		调查方式
本市车辆（A）	市区内出行、未出行，在外地、去外地，从外地返回。		按注册数填表调查
外地驻本市车辆（B）	市区内出行、未出行，在外地、去外地，从外地返回。		按注册数填表调查
外地途经本市车辆（C）	过境车辆（CA）		口询填表调查
	进入市区（CB）		填表调查
	离开市区（CC）		口询填表调查
	在市区（CD）		停车场调查

例如常州市所有车号为：39-0××××的车辆均为（A）类车，一部分09-××××为（B）类车**，因而，除了（A）、（B）两部分车辆通过预先发表进行调查外，检查站遇到其他车号的车辆均按（C）类车进行拦停调查。（C）类车中按其在城市中的流经情况，又可分为四种类型，即：（CA）——过境；（CB）——进入市区；（CC）——离开市区和（CD）——在市区内，依照这种类型所具有的不同特点，采用口询、填表和停车场调查的方式 [见图3]。

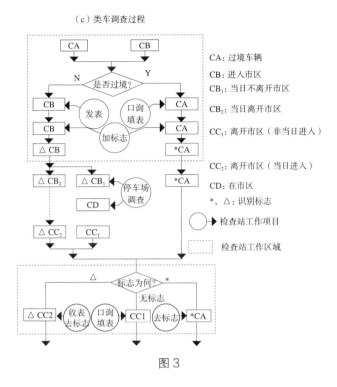

（c）类车调查过程

CA：过境车辆

CB：进入市区

CB₁：当日不离开市区

CB₂：当日离开市区

CC₁：离开市区（非当日进入）

CC₂：离开市区（当日进入）

CD：在市区

*，△：识别标志

检查站工作项目

检查站工作区域

图 3

城市车辆分为如上三大部分基本能从简单的车辆管理系统掌握和控制全市的行驶车辆，并可使（A）、（B）两类车的调查与（C）类车的调查不在同一时间进行，以减少同时投入调查的力量。

七、调查数据形式的变换环节

以 dBASE Ⅱ 数据库的形式，将调查数据存入计算机，是调查工作的最后阶段，调查表格只是记录数据的一个过渡形式。在整个调查数据的收集过程中，过渡形式越复杂，则越会造成数据最后形式的误差，因而，必须设法消除那些在数据形式发生变化的环节中产生误差的可能。一般情况下，调查过程中存在着以下三个环节：

（1）填表

（2）编码

（3）数据编码输入计算机

通常的人力物力条件下，后两个环节也并不能都由城市交通专业人员来承担，因而，这三个环节将都与非专业人员发生关系。调查表格贯穿了全部三个环节，其设计须尽力使这些非专业人员容易了解有关项目的意图，能够并且乐意配合调查工作，以保证调查数据的精度。

1. 表格设计的考虑：

（1）通俗性：使填写者易于正确了解填写内容。

（2）顺序性：表格首先由各位司机填写，因其文化程度各异，调查项目除具有简单、清晰、明了的特点外，还需符合一般的记忆逻辑顺序，使填写处于一种自然状态。表格的从上至下按出行车次顺序规则排列，和每一次的按出行过程次序填写调查项目的设计，在实践中证明了它为编码的对应填写和输入数据到计算机带来了很大的便利。

（3）唯一性：为避免可能产生误填，表格中每一栏目均确定唯一的填写项目，不出现任何有疑问或根本无内容可填的空格。

（4）分类：调查的五大项目中，车辆的技术特性，使用状况及社会组织形式不以出行车次而改变，成为单独的一部分。运行情况和车辆属性分开，使在调查未出行车辆时，避免出现遗漏填写等错误。

2. 编码过程：

在确认回收的表格符合编码条件后，编码直接在表格上填写，在每一项目的正下方一一对应，省去了一套表格编码制卡。对于数字型项目（如载重等），由于用 dBASE Ⅱ 进行处理时可以随时按预定条件进行分类统计，编码时照写表格内容，文字型项目（如到发地点等）均设置一套编码对照表。在常州货运机动车调查中，共有八套编码对照表。编码时以专人专项进行，这不仅有利于减少差错，并能提高效率，在某些模糊点上，如起讫点处于两个分区的交界处时，还有利于编码统一口径。

3. 输入计算机：

dBASE Ⅱ 数据文件的结构设计使每一记录对应一行表格上的编码，并利用响铃功能，将每一场宽设计一适当宽度，当输入的数据编码充满场宽时响铃报警，提醒回车，利用全屏幕编辑还可以方便地修改数据编码，采取以上措施后，一般可使输错率在 2% 以下。

dBASE Ⅱ 数据文件对于检验数据编码也是非常有效的。当需检验一辆车全天出行情况的数据编码时，只要按一定规则键入车号，屏幕即可显示和表格数据编码排列位置相同的内容，非常便于对应检验。

4. 防止变换环节出现混乱：

用计算机处理调查数据，填表，编码和输入数据编码是必然存在的三个环节，由于从一通俗描述性内容变化成可被计算机处理的数据编码，这些不同形式的数据内容难以被未经过一定培训的填写者所理解而正确填写，所以，这三个环节只能分别按不同对象进行处理，不宜轻易混同。某些城市在调查时让被调查者直接填写编码是不够慎重的，除非这些被调查者经过了一定的培训。

八、总结和建议：

规划过程中的分析和决策活动均依赖于大量充足而正确的现状数据。通常，人们毫不怀疑通过调查这些数据而获得的资料对于规划的重要性，但对调查过程本身进行研究的重要性和迫切性认识不足。在城市规划领域中，由于研究工作的广度和连续性的要求，某一个方面的数据其数量也是非常多的，需要有多方面的配合并通过各个有关环节的协调才能获得。这种调查过程以及对大量庞杂的原始数据进行初步处理，也是规划和研究工作中必不可少的重要阶段，它同样具有较强的专业性。对调查过程进行研究的目的是保证调查数据的价值，即它所具有的真实的代表性。调查工作必须确定哪些数据能够反映调查对象的本质，并且还必须在获得这些数据的整个过程中保持它们这一真实的代表性。

由于市场调查和预测对于商品销售具有的突出影响，对调查过程的研究在商业上开展得较早也较多，国外还有专门的市场调查公司，如较著名的美国尼尔逊（A.C.Nielson）公司、多国商业调查公司（MBA）等。它们承接的调查内容既广又细，从一般的商品需求到电视节目的收看效果等都有涉及。而这些公司的业务能力之所以被各方承认，主要是它们的调查原则和方法具有普遍意义，其调查技术具有较强的科学性。鉴于我国城市规划工作目前的发展阶段，对货运机动车交通调查的研究至少从以下几方面讲是十分必要的。

1. 城市货运机动车的地位：

全国大多数城市在完成城市总体规划之后，均进入了编制更为具体、更有针对性的专项规划阶段。由于城市交通不仅是城市功能的一个构成要素，同时也是联系城市其他构成要素，以促成城市整体功能产生作用的重要方面。并且现实的城市交通矛盾日益突出，影响深远，因此，交通规划是目前许多城市面临的首当其冲的内容。

与国外大量客运车辆占据优势的特点不同，我国货运车辆的拥有量占机动车总数的 60% ~ 70%，城市货运交通在城市生产和消费、城市对外经济联系和交流，以及城市机体的正常运转中发挥着重要作用。城市与城市货运相互依赖和约束，城市既要扩大货运的范围和规模来增加其流通的活力，又要对货运车辆进行重重限制，以避免污染和干扰，并且，国内外城市的发展也表明，在综合运输的交通构成中，货运机动车的增长速度均大于其他货运方式。

2. 对城市货运机动车的研究是一薄弱方面：

在城市交通发展史上，人们首先遇到了由城市大规模膨胀引起的客运交通方面的尖锐矛盾，在公众和政府部门的压力下，许多对于交通方面的研究工作均侧重于客运，城市交通研究的理论、技术和方法等多是针对客运交通问题。直至近来，这种状况才有所改变。在一些发达国家中，据称是出于两个原因：①货车使用的增加产生对环境质量的影响；②公众认识到其消费品中有相当部分的交通费用。在我国，由于缺乏对全市货运状况整体的掌握和了解，一旦城市货运系统与其他方面产生矛盾时，只能在局部采取消极的补救或调整措施，如在城市中心地区对货运车辆进行限制，强制错开客运和货运高峰等等，因此，不能从根本上协调城市货运交通和城市的关系。

3. 我国城市进行货运机动车调查的现状：

从我国具体城市的现况来看，特别是众多的中小城市，在调查经费有限的前提下，进行大规模的调查工作，极易使调查的科学性与现实可能性出现脱节，导致调查结果难以符合预定标准，或是调查工作不能付诸实施。另外，多数城市为首次进行这种调查，其调查程序和组织没有成熟的经验赖以借鉴，很可能在决策内容上出现谬误而造成今后定期调查的被动。

4. 电子计算机的应用：

由于调查量大面广，只有通过运用电子计算机才能大大提高数据处理的效率，而一旦采用计算机，必须将调查内容转换成相应的能被计算机接受的数据编码，因此，调查表格、数据编码的设计等必须与运用计算机很好地结合。目前，许多城市由于在这方面缺少完善的措施，在调查中放弃了反映非空间的现状全市道路各路段的流量，而以各种用于预测目的的交通量分配方法，将空间 OD 流量分配到全市道路各个路段上，以此代替现状路段流量，这是有待改进的。

交通调查是交通规划的基础，也是建立城市交通有关数据档案的需要。一项研究的成功，必须建立在基础工作的可靠之上，才能有效运用各种理论、技术和方法，使规划决策产生积极作用。

主要参考资料

1. 王福田 . 汽车运输企业管理基本知识，1985.4

2. 郭彦弘 . 城市规划的目标、城市规划的程序 . 城市规划汇刊，1984.5

3. 徐循初 . 汽车有增无已，应有完善对策 . 交通与运输，1985.1

4. 梅汝和等 . 市场调查和预测的应用，1982

5. 华晨 . 城市货运机动车调查及数据处理，1986

6. Michael J.Bruton.Introduction To Transportation Planning，1981

7. Jason.C.Yu.Transportation Engineering，1982

8. P.W.Daniels & A.M.Warnes.Movement In Cities1980

9. Anthony W.Burt.Traffic Data Collection1978

* 有的城市已交给城市交警大队管理。

** 最近已采用新的牌照编号法。

本文原载于《城市规划汇刊》1987 年 06 期。作者：华晨　徐循初

常州市货运机动车调查数据的编码及处理方法

一、以道路编码表示行驶路径的方法：

许多已进行交通调查的城市，在反映车辆或人流实际所经路径方面均存在着空驶，这些城市借用在理论上用以预测的交通量分配法，将空间上的现状 OD 流量分配到道路网上，以此代替实际的道路流量，只有少数城市采用了对交叉口编码的方法，调查交通流的实际所经路径。由于车辆所经路径的情况千变万化，加上整个交通调查本身具有大量重复调查内容的特点，造成记录这一项调查内容对需要数量非常多的编码。迫使一些城市放弃了这一项目的调查。

对于大规模的调查工作，在保证信息不被减少的前提下，合理减少信息的载体——编码或组成编码的符号，是很有意义的。如进行一次 3500 辆机动车的运行调查，在每辆车平均出行 6 次的情况下，某一调查项目的编码减少一个符号，就意味着编码人员少编 20000 多个符号，计算机数据输入人员少打同等数据的键，计算机也可节约更多的贮存空间。

所经路径是货运机动车调查中需要编码数最多的一个调查项目，如在常州市货运机动车调查中，有关它的编码数占整个编码数的 44%。为此，我们试图以较少的符号数来记录车辆的所经路径，并借助电子计算机进行运算，因此设计了一种道路编码方法。

如（图 1）所示，在某一道路网上，用编码表示从 O 点到 D 点的所经路径，最直观的方法是依次记下所经的节点，即交叉口。

$$O \to a \to b \to c \to d \to e \to f \to g \to h \to D \quad (1)$$

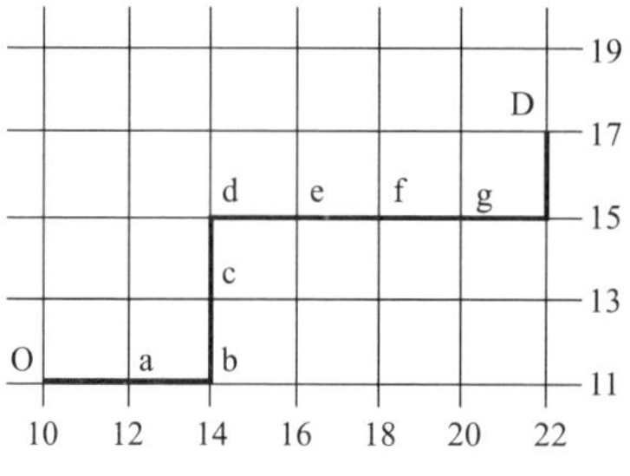

图1

显然，可以简化为：

$$O \to b \to d \to h \to D \quad (2)$$

可以认为，经过简化后的节点是反映此次 O 点到 D 点所经路径的必备控制点。简化编码的工作将以此为基础。

从图 1 及式（2）中对照可以看到，联系控制点的环节由于略去中间节点，从理论上讲是不确定的，即 O → b 除经过 a 以外，还存在有别的途径，为了保证这个环节具有唯一性，必须引入道路编码，式（2）变为：

（11）（14）（15）（22）（3）

$O \rightarrow b \rightarrow d \rightarrow h \rightarrow D$

这样却形成了交叉口与道路两套编码，非常繁琐，需进一步简化统一：以道路编码代替交叉口编码，交叉口编码为两条相交道路编码的组合符号。

$1110 \rightarrow 1114 \rightarrow 1514 \rightarrow 1522 \rightarrow 1722$ （4）

式（4）表明除首末两控制点外，中间控制点即是行驶中从同一编码的道路到另一编码的道路的转折点，这些点完全可由这两条道路的编码所唯一确定，所以，中间控制点可以再简化为以道路编码表示：

$1110 \rightarrow 11 \rightarrow 14 \rightarrow 15 \rightarrow 22 \leftarrow 1722$ （5）

全部交叉口编码均由道路编码所决定，交叉口编码问题处理也都转化为对道路编码的处理，因此，对城市道路网进行编码将决定以后阶段研究的形式，编码时必须注意阶段研究的有机衔接。

以常州市为例，用以下因素作为编码时的约束条件：

（1）道路级别；（2）道路走向；（3）道路位置（相对城市平面而论）；（4）编码人员编码方便；（5）现状道路；（6）可能的规划道路。

每一道路编码代表一条延伸到底的路，而无论这条路的每一路段有不同的路名，均为同一编码。从常州市的城市平面图及道路规划图与说明来分析，这种类型的路为90条，考虑了预留可能的规划道路编码，将一级路编为01至14，二级路为15至39，三级路为40至69，四级路为70至90。东西向道路基本为单数编码，南北向道路一般为双数编码，编码顺序依不同的道路等级，从东到西，或从北到南编写（见图2和表1），从而，根据道路编码，我们可以大致把握这些道路或交叉口在城市道路网中的性质和地位。

如：18；24；2605

表1

ϕ	0.10	0.15	0.20	0.25	0.30	0.35	0.40	0.45	0.50
	0.90	0.85	0.80	0.75	0.70	0.65	0.60	0.55	
$\phi - \phi^2$	0.09	0.13	0.16	0.19	0.21	0.23	0.24	0.25	0.25

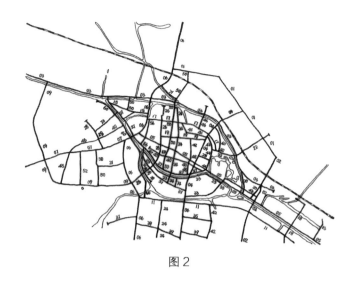

图 2

可以判定为：18 和 24 均为二级道路，南北走向，18 在 24 的东部；2605 为一条南北向二级道路与一条东西向一级道路的交叉点，这个点在 18 和 24 的西部，等等。

道路编码人员则根据一张道路路名与道路编码对照表进行编码，为了使用灵活，还附有城市道路编码路网图（即图 2）。每一车次的所经道路编码基本与式（5）相同，即首末两个交叉口编码，中间为所经道路编码。由于编码设计的特点，所经道路的编码一般是单、双数编码相间，这可以作为编码时的一种校核。

从城市规划的道路网规划图或文件中可以掌握整个城市道路的总条数，它将决定道路编码的符号数。我国大多数城市中道路网基本为方格网形式，少数其他形式的路网也可比较容易地整理成方格网形式，在这个形式中，城市的形态决定了横向和纵向的道路条数是不相等的。存在一个不均匀系数 ϕ，那么，交叉口总个数 m 最多可能为：

$$m = (n - \phi n)\phi n$$
$$= (\phi - \phi^2)n^2$$

其中：n：全市道路总条数。

ϕ：不均匀系数，即纵向或横向道路条数与城市总道路条数之比

为使用方便，可查下列表式：

例如：常州市现状各级道路为 64 条，不均匀系数为 0.48，那么，它现状各道路可能的交叉口数最多为 1024 个。

又如常州市一级道路目前为 11 条，不均匀系数为 0.36，那么，一级路与一级路最多可能有交叉口为 27 个

由全市道路网道路总条数及对应交叉口的框算数，可以确定道路编码和交叉口编码的符号数。即少于 100 条道路，道路编码可用 2 个以下符号表示，少于 1000 条，可用 3 个以下符号表示，等等。

表 2 列出了不同的道路总条数所对应的最多可能出现的交叉口总数，φ考虑产生最多交叉口的情况，取 0.50，那么，各种情况的道路编码及交叉口编码的符号数则如表 2 所示。

$\phi = 0.50$ 表 2

情况	道路总条数（n）	道路编码符号数	相应最多交叉口数（m）	交叉口编码符号数	道路编码代替交叉口编码的简化效果
1	10 ~ 19	2	25 ~ 90	2	差
2	20 ~ 63	2	100 ~ 992	3	差
3	64 ~ 99	2	1024 ~ 2450	4	好
4	100 ~ 199	3	2500 ~ 9900	4	差
5	200 ~ 632	3	10000 ~ 99856	5	尚好
6	633 ~ 999	3	100172 ~ 249500	6	好
7	1000 ~ 1999	4	250000 ~ 999000	6	差

通过计算表明，在情况 3 和情况 6，采用以道路编码代替交叉口编码可以大量减少编码的符号数。如常州市现状道路为 64 条，规划后可能道路总条数为 90 条，属于情况 3，对采用本道路编码方法具有明显的简化效果。

如图 1 情况，从 O 点到 D 点，用交叉口编码表示 5 个控制点，则需：$5 \times 4 = 20$ 个符号。

而用道路编码代替交叉口编码则为：

1110，11，14，15，22，2217

因此，这一车次的路径编码可减少 4 个符号。

采用以道路编码来反映车辆行驶路径的方法不仅简化了编码符号，使之与城市道路网的性质、地位联系，而且使编码人员便于编码，减少出错率。编码人员只需一张道路路名与编码对照表即可，而无须十分熟悉编码地图，编码地图只作为辅助资料，另外，在编码时，对城市道路网无须进

行特殊处理，只要将任何一条延伸到底的路编为一个相同的编码即可，这使在阶段研究时在一定范围内对路网增加或减少道路条数而不致影响编个编码结构。

然而，伴随该方法设计的优点也必然出现不足，除情况 3 和情况 6 简化效果显著，情况 5 尚好外，其他情况不仅不能简化，却是相反，因此，它的应用范围受到了限制，另外，即使是情况 3。如果大量出图 3 情形，也不能起到简化作用。

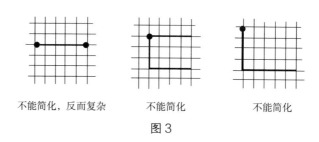

不能简化，反而复杂　　　　　不能简化　　　　　不能简化

图3

通过一定的变化处理后，这些不足也是可以弥补的，例如假定某城市的道路总条数为情况 4，可以只对主要道路进行考虑，使这些道路的总条数成为情况 3，从而能够有效地使用这种编码方法。

二、建立 dBASE Ⅱ 数据库：

dBASE Ⅱ 是一数据库软件，它每一个文件的记录可达 65535 个，其中每个记录可有 32 个项目，对于一般中、小城市的货运调查，其调查数据只用一个文件即可。并且，它的一个很大的优点还在于用户可以随时根据需要获得给定条件的数据，也能在最大允许范围内随时向文件加入数据。文件的结构能以几条简单的键盘命令进行变更，从而使数据库中的数据不仅使用于本次调查的统计、分析工作。还能加以保存或稍加调整以作为今后其他目的的基础数据。在城市规划中，协调系统内几个子系统这样的工作，就需要基础数据具有较强的兼用性。

城市货运调查包括两个主要部分，运行情况（JOURNEY INFORMATION）和车辆情况（VEHICLE INFORMATION），前者以车辆出行的每一车次对应一组数据，后者则以每辆车对应一组数据，因此，相应建立了两个 dBASE Ⅱ 文件：J Ⅰ和 Ⅵ，为找出某些车辆情况和运行情况可能具有的相关性，有时须将两个文件的某些项目联系起来，因而利用 dBASE Ⅱ 合并文件的功能，在 J Ⅰ 和 Ⅴ Ⅰ 中设立一共同项目，在需要时，dBASE Ⅱ 可根据这个项目将文件的某几项或全部联系起来。在常州市货运调查数据所建立的 dBASE Ⅱ 文件中是以车牌号作为这一共同项目。

J Ⅰ 和 Ⅵ 两个文件的结构如下：

（1）J Ⅰ 文件：

FLD	NAME	TYPE	WIDTH	DEC
（项目号）	（项目名）	（类型）	（长度）	（小数位数）
001	T_1（车牌号）	N（数值型）	004	
002	T_2（出发时刻）	N	005	002
003	T_3（出发地点）	N	002	
004	T_4（第一个交叉口）	N	004	
005	T_5（路径 1）	N	002	
006	T_6（路径 2）	N	002	
007	T_7（路径 3）	N	002	
008	T_8（路径 4）	N	002	
009	T_9（路径 5）	N	002	
010	T_{10}（路径 6）	N	002	
011	T_{11}（最后一个交叉口）	N	004	
012	T_{12}（到达地点）	N	002	
013	T_{13}（达到时刻）	N	005	002
014	T_{14}（贷物种类）	N	002	
015	T_{15}（实际载重）	N	005	002

（2）VI 文件：

FLD	NAME	TYPE	WIDTH	DEC
001	T_1（车牌号）	N（数值型）	004	
002	T_2（所属系统）	C（字符型）	002	
003	T_4（组织方式）	N	001	
004	T_5（车种）	N	001	
005	T_7（额定载重）	N	006	002
006	N_8（挂车额载）	N	005	002
007	T_9（车龄）	N	002	
008	T_{10}（累计行程）	N	006	002

为了分析时便利，未出行车辆单独建立一文件：NVI，其文件结构增加了一项未出行原因（TII），其余项目与Ⅵ相同。类似地，外来车辆调查表内容也以 dBASE Ⅱ 建立数据库文件。

三、一般累计计算：

调查表中许多内容的分析统计工作是对某些项目在规定的条件范围内进行累计计算，累计分为两种：次数累计和数目累加，对此，dBASE Ⅱ 均有特定的命令语句，其一般形式为：

（1）COUNT[FOR< 条件 >]TO[< 变量 >]

（次数累计）

（2）SUM< 项目名 >[FOR< 条件 >]TO[< 变量 >]（数目累加）

以上两个命令语句可在某个 dBASE Ⅱ 文件打开以后，根据规定的条件随时从键盘输入而得出结果，当这种过程连续出现时，也能建立一命令文件，将许多命令语句组织在一起，计算机运行命令文件将连续执行这些命令语句并输出结果。

四、数据类型转换：

除了在 J Ⅰ、V Ⅰ 或 N Ⅵ 文件中能用 dBASE Ⅱ 进行统计的项目外，其他项目需用高级语言建立程序进行处理，如用所经路径的编码得到运距和流量等，就无法直接从 dBASE Ⅱ 状态下得到结果，而需用高级语言的程序进行处理。

将 dBASE Ⅱ 数据文件转化成为能被高级语言程序读入的标准数据文件或将标准数据文件转变成 dBASE Ⅱ 数据文件，实行这种转换的过程很简单，只用几个键盘命令即可。

（1）dBASE Ⅱ→标准数据文件：

·USE<dBASE Ⅱ 文件名 >

·COPY TO< 数据文件名 >SDF

·QUIT

（2）标准数据文件→ dBASE Ⅱ：

·USE<dBASE Ⅱ 文件名 >

·APPE FROM< 数据文件名 >

·SDF

·QUIT

五、部分计算机程序的说明和框图：

1. 运距和所经道路流量计算的程序说明和框图：

程序 HCHC 是与第一节提出的"以道路编码表示行驶路径的方法"配套的处理程序，程序设计思想和特点也由这种方法所决定，程序运行完毕后将产生每一车次的运距及全部出行车次形成的各路段流量，自动产生两个输出文件：LENGTH 和 VOLUME，它们可在主控程序 HURRY 的控制下，根据需要提供具体结果。

HCHC 程序的流程如（图 4）所示，它在主控程序控制下运行，也可单独运行。

从道路编码最终得到运距和流量，整个过程需通过几个特别的环节完成，这些环节的主要功能是把道路编码实行一些转换，使变换后的编码能与全市的相邻交叉口之间距离的数据文件 DISTANCE 相适应，这是本程序设计的一个特点。

（1）非矩阵型的相邻交叉口距离的数据文件 DISTANCE：

数据文件 DISTANCE 是以每条道路为一组，每组由这条道路的所有相邻交叉口之间距离的数据组成，而不是这条道路中任意两个交叉口之间距离的数据矩阵，因此，需要输入的距离数据大为减少。如果某条道路有 n 个交叉口，矩阵型的距离数据个数为：$(n-1) \cdot n/2$ 个 $(n \geqslant 2)$，而非矩阵型的 DISTANCE 数据文件需要 $n-1$ 个距离数据。

例：当 $n=5$ 时（图 5）

（2）编码转换子程序：

在每一组反映一个车次的所经路径编码的数据中，每三个相邻数据（遇 O 跳过）确定着所经这条道路的编码及起点、终点编码。如：1704，04，03，06，01，02，0，205，这样一组数据中，1704，04，03 和 03，06，01，则分别确定了道路 04，起点 1704，终点 403，和道路 06，起点 306，终点 601，而数据文件 DISTANCE 中每条道路的各路段距离是按顺序组成一组距离数据，因此，上述起点和终点的编码通过编码转换子程序进行转化、规则化以后，就能使起点、终点的新编码与数据文件 DISTANCE 中顺序排列的路段距离对应起来。利用计算机能快速运算和查

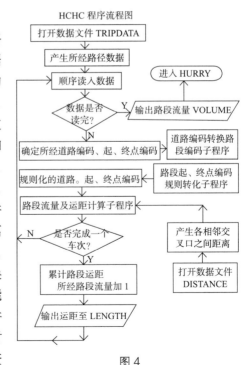

图 4

227

找的特点，设计编码转换子程序，也使在调查表的填写中，省去了注明起点和终点是道路上第几个顺序点这样的要求，使表格的填写更明了、方便。

图5

2. 主控程序 HURRY 的说明和框图：

HURRY 是控制输入计算空间 OD 流量、运距及路段流量所需的数据；计算程序；和显示或打印输出数据文件结果的一个程序，它主要由 4 个程序和 6 个数据文件组成：

（1）HCHC：程序，用以计算运距和路段流量。

（2）HCOD：程序，用以计算空间 OD 流量。

（3）LIST-LV：程序，用以显示或打印运距及路段流量的数据。

（4）LIST-OD：程序，用以显示或打印空间 OD 流量的数据。

（5）TRIPDATA：数据文件，所经路径编码数据。

（6）ODDATA：数据文件，空间起点和终点编码数据。

（7）DISTANCE：数据文件，相邻交叉口之间距离数据。

（8）LENGTH：数据文件，计算出的运距结果。

（9）VOLUME：数据文件，计算出的路段流量结果。

（10）ODVOLUME：数据文件，计算出的空间 OD 流量结果。

运行 HURRY 程序后，用户可以依照计算机的引导来起动计算程序，获得所需结果，整个过程只需键入几个字母，HURRY 流程图如（图6）所示。4 个计算程序都可脱

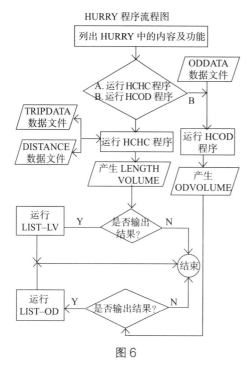

图6

离 HURRY 单独运行，所有结果数据文件也可单独调出，随时进行查寻。

六、主要计算结果：

1.dBASE Ⅱ 状态下：

在 dBASE Ⅱ 状态下可以获得任一调查项目对于另一调查项目的分布，如：

（1）出行车次与其他项目

（2）出行时间与其他项目

（3）车辆载重与其他项目

（4）货物种类与其他项目

（5）所属系统与其他项目　等等

2.dBASE Ⅱ → HURRY 状态下：

（1）各交通分区之间的空间 OD 流量（见图 7）

（2）全市各相邻交叉口之间的路段实际流量（见图 8）

（3）各出行车次的运距

3.HURRY → dBASE Ⅱ 状态下：

（1）运距对于其它项目的分布

（2）周转量

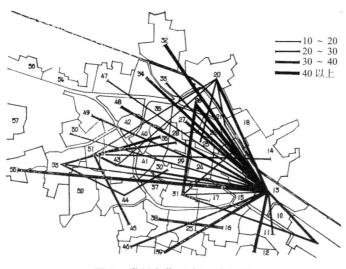

图 7　常州市货运（OD）量图

（车次）

图 8　常州市区货运流量图

主要参考资料

（1）北京、上海、天津、沈阳、武汉、济南、长春、徐州、常州市交通调查报告和资料

（2）上海计算机厂.dBASE Ⅱ汇编语言关系数据库管理系统

（3）福建计算机厂.IBMPC BASIC 手册

（4）华晨.城市货运机动车调查及数据处理，1986

　　　　　　本文原载于《城市规划汇刊》1988 年 01 期。作者：华晨　　徐循初

城市客运交通的整体化研究（一）
——论铁路与城市公共交通的衔接

一、整体化城市公共交通体系

整体化是现代大城市客运交通的发展趋势。通过对整体化城市交通的构成、特征、对城市交通的促动作用等进行系统的分析，可研究城市对整体化交通的需求规律，导出我国城市的整体交通需求模型，探索在现时交通条件下我国城市重新开发城市铁路交通、建设整体化城市交通的迫切性、可行性及其途径和方法。

（一）对城市铁路的再认识

1.城市铁路的历史回顾及其复兴城市的交通方式主要经历了几个阶段，见图1。最早是公共马车和马拉轨道车，习称马车时代（1800–1880），之后蒸汽街车及电力街车取代了公共马车步入铁道时代（1888–1920）。汽车工业的发展又使城市交通进入了汽车时代（1920–1965），汽车交通给城市带来的一系列问题使之已无法完全满足现代城市的交通需求。城市交通的恶化，城市结构形态的变化，城市规模的扩大及能源政策的变化与技术更新使城市铁路又出现了转机和复兴，新型现代城市铁路可以开发大城市高速铁路、市郊铁路、地区性地铁快车、城市地铁、轻轨导多种形式。各种城市铁路方式联网衔接成了现代城市最为理想的新一代公共客运系统——城市快速轨道客运交通系统，并作为城市交通的主力，与其他原有公共、私人交通一起承担城市客运任务。至此城市交通方式随之进入了快速轨道交通时代（1965年以后）（图1）。

2.我国城市铁路发展过程

我国城市铁路交通在20世纪50年代达到鼎盛，有不少城市开辟了近郊铁路客运。此后由于人们主观上存在着对城市铁路交通传统的偏见性认识以及客观上大铁路运输压力不断增加，线路通过能力已趋饱和，难以增加市内市郊客运列车，我国的城市铁路交通开始衰退、萎缩，直至目前已基本被取消殆尽。

目前我国城市铁路主要有市郊铁路和地铁两种类型。市郊铁路的客运量

很小，利用率低，在我国大城市公共交通客运中的作用更是微乎其微，与
发达国家城市相比差距甚大。市郊铁路及其客运交通作用愈来愈引起更多
人的重视，它终究将从大铁路中分离出来。城市地铁以其运量大、速度高、
安全准点无污染、特别适合于地面交通紧张拥挤的城市中心区等特点而倍受
人们的重视，开发地铁已成为解决大城市交通问题的重要方法。地铁在我国
的发展十分缓慢。全国地铁线路总长仅47.2km。由于线路少而短，尚未形
成网络，我国城市地铁在整个公共交通系统中作用不大，占总客运比重极小，
与发达国家城市比，差距甚大。由于地铁建设初期，其作用难以充分发挥，
短期内对地面交通紧张状况改观不大，因此笔者认为要解决当前我国大城
市的交通问题，不能依靠地铁，应多种方式并举，特别是要优先发展投资少、
见效快的城市铁路交通方式。

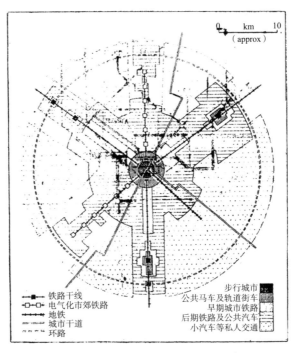

图1　城市形态与交通方式关系示意

（二）整体化城市公共交通系统

1. 开发城市铁路、建立新的整体公交体系

为摆脱传统的汽车交通陷入的困境，出现了两种城市交通模式，即高速

道路——汽车交通模式和城市铁路——轨道交通模式。发达国家的实践证明高速道路——汽车交通模式非但不易解决问题反而使交通问题更加尖锐。于是城市铁路交通的作用重新被认识，大运量快速轨道交通成为解决大城市交通问题的重要出路，整体化公共客运交通系统亦成为大城市交通发展必然趋势。

1967年起在联邦德国汉堡建立了这样一种公共交通系统，即将各种城市交通方式，快速铁路（S-Bahn）、地铁（U-Bahn）、有轨电车、公共汽车和轮渡合并到一个管理机构内，实行联合运输，当时称之为联合公共交通客运系统（HVV）。该系统包括了整个快速轨道网、公共电汽车和一系列换乘站（P＋R）以及各种交通方式公共调度室，这便是最早的整体化公共交通系统（图2）。

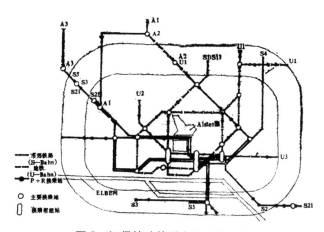

图2　汉堡快速轨道交通系统示意

整体化公交系统是一种多模式、多层次、立体化、综合化的城市公共客运交通系统。其主要组成为：大运量交通（URT：城市高速铁路、市郊快速铁路、地区性地铁快车）＋中运量交通（LRT：地铁、轻轨、快速有轨电车等）＋小运量交通（BUS：无轨电车、小巴、吉普车、出租汽车等）。

即：URT＋LRT＋BUS模式

近年来的趋势倾向于各种运量只发展其中一种，如联邦德国为

（S-Bahn）＋（U-Bahn）＋Bus模式。

整体公交系统要求在运速运能构成上多层次，高速、快速、低速，大中小运量交通方式搭配，适应城市不同层次交通需要；在网络布局上，强调充

分发挥各种交通方式的特性。以大运量的轨道交通为主干系统，辅以灵活、便捷的公共汽电车作为补充，扩大主干系统的可达范围。根据交通需要将不同运距的交通工具设置在城市不同地域，组织各种方式之间的衔接换乘，特别是与私人交通的 Park & Ride、Kiss & Ride 交通组织在一起，在系统运营上要求统一调度、统一编排各种各条线路的运行时刻表，不同线路不同交通工具之间月票通用，节省乘客的开支与时间。

整体公交系统给城市带来了巨大的社会、经济、交通效益。其直接效益有：

a. 提高了城市客运能力，满足了城市客运量增长的需要。

b. 解除了城市道路阻塞拥挤状况。

c. 提高了公交运营速度，缩短了居民出行时间，增加了可达程度。

d. 降低了运营成本及乘客的交通费用。

e. 提高了公交服务水平，改善了客运交通的可靠性、安全性和舒适性。

其间接效益有：

a. 吸引私人交通客流的转化，增加公交乘客，改善居民交通条件。

b. 在公交与私人交通之间建立较好的平衡。

c. 为城市提供高标准的交通服务，促进城市经济发展。

d. 产生新的时空观念，将分散割裂的城市在交通上连成整体，强化城市中心地区。

e. 扩大城市用地，促进远郊区的发展，缓解中心城市拥挤状况。

在整体公交体系中，各种交通方式衔接密切、换乘方便是产生整体效应的前提条件。综合换乘是整体化成败的关键，换乘点的规划设计是整体公交系统建设的重要环节。而我国城市的综合换乘组织是个极为薄弱的环节。对我国多数大中城市而言，目前最为迫切的是铁路客站、客运码头、航空港站等对外交通与市内交通衔接点的综合换乘规划，其中尤以铁路客站为甚。应改变目前这些交通枢纽点规划设计中的"建筑观"倾向，强化"交通观"，特别要加强 Park & Ride 和 Kiss & Ride 的换乘规划，用"行车先决"模式取代传统的客站交通规划组织的"停车先决"模式，寻求客站与公交空间衔接换乘的高效率。

2. 国外建设整体公交体系的实践

汽车交通恶化，国外发达国家的一些大城市普遍转向开发城市铁路，建设整体化公共交通，其中以日本、法国和联邦德国的一些城市最为成功。法国在否定了"大力发展小汽车"的交通改革后，迅速开发以城市快速铁路和地铁为主的快速轨道公共交通。其整体化交通的构成模式为 RER（包括市郊铁路）+ METRO + BUS 其中主要构成是 RER + METRO。

巴黎郊区铁路网呈放射状，由市中心区的七个尽端车站（与长途列车共用）均匀地向市郊各个方向辐射（见图 3）。将市中心与近郊就业、生活区及远郊五个卫星城直接连通起来。它与地区快速铁路（RER）一起构成了巴黎整体交通体系的主干交通网。地区快速铁路共有 A、B、C 三线（图 4），贯通市区，网结全巴黎地区，是市区与郊区五个卫星城重要的客运交通联系干线，与地铁、国营铁路、郊区铁路、公共汽车可方便地换乘。

巴黎市区有 15 条地铁（METRO），共 36 个站（其中 79 个换乘站），组成了巴黎发达的地铁网（图 5）。它是市区主要的公共交通工具，其运量占全市公交总运量的 70%。因此地铁网是巴黎整体公交体系中的干网，是主干网 RER、郊区铁路的客流分配器和馈入器。

巴黎的公共汽车交通有两个路网，巴黎市内线路网（图 6）和郊区路网，后者是整体公交系统的脉稍网络，承担的客运比重很小。

巴黎的整体公交系统是以巴黎城市布局规划为基础逐步发展而成的。巴黎城市布局的总方针是用多中心的城市结构取代单核心城市结构，为此在巴黎远郊离市中心公里范围内，在原有小城镇基础上发展了五个新城，安排新的就业单位，吸引当地及外围居民，在巴黎近郊有计划地建设九个近郊中心（城市副中心）；发展公共服务设施（图 7）。

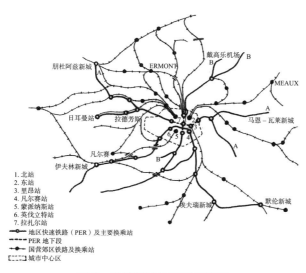

1. 北站
2. 东站
3. 里昂站
4. 凡尔赛站
5. 蒙派纳斯站
6. 英伐立特站
7. 拉扎尔站
——●—— 地区快速铁路（PER）及主要换乘站
- - - - PER 地下段
——●—— 国营郊区铁路及换乘站
[::::] 城市中心区

图3　巴黎郊区铁路网示意图

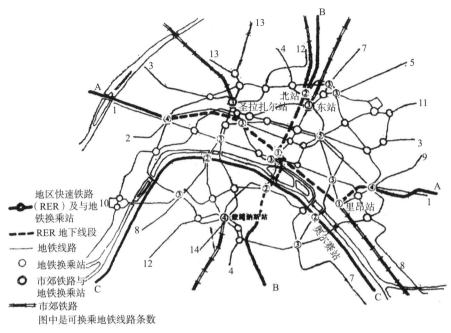

图4 巴黎地区快速铁路（RER）市郊铁路，地铁换乘系流

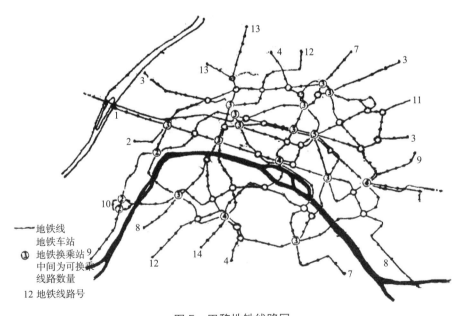

图5 巴黎地铁线路网

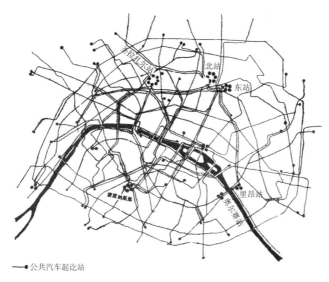

——●公共汽车起讫站

图6　巴黎市区公共汽车线路网

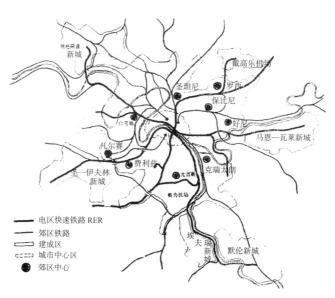

——— 电区快速铁路 RER
——— 郊区铁路
▭ 建成区
▭ 城市中心区
● 郊区中心

图7　巴黎城市路规划与城市环境规划示意

　　巴黎交通规划十分重视开发建设城市铁路交通（URT），整体公交体系是整个巴黎交通规划的核心内容，从某种意义上说，巴黎的交通规划就是巴黎整体公交体系的建设规划。

3. 整体公共交通对城市布局的促动

交通可达性（Traffic Accessibility）是影响城市空间形态的重要因素。城市内一区位至其他区位的交通联系越便利，区位的交通可达性越高（Accessibility of site），则在该市内各地区之间交通可达性相差愈是悬殊，城市人口的分布就愈集中，这是一种基本的城市现象。各种不同的城市交通方式，会形成各自特定的区位可达性分布，对应着一定的城市空间布局形态。新的交通方式介入，会使城市用地的交通可达性发生变化，重新组合、分配，城市形态相应就会发生变化，这一过程可以用图 8 来示意。

该图是按一个交通方式与城市用地关系模型（Modle of 1anduse——travel mode relation）绘出的示意一个 150 万人口、121 平方英里用地的城市在不同交通方式下城市人口的空间分布形态。图 A 反映出当城市是以步行和一般公共汽车交通方式为主时，城市中心区的交通可达性与外围地区的差距甚大，人口高密度集中在中心区，峰值甚高，人口分布空间范围较小，这是典型的公共汽车交通单核心城市形态；在图 B 中，城市只有两条相互垂直的快速轨道交通线（Rapidtransit line），其余全部为步行。沿交通线地区的交通可达性提高，城市人口分布很明显地沿着两条快速轨道交通线由中心区向外延伸,城市形态开始变化。但由于没有辅助交通（Feeder bus），快速轨道交通线服务波及范围有限，因此人口分布仍为核心集中；在图 C 中，除两条快速轨道线外，辅以一套公共汽车系统，构成一简单的整体公共交通系统。此时城市各区位的交通可达性普遍提高，中心区与外围的可达性差异缩小，人口分布的趋势面趋于平缓，中心区人口集聚已不很明显，城市向外疏散开，空间形态与图 A 相比变化甚大；在图 D 中，除公共汽车网络外，私人小汽车介入，与快轨交通线组成 Park&ride、Kiss&ride 交通乘换，构成一套完备的整体交通体系。城市各区位之间交通可达性差异变得十分微小，城市人口分布均衡，趋势面平坦，核心城市被完全疏解。

从上述过程中可以看出，整体公共交通能克服各种单独交通方式的弊端和缺陷，发挥整体效应，能普遍改善城市各区位的交通条件，提高其可达性，将城市外围、边缘用地"激活"，诱导城市人口重新分布、促使城市空间形态与结构向更合理的方向发展。

4. 整体化公共交通是解决我国大城市客运交通问题的有效方法

整体化一定程度上恢复了发达国家的城市交通，它同样也能给我国恶化的城市交通带来转机。无论从贯彻国家交通改革，还是从改变单一公交结构，协调公交运力与运量之间交通供求关系角度来看，开发城市铁路、建设整体公共交通体系都是解决我国大城市公共交通紧张、瘫痪状况最为理想的措施方法。

（三）整体交通系统的需求研究

城市对整体交通的需求，与城市的社会、经济、人口、道路交通等因素有着极为密切的联系，一旦这些条件成熟或达到一定程度，整体交通就会成为城市的必然需求。通过对世界上33个不同类型大城市开发整体交通过程进行多因子回归分析，研究整体交通的需求规律，进而导出我国大城市的整体交通需求模型，提供我国城市整体交通建设的决策依据，避免开发整体交通的盲目性。

1. 整体交通的多因子回归分析

（1）整体交通需求数学模型：

城市整体交通系统可以用城市快速轨道交通（Mass Rapid Transit 以下简称 MRT）线路总长度、总客运量、线路条数以及占总公共客运量的比例四个定量指标来表征。在众多的需求影响因素中，筛选出城市人口规模、市区人口密度、人均产值、汽车拥有量、道路网密度、道路车辆密度六个影响因子。

对世界上33个大城市（见表1）的 MRT 进行多元线性回归分析，得到回归方程为：

A 公共汽车

B 快速轨道交通

C 公共汽车–快速轨道交通

D 公共汽车–快速轨道交通–私人小汽车

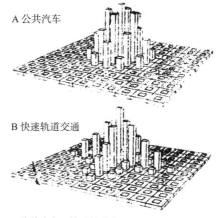

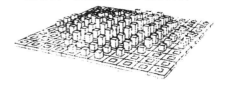

图8　交通方式与城市人口分布关系示意

表1

城市名	线路总长（km）	地下线比例	线路条数（条）	客运量（亿人次/年）	占公交总客运比	平均站距（km）	城市规模（万人）	人口密度（人/km²）	人均产值（美元/人）	汽车拥有量（车/百人）	路网密度（km/km²）	道路车辆密度（车/km）
纽约	393.5	0.593	23	10.76	0.617	0.84	701	8996	11869	43.2	13.1	449.6

城市名	线路总长（km）	地下线比例	线路条数（条）	客运量（亿人次/年）	占公交总客运比	平均站距（km）	城市规模（万人）	人口密度（人/km²）	人均产值（美元/人）	汽车拥有量（车/百人）	路网密度（km/km²）	道路车辆密度（车/km）
芝加哥	144.8	0.111	6	1.547	0.223	1.03	300	5088	7884	38.8	13.6	247.7
费城	62.5	0.478	3	0.763	0.218	0.92	169	4879	7110	48.3	12.4	536
旧金山	115	0.325	1	4.4	0.843	3.38	68	5879	8686	40.9	36.2	311.6
华盛顿	59.8	0.599	3	8	0.394	1.46	64	3676	9336	49.1	19.5	438.6
亚特兰大	19.3	1	1	6	0.357	1.48	42	1207	12514	43.5	8.640001	167.8
多伦多	56.9	0.782	2	2.82	0.435	0.96	214	3434	8777	39.2	7.69	175
伦敦	418	0.388	9	5.53	0.282	1.5	209	6500	3730	32.7	8	176.5
汉堡	89.5	0.359	3	1.831	0.411	1.11	164	2168	13307	24.9	4.77	172.2
慕尼黑	32	0.891	3	1.014	0.255	0.84	129	4161	6670	22.3	6.99	184.5
柏林	100.8	0.856	5	3.46	0.379	0.9	139	3938	6670	32.4	5.83	221.1
巴黎	290.4	0.697	17	13.17	0.64	0.69	223	21120	5950	34.5	13.3	210
米兰	47.1	0.622	2	2.058	0.241	0.83	166	9079	2810	20.9	7.14	753.8
马德里	86	0.936	10	3.88	0.479	0.69	318	5253	3925	18.5	3.13	460.5
巴塞罗那	55.9	0.939	6	2.58	0.548	0.67	175	7907	2750	14.6	11.2	611.8
东京	198.9	0.789	11	20	0.84	1.04	815	13772	4450	27.2	18.4	293.8
横滨	11.5	0.974	2	0.462	0.218	0.96	278	6533	4450	23.1	19.2	78.7
大阪	92.3	0.816	7	7.74	0.844	1.18	255	12127	4450	26.6	18.1	575.9
名古屋	51.5	0.95	4	3.24	0.541	0.9	207	6322	4450	36.5	18.1	127.7
京都	6.9	1	1	0.54	0.173	0.86	145	2383	4450	26.4	5.76	109.2
札幌	33.3	0.859	2	1.769	0.295	1.01	138	1241	4450	40	3.36	114.6
神户	13.3	0.982	1	1.21	0.478	3.33	135	2492	4450	22.1	7.49	73.7
福网	5.8	1	2	0.5	0.25	0.83	104	3127	4450	30	4.32	100.6
维也纳	34.4	0.573	6	3.585	0.514	0.78	152	3652	4870	30	6.28	189.3
莫斯科	184	0.95	8	23.18	0.2	0.6	830	9447	2550	12.1	3.98	285.7
布达佩斯	24.2	0.876	3	3.3	0.21	0.73	206	3931	2150	12.1	2.79	170.8

城市名	线路总长（km）	地下线比例	线路条数（条）	客运量（亿人次/年）	占公交总客运比	平均站距（km）	城市规模（万人）	人口密度（人/km²）	人均产值（美元/人）	汽车拥有量（车/百人）	路网密度（km/km²）	道路车辆密度（车/km）
墨西哥城	51.6	0.752	3	9.096	0.373	0.91	937	6338	1925	12.1	2.84	388.8
圣保罗	51.6	0.657	2	2.09	0.128	0.94	703	8363	1750	19.3	1.39	139
里约热内卢	34	0.894	2	0.204	0.016	0.95	509	4349	1030	9.12	1.45	448.4
伊斯坦布尔	0.6	1	1		0.022	0.57	277	10010	900	2.55	1.26	277.1
汉城	24.8	0.577	2	1.43	0.038	0.72	610	16621	560	2	5.42	49.1
香港	15.6	0.821	1	1.675	0.86	0.85	515	11659	4200	5.78	14.2	243.2
北京	34.6	1	1	1.3	0.022	1.39	555	15812	776	1.49	6.93	56.3

$$L（线长）=0.1381X_1 + 0.0108X_2 + 0.0056X_3 + 4.6926X_4 - 2.32X_5 +$$
$$0.41X_6 - 170.74（km） \qquad (1-1)$$

$R=0.68>0.349$（查表得）

$F=3.745>2.42$（查表得）$M（线路数）=0.0061X_1 + 0.0006X_2 + 0.0004X_3 +$
$$0.2093X_4 - 0.2109X_5 + 0.0056X_6 - 8.413（条） \qquad (1-2)$$

$R=0.739>0.349 \quad F=5.21>2.42$

$$V（客运量）=0.0139X_1 + 0.0004X_2 + 0.00005X_3$$
$$+ 0.1596X_4 - 0.0105X_5 + 0.0023X_6 - 7.6101（亿人次/年） \qquad (1-3)$$

$R=0.718>0.349 \quad F=4.61>2.42$

$$P（公交比）=0.001X_1 + 0.000006X_2 + 0.00002X_3 - 0.0011X_4 +$$
$$0.0163X_5 + 0.0002X_6 + 0.0039 \qquad (1-4)$$

$R=0.680>0.349 \quad F=3.73>2.42$

式中：L——MRT 线路总长度（km）

M——MRT 线路条数（条）

V——MRT 客运量（亿人次 / 年）

P——MRT 客运量占城市公交客运
总量的比例

X_1——城市人口规模（万人）

X_2——城市人口密度（人 $/km^2$）

X_3——城市人均产值（美元 / 人）

X_4——汽车拥有量（辆 / 百人）

X_5——道路网密度（km/km^2）

因子回归系数   表2

影响因子 MRT 指标	人口规模 （万人）	人口密度 （人 $/km^2$）	人均产值 （美元 / 人）	汽车拥有量 （辆 / 百人）	路网密度 （km/km^2）	道路车辆密度 车（km）	常数项	R	F
线路总长	0.1381	0.0108	0.0056	4.6926	−2.32	0.0417	−170.24	0.681	3.745
线路条数	0.0061	0.00057	0.0004	0.2093	−0.2109	0.0055	−8.413	0.739	5.21
客运量 （亿人次 / 年）	0.0139	0.0004	0.00005	0.1596	−0.0105	0.0028	−7.6101	0.718	4.61
占公交比	0.001	6×10^{-6}	2×10^{-5}	−0.0011	0.0163	0.0002	0.0039	0.68	3.73

因子重要度（标准回归系数）   表3

影响因子 MRT 指标	人口规模 （万人）	人口密度 （人 $/km^2$）	人均产值 （美元 / 人）	汽车拥有量 （辆 / 百人）	路网密度 （km/km^2）	道路车辆密度 （车 /km）
线路长度（km）	0.33	0.50	0.18	0.62	−0.17	0.07
线路条数	31.00	0.60	0.28	0.58	−0.32	0.20
客运量亿人次 / 年	0.63	0.31	0.03	0.40	−0.01	0.07
占公交比	0.10	0.12	0.30	−0.06	0.50	0.16
B	0.34	0.33	0.20	0.42	0.25	0.125

X_6——道路车辆密度（辆 /km）

R——回归方程复相关系数

F——方差比

对四个回归方程的显著性检验（R、F 检验）表明,数学模型有效程度高,拟合性好, 能较准确地反映城市的整体交通需求规律, 故定义上述程式为城市整体交通的需求模型。

（2）整体交通需求的影响因素分析

回归分析得到的各影响因子对诸 MRT 指标的回归系数、重要度（标准回归系数）、直接相关系数可以反映出各影响因子与 MRT 指标的数学关系及对城市整体交通需求的影响。

a. 线路总长度：

MRT 线路总长度反映了城市 MRT 总体规模。MRT 的线路总长与城市规模、人口密度、人均产值、汽车拥有量及道路车辆密度成正比（表 2）,其中城市汽车拥有量因子重要度最高（见表 3）, 为主因子。这表明城市汽车交通愈是发达, 汽车拥有量愈高, 汽车绝对数就愈大, 道路车辆密度相对就愈高, 产生的交通问题就愈严重, 因而城市对 MRT 的需求就愈高; 城市人口密度越高, 城市客运交通发生密度越高, 汽车交通方式越难输运, MRT 就越能发挥作用, 因而城市所需求 MRT 的总体规模就越大; 人均产值反映了城市的经济水平与实力。城市经济能力的高低决定了城市对需要较大投资的 MRT 经济承受能力的大小及 MRT 的建设规模; 线路总长与城市道路网密度成反比, 这是由于城市道路网密度愈低, 发展汽车交通就愈困难, 相应对 MRT 的需求会越发强烈, MRT 规模就愈大。

b. 道路条数：

道路数可以作为 MRT 的线网密度的表征, 亦可反映 MRT 的规模。线路条数与各因子的数学关系同线路长度相似（见表 2）, 不同的是城市人口密度上升为主因子, 这是因为城市人口高密度分布所形成的客运交通发生量高度分布, 需要有高度密度的 MRT 线路网, 亦即要有更多线路的 MRT 来输运; 与线路总长相比城市路网密度对线路条数的重要度有提高, 这表明城市道路网愈稀疏, 汽车交通对 MRT 的客流输送（Passenger feeding）就愈不便利, 因此需要加密 MRT 线网, 增加 MRT 线路以密切 MRT 与公共、私人汽车等地面输送系统（Feeder System）的衔接关系。

c. 客运量：

客运量是城市对 MRT 系统总体客运能力的需求指标。客运量与路网密度以外的诸项因子成正比例关子, 其中主因子为城市人口规模（表 3）。很显然, 城市人口规模愈大, 城市总交通出行量愈大, 需要的 MRT 客运交通能力就愈高, 运量愈大。其他因子的数学关系释义同前面类似。

d. 占总公交客运比例：

这一指标反映出 MRT 在城市公共客运交通中的地位与作用，以及城市对整体公共交通系统客运构成的要求。MRT 占总公交比例与各因子的数学关系见表 2。值得注意的是与前述各项 MRT 指标不同，MRT 占总公交比例与城市道路网密度成正比，且这一因子为主因子（表 3），这是因为发达的城市道路网为汽车交通的发展提供了理想的道路条件，路多车多，高密度路网诱导、加速了汽车交通膨胀→饱和→恶化的发展过程，城市公共汽车客运的运营状况和服务水平下降，MRT 吸引力增加，促进了公共客运交通方式由公共汽电车向 MRT 的转化，MRT 在城市公共客运交通中的作用得到提高，与总客运量的比例上升。MRT 占总公交客运比例与汽车拥有量成反比，这是由于汽车交通对 MRT 有着一定抑制作用，这也是城市交通方式由汽车交通向以 MRT 为主的整体公共交通转化过程中，汽车交通所表现出的巨大惯性和滞后性。

表 4

城市名	城市规模 万人	人口密度 人 /km²	人均产值 元 / 人	汽车拥有量 车 / 百人	路网密度 km/km²	道路车辆密度 车 /km
北京	555	15812	2716	1.491	6.93	56.3
上海	625	36231	5721	0.696	5.62	84.5
天津	392	17658	2994	0.846	3.94	75.2
沈阳	402	24500	2212	0.86	5.95	45.3
武汉	323	18540	2804	1.07	6.91	37.2
广州	312	19256	2120	0.98	2.45	193
哈尔滨	215	13782	2195	1.497	4.56	53.6
重庆	265	36301	1369	0.442	3.52	112.1
南京	213	18063	2243	1.08	5.6	61.2
西安	218	16922	1840	1.23	3.53	79.4
成都	247	40541	1563	0.8	4.3	128.8
长春	174	14483	990	0.375	4.64	38.8
太原	175	11290	2020	1.135	2.86	56.7
大连	149	17069	1958	0.426	8.3	27.8
昆明	143	15037	1873	1.849	2.61	149
济南	132	15045	1550	1.098	3.63	114.7
鞍山	121	17271	2812	0.467	6.9	24.4

从上述分析中可以看出，整体交通需求模型中各指标与诸项因子间的数学关系基本符合实际和理论的推断。

2. 我国城市整体交通需求模型与预测

由于城市人口规模和城市人口密度是整体交通模型中两个重要的影响因素（表3B），我国的大城市与国外相比，城市人口规模与密度又都较高（见表4），为了使数学模型能更好地切合我国大城市的实际，更准确地反映我国城市对整体交通的需求程度，必须对人口规模、密度两因子加以修正，修正值分别为0.94、0.95，得到我国城市的整体交通需求模型为：

$$L=0.1298X_1 + 0.0103X_2 + 5.6\times10^{-3}X_3 + 4.6926X_4 - 2.32X_5 +$$
$$0.0417X_5 - 170.74（km） \tag{1-5}$$

$$M=5.7\times10^{-3}X_1 + 5.6\times10^{-4}X_2 + 4\times10^{-4}X_3 + 0.2093X_4 - 0.2109X_5 +$$
$$5.5\times10^{-3}X_6 - 8.413（条） \tag{1-6}$$

$$V=0.0131X_1 + 3.8\times10^{-4}X_2 + 5\times10^{-5}X_3 + 0.1596X_4 - 0.0105X_5 - 2.3\times10^{-3}X_6$$
$$+ 0.1596X_4 - 0.0105X_5 2.3\times10^{-3}X_6 - 7.6101（亿人次／年） \tag{1-7}$$

$$P=9\times10^{-4}X_1 + 5.7\times10^{-6}X_2 + 2\times10^{-5}X_3 - 0.0011X_4 - 0.0163X_5 + 2\times10^{-4}X_6$$
$$+ 3.9\times10^{-4} \tag{1-8}$$ 式中各符号意义同前。

用该模型对我国17个特大城市进行需求预测，得到的MRT指标见表5。

我国大城市整体交通需求预测　　　　表5

MRT 指标 城市名	模型修正前				模型修正后			
	线路总长（km）	线路条数（条）	客运量（亿人次／年）	占总公交客运比例	线路总长（km）	线路条数（条）	客运量（亿人次／年）	占总公交客运比例
北京	74	4	6	30%	60	4	5.2	30%
上海	310	18	14.2	44%	255	14	11.8	40%
天津	77	5	4.4	25%	35	3	2.4	23%
沈阳	145	9	6.8	32%	75	5	3.8	27%
武汉	70	4	3.6	29%	5	1	0.7	24%
广州	91	6	4.1	25%	13	2	0.7	20%
哈尔滨	10	1	0.6	21%				

续表

MRT 指标 城市名	模型修正前				模型修正后			
	线路总长（km）	线路条数（条）	客运量（亿人次/年）	占总公交客运比例	线路总长（km）	线路条数（条）	客运量（亿人次/年）	占总公交客运比例
重庆	260	16	9.3	35%	91	6	2.8	25%
南京	52	4	2	25%				
西安	46	4	1.8	22%				
成都	304	18	10.6	38%	70	5	1.8	25%
长春	4	1	6.4	20%				
太原	0	0	0	0%				
大连	21	2	0.6	28%				
昆明	24	3	0.4	20%				
济南	14	2	0.3	20%				
鞍山	24	2	0.3	26%				

说明：1. 按 1982 年统计数预测。

2. 人民币对美元兑换率按 3.5 元（人民币）/1 美元。

3. 资料来源《国内外城市交通基础资料汇编》北京公共交通研究所等，1985。

从预测结果中可以看出，目前我国至少有 8 个大城市急需开发 MRT，建设整体公共交通。其中最为突出的是上海市，需要一个对完整发达的城市 MRT 网络，而不仅仅是一条或几条快速轨道线，可以认为一两条地铁对上海的总体公共客运交通的促动、疏解将是十分有限的，这从另一侧面反映了解决上海客运交通问题的艰巨性以及城市公共客运交通建设的欠账实在太多。

另一值得注意的城市为山城重庆。重庆市的市区人口密度在国内所有特大城市中，仅次于成都居第二位，受地形条件限制，城市道路网十分稀疏，发展公共汽车交通较为困难，因而对规模的需求较大，仅次于上海，且十分迫切。笔者认为在目前公共汽车交通运力已饱和的情况下，开发适合山城特点的高架或悬挂、索道等城市快速轨道交通是解决重庆交通问题的唯一出路。

（未完待续）

本文原载于《城市规划汇刊》1989 年 06 期。作者：张如飞　徐循初

城市客运交通的整体化研究（二）
——论铁路与城市公共交通的衔接

二、城市铁路枢纽与城市公交的衔接

城市客运交通方式构成的多样化和各种方式之间衔接的协调化是整体公交体系的两个最显著特征。除了各种市内交通方式之间密切衔接之外，市内交通方式与铁路、航空、水运、长途汽车客运等市际交通方式（对外交通）之间的衔接协调，是整体化的另一基本要求。本文将探讨城市铁路枢纽与城市公交的交通衔接关系，寻求最合理的铁路枢纽空间布局、与城市公交的最佳衔接方式以求得两者交通衔接的最佳效益。

（一）铁路客运枢纽的空间布局分析

铁路枢纽与城市布局的互动关系

1. 在城市形成、发展的同时，城市铁路枢纽亦逐步生成完善，两者相辅相成、互相促动。一方面城市用地的布局与规划影响了铁路枢纽的布局。另一方面铁路枢纽的布局、规划也同样影响着城市的布局、规划，两者间这一共生关系可以从铁路枢纽布局形成过程中看出。

城市铁路枢纽的形成过程可由图1所示各图来形象地描述。该图描述的只是一个概括的理论模式，具体各城市铁路枢纽的形成并不一定完全遵循这一过程。可以看出我国多数大城市的铁路客运枢纽仍处于第五阶段，促成其向第六阶段过渡是我国大城市铁路枢纽建设和改造的目标和方向。

2. 大城市铁路枢纽布局与发展趋势

纵观发达国家大城市铁路枢纽，可以看出以下两个布局特点：

（1）客运站数量多：发达国家大城市一般设有许多客运站，将繁重的铁路客运分流，各客站客流分配均衡，客运组织通畅。如巴黎、伦敦、柏林、莫斯科、东京及纽约所设客站数量，按人口计约40万～100万人设一处车站，按城市面积计每100km^{2}设一客站（图2）。

（2）车站伸入市区：保留后经改建沿用的原有客站和新建客站都尽可能地伸入市区。客站设置在人员稠密的城市中心，能将旅客直接送入或送出城市中心区，这对市郊铁路乘客尤为方便。

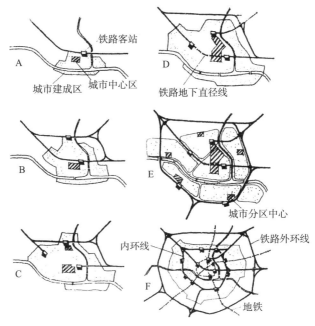

图1　城市规划枢纽形成过程

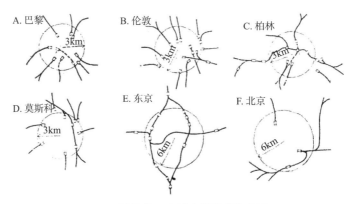

图2　国外若干大城市铁路枢纽示意

　　城市中不同性质、规模的铁路客站按一定的任务分工和作业要求组合起来，构成了铁路枢纽的不同空间布局形式。发达国家的大城市铁路枢纽布局可归纳为三种模式：尽端式、主辅式和直经线式。

　　与发达国家大城市铁路枢纽相比，我国大城市的铁路枢纽在客站设置、布局、客运组织安排等方面存在着明显的问题；

（1）客站数量少，运量集中，旅客拥挤，不能满足客运需要。我国大城市平均每 300 万 ~ 600 万人或 300 ~ 600km² 城市用地设一处车站，由于市区内客站少，无法实现分流。

（2）客站偏离城市，与城市布局脱节。由此带来的交通问题目前已经在许多城市里显露出来，随着城市的发展这些交通问题将更趋严重。

（3）我国城市铁路枢纽的引入线都是以地面线方式进入城市，与城市道路平交道口多，严重干扰城市交通影响铁路运行，运输能力下降。

（4）进入客站的线路进线少，客站能力紧张，很难再安排市郊客运，枢纽规划改造又都未考虑修建市郊客运专用线，致使大城市铁路市郊运输得不到发展。

（二）铁路枢纽与城市公交的空间衔接方式

铁路枢纽与城市公交空间衔接方式取决于两者衔接点的数量与布局，依据设置客站的多少，可以将铁路枢纽与城市公交的衔接归纳为单客站模式和多客站模式两种。

单客站模式即铁路枢纽在城市中只设置一个客站，客运集中，与城市公交网络之间构成单点衔接。其客流集中，客运组织简单紧凑，适合于铁路客流量和城市用地规模不大的中小城市（镇）。单客站模式无其他客站可分流，客运能力有限，对大城市尤其是特大城市显然是不适宜的。

多客站模式是国外大城市铁 / 市交通衔接的共同趋势，也是我国大城市铁路枢纽发展和完善铁 / 市交通衔接关系的必由之路。

在城市中适当位置设置多个客站，铁 / 市交通形成多点衔接，旅客有两个或两个以上客站（乘降所）可以选择就近上下车，称之多客站模式。多客站模式以方便旅客就近乘车，减少城市公交压力，提高铁路枢纽客运能力为目的，通过增设客站增加铁路枢纽与城市公交的衔接点，密切两者衔接关系。

多客站衔接模式一般是通过枢纽的不断改造、扩充而逐步形成的。其基本特征为：

（1）在城市市区内均衡地设置一系列主辅客站及乘降所，共同分担城市的铁路客流，保证城市内各区域乘客乘降车的便利。

（2）修建横穿市区的地下或高架直经线，将原来市区内尽端式客站连接成通过式，提高铁路枢纽的客运能力和客站的通过能力，在直经线通过的城市中心区灵活设站。

（3）同一方向经路上，有两个以上客站可供乘降。

多客站衔接模式的一个突出特征是旅客就近乘降。可缩短乘客至客站的公交乘距，相当部分旅客又可转为步行，这样就直接减轻了城市公交的输运压力。同时，该模式密切了铁路客站与城市的关系，扩大了铁路客站的总服务范围即增加了以客站为中心的一定时间交通等时线的覆盖面积和人口，增加了可达性。该模式还有利于发展市郊铁路客运，促进中心城城市结构、布局的调整和疏解。总之对城市中心区的交通疏导作用甚大。

（三）铁路枢纽与城市公交衔接点的交通区位研究

铁路客站作为铁路枢纽与城市公交的衔接点，影响它在城市中空间设置区位的因素很多。本节从城市交通的要求出发，对单客站、多客站模式的客站交通区位、站址、组合方式进行定量化研究和优选，避免了主观臆断的盲目性和误差，为密切铁/市交通衔接关系提供了科学的定量决策依据。

1.客站的最佳设置区位

（1）数学模型的建立

客站站位的定量研究可将其和市中心的相对距离作为比较的基准。

假设：

①城市内各区域人口密度相等，从城市各点按最短路径通向城市中心的来回人数相同。

②城市各区域至中心区的交通流量相同,至中心区的平均距离为A(km),城市居民与市中心之间的交通客流量为M万人次 / 日。

③客站有很大部分旅客上下车要经过城市中心，客站与市中心之间的客流量为N万人次 / 日。

用近似积分法可求得，中心区偏离城市几何中心C时，市区居民至市中心的交通客运量的增量 ΔT是中心区偏离几何中心距D的指数函数；

$$\Delta T=\alpha \times D^{b} \times M \times A（人公里 / 日）\qquad(2-1)$$

则城市中心在C'位置时（见图 2-3A），市区居民、铁路旅客与市中心之间的交通客运量分别为：

$$T_{C}=0.186M \times A \times D^{2.369} + M \times A（万人 \cdot km/d）\qquad(2-2)$$

$$T_{S}=（L-D）N（万人 \cdot km/d）\qquad(2-3)$$

式中　D——城市中心偏离城市几何中心的距离

　　　L——客站至城市几何中心的距离

　　　A——城市居民至城市几何中心的平均距离

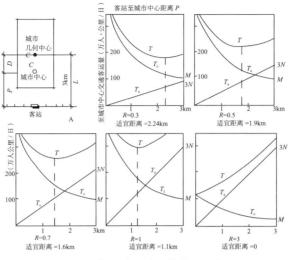

图3　客运站最佳区位模型图解

M、N——城市居民、铁路旅客至城市中心的客流量

城市居民、铁路客站旅客与城市中心区之间的总交通客运量即是模型的目标函数。

$$T_{(D)} = T_C + T_S = 0.186M \times A \times D^{2.369} - DN$$
$$+ AM + LN（万人 \cdot km/d）\qquad（2-4）$$

理论上当总交通客运量 $T_{(D)}$ 为最小时，市中心与客运站距离最适宜，客站的相对位置最佳。

求目标函数极小值，令式（2-4）一阶导数为零。

$$T'_{(D)} = \frac{dT}{dD} = 0.44A \cdot M \cdot D^{1.369} - N = 0 \qquad（2-5）$$

$$D = 1.369\sqrt{2.27N/M \cdot A} \qquad（2-6）$$

令 $R = N/M$ 称之为客站旅客、市区居民至市中心区的客流比数。
式（2-6）可改写成：

$$D = 1.369\sqrt{2.27R/A}$$

则，客站至市中心适宜距离 P 为

$$P=L-1.369\sqrt{2.27R/A}\quad（km）\qquad（2-7）$$

式（2-7）即是客站相对于市中心的最佳设置区位模型。

（2）模型的影响因素

a. 客流比数 R 的影响（$P-R$ 关系）。

城市居民、铁路旅客至市中心区的客流量比值 R 是影响客站设置区位的主要因素。各种不同规模、性质的城市有着不同的客流比数，客站在城市中的设置亦不同。

为了简便，假定：L=3km，A=1km。

则模型可简化为：

$$P=3-1.369\sqrt{2.27R}$$

当客流比 R 取值分别为 0.3，0.5，0.7，1.0，3.3 时，得到的适宜距离 P 对应为 2.2，1.9，1.6，1.1，0km（图3）

从计算结果中可看出，适宜距离的范围为 2 ~ 3km，这与多年来在我国城市规划和铁路设计部门引用的一个概念："客运站宜距市中心2 ~ 3km"是相吻合的。

R 的三种取值范围对应着三种不同类型的城市。

① $R<1$，即 $N<M$。此类多属大中城市。尽管铁路旅客至市中心的客流绝对数较大，但与城市居民的向心客流相比仍很小。R 值不大，在 0.1 ~ 0.5 之间，客站与市中心的适宜距离为 2 ~ 2.5km，因此客站多数设在城市中心区的外围或边缘，这与我国多数大中城市客站设置的实际是一致的（表1）。

我国大城市客运站与城市的关系　　　　表1

城市	规模	城市性质	站址	距市中心（km）	交通状况
北京	特大	直辖市	中心区边缘	2.5	方便
上海	特大	直辖市	中心区内		方便
天津	特大	直辖市	中心区内	1.5	方便
沈阳	特大	省会	中心区内	1.0	方便
南京	特大	省会	市区边缘	4.0	方便
哈尔滨	大	省会	中心区内	2.0	方便
西安	大	省会	市区内	2.0	较方便

城市	规模	城市性质	站址	距市中心（km）	交通状况
成都	大	省会	市区边缘	3.0	较方便
兰州	大	省会	市区边缘	2-3	较方便
昆明	大	省会	市区边缘	4.0	一般
贵阳	大	省会	市区边缘	3.0	一般
济南	大	省会	市区边缘	1.5	方便
南昌	大	省会	市区边缘	2-3	一般
杭州	大	省会	中心区内	1.0	较方便
齐齐哈尔	大	大城市	市区边缘	2-3	一般
重庆	大	大城市	市区内	2-3	较方便

② $R=1$ 即：$N=M$。城市居民、铁路旅客至市心区的客流量基本相等或接近，具有重要的行政管理中心职能的中小城市多属此类。办事机构或大型联合企业集中在市中心，上、下火车旅客的主流是去往这些机构和企业的，$R≈1$，客站的适宜位置是距市中心 1 ~ 1.5km，客站设在中心区内。

③ $R>1$，$N>M$。由工矿企业城镇群组成的中小工矿城镇和受特殊用地条件限制的组团城市（如武汉），由于有多个组团中心，使得城市居民的向心流分散在若干组团中心，因此城市上下火车旅客的向心流要比城市居民向心流大。客运站距市中心以1公里以内直至站前为宜，因此许多新兴工矿业小城镇车站广场地区即是城市中心。

可见客站与市中心的距离 D 与客流比数有正比关系，即铁路客流相对于城市向心流越大，R 越大，客站与市中心距离越近，（图4）。

b. 城市规模的影响（$P–A$ 关系）

在上述客站设置区位模型中，城市用地规模的大小是以城市居民至城市中心的平均距离来表征的。城市规模与客站设置区位的关系可以用模型的 $P–A$ 关系图（图5）来反映。在客流比一定的条件下，城市用地规模越大，A 值越大，客站距市中心愈远。当 A 在小于2公里范围内取值变化时，客站区位的变化十分敏感，在这一范围之外客站位置变化十分微小，可见这一数学模型更适合于城市用地规模不大的中小城市客站选址规划。

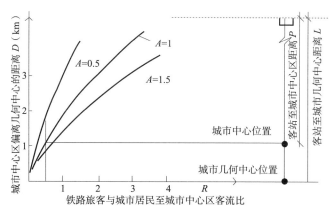

图4 客站区位与客流比（P-R）关系曲线

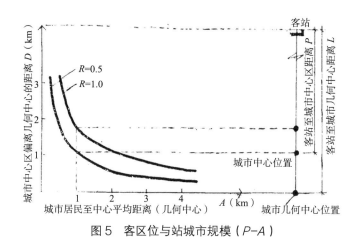

图5 客区位与站城市规模（P-A）

2. 客站交通吸引分析与优选

对已给定的客站和备选点进行定量化交通吸引分析，研究不同站位及组合方式（多客站）旅客汇散交通量的大小、分布，以客流汇散过程总公交客运当量（Equivalent of Urban Public Transport）最小为目标，优选出交通区位最佳的单客站站位和多客站组合。

（1）单客站区位优选：

a. 将城市地形图置入一平面直角坐标系中，并将城市建成区划分为几个交通小区（可采用城市交通规划的交通分区），各交通小区的城市常住人口为 P_i，流动人口为 F_i（流动人口数可由各小区内旅馆、招待所床位数推算得到，居民家庭暂住流动人口折算在各分区常住人口数中），各交通分区的形心作为该区的人口重心，坐标为（PX_i，PY_i）。

b. 城市中有 m 个给定的客站或客站备选点，坐标为（SX_j，SY_j）。

c. 定义一交通分区人口重心至客站的空间直线距离与小区搭乘火车旅行总人次、公交平均非直线系数的乘积为该小区至客站的公交客运当量 ET_i（人·公里）。

交通小区 i 至客站 j 的公交当量为：

$$ET_{(i,j)}=\sqrt{(PX_i-SX_j)^2+(PY_i-SY_j)^2}\times(P_i\times K_i/365+F_i/K_2)$$
$$\times R\times\rho（人·公里/日）\qquad（3-1）$$

式中：K_i——城市居民平均每年外出旅行次数；

K_2——流动人口在城市中平均逗留天数；

R——搭乘火车的比例；

ρ——城市公交非直线系数。

令 $D(i, j)$ 为 i 区至 j 客站的直线距离

$$D_{(i,j)}=\sqrt{(PX_i-SX_j)^2+(PY_i-SY_j)^2}（公里）\qquad（3-2）$$

又令 V_i 为 i 交通小区的日客流发生量

$$V_i=(P_i\times K_1/365+F_i/K_2)\times R（人次/日）\qquad（3-3）$$

则 j 客站每日客流集散的公交当量为

$$SET_j=2\sum_{i=1}^n ET_{(i,j)}=2\sum_{i=1}^n\rho\times D_{(i,j)}\times V_i（人·公里/日）\qquad（3-4）$$

d. 取总公交客运当量（SET）最小的客站为交通区位置优的客站（点）。

（2）多客站区位优选

a. 同上。

b. 城市中某一方向列车运行径路上共有 m 个车站备选点，坐标为（SX_j，SY_j）从中择出 W 个客站组成多客站模式（m>W）。

c. 令 i 交通小区至 B 种（$B=C_m^W$）多客站组合方式中任一方式 e 的公交当量为 i 小区至 e 组合方式中距离最近客站的公交当量。

$$ET_{(i,e)}=[ET_{(i,j)}]_{min}=[\rho\times D_{(i,j)}\times V_i]_{min}（j=1\to W）（人·公里/日）$$
$$（4-1）$$

公交当量的计算同上，见式（3-1），式（3-2），式（3-3）。

则多客站组合方式 e 客流集散的总公交客运当量为：

$$SET_e=2\sum_{i=1}^{n}ET_{(i,e)}（人·公里/日）\qquad（4-2）$$

d. 在所有 B 种多客站组合方式中，总公交当量最小者为最优组合，W 个客站的交通区位总体上最佳。

（3）客站的交通吸引分析

由于城市人口、流动人口在城市内空间分布的不均匀性，导致了各交通分区至铁路客站的客流发生量和来自铁路客站的客流吸入量的不均匀性。客站汇集、发散客流在城市内空间分布随着客站位置、数量的变化而变化。以铁路客站为发点 O（或吸点 D），各交通分区为吸点 D（或发点 O），根据各小区的铁路客流发生量（或吸入量）的大小，按最短路径原则，绘制出单、多客站的铁路客流集散 O-D 图，从图中可以很直观地看出客站的客流吸引范围、空间分布，从而择选出客流集散分布最为合理，与城市居民出行分布重叠最小，能尽量避开城市交通复杂地区的单、多客站交通区位。

a. 各备选车站的乘车候车设施条件、公交换乘组织、地理位置、商业服务设施的配置等有一定的差异，对铁路上下车站客流的吸引力各不相同，可以用客站吸引系数 A 来反映这一差异性。

b. 在多客站交通吸引分析时，当一交通小区至两个不同客站（在同一列车径路上）的距离相差小于 10% 时，设定该小区的铁路客流分配在两个客站上：

$$V_{(i,1)}=V_i\times A_1D_{(i,2)}/（A,D_{(i,2)}+A_2D_{(i,1)}）$$
$$V_{(i,2)}=V_i\times A_2D_{(i,1)}）/（A_1D_{(i,2)}+A_2D_{(i,1)}）$$

式中：

$V_{(i,1)}$，$V_{(i,2)}$——i 小区分别流向客站 1 和客站 2 的客流（人次/日）；

$D_{(i,1)}$，$D_{(i,2)}$——i 小区分别至客站 1，2 的直线距离（km），见式（3-2）；

V_i——i 小区的铁路客流发生量（人/次日），见式（3-3）；

A_1，A_2——客站 1，客站 2 的吸引系数。

（4）客站交通吸引分析与区位优选的电算程式

由于城市的交通分区一般都多达数百个，数据量大，运算复杂，因此用计算机进行多方案的客站交通吸引分析与区位优选是非常理想的。模型的电算程序框图见下图。

在输入城市交通分区、分区人口（常住、流动）、客站备选点坐标等基础数据和参量之后，系统将自动进行分析运算，对所有单客站备选点、多客站组合方式进行优化排序，选出最优单、多客站的交通区位，并对入选客站进行交通吸引分析，用 AutoCAD 绘制出交通吸引分析图（铁路客流 OD 图）。

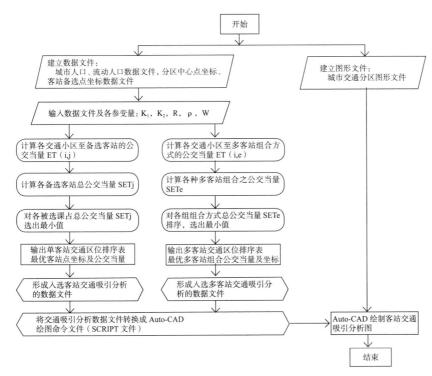

客站区位优选及交通吸引模型计算框图

3. 客站的交通时效分析

客站的交通可达性分析是客站交通时效研究重要的定量方法。我国铁路客站客流的集散主要依靠公交和一部分步行，因此客站的交通可达性可描述为：一定时间段内，采用步行、步行十公共交通方式，以客站为中心客流汇集或疏散可以到达或覆盖的最大范围。

将 t 时间内，以一个或多个客站为中心的交通等时线范围内包容的铁路客流发生量 V_g（或到达量）与城市总的铁路客流发生量 V（或到达量）的比值定义为该单、多客站的交通可达性指数

$Al_{()}$（*Traffic Accessibility Index*）。

$\Delta I = V_g/V$

$V = \sum\limits_{i=1}^{n}\left(P_i \times K_1/365 + F_i/K_2\right) \times R$ （人次／日）

式中：n——城市交通分区数。

P_i，F_i，K_1，K_2，R 同前

等时线覆盖的客流发生量 V_g，用人工绘制等时线统计，工作量非常大，可应用计算机绘制公交等时线的 ACOT1.00 软件，自动绘制并计算出 V_g，只要在上述客站交通吸引分析、优化程序的基础数据、图形库中加入公交线网、运营状况等图形、数据文件即可。

客站的交通可达性指数 AI 以各交通小区铁路客流发生量（到达量）计算，能避免按城市人口或城市用地计算出现的可达性偏差和假象，它能更准确地反映客站与总客流（特别是流动人口客流）之间交通联系状况，以及在不同的客站交通区位选择、多客站组合和铁／市交通衔接状态下客站的交通时效。（未完待续）

本文原载于《城市规划汇刊》1990 年 01 期。作者：张如飞　徐循初

城市客运交通的整体化研究（三）
——论铁路与城市公共交通的衔接

4.实例研究——上海铁路多客站布局的交通研究

以下笔者将用上述理论方法和数学模型，对上海铁路客站布局进行实例研究。

根据上海铁路客运枢纽的现状及规划，选取了北站、新客站、真如站、长宁站（西站）、徐家汇站、漕溪站（规划）、新龙华站（规划）等七个客站备选点（图2），其他主要参量分别取值：

图1 上海市交通分区图

北站
新客站
真如站
长宁站
（西站）
徐家汇站
漕溪站
新龙华站

图2 上海市铁路客站分布图

交通分区：97 个（沿用上海综合交通规划交通分区（图 1）

居民年外出旅行次数：1.16 次 / 人·年

流动人口在沪逗留时间：13.1 天 / 人

乘坐火车比例：64%

城市公交非直线系数：1.2

各交通分区之城市人口、流动人口数见附录 C

计算结果见表 1 ~ 表 8，图 5 ~ 图 10。

（1）单客站区位

计算结果表明，在七个备选客站中，北站的交通区位最佳，新客站略次，其余备选点与这两客站在交通区位上有明显的差距（表 1），这是因为上海的铁路客流发生量集中分布在城市中部地区，尤以顺沿苏州河最为密集，北站、新客站位置居中，与客流分布相吻合（图 3）。尽管与原北站相比，新客站交通区位略次，但仍是较为理想的站位。

设置单一客站对上海的交通影响也是十分明显的。从单客站客流吸引图（图 5）中可以看出客站以南的客流集散过程产生了穿越城市中心的南北交通客流，而城市中心区本身就是客运交通稠密区，南北交通尤为困难（图 4），因此单客站布局进一步加剧了上海城市中心地区的交通紧张状况。从交通时效上看，尽管上海站的公交线网已十分发达，但由于城市规模太大，交通方式单一，客站的交通可达性仍十分有限（表 8 单客站），旅客到离客站的平均公交乘距为 15.6km，耗时 62.4min。

（2）多客站区位：

对于上海这样一个特大城市来说，单客站显然是无法适应交通需要的，多客站模式是其必然要求。从计算结果中可以看出，多客站的交通效益十分显著（表 8）。客站数越多，客站公交客运当量越小，客站交通可达性越大（仍以现状公交线网、运速计算），客流流向分布越均衡（图 5 ~ 图 10）。但是当客站数超过三个时，客站的

图 3　上海市铁路客流发生量分布

公交客运当量下降幅度和可达
性指数的提高幅度已十分微
小，其他交通指标的变化亦趋
细微（图11）。可以认为上海
的多客站模式远期以三客站为
佳，近期以双客站为宜。

　　计算得到的上海最佳双客
站区位为北站和徐家汇站，由
于北站现已拆除，则去除北站
以外的现状最适宜的双客站，
南线为新客站、徐家汇站，北
线为新客站、真如站（表2）。
双客站模式不但能消除铁路客
流对城市中心区的穿越影响
（图6），使客站的 50、40、30
分钟交通等时线覆盖的客流发
生量占总量的比例（可达性指
数）较单客站分别增加 20%、

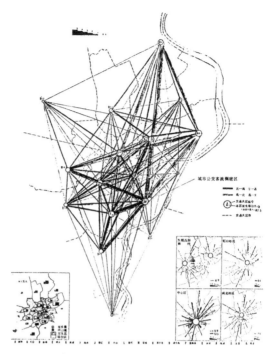

图 4　上海市公交客流居住地 – 工作地起讫线圈

13% 和 5%，公交当量减少 5.3 万人公里 / 日，而且也是实际可行的方案。

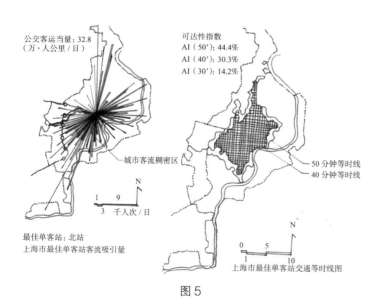

公交客运当量：32.8
（万·人公里 / 日）

可达性指数
AI（50'）：44.4%
AI（40'）：30.3%
AI（30'）：14.2%

城市客流稠密区

50 分钟等时线
40 分钟等时线

最佳单客站：北站
上海市最佳单客站客流吸引量

上海市最佳单客站交通等时线图

图 5

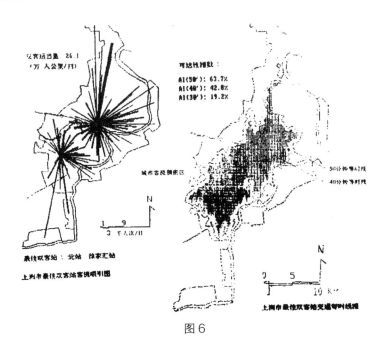

图 6

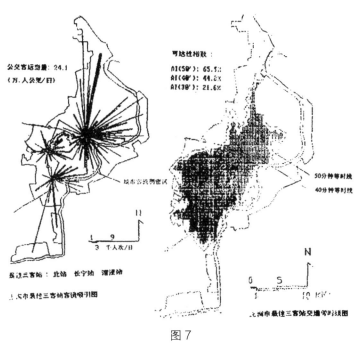

图 7

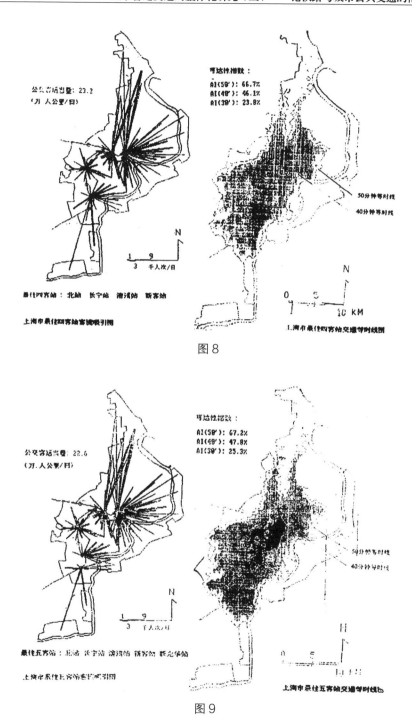

图8

图9

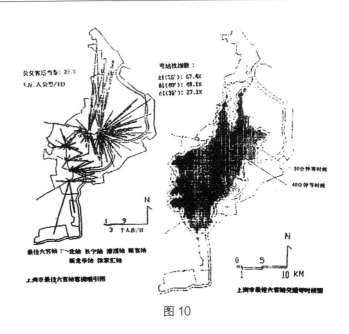

图 10

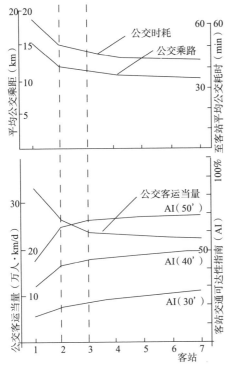

图 11　上海市不同客站数量之交通效果比较

计算得到的上海最佳三客站区位是北站、长宁站、漕溪站、远期适宜的三客站可选择新客站、长宁站、新龙华站（表3），这一结论与其他专家学者研究提议的以及城市总体规划所要求的两主两辅客站布局（两主：新客站、新龙华站，两辅：西站、真如站）是基本相符合的。三客站模式的建成将使上海铁路客站客流流向分布更趋均衡、合理，客站的各项交通指标将得到进一步改善和提高（表8，三客站）。

另外，从上海多客站区位研究结果中可以发现，多客站模式提高了沪中、沪西、沪南（不包括闵行）的交通条件，而对城市南北两翼、沪东、浦东的铁路客流的交通条件

264

改善甚小，这主要是因为受目前城市交通条件和用地条件的限制所致。这一状况影响了浦东地区的开发建设和疏导城市向南北两翼发展，改变这一局面需要新的交通方式和设施的介入。随着南北向城市快速铁路干网、城市地铁和越江隧道的开通，这些地区的交通条件才能逐步得到提高。

单客站交通区位排序表　　　　　　　　　　　　表 1

	客站名	公交客运当量（万人·km/d）
1	北站	32.842
2	新客站	33.496
3	长宁站	43.422
4	徐家汇站	46.832
5	真如站	48.186
6	漕溪站	50.734
7	新龙华站	59.576

最佳单客站区位：北站

公交客运当量：32.842（万人，公里/日）

双客站交通区位排序表　　　　　　　　　　　　表 2

	客站名	公交客运当量（万人·km/d）
1	北站　徐 家汇站	26.086
2	北站　长宁站	26.526
3	北站　漕溪站	26.648
4	北站　新龙华站	26.978
5	新客站　漕溪站	28.48
6	新客站　徐家汇站	28.492
7	新客站　长宁站	29.38
8	新客站　新龙华站	29.466
9	北站　新客站	29.7
10	北站　真如站	30.316
11	新客站　真如站	32.62
12	徐家汇站　真如站	39.762
13	漕溪站　真如站	40.024

265

续表

	客站名	公交客运当量（万人·km/d）
14	长宁站 真如站	40.578
15	长宁站 漕溪站	40.598
16	长宁站 新龙华站	41.224
17	长宁站 徐家汇站	41.28
18	新龙华站 真如站	41.976
19	徐家汇站 漕溪站	45.92
20	徐家汇站 新龙华站	45.934
21	漕溪站 新龙华站	50.348

最佳双客站区位：北站　徐家汇站

公交客运当量：26.086（万人，公里/日）

三客站交通区位排序表　　　　　表3

	客站名	公交客运当量（万人·km/d）
1	北站 长宁站 漕溪站	24.12
2	北站 长宁站 新龙华站	24.434
3	北站 长宁站 徐家汇站	24.708
4	北站 新客站 徐家汇站	24.734
5	北站 新客站 漕溪站	24.736
6	北站 徐家汇站 真如站	25.16
7	北站 漕溪站 真如站	25.182
8	北站 徐家汇站 新龙华站	25.19
9	北站 徐家汇站 漕溪站	25.294
10	北站 新客站 长宁站	25.598
11	北站 新客站 新龙华站	25.696
12	北站 新龙华站 真如站	26.132
13	北站 漕溪站 新龙华站	26.262
14	北站 长宁站 真如站	26.272
15	新客站 长宁站 漕溪站	26.936
16	新客站 长宁站 新龙华站	27.276
17	新客站 长宁站 徐家汇站	27.55

续表

	客站名	公交客运当量（万人·km/d）
18	新客站 徐家汇站 新龙华站	27.596
19	新客站 徐家汇站 漕溪站	27.684
20	新客站 漕溪站 真如站	27.86
21	新客站 徐家汇站 真如站	27.928
22	新客站 漕溪站 新龙华站	28.094
23	新客站 新龙华站 真如站	28.75
24	北站 新客站 真如站	28.824
25	新客站 长宁站 真如站	29.208
26	长宁站 漕溪站 真如站	37.754
27	长宁站 新龙华站 真如站	38.38
28	长宁站 徐家汇站 真如站	38.438
29	徐家汇站 漕溪站 真如站	38.848
30	徐家汇站 新龙华站 真如站	38.864
31	漕溪站 新龙华站 真如站	39.638
32	长宁站 漕溪站 新龙华站	40.212
33	长宁站 徐家汇站 漕溪站	40.368
34	长宁站 徐家汇站 新龙华站	40.382
35	徐家汇站 漕溪站 新龙华站	45.534

最佳三客站区位：北站 长宁站 漕溪站

公交客运当量：42.12（万人，km/d）

四客站交通区位排序表   表4

	客站名	公交客运当量（万人·km/d）
1	北站 新客站 长宁站 漕溪站	23.192
2	北站 新客站 长宁站 新龙华站	23.506
3	北站 长宁站 漕溪站 新龙华站	23.734
4	北站 新客站 长宁站 徐家汇站	23.79
5	北站 长宁站 徐家汇站 新龙华站	23.812
6	北站 新客站 徐家汇站 新龙华站	23.836
7	北站 长宁站 漕溪站 真如站	23.866

续表

	客站名	公交客运当量（万人·km/d）
8	北站 长宁站 徐家汇站 漕溪站	23.916
9	北站 新客站 徐家汇站 漕溪站	23.94
10	北站 新客站 漕溪站 真如站	24.116
11	北站 新客站 徐家汇站 真如站	24.168
12	北站 长宁站 新龙华站 真如站	24.18
13	北站 徐家汇站 新龙华站 真如站	24.264
14	北站 新客站 漕溪站 新龙华站	24.35
15	北站 徐家汇站 漕溪站 真如站	24.368
16	北站 长宁站 徐家汇站 真如站	24.454
17	北站 漕溪站 新龙华站 真如站	24.796
18	北站 徐家汇站 漕溪站 新龙华站	24.908
19	北站 新客站 长宁站 真如站	24.98
20	北站 新客站 长宁站 真如站	25.426
21	新客站 长宁站 漕溪站 新龙华站	26.55
22	新客站 长宁站 徐家汇站 新龙华站	26.652
23	新客站 长宁站 徐家汇站 漕溪站	26.74
24	新客站 长宁站 漕溪站 真如站	26.764
25	新客站 徐家汇站 新龙华站 真如站	27.032
26	新客站 长宁站 新龙华站 真如站	27.104
27	新客站 徐家汇站 漕溪站 真如站	27.12
28	新客站 徐家汇站 漕溪站 新龙华站	27.298
29	新客站 长宁站 徐家汇站 真如站	27.376
30	新客站 漕溪站 新龙华站 真如站	27.476
31	长宁站 漕溪站 新龙华站 真如站	37.37
32	长宁站 徐家汇站 漕溪站 真如站	37.526
33	长宁站 徐家汇站 新龙华站 真如站	37.54
34	徐家汇站 漕溪站 新龙华站 真如站	38.462
35	长宁站 徐家汇站 漕溪站 新龙华站	39.982

最佳四客站区位：北站 新客站 长宁站 漕溪站

公交客运当量：23.192（万人·km/d）

五客站交通区位排序表 表5

	客站名	公交客运当量（万人·km/d）
1	北站 新客站 长宁站 漕溪站 新龙华站	22.806
2	北站 新客站 长宁站 徐家汇站 新龙华站	22.894
3	北站 新客站 长宁站 徐家汇站 漕溪站	22.996
4	北站 新客站 长宁站 漕溪站 真如站	23.02
5	北站 新客站 徐家汇站 新龙华站 真如站	23.272
6	北站 新客站 长宁站 新龙华站 真如站	23.334
7	北站 新客站 徐家汇站 漕溪站 真如站	23.376
8	北站 长宁站 漕溪站 新龙华站 真如站	23.48
9	北站 长宁站 徐家汇站 漕溪站 新龙华站	23.53
10	北站 新客站 徐家汇站 漕溪站 新龙华站	23.554
11	北站 长宁站 徐家汇站 新龙华站 真如站	23.556
12	北站 新客站 长宁站 徐家汇站 真如站	23.618
13	北站 长宁站 徐家汇站 漕溪站 真如站	23.66
14	北站 新客站 漕溪站 新龙华站 真如站	23.732
15	北站 徐家汇站 漕溪站 新龙华站 真如站	23.982
16	新客站 长宁站 徐家汇站 漕溪站 新龙华站	26.356
17	新客站 长宁站 漕溪站 新龙华站 真如站	26.378
18	新客站 长宁站 徐家汇站 新龙华站 真如站	26.48
19	新客站 长宁站 徐家汇站 漕溪站 真如站	26.568
20	新客站 徐家汇站 漕溪站 新龙华站 真如站	26.734
21	长宁站 徐家汇站 漕溪站 新龙华站 真如站	37.14

最佳五客站区位：北站 新客站 长宁站 漕溪站 新龙华站

公交客运当量：22.806（万人·km/d）

六客站交通区位排序表 表6

	客站名	公交客运当量（万人·km/d）
1	北站 新客站 长宁站 徐家汇站 漕溪站 新龙华站	22.612
2	北站 新客站 长宁站 漕溪站 新龙华站 真如站	22.634

	客站名	公交客运当量（万人·km/d）
3	北站 新客站 长宁站 徐家汇站 新龙华站 真如站	22.72
4	北站 新客站 长宁站 徐家汇站 漕溪站 真如站	22.824
5	北站 新客站 徐家汇站 漕溪站 新龙华站 真如站	22.99
6	北站 长宁站 徐家汇站 漕溪站 新龙华站 真如站	23.276
7	新客站 长宁站 徐家汇站 漕溪站 新龙华站 真如站	26.182

最佳六客站区位：北站 新客站 长宁站 徐家汇站 漕溪站 新龙华站

公交客运当量：22.612（万人·km/d）

七客站交通区位排序表　　　　表7

	客站名	公交客运当量（万人·km/d）
1	北站 新客站 长宁站 徐家汇站 漕溪站 新龙华站 真如站	22.438

最佳七客站区位：北站 新客站 长宁站 徐家汇站 漕溪站 新龙华站 真如站

公交客运当量：22.438（万人·km/d）

上海市客站区位研究计算结果汇总比较　　　　表8

		单客站	双客站	三客站	四客站	五客站	六客站	七客站
公交客运当量（万·人次／日）		32.8	26.1	24.1	23.2	22.8	22.6	22.4
交通可达性指数（%）	AI（50'）	44.4	63.7	05.9	66.7	67.2	67.4	68.2
	AI（40'）	30.3	42.8	44.8	46.1	47.8	48.1	48.3
	AI（30'）	14.2	19.2	21.6	23.8	25.3	27.1	27.7
平均公交乘距（公里）		15.6	12.4	11.5	11.0	10.9	10.8	10.7
平均公交耗时（分钟）		62.4	49.6	46	44	43.6	43.2	42.8

（未完待续）

本文原载于《城市规划汇刊》1990 年 02 期。作者：张如飞　徐循初

城市客运交通的整体化研究（四）
——铁路客站与城市公共交通的衔接研究

城市对外交通枢纽点（铁路客站、航空港、船运码头、长途汽车站等）与城市公交的衔接是整体化交通研究的重要内容。本文将着重研究铁路客站与城市公交的交通衔接关系，从分析入手，寻求能克服两者传统的交通衔接方式的缺陷，提出一种新的衔接方式，并将它们的衔接状态进行系统评价和分类，为完善、加强这一衔接提供定量的决策依据和科学的研究方法。

一、铁路客站的客流特征分析

由于铁路客站的性质、规模、区位、客运任务分工以及列车到发时刻安排的不同，铁路客站客流的大小、时间分布等特征各异，对城市公交的影响和衔接要求也不相同。

（一）客流的时间分布特征

铁路客站客流的时间分布有一定的稳定性，有明显的规律性可寻。

客站的列车到发时间以及所承担的市郊铁路通勤客流的比重是决定客站客流在全天不同时间上分布的重要影响因素。纵观各类不同客站，可归纳出以下五种客流日分布类型（图 1）。

（1）单向峰型：客流分布集中，有早晚错开的一个上车高峰和一个下车高峰（图 1A）。

（2）双向峰型：客流有两个配对的早晚上下车高峰（图 1B）。

（3）全峰型：客流分布无明显低谷，客流上下车双向客流全天都很大（图 1C）。

（4）突峰型：上下车客流高峰突变，无明显规律性（图 1D）。

（5）无峰型：客流无明显的上下车高峰（图 1E）。

铁路客站一年内各月份的客流量分布规律也是较稳定的。在我国多数客站客流随着农业耕作忙闲、旅游季节的旺淡、学校放假等因素的变化，呈现出有规律的周期性变化，春节是影响我国城市客站客流变化最大的节假日。

271

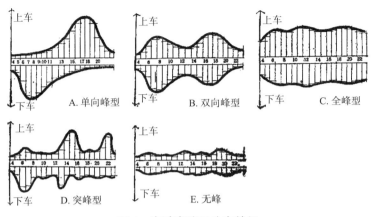

图1　客站客流日分布特征

（二）客站客流与公交客流的时间分布叠合

当铁路客站与城市公交的客流规律接近或重合时，会出现客站上下车客流高峰与城市公交上下班客流高峰同步，甚至出现交通上的"共振"。客流同步对客站与公交衔接的影响极大，上下班高峰时公交拥挤、紧张，为客站客流服务的公交能力减小，铁路上下车高峰密集客流又急需大量的城市公交车辆来疏解，这一尖锐的交通运力与运量之间供求失调的矛盾，造成了客站地区的公交紧张、滞塞。一旦出现两者客流同步，用错峰的办法来消除这种共振往往难以奏效，甚至是无法实现的，一般只能通过提高公交能力、调整公交与客站衔接的网络方式来吸收这种"共振波"。

二、铁路客站与城市公交的衔接方式研究

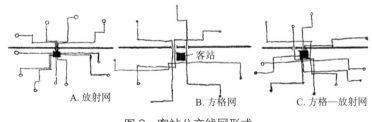

图2　客站公交线网形式

（一）一般的交通衔接方式

公交与客站交通衔接方式是指连接客站的各种公共交通工具的组成、运

营组织、线网布局等综合特征。我国城市客站客流疏集任务主要靠公共汽电车承担，因此客站与公交的衔接方式就是客站地区公共汽电车的线网构成方法。

纵观我国铁路客站的公交线网，可归纳为以下三种方式：

（1）放射网：公交路网主要由始发线路组成，以客站为中心向外辐射（图2A），线网的客运能力很大。由于始发线路多，公交站场占地较大，因而这种线网形式在大城市铁路客站中采用较多，如上海新客站共有13条始发线路向城市各方向放射。

（2）方格网：线网由公交通过线路组成（图2B），客运能力较放射网为小，公交站点多数设在城市道路上，城市乘客转换公交不必进入客站广场，但铁路旅客换乘步行距离较长。

（3）复合网：客站既有一定数量的始发公交线，又有众多的通过线，构成放射——方格复合线网（图2C）。

上述三种客站公交线网方式都存在一共同的缺陷即铁路客站的下车离站客流是通过客站周围的公共汽电车线网向城市各个方向扩散的，密集的出站客流对城市公交的脉冲影响集中在站前广场这一节点上，对城市公交系统呈点状脉冲。客流在很短时间内迅速涌至广场及公交站点，造成周期性的紧张和拥挤。当城市公交高峰与客站客流高峰接近或同步时，以及春节等节假日铁路客运高峰时，点状脉冲就会造成客站地区的道路交通全面紧张拥挤，在一些道路交叉口等节点上形成交通瓶颈，公交系统阻塞甚至瘫痪，客站客流疏集受阻，产生旅客出不去、进不来的交通现象。传统的客站与公交衔接线网的局限性便显而易见。

（二）铁路客站与城市公交衔接新的衔接方式——主干网络

现代铁路客站要求有快速、安全、高效率、大运量的公交网络与之衔接，新的公交衔接方式是在传统方式无法适应客站客流换乘需求的困境中萌发产生的。

（1）以快速轨道交通为衔接骨架的主干网络

轨道交通由于运量大、速度快、安全可靠、正点率高，历来被公认为是特别适于换乘交通量大、密度高的铁路客站等交通枢纽理想的衔接运输工具。

主干网络就是以一条或几条地铁、轻轨等城市快速轨道所组成、作为客站公交的主干运输线，辅以公共汽电车线路所构成的客站公交网络，与一般的公共汽车线网相比，主干网络的客运能力大大提高，线网对节假日等铁路密集突发客流的适应性加强了。随着我国城市铁路及市郊客运的逐步发展，越来越多的城市铁路客站将会出现铁路客流与城市公交客流同步的现象，主干网络能非常有效地消除客流同步对客站地区高峰时间客运交通的影响。

（2）我国大城市铁路客站与公交衔接方式的完善

我国城市的铁路客站除北京站、天津西站有地铁连通以外，主要是依靠公共汽电车集散客流，这种单一的交通方式与线网形式所产生的弊端是众所周知的。笔者认为完善铁路客站与城市公交的交通衔接，开发城市高速铁路、地铁、轻轨等城市铁路交通，建设主干网络，是缓和我国大城市普遍存在的铁路客站与公交衔接紧张状况的有效方法，尤其应当优先考虑开发利用城市废弃铁路线，建设简易型城市铁路交通。

以上海站为例，主干网络建设可以首先结合城市铁路枢纽改造将铁路沪杭环线高架，增铺城市铁路专用线，改造利用北站至吴淞的原淞沪铁路，建成北起宝钢、吴淞，经北站、新客站南至龙华闵行的城市快速铁路交通线。铁路换乘旅客不出站就可在站台上直接换乘城市快铁、市郊铁路或检票上车。上海站以这条贯穿城市南北的快速铁路为客流输运骨架，形成主干网络。近期内能大大提高上海站的客流疏集能力和效率（见图3），缓解客站地区的地面交通，远期可与一期地铁（龙华——新客站）联网，两者相辅相成，能克服地铁因线路短而产生的交通作用无法发挥的缺陷，上海站亦将成为能实现铁路、地铁、城市公共汽电车、城市快铁、市郊铁路等多种交通方式综合换乘的重要交通枢纽。

三、铁路客站与城市公交衔接的系统分析与评价

（一）客站与公交衔接协调的系统条件

客站与城市交通的衔接，从交通意义上看就是组织换乘交通。要保证两种交通系统衔接换乘协调。必须具备以下条件：

（1）换乘过程的连续性：

旅客完成铁／市交通之间的搭乘转换，应是一个完整连续的过程。连续性是组织换乘交通最基本的要求和条件，可用下式来表示：

$$R \wedge U \cdots \rightarrow$$

式中：R、U——铁路交通、城市交通

$\wedge$——结合号

$\cdots \rightarrow$——保证过程连续性符号

（2）客运设备的适应性：

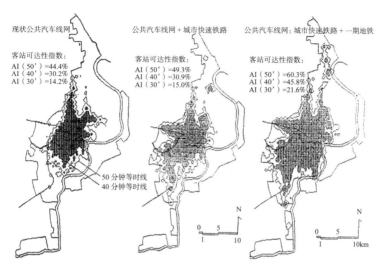

图3　上海站各种公交线网形式交通时效比较

铁路的客运能力、客站（包括站屋、站台、广场等）的通过能力和城市公交的输运能力相互适应、协调。

表示为　　　　　　　　　　Ar ⟷ As ⟷ Au

式中　Ar、As、Au——铁路、客站、公交的输运或通过能力。

　　　　　　　　⟷——相互适应符号

这一条件对城市公交而言就是应具备及时疏散或集送铁路客流的能力，要保证将必要数量的载运工具及时送到客站，满足换乘需要。在列车密集到达时间内应送达的某类型城市公交工具的数量为：

$$N_V = K\,(T/I - 1) \times P_{铁} \times \alpha_1 \times \alpha_2 / P_{公}\ （车次／单位时间）$$

式中　K——进入客站的旅客列车数量；

　　　T——列车密集到达期（min）；

　　　I——列车密集到达的平均间隔（min）；

　　$P_{铁}$——一列车平均乘车人数；

　　$P_{公}$——一辆城市公交工具的平均乘车人数；

　　　α_1——某种公交工具完成的客运量比重；

　　　α_2——换乘公交的旅客比重。

只有当铁路、客站、公交三个衔接换乘环节能及时地"消化、吸收"彼此的客流，各自的交通能力相当时，才能实现相互间的交通对接。铁路客运能力紧张、客站站屋、广场、月台等大小，通过能力不足或者城市交通拥挤，客站地区公交的运输能力太低等等都会造成铁路与城市公交衔接萎缩，甚至瘫痪。

（3）客流过程的通畅性：

旅客从列车转换至公交车辆的全过程为：

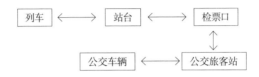

要通过三个中间环节。衔接协调的第三个条件要求旅客通过后一环节占用全套设施的服务时间应小于在前一环节占用的服务时间。表示为：

$$T_1 \geqslant T_2 \geqslant T_3$$

式中：T_1——旅客在前一环节占用的服务时间；

　　　T_2——旅客在中间环节占用的服务时间；

　　　T_3——旅客在结尾环节占用的服务时间。

只有这样，才能使客流均匀地分布在整个换乘流程上，不致于在任一环节滞留、集聚，保证换乘过程的通畅和紧凑。

（二）**客站与公交衔接状态的评价**

对铁路客站与城市公交衔接状态进行定量化的评价、分类；可以更准确把握、认识两者衔接的内在规律性及特征，同时又为研究衔接状态的转化机制，进一步协调、密切两者的交通衔接关系提供了定量的研究指标和决策依据，为此笔者提出了衡量客站与公交衔接状态的两个定量指标：公交负荷度和旅客换乘滞时度。

（1）公交负荷度（H）：

是指列车密集达到时，铁路客站的换乘客流量与总公交输运能力的比值。

列车密集到达时的换乘客流为（对于终到站而言）。

$$P_r=60 \cdot K \cdot B_r \cdot J_r \cdot \eta_r / I_密 =60L_r / I_密 \quad （人次 / 小时） \qquad （3-1）$$

式中：B_r——每节列车的定员；

J_r——入站列车拖挂节数；

η_r——列车到达时的满载率；

K——换乘公交的客流比例；

$I_{密}$——列车密集到达的平均间隔时间（min）；

L_r——每列到达列车的平均换乘公交人数。

为客站服务的公共汽电车客运能力：

$$A_{公汽}=60N_{始}\cdot B_b\cdot J_b\cdot \eta_{始}/I_{始}+60N_{过}\times B_b\cdot J_b（\eta_{理}-\eta_{实}）/I_{过}（人次/小时）$$

（3-2）

式中：$N_{始}$、$N_{过}$——客站公交始发和通过线路数；

B_b——公交车辆额定载员（按铰节车计算）；

J_b——单车对铰节车的换算系数；

$\eta_{始}$——始发线路的满载率；

$\eta_{理}$、$\eta_{实}$——公交车辆理论极限满载率和通过线路到达客站时的满载率；

$I_{始}$、$I_{过}$——始发、通过线路的发车间隔。

取　$I_{始}=I_{过}=I_{公交平均值}$

则式（3-2）可简化为

$$A_{公汽}=60B_b\cdot J_b\cdot（N_{始}\cdot\eta_{始}+N_{过}\eta_{理}-N_{这}\eta_{实}）/I_{公交}　（人次/h）　（3-3）$$

连接客站的地铁客运能力：

$$A_{地铁}=60\cdot B_m\cdot J_m\cdot\eta_m/I_m　（人次/h）　（3-4）$$

式中：B_m——每节地铁车厢额定载员；

J_m——地铁列车拖挂节数；

η_m——地铁满载率；

I_m——地铁发车间隔（min）。

客站的综合公交能力为：

$$A=A_{公汽}+A_{地铁}　（人次/h）$$

客站的公交负荷度为：

$$H=\frac{P_r}{A}=\frac{\dfrac{L_r}{I_{密}}}{I_{公交}}J_b\cdot B_b（N_{始}\cdot\eta_{始}+N_{过}\cdot\eta_{理}-N_{过}\cdot\eta_{实}）+\frac{I_{密}}{I_{地}}J_m\cdot B_m\cdot\eta_m　（3-5）$$

公交负荷度指标是公交与客站两者客运交通供求关系的表征，反映了两者衔接的交通协调状况（图4）。较为理想的负荷度应是，$H \leqslant 1$，则客站与公交的衔接状况良好。当$H > 1$时，表明客站的公交输运能力满足不了铁路客流的换乘需要，衔接的协调性被破坏，这时，通常采取在列车密集到达时增加公交班次，缩短发车间隔，调集应急车辆等措施，暂时提高综合公交能力，恢复客站与公交衔接的协调（图4）。

（2）换乘滞时度（DI）：

换乘滞时度（Delay Index）是指旅客完成列车→公交换乘，在客站平均滞留时间与最佳换乘时间（必要换乘时间）的比值。它是衡量客站与公交衔接换乘连续性、紧凑性的一个重要定量指标。

旅客在站滞留时间可以分解为换乘步行时间与换乘候车时间两部分。

a. 换乘步行时间：

旅客换乘距离包括从列车下车至公共汽车上的全部实际距离。根据G·布莱顿（G.Bouladon）假设，步行距离和感到合适的步行时间函数关系为：

$$T = K \cdot D^2$$

考虑到铁路旅客的客流特征，设定最佳换乘距离为200m，步行时间为5min，极限距离为500m，步行时间为15min，则布莱顿假设可改写为：

$$T = 34.64D^{1.2} + t_c \ (\text{min}) \qquad (3-6)$$

式中：T——换乘步行时间（min）；

D——换乘距离（km）；

t_c——旅客通过检票口的时间（min）。

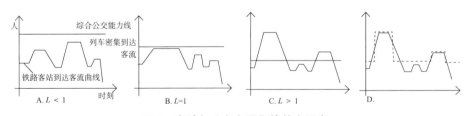

图4 客站与公交交通衔接状态示意

b. 换乘滞候时间

假定

① 客站各公交线路的发车间隔相近，平均间隔时间为$I_{公汽}$。

② L_r 为每次到达列车的平均换乘公交人数（计算同式（3-1））。

③ $L_b = I_{公汽} \cdot A_{公汽}$（人/发车次）为每一个发车次公交综合输运能力，且各发车次的公交总输运能力相同（$A_{公汽}$ 计算见式（3-3））。

令 $M = L_r/L_b$ 为输运每一列到达列车的公交换乘客流所需要的公交发车次数。

又令

$$t = 34.64D^{1.2} + t_c + 0.5I_{公汽} \qquad (3-7)$$

则：当 $M \leqslant 1$ 时，赶上第一次发车的旅客总换乘时间为：

$$t_1 = t \cdot L_b \text{（min）}$$

当 $1 < M \leqslant 2$ 时，赶上第二次发车的旅客总换乘时间为：

$$t_2 = (t + I_b)(L_r - L_b) \text{（min）}$$

当 $2 < M \leqslant 3$ 时，赶上第三次发车的旅客总换乘时间为：

$$t_3 = (t + 2I_b)(L_r - 2L_b) \text{（min）}$$

同理：$3 < M \leqslant 4$

$$t_4 = (t + 3I_b)(L_r - 3L_b) \text{（min）}$$

$N < M \leqslant N + 1$

$$t_n = (t + nI_b)(L_r - nL_b) \text{（min）}$$

该次到达列车的总换乘滞时为：

$$S_t = t_1 + t_2 + t_3 + \cdots t_n = N \cdot t \cdot L_r + \frac{N(N+1)}{2}I_b \cdot L_r + \left(1 - \frac{N(N+1)}{2}\right)t \cdot L_b -$$

$$\frac{N(N+1)(2N+1)}{6}I_b \cdot L_b \text{（min）} \qquad (3-8)$$

其中，$N = INT(M)$，即对 M 取整（非四舍五入）

旅客平均滞时为：

$$\overline{T} = S_t/L_r = N \cdot t + N(N+1)I_b/2 + [2 - N(N+1)] \cdot t /$$
$$2M - N(N+1)(2N+1)I_b/6M \text{（min）} \qquad (3-9)$$

当列车密集到达时，即列车到达平均间隔小于公交发车间隔时，

$$R=B/I_{密}$$

式中：R——列车密集到达列数（列）；

B——列车密集到达期（min）；

$I_{密}$——列车密集到达平均间隔（min）。

则在密集到达期总的铁路换乘客流为：

$$L_r=R \cdot \overline{L}_r$$

（$\overline{L}_r$：平均每列车换乘客流）

总换乘滞时为：

$$S_t=N \cdot t \cdot L_r + \frac{N(N+1)}{2} I_b \cdot L_r + \left(1 - \frac{N(N+1)}{2}\right) t \cdot L_b - \frac{N(N+1)(2N+1)}{2}$$

$$I_b L_b - \frac{R(R-1)}{2} I_{密} \cdot \overline{L}_r（min） \tag{3-10}$$

旅客平均滞时为：

$$\overline{T}x=N \cdot t + N(N+1)I_b/2 + [2-N(N+1)]t/2M - N(N+1)$$

$$(2N+1) \times I_b/6M - (R-1)I_{密}（min） \tag{3-11}$$

其中 $N=INT（M）$

c. 换乘滞时度（DI）

设定大城市公交的平均发车间隔为 7min，按合理换乘距离 200m 计算，旅客换乘所需的必要时间的理论值为：

$$\begin{aligned} T_{需} &=34.64D^{1.2} + t_c + 0.5I_{公汽} \\ &=34.64 \times 0.2^{1.2} + 1 - 0.5 \times 7 \\ &=34.64 \times 0.2^{1.2} + 0.5 \times 7 \\ &=9.5（min） \end{aligned}$$

换乘滞时度即为旅客平均换乘滞时与必要滞时的比值

$$DI= \overline{T}/T_{需} = \overline{T}/9.5 = 0.105\overline{T} \tag{3-12}$$

从旅客换乘滞时度的上述推导过程中可以看出，步行距离的长短、列车到达的疏密、换乘客流的大小、城市公交输运能力的高低是换乘滞时度的重要参变因素，因此换乘滞时度是准确地反映客站与城市公交在空间上和客流输运上衔接状态的综合性定量指标。它使不同形式、性质、规模和有不同公交工具衔接的铁路客站之间具有一定的可比性。换乘滞时度的研究方法不仅适合于铁路客站，而且亦可作为机场、航运码头等其他类型的客运枢纽与公交衔接研究、评价的定量方法。

（3）铁路客站与公交衔接状态的分类与转化机制

根据换乘滞时度的大小可以对铁路客站与城市公交的衔接状态进行分类、分级。笔者将衔接状态划分为以下五类：

衔接状态	换乘时度 DI	平均滞留时间 $\overline{T}$（min）
正常态	$\leqslant 1$	$\leqslant 10$
缺陷态	$1 \sim 2.6$	$10 \sim 25$
病变态	$2.6 \sim 4.7$	$25 \sim 45$
崩溃态	$4.7 \sim 9.5$	$45 \sim 90$
退役态	> 9.5	> 90

按此标准衡量，我国多数大城市铁路客站与城市公交的衔接处于缺陷态，旅客换乘不便，在站滞留时间偏长是我国客站普遍存在的现象。

随着城市公交日渐紧张和铁路客运的不断增长，旅客换乘在站滞留时间加长，换乘滞时度逐渐增大，客站与公交的衔接状态会由正常态向缺陷态、病变态、崩溃态恶化，直至退役。客站与公交衔接状态亦可能出现一个与恶化过程相逆的向正常态的恢复过程，这必须要有一系列的外界条件的介入，一般情况下，缺陷态、病变态向正常态的恢复仍可以通过对现状公交的调整，增加发车次数和线路数，尽可能使公交站点接近客站出站口等措施来实现，而出现崩溃态，则很难通过现状公交的调整实现向正常态的恢复，必须引入新的交通方式——快轨交通线，或是择址另建新站。（全文完）

本文原载于《城市规划汇刊》1990 年 03 期。作者：张如飞　徐循初

我国十年来城市交通规划的发展

我国城市交通规划近十年来的研究和实践状况,取得了前所未有的成就。

回顾建国以来,在 50 年代,国内一些特大城市曾做过路段交通量调查;在学习苏联经验时,50 年代末到 60 年代初曾搞过 O/D 调查,用相互流动法做过城市客货交通 O/D 流量预测,但由于信息渠道不通畅,使工作的影响面极其微弱。当时城市的交通问题也不如今天严重,对即将出现的严峻局面还不被人们所理解,解决问题的迫切性也就不强烈。

进入 70 年代末,随着经济开放搞活、市际的交往、城乡之间的物资交流,使城市交通急剧增加,原有的道路交通设施与交通发展的矛盾日益突出,全国对城市交通规划的研究被提到议事日程上,相继成立了全国大城市交通学术委员会和城市公共交通学术委员会,推动了我国城市交通的研究和实践,它表现在:

一、城市交通规划学科的引进与发展

70 年代末,美籍华裔的交通专家陆续来访,带来了国外交通规划的理论和经验,多次讲课和研讨,使国人对交通规划的方法和步骤有了初步了解和认识。上海、天津先后开展了货流、居民出行特征调查,但整理数据的手段大多用手工整理,尤其处理 O/D 数据,虽用了穿孔卡片法,因交通分区数过多,仍然受到使用的限制。到 1982 年,徐州和上海的交通调查首次应用自编的计算机软件处理数据,才迈开了大步,这个情况与美国 50 年代的情况十分相似。

随着运算手段现代化,在国内,先后至少有 37 个城市开展了交通量调查、公交运量调查、公交月票 O/D 调查、居民和流动人口调查、物流 O/D 调查、车速调查、交通事故调查等等。根据所掌握的交通规律,获得的大量交通参数,为交通预测模型的建立提供了可靠的依据。不少城市还提出了公共交通线路优化设计模型和调查交通流量的自动记录仪器和设备。1983 年,北京还利用航空照片研究道路流量和车速,取得成功。1985 年以后,国内对交通模型的研究,从低级的模仿,逐步进入引进消化国外的交通预测模型,到自行研制符合国情的交通规划与评价综合模型的阶段。其中,上海、南京、北京、天津、成都、长沙等市的一些高等院校和交通研究机构，自行编制的应用软件已接近世界水平，有些独创的软件受到了国外同行的赞扬。

二、交通规划和交通工程的理论与实践紧密结合

大城市交通规划学术委员会和城市公共交通学术委员会一成立，就针对我国大城市的交通结构变化问题、自行车的发展和规划中应注意的问题、优先发展公交与实施中难以兑现的问题、大城市发展轨道交通问题等开展了研究，尤其对"改善利用现有城市道路、提高道路通行能力"的研究，取得了很好的成绩，推动了各地城市挖掘道路交通设施的潜力。例如：北京宛平县东面的一个畸形五叉口，每天货运高峰小时要堵车两三小时，采用少量道路工程措施、组织单向环形交通后，车辆只需几分钟就能顺利通过交叉口。沈阳的建设大道，六车道，原为机动车和自行车混行，交通事故多，车速慢，后将建设大道改为机动车专用道，自行车分流到与它平行的北四路和南六路上，刚实行时遭到了群众和个别领导的反对，但经过一段时间实践后，交通状况明显好转，机动车速提高 20%，交通事故下降 20%，自行车速提高，使一般职工上下班出行时间节约 10%~15%，北四路和南六路上的商店营业额也比建设大道高。北京阜外大街甘家口交叉口，机动车与自行车混行，左转车比例高，高峰小时受阻车辆常要等候两三次红灯才能通过，后将路口展宽，机非分流，堵车现象就此消失。广州城西珠江铁桥，中间为铁路，两侧各为一条机动车道，由于上桥坡道纵坡大，一般载重拖挂车爬坡艰难，经常在它后面压着长串车辆无法超越，桥面却空着无车行驶，使城西出口堵车严重，运用交通工程理论，只用了 99 万元，将四个上坡段依次拓宽为三车道、两车道和一车道，使有超车能力的车辆尽量超越，车辆驶到桥面时已成为一车道满流，最大限度地发挥了桥梁的作用，推迟建造新桥的时间。贵阳长途客货汽车站前的错位丁字路口、交通经常阻塞，原打算改造成一个大型环形交叉口。这样，不仅拆迁量大，影响客货运交通正常营运，而且建成后一两年，增长的交通量将会超过环形交叉口的通行能力，又要产生堵塞，运用交通工程的原理，展宽两个错位丁字路口间的 90 米路段，不仅使交通畅通，还节约了三百多万元。此外，还利用道路划线、增加交通标志、设置交通岛和隔离护栏、渠化交叉口、组织单向交通，修建港湾式公交车站和开辟商业步行街或步行区等措施，都明显地改善了交通状况。这些实例，在国内各城市中不胜枚举。实践的交流提高了交通规划工作者的技术水平，普及了广大群众和领导对交通规划的认识，也为国家节约了大量建设资金。

三、持续不断地开展科研，是提高城市交通规划水平的重要保证

从 80 年代开始，在交通规划研究领域有几次全国性的大战役。

首先，由国家城建总局下达了《改善利用现有城市道路提高通行能力》的科研课题，它分为四大部分，即：

1. 交通流量与流向调查研究，各城市结合课题进行了大量调查工作，揭示了交通流量在城市中时间、空间分布特征，取得了改善城市当前交通和制定长期规划所需的重要数据：

2. 城市交通和路网系统的研究。这是一次运用系统工程和计算机辅助设计研究交通流、路网、交通管理与道路外部环境关系的初步尝试。

3. 提高路口、路段及交通干道通行能力的研究。北京和上海通过长期观测，提出计算路口通行能力的停车线法、冲突点法、延误法三种方法和计算路段和路口的自行车通行能力的公式，为日后制定城市道路设计规范打下了基础。

4. 加强城市交通管理。改进交通标志、划线、隔离护栏和交通岛的设置，组织单向交通，提高道路通行能力和安全程度。

这项研究课题不仅提高了城市道路的通行能力，而且大大地推进了我国城市交通规划和管理学科的研究，之后在全国各大城市纷纷成立交通工程学会，普及了全国城市交通事业的发展。

其次，由国家科委、计委、经委和建设部下达了城市交通技术政策的研究任务。这是全国科学技术政策研究中的第十八题《城市交通运输的发展方向问题》，在建设部的主持下，再次组织了全国的力量开展了九个方面的研究，它包括：

1. 我国城市客运交通的现状和发展预测；

2. 我国城市客运的合理结构；

3. 我国城市自行车等私人交通的发展前景及其对策；

4. 我国大城市发展快速客运交通的可行性研究；

5. 现代化通信系统在城市公共交通车辆调度中的应用；

6. 城市道路建设和城市交通协调发展的研究；

7. 提高城市平交路口通行能力的经济效益；

8. 现代化城市交通管理技术的发展方向；

9. 铁路枢纽客运站和线路与城市交通关系的研究。

课题研究的重点是大城市内部的客运交通、城市道路及城市交通管理内容。

研究工作在总结以往成果和资料的基础上，再次对我国许多城市的交通运输问题进行了调查和分析研究，寻找出我国大中小城市的交通发展和存在问题的普遍规律，对制定我国科学技术政策（蓝皮书）奠定了重要的基础。交通研究工作的深入开展，已逐步普及到中小城市。

第三，建设部下达了《我国不同类型城市基础设施等级划分与发展水平研究》的课题，这是对我国大中小城市十项基础设施（其中包括城市道路交通基础设施）现状存在问题和发展水平进行的一次全面检验。课题进行了全面的调查，分析了各种典型的实例，运用刚从国外引进的层次分析法和数据处理软件，结合各种社会经济发展因素和国外城市发展中经验教训，进行综合研究，使课题取得了很大的成功，推动了对城市基础设施投资政策的研究，以及为制定城市各项基础设施（其中包括道路交通基础设施）规划定额指标打下了坚实的基础。

第四，由国家下达的城市交通"七五"攻关课题《大城市交通合理结构与新型交通运输方式的研究》，内容包括：大城市土地利用和交通发展的关系研究，轻轨交通规划和工程设施的研究，城市交通管理和交通安全评价的研究，城市交通工程设施（如：停车场、立体交叉口、人行天桥等）的设置标准等。"七五"攻关课题是针对我国城市交通规划、工程和管理中的空白点、重点放在大城市。对它的研究再次扩大了我国城市交通的研究领域和研究深度，使交通规划工作由定性判断深入到定量计算与定性判断相结合的阶段。

第五，20世纪80年代末，以天津为首的一些大城市开始感到交通发展政策的研究和制定，对城市土地发展有密切的联系，尤其在世界银行将发展中国家的经验和教训介绍给我国后，使交通规划工作者进一步认识到交通发展不仅是一个技术问题，而且是与社会、经济的发展、与城市对外交通的衔接、多种交通方式的综合规划紧密联系在一起的，交通的发展政策、投资政策直接影响到城市交通结构的发展。综合治理城市交通进入了研究领域，我国与国外交通规划研究的差距逐渐缩小，约相当于国外70年代初的水平，但在交通实践方面的差距仍很大。

四、规范的制定

在20世纪80年代中，由国家计委、今建设部标准定额司主持的各种建设工程技术标准的制定，其中包括《城市道路设计规范》、《城市道路交通规划设计规范》，以及城市公共交通方面关于无轨电车、架空触线、整流站、公交保养场、厂、站、轮渡码头等一系列的技术标准、操作规程、建设标准和设计规范的编制。与此同时，公安部也编制了有关公共建筑配建停车场(库)的定额标准。这些工作使城市交通规划设计工作逐步规范化，得以提高交通规划设计的质量。

五、城市交通学术委员会的作用

1979年，大城市交通规划学组在北京成立后，在建筑学会城市规划学术委员会的关怀下不断发展壮大，每次举行学术交流会都有一个专题，推动各大城市治理工作和科学研究的开展。例如：1980年在上海开第二次大城市交通规划学术讨论会时，通过了"关于全面规划，综合治理大城市交通的倡议书"，会议充分估计了今后大城市将出现严峻的交通局势，必须及早规划、治理。倡议书呼吁各市城建、公安、交通运输的规划设计科研各部门要大力协作，共同努力，为逐步实现城市交通现代化作出贡献，要求中央和地方都要加强组织领导，充实交通规划的科研力量和人才培养，以发展我国的交通事业。这些倡议都得到响应，此后，各高等院校兴办交通工程专业，并陆续向社会输送毕业生和研究生，使各地的科研工作得到蓬勃的发展。随着学会工作的开展,在历届年会(第三次、1981年、北京；第四次，1982年，武汉；第五次，1985年深圳；第六次，1986年，成都；第七次，1987年，广州；第八次，1988年，昆明；第九次，1989年，北京；第十次，1990年，秦皇岛；第十一次，1991年，无锡)都有许多新的学术委员和代表参加,带来了各地治理城市交通的经验。其中，1985年在深圳召开的年会上，将大城市交通规划学组升为城市交通规划学术委员会。

值得提出的是1986年7月，在广州由国家科委、城乡建设环保部和公安部联合召开的《全国部分大城市交通政策与管理讨论会》，参加的单位有：国家科委、建设部、公安部、国家计委、交通部、铁道部、中国人民保险公司等所属的各有关局、科研机构、设计院和高等院校，以及广东省、广州、北京、天津、上海、沈阳、长春、哈尔滨、大连、武汉、西安、重庆、南京、杭州、福州、深圳等市的科委、建委、规划局、公用局、市政设计院、公安局等单位代表和国内学术界知名特约代表共130余人。这次会议共同、全面地讨论了我国大城市的交通问题，从相关的方针政策、法规、道路建设和交通管理等方面总结经验，以便找出适合我国城市交通特点的综合治理原则、交通发展政策、先进技术和措施。

代表们一致认为：

1.大城市交通与铁路、公路、海运、河运、航空等大交通事业一样，在国民经济中占有重要地位，是全国经济结构和交通网络中的重要组成部分。必须从战略上予以重视。

2.必须转变对城市交通运输的旧观念。城市交通不是非生产性的，它能产生很大的社会经济效益，使土地开发和增值。

3.要改变"有车就能解决交通运输"的看法，没有良好的道路交通基础设施是不行的。在重视交通建设的同时，更要重视管理。要做到三分建七分管，必须要有交通管理的手段和法规；否则，交通事故剧增，会引起城市不安定的心理因素。

4.必须明确城市公交企业的性质，"优先发展公交"，要在政策上、城市规划和建设上、财政上给以确实的保证；否则，私人交通工具还要继续发展。随着它们的升级换代，城市交通的严峻局面将有增无减。要重视铁路在大城市近郊客运中的作用，发展快速轻轨交通应进入可行性研究，不宜拖延。

5.货运交通中，专业运输正在衰退，社会车辆将激增，而其运输效率很低，应予以控制。

6.解决城市交通问题的重点在市中心区的上下班交通。要关心流动人口的出行交通需求、外来交通对城市出入口和交通枢纽的影响。

7.城市交通规划中，要提高调查数据的分析能力和预测技术，研究道路网规划与交通结构的关系，要研究大城市中心区第三产业职能增强后，交通干道和商业步行区的要求。要研究交通的评价指标体系。

8.对道路交通设施要有偿使用，实行受益者付钱的原则，对交通设施建设和养护要有固定的资金渠道和政策的保证。

这次会议统一了各方面专业人员综合治理城市交通的认识和愿望，对全国开展城市交通软硬两类科研课题起了重要的促进作用，使城市中规划、交通、土建、市政、公用、管理等方面的技术人员，在治理城市交通中能相互协作。

这十年来，各地城市交通学术团体和情报机构出版了20多种期刊和内部交流资料，为广大的城市规划和城市交通专业人员和业余爱好者提供了交流业务心得、传播科研成果的园地和介绍国外先进经验的场所，大大地繁荣了学术活动，起到了普及与提高交通规划与交通管理专业知识的作用。

六、城市交通专业人才的培养

这十年来，先后有十余所大专院校设置了城市交通工程专业和城市交通管理专业，为国家培养了一批这方面专业的大学生、硕士生和博士生。

在建设部的委托下，还在高等院校内开设了交通培训班和城建系统领导干部研讨班；遵照中央领导同志的指示，由建设部和国家科协联合举办的全国市长研究班已办了 12 期，他们也学习了有关综合治理城市交通的专业内容，并在日后的工作中发挥了很大的作用。

此外，在全国各地还举办了不少城市规划、城市交通规划与管理的短期讲习班，请访华的外国交通专家与国内专家，以及学成回国的留学生一起讲学，以普及和提高国内同行对城市交通的认识和工作能力。

这十年来，在建设部、公安部、交通部和国家经委下面，在各大城市（如：京、津、沪、穗、沈等）和高等院校内还成立了一批城市交通研究所、室，他们不仅承担了国内的重大攻关课题的研究，而且与国外同行交流频繁，成为引进国外先进理论和技术手段的窗口，是发展我国城市交通事业的骨干力量。

在党和政府各级组织领导和关怀下，经过这十年的努力，我国的城市交通事业正在逐步成熟起来。土地开发和利用已开始与城市交通的发展结合在一起，对城市道路网和交通网的研究、各种评价指标体系的研究、轻轨交通的研究、交通经济效益分析、交通心理的研究等也已起步，交通发展战略和综合治理交通的思想已逐渐被大家所接受。但是，应该看到，在今后一段时期内，我国城市道路交通基础设施还是很薄弱的，改善仍然很慢；而交通需求的增长速度却十分快，交通方式正在不断向机动化方向转变。我们所面临的交通形势将更为严峻，任务是极其繁重的。愿全国城市规划和城市交通工作者，在各自的岗位上，以加倍的努力，为未来的十年作出应有的贡献，使我国的城市交通规划迈上一个新的台阶。

本文原载于《城市规划汇刊》1991 年 03 期。作者：徐循初

Ten Years of Urban Traffic Planning Development in China

Since China adopted the policy of reform and opening to the outside world, the urban-traffic problem has become more and more severe with each passing day. With the concerted efforts of the professionals from all over the country, and by introducing new theory, applying new technologies and new methods and by preserving in continuous practice and exploration, we have obtained gratifying experience and results in trying to solve the problem. Following is a historical review of the work we have done in trying to find the solutions to traffic problems. Meanwhile, the author also points out that in the next ten years, the task of China's urban traffic-planning is still very arduous and more efforts should be made in this respect to meet the needs of our economic development.

We have made unprecedented achievements in our ten years of research and practice of urban traffic planning.

Let's look back at our work of urban traffic planning since the founding of New China. In the 1950s, traffic-volume investigations were conducted in the road sections of some China's extra-large cities. In late 1950s and early 1960s, the Chinese cities studied the former Soviet experience in urban traffic planning. They made O/D investigations and O/D volume prediction of urban passenger and cargo transportation by way of inter-flow. However, because of the poor information flow, our work made little headway. Besides, traffic problems at the time were not as serious as those today, which made people unable to foresee the severe potential problems and to feel it urgent to solve them.

By the end of 1970s, with the adoption of economic reform to invigorating the economy and the frequent exchanges between cities and countryside and the cities themselves, city traffic volume increased drastically. The contradiction between the existing road traffic facilities and traffic development became sharper and sharper with each passing day. Thus, a nationwide research on urban traffic planning was put on the agenda. The

National Big-City-Traffic Academic Committee and the   City Public-Traffic Academic Committee were set up one after the other, pushing forward the research and practice of China's urban traffic.

I.Introduction and Development of City Traffic-Planning Discipline

In the end of 1970s, some American Chinese traffic-controlling experts visited China, bringing with them the theory and experience of traffic planning in other countries. Their lectures and seminars gave Chinese people a preliminary understanding of the ways and means for traffic planning. In Shanghai and Tianjin, investigations were conducted on cargo flow and the characteristics of urban inhabitants' trips. But the data were mostly processed manually. Though hole-punched cards were used to process the O/D data, the application was still limited due to the fact that data were obtained from too many traffic zones. In 1982, in Shanghai and Xuzhou, self-made computer software was used to process data obtained in traffic surveys, which was a big progress ever made. This situation was quite similar with that in United States in 1950s.

With the application of modern technologies in data processing, at least 37 Chinese cities conducted investigations on traffic volume, public-traffic volume. O/D investigation on monthly tickets for buses and cargo flow, investigation on the trips urban residents and transients, the speed of vehicles, traffic accidents, etc.. Through these investigations, great number of data were obtained, which laid solid base for the establishment of traffic-prediction models. Many cities made optimized design models for public traffic lines and self-recording instruments and meters and other equipment for traffic volume investigations. In 1983, Beijing succeeded in traffic flow and vehicle-speed research by using aerial photographs. After 1985, in the research of traffic models, China started with low-standard imitations and gradually introduced and digested the prediction models of other countries. Now, we have entered the stage of researching and manufacturing comprehensive models for traffic planning and assessment. Some senior institutions and research organizations in Shanghai, Nanjing, Beijing, Tianjin, Chengdu, Changsha and other cities can on their own efforts make applicable softwares which have almost reached global level and some of which with their unique features are well-received in the world.

II. Traffic Planning and the Close Integration of Traffic Engineering Theory and Practice.

As soon as they were established, the Big-City Traffic Planning Academic Committee and the City Public-Traffic Academic Committee carried out researches on such issues as the traffic-structure changes in our large cities, some issues concerning bicycle development and planning, the priority for public-traffic development and the difficulties in its implementation, the development of rail transit in large cities and other issues. Special researches were conducted on the improvement of utilization of the existing urban roads and raising their traffic-handling capabilities. Good results were achieved and cities were pushed to tap the potentials of their existing road facilities. Take for example the irregular crossroad section where five roads joined, in the east of the former Warping County, Beijing. At the peak time, there was very heavy traffic congestion and vehicles had to wait for 2-3 hours to pass through it. A few measures were taken to improve the road facilities, and vehicles were only allowed to go around a circle in one-way traffic. Vehicles only had to wait for a few minutes to pass through the inter-section. Another example was the Jianshe road and Liuche road in Shenyang. In the past, motor vehicles and bicycles were allowed to pass through these two roads without separate lanes, resulting in many accidents and slow speed. Later, Jianshe road was devoted only for motor vehicles, and bicycles had to go through Beisi road and Nanliu road. At first, some people and even a few leaders complained about the change. They even rose up against it. However, practice proved that the adoption of the measure greatly improved the traffic, raised the speed of motor vehicles by 20% and cut down traffic accidents by 20%. It also raised the bicycle speed and cut down the staff and workers rush hours by 10%-15%. Furthermore, sales income for those stores in Beisi road and Nanliu road was higher than those in Jianshe road. Take the Ganjiakou Crossroad in Fuwaidajie, Beijing for another example. In the past, motor vehicles and bicycles were mixed up when passing through, the crossroad and the proportion of left-turn vehicles was high. At the rush hours, vehicles had to wait for 2-3 traffic-light changes to pass through it. Later, the crossroad was expanded and motor vehicles and bicycles were separated and traffic congestion disappeared. The West Pearl River Bridge, Guangzhou, had a rail-road in its middle and two sideways for vehicles. As the four longitudinal slopes up to the bridge were too steep, it was difficult for the heavy-duty trucks with trailers to climb up while other vehicles could not overtake them, resulting in long vehicle queue, empty bridge and heavy traffic congestion. By applying traffic-engineering theory, Guangzhou only spent 900000 Yuan to expand the four slopes into three-lane, two-lane and one-lane slopes respectively; enabling some vehicles to make overtakes. And the two side roads on the bridge are no longer empty but used to their fullest capacity. The bridge itself had been made full use of and the plan for building a new bridge was postponed. Still another example was two irregular T-shape road sections in front of the Guiyang's long-distance bus station of Guizhou Province. They were very congested in the past. Plan was made to build a large-scale circular road section. In this way, a lot of houses had to be removed and normal transportation would be affected. Moreover, the rapidly-growing traffic volume would soon make the road section unable to handle and new traffic congestion would occur. By applying the traffic-engineering theory, Guiyang city expanded the 90-meter road section between the two irregular T-shape road sections, which had not only made the traffic smooth but also saved more than 3 million Yuan. Besides the above means for improving the traffic conditions, our cities have also taken other measures, such as marking traffic lanes, adding more traffic signs, building traffic safety islands, partitions and channelized crossroads, organizing one-way-traffic, constructing bay-shaped public-bus stations and making some streets in the commercial centers and areas pedestrian streets or zones. All these measures have greatly improved our traffic conditions. There are many more examples like these in our cities, the exchanges of experience has helped raise planning techniques of traffic planners enable the broad mass of people and their leaders to have a better understanding of traffic planning and save large amounts of construction funds for the country.

III. The Continuous Scientific Research is the Important Guarantee for the Improvement of City Traffic Planning.

Since 1980s, we have launched several campaigns in the field of urban traffic planning research.

First of all, the Ministry of Construction made "To Raise the Capability of

Urban Roads to Handle Traffic by Improving and Utilizing the Existing Roads' as a ,research subject. It was divided into four parts.

Research on traffic flow and its direction.

The cities made a great number of investigations, and had a clear understanding of the characteristics of urban traffic flow in different time and space. A large number of important data were obtained for the immediate improvement of the urban traffic and the making of long-term traffic plans.

Research on the system of urban traffic flow road network, traffic management and the environment outside the roads by applying system engineering and CAD method.

Research on how to raise the traffic-handling capability of crossroads, road sections and traffic trunk roads. Through long period of observations, Beijing and Shanghai worked out three methods-stop-line, conflicting point and time-delay methods for calculating traffic-handling capability of crossroads and the equation for calculating bicycle-traffic handling capability of the crossroads and road sections, thus laying foundation for making standards and norms for planning urban roads in the future.

Strengthen urban-traffic management.

Measures taken to improve traffic signs, marking, partitions, traffic islands and other traffic facilities. One-way traffic rules were enforced to raise the road-traffic-handling capability and to ensure safety. This research subject not only raised the road-traffic handling capability but also pushed forward the research on our urban traffic planning and management. Later, Traffic Engineering Associations were established one after the other in our country, which gave popular impetus to the development of our urban traffic.

Secondly, the State Commission of Science and Technology, the State Planning Commission, the State Economic Commission and the Ministry of Construction set the research task for the making of traffic technology policy. This was the 18th topic for research on national science and technology policies—"The Issue of Development Direction of Urban Traffic and Transportation". Sponsored by the Ministry of Construction, experts from all over the country were, once again, organized to carry out research on the following aspects.

The present situation and development prediction of our urban passenger transportation.

The rational structure of urban passenger transportation.

The development prospect of bicycles and other private transportation means in our cities and the relative policies.

The feasibility study for the development of rapid passenger transit means in our large cities.

The application of modern communication system in the dispatching of urban public vehicles.

The research on the coordinated development of urban roads and traffic.

Economic benefits in raising traffic-handling capability of the level crossroads.

The development direction of modern urban traffic management technology.

The research on the relations between railway lines with pivotal passenger stations and urban traffic.

The stress of the research was put on the passenger transportation inside the large cities, urban roads and urban traffic management.

After summarizing the past research results and data, further research was conducted on the traffic and transportation problems in many of the Chinese cities to find out the universal laws governing traffic development and problems in our large, small and medium-sized cities, thus laying important foundation for the making of China's science and technology policy (the blue paper). With its further development, traffic research became popular in our small and medium-sized cities gradually.

Thirdly, the Ministry of Construction set a new task— "Research on the Classification of Urban Infrastructure of the Chinese Different Cities and Their Development Level, aimed at an all-round examination of present situation, problems and development levels and the ten items of infrastructure in China's large, medium-sized and small cities (including the urban road traffic infrastructure). All-round investigations were conducted and typical examples were analyzed. By utilizing the method of stratum analysis and data-processing software introduced from abroad, by analyzing the various social and economic development factors, and the experience and lessons obtained in the city development of other countries through comprehensive studies, great successes were achieved, which pushed forward the research on the investment policies for urban infrastructure construction and laid solid foundation for working out the fixed-quota index for different items of urban infrastructure (including road-traffic infrastructure).

Fourthly, the State set the task of urban traffic research-research on "Rational Traffic Structure in Large Cities and New Traffic and Transportation Means", one of the key research topics for the Seventh Five-Year Plan Period. The contents include the researches on the relations between land use and traffic development in large cities, the light-rail transit and its engineering facilities, the urban traffic management and traffic-safety appraisal, and installation and construction standards for urban traffic facilities (such as parking lots, overpasses, pedestrian overpasses and so on), etc.. This research topic was intended to deal with the untouched area in our urban traffic planning, construction and management, and put emphasis on the large cities. It, once again, expanded our urban traffic research fields and further pushed forward the depth of our research work, enabling our traffic planning work to move from the stage of nature determination to the one of combining quantity calculation with nature determination.

Fifthly, by the end of 1980, large cities such as Tianjin began to understand that the research on and making of traffic development policy had close relations with urban land development. Especially when the World Bank introduced the experience and lessons of traffic development in other developing countries, our traffic planning workers further realized that traffic development was not merely a technical issue, but had close relations with the overall planning of social and economic development, the connection of urban traffic system with that outside the cities and the comprehensive planning of mufti-transportation means. The policy of urban traffic development and investment had direct impact on the development of urban-traffic structure. To solve the urban traffic problem in an all-round way has become one of the research fields in our country. The gap between the traffic planning research in China and that in other countries is gradually narrowing. Our traffic-planning level is similar to that of other countries in 1970s. However, there is still a big gap in practice.

Ⅳ.The Formulation of Traffic Standards and Norms

In mid-1984s, the State Planning Commission, the Department of Standards and Norms of the Ministry of Construction formulated technical standards and norms for various construction projects, including "Norms for Urban-Road Designing", "Norms for Urban Road-Traffic Planning and Designing" and a series of technical standards, operation rules and regulations, construction standards and planning standards and norms concerning urban transport, such as those relating to trolley buses, their overhead contact wires, rectification station, the public transport vehicle, maintenance stations, factories and workshops and ferries, etc.. At the meantime, the Ministry of Public Security also made quantity standards for the construction of parking lots attached to public buildings. These measures gradually made the urban traffic planning and designing work standardized, which improved the quality of traffic planning and designing.

V. The Role of Urban Traffic Academic Committee

In 1979, the Large City Traffic-Planning Academic Group was set up in Beijing. Under the concern of the Urban Planning Committee of the Society of Chinese Architects, it kept growing fast. At each symposium, there was one main topic for discussion. In this way, the city management and scientific research were pushed forward. For instance, at the second academic conference on large city traffic planning held in Shanghai, "A Proposal to Solve Traffic Problems in Large Cities in an All-Round and Planned Way" was made by the participants. At the conference, the participants fully estimated the future severe traffic situation in our large cities and were of the opinion that plan should be made at the earliest time to deal with it. In the proposal, the participants called the various city departments of urban construction, security, traffic and transportation planning and designing for concerted efforts to make contributions to the realization of urban traffic modernization. They also urged the central government local authorities for strengthening organization and leadership and transferring more people for the research of traffic planning and personnel training to develop our traffic management task. Their proposal met with enthusiastic responses. Later on, many institutions of higher learning started to offer traffic engineering course. They trained more university graduates and postgraduates for the society, enabling the traffic research work develop vigorously. As the society's work made big progress, many new members of the society and more participants attended its annual meetings. (The third annual meeting was held 1981 in Beijing; the fourth one, 1982 in Wuhan: the fifth, 1985 in Shenzhen; the sixth, 1986 in Chengdu; the seventh, 1987 in Guangzhou; the eighth, 1988 in Kunming: the ninth, 1989 in Beijing; the tenth, 1990 in Qinhuangdao; the eleventh, 1991 in Wuxi). They brought with them their experience in solving their city' traffic problems. At its fifth annual meeting held in 1985 in Shenzhen, the name of Large-City Traffic-Planning Academic Group was changed into the City Traffic-Planning Academic Committee.

What is worth mentioning is "The Nationwide Symposium on Traffic Policy and Management Attended by Some of the China's Large Cities" held in July 1986. It was attended by over 130 participants from the departments, research institutions, designing institutes and institutions of higher learning under the State Commission of Science and Technology, the Ministry of Construction, the Ministry of Public Security, State. Planning Commission, the Ministry of Communications, the Ministry of Railways and the Chinese People's Insurance Company and from the Commission of Science and Technology, Commission of Construction, Various Bureaus Concerning Planning Public Utilities and Security, and the Designing Institute for Municipal Works under the Municipality of Guangzhou, Beijing, Tianjin, Shanghai, Shenyang, Changchun, Harbin, Dalian, Wuhan, Xian, Chongqing, Nanjing, Hangzhou, Fuzhou, Shenzhen and other places as well as renowned specially-invited experts and representatives. At the meeting, the participants held all-round discussions on the traffic issue in our large cities. They summed up the experience on the making of principles, policies, laws, rules and regulations; road construction and traffic management, in order to find principles for solving traffic problems in a comprehensive way, make policies for traffic development and adopt advanced technologies and measures. The participants were all of the opinion that:

Just as railways, highways, water (sea, river) and air transportation, traffic in large cities occupies important place in national economy and is an important component of the national economic structure and transportation network, and attention should be paid to it strategically.

The old concept about urban traffic and transportation should be discarded. Urban traffic is not non-productive, but can bring about great social and economic results. It promotes land use and increases its value.

The idea "once there are vehicles, there is no problem in transportation" should be changed. We will not do without good road infrastructure for road traffic. We should not only pay attention to traffic construction but also to traffic management. We should be aware that a good traffic order is achieved with 30% of construction and 70% of management. There must be ways and means and rules and regulations for traffic management. Otherwise, the number of traffic accidents will increase drastically, which will cause the psychological factor of unstableness of the city.

We should make clear the nature of public-transport enterprises and give priority to the development of public transport. Its development should be ensured in policy-making, urban planning construction and financing. Otherwise, private transportation means will continue to grow. Notwithstanding the upgrading of the transportation means, the severe urban traffic situation would not be improved. We should pay attention to the role of railways in the near suburban areas and the feasibility study on the development of light-rail transit should be done right away without delay.

In cargo transportation, the number of professional transportation teams is decreasing while the non-professional ones (such as vehicles owned by individual organizations) are on the increase. The efficiency of those non-professional ones is very low. Therefore, the development of non-professional transportation teams should be restricted.

The emphasis of solving the urban traffic problems should be put on how to solve the traffic problem in the rush hours in the central business district (CBD). We should pay attention to traffic needs of the transit trips and the impact of the vehicles from outside the cities on the pivotal entrance and exits of the cities.

In planning the urban traffic, the ability to analyses the survey data should be raised and so should the traffic forecasting technology. We should study the relations between road-network planning and traffic structure and the requirement for the construction of trunk and pedestrian streets of the CBD of large cities after the upgrading of the functions of the third sector. We should also study the index system of traffic appraisal.

We should adopt the policy of paid-use of road traffic facilities, namely, those beneficiaries of the facilities should pay for their stable sources use, so that we will have the stable sources of funds for traffic facility counstruction and maintenance which should be guaranteed by policies.

The meeting enabled the experts of various areas to have a unified view and aspiration to deal with the traffic issue in an all-round way. It gave a great impetus to the China's cities to research on soft and hard aspects of their urban traffic topics. The meeting also enabled the technical personnels of various fields such as planning, traffic, civil engineering, municipal works, public utilities and management to coordinate with each other in bringing traffic under control.

Over the past ten years, the various urban-traffic academic groups and information organizations have publicized more than 20 periodicals and materials for internal exchanges, providing good arenas for the professionals and armatures of urban planning and traffic management to exchange views and spread the results of scientific research as well as to introduce the advanced experience of other countries. All this flourished the academic activities and play the role of popularizing and enriching the knowledge of traffic planning and management.

VI.The Training of Professionals for Urban Traffic Course

In the past ten years, over ten universities and colleges have offered specialties of urban-traffic engineering and management and trained a large number of graduates and postgraduates with masters' or doctorate degrees.

Entrusted by the Ministry of Construction, some institutions of higher learning also ran some training classes for traffic management and seminars attended by leading cadres of urban construction. In accordance with the directives by the leading members of the central government, the Ministry of Construction and the Chinese Association of Scientific and Technological Workers sponsored 12 seminars attended by the mayors of the Chinese cities. In the seminars, the mayors studied the contents of controlling city traffic in a comprehensive way, which rendered great help in their future work.

Besides, many short—term training ourselves were also held in different localities for the trainees to study city planning, the planning and management of urban traffic. Foreign traffic-controlling experts, Chinese traffic controlling experts and those Chinese returned students were invited to give lectures in the seminars in a bid to popularize the traffic controlling knowledge and raise the ability of the Chinese traffic controlling workers.

Over the ten years, some research institutes of offices have been set up in some large cities (such as Beijing, Tianjin, Shanghai, Guangzhou, Shenyang and other cities) and institutions of higher learning under the leadership of the Ministry of Construction, the Ministry of Public Security, the Ministry of Communications and the State Economic Commission. They are not only responsible for doing research projects, but also conducting frequent exchanges with their counter parts in other countries. They served as windows for introducing advanced theory and technical means from foreign countries to China and are backbones for the development of China's urban traffic tasks.

Under the leadership and the concern of the party and government and with the efforts made during the past ten years, urban traffic tasks in China had gradually become matured. The land development and utilization have begun to be integrated with the urban traffic development. The research on urban road network and traffic network, the various indicators system for traffic appraisal, the light-rail transit, the analysis of traffic economic results, traffic psychology and other aspects has got started. The traffic-development strategy and the concept of bringing traffic under control in an all-round way have gradually been accepted by the society. However, we should be fully aware that in coming period of time, the infrastructure for our urban traffic is still weak and will be slowly improving. The traffic needs are growing fast and traffic means will tend to be motorized. We will be faced with very severe traffic situation and our tasks will be very arduous. May the China's urban planning and traffic workers will double their efforts in their different posts and made their due contributions for the improvement of urban traffic management and push our traffic planning work one step forward.

Translated by Ye Maozhen

本文原载于《China City Planning Review》1992 年 02 期。作者：徐循初

城市交通规划方法的改进——乌鲁木齐市城市交通规划探讨

一、城市概况

乌鲁木齐是我国西北边陲重镇，新疆维吾尔自治区首府，位于古"丝绸之路"的中部。1990 年 9 月兰新线西段与独联体铁路接轨，以陇海—兰新线为依托，乌鲁木齐向东直达连云港和全国各地，向西通往独联体、中亚、西亚、东欧等地，一跃成为我国向西的门户，乌鲁木齐机场是我国四大门户机场之一。全市行政现辖的七区一县和六个国营农牧团场，总面积约为 11400km²，其中城市建设用地约 150km²，并成为全疆的交通枢纽。

乌鲁木齐城市布局为"集团式多中心"的结构，用地狭长而分散。市区呈"丁"字形带状分布，东西长 40km，主要是重工业和对外交通用地；南北长 30km，主要是生活、行政、商业、机械工业用地。老城区、友好区和为城市中心区的新市区，市内红山和雅玛里克山对峙，两山间隔仅 800m，形成新旧市区的咽喉要地。

50 年代以来新建的企事业单位"企业办社会"的现象极为普遍，单位大院式"小而全"的布局是其主要特征。老城区内办公、商住、生产用地混杂，人口密集，建筑以中低层为主。近年来旧城改造中高层建筑发展迅速，中心市区内的土地使用强度迅速提高。

由于在城区扩展中，城市北部与南部旧城区呈错位，中心市区内的土地使用强度的提高，红山嘴和雅玛里克山之间的瓶颈及随着经济发展城市机动车的大幅度增加，城市交通问题日益困扰广大市民。

二、路网结构

乌鲁木齐市干路网以南北向为主导。河滩公路纵贯市区南北，承担主要货运车流和部分过境车流，西过境路北段（乌伊公路）为一级公路。

市区东西向道路主干道有喀什路、新医路，克拉玛依东西路，分别贯通市区北部和中部，此外，老城区内还有光明路、青年路、人民路、奇台路、龙泉街、钱塘江路和团结路等；新市区有迎宾路、河南路等。

老城区外围由扬子江路—长江路、钱塘江路—团结路、东环路（目前尚未接至钱塘江路）、光明路构成环路，内部为不规则的方格网，道路间距小，约300～750m，宜发展商业，其干路网密度为3.8km/km²；新市区多为规则的矩形地块，道路间距750～1250m，其干路网密度为2.0km/km²。

40年代规划的红山嘴南河滩路西侧的道路网，干路支路分明，尤其支路密集并且贯通，对疏解该地区近距离交通起了很大的作用；相比之下，建国以后的规划由于大院式布局，支路成为单位内部道路不对外开放，并且相互不贯通，支路功能减弱，远近交通都汇集于干路，容易产生交叉口交通问题。

三、交通调查概况

乌鲁木齐市的5～10月份为交通繁忙季节，其中尤以9月份最紧张。根据这一特点，乌鲁木齐市于1993年9月开展了大规模的交通调查，项目分为市内机动车调查、出入口外来机动车调查、道路断面流量观测、居民出行调查、车速调查、占路调查等，这些调查为市内交通特征的分析提供了详细的数据资料。市区内共划分成85个交通小区，14个特殊点。道路流量断面观测点共设置115个。

根据市内机动车出行调查，换算成当量小汽车的机动车早高峰小时为上午09：30～10：30。机动车早高峰较居民出行早高峰晚。

高峰小时机动车的总出行量为4万余辆当量小汽车，其中客车占60%，货车占40%。机动车主要流量流向呈以旧城为中心向外放射状。纵向以昌吉、新市区、友好区南北偏西方向为主流向；其次是米泉、石化方向（图1、图2）。

南北向流量大的主要路段有河滩路、北京路、友好路、西北路、西过境路、黄河路、扬子江路、新华路。

东西向流量大的主要路段为喀什路、新医路、克拉玛依路、

图1 现状机动车路网流量图

西虹路、光明路、人民路、钱塘江路。

由于用地布局和路网结构,大量机动车要通过红山嘴和雅玛里克山之间的狭窄地段,流量集中,形成中心区南北通道的瓶颈。

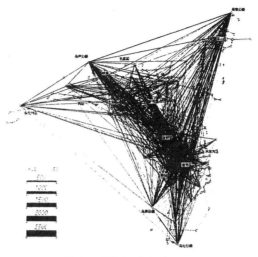

图2 现状机动车总量图

四、主要交通特征

由于乌鲁木齐市在城区扩展进程中,西虹路北部城区与南部旧城区呈错位关系,加上红山嘴和雅玛里克山之间的瓶颈处,只有三条道路联系南北市区,使某些重要路口(如西虹路、友好路口)左转过多。受这个地区交叉口通行能力的制约,周围路段车道通行能力不能充分发挥,高峰时交通不畅。

主要交通特征如下:

· 路网瓶颈流量集中;

· 城市出入口少,易堵塞,如乌奇公路—喀什路口;

· 旧城内以及左转车流大的路段车速低;

· 行政办公、商业网点密集地段停车强度高,公共停车场缺乏;

· 居民全日的出行中,公交车占18.6%;自行车占21.7%;步行48.9%;单位车7.1%;其他3.8%。

五、交通规划的层次、模型及目标

交通规划分为战略规划和专项规划两个层次。

战略规划是以乌鲁木齐市城市总体规划的目标和要求为前提,宏观考虑交通发展趋势对城市交通的影响,提出未来的城市交通发展战略。

专项规划是在战略规划的框架下,就现状交通问题和未来的发展,提出具体的规划方案和建议。

规划作为一个连续的过程,后阶段的工作应对前阶段的工作实施效果进行评价及修正,以使城市交通朝着所期望的目标发展。其相互关系见框图。

本次规划侧重虚线框内的工作(图3)。

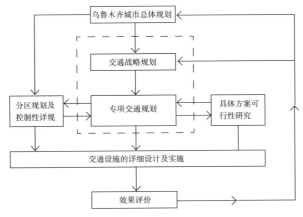

图 3　交通规划层次框图

　　城市的社会经济发展、路网系统、出行因素及土地使用等各种因素都在不断地变化中，同时规划应是一个由多方面参与的不断调整的过程，因此建立反应迅速的实用可行模型显得十分重要，可以用它来评价改进交通走廊的各种方案与建议。由于我国许多城市都处于迅速发展之中，要求模型建立在简单的土地使用参数基础上，如人口密度、区位特征、土地使用性质和强度并有足够的精度。

　　交通模型通常被用来模拟通过某一地区的出行活动。如果将合适的资料输入计算机，这些模型可以估算各个路段上的交通量需求和各交通小区的出行需求，这将可以评估路网系统及规划新的交通网。

　　建立的乌鲁木齐市交通规划模型是以 EMME/2 软件为基础，该软件已被世界各国众多交通规划师广泛应用。

　　乌鲁木齐市交通规划模型中，选择了早高峰时段 9：30 ~ 10：30。该模型定义三种交通方式：机动车、公交和辅助公交方式。

　　经过校核乌鲁木齐市交通模型机动车高峰小时校核结果误差为 5%。

　　在规划中考虑了：

　　经济目标——高效性

　　社会目标——公正性

　　环境目标——可持续性

　　下面就经济目标中如何在现有路网基础上逐步调整、发展路网扩大交通运输系统，使之与人口增长和用地扩展所带来的交通需求相适应，同时如何实施城市路网的分期建设，合理诱导及适应城市的扩展，逐步形成城市骨干路网系统。

六、交通需求发展

促进乌鲁木齐市交通发展变化的最主要因素之一是人口的增长和重新分布。从 1983 年到 1993 年，乌鲁木齐市区人口增长了 1.6 倍，同时，家庭日趋小型化，家庭数量的不断增长，人口的分布具有扩散的趋势。

考察 1981 年以来的人口规模发展趋势，根据《乌鲁木齐市社会经济总体发展战略研究》提出的 2000 年、2010 年和 2020 年乌鲁木齐市内总人口可能达到 160 万、198 万和 220 万人为基础，综合考虑用地发展和流动人口因素，框定人口规模为：

2000 年　150 万 ~ 160 万人；

2010 年　180 万 ~ 200 万人；

2020 年　220 万 ~ 250 万人。

目前乌鲁木齐市的总体规划正在修编，根据城市用地发展规划的初步意向，确定了远期的人口密度分布（图 4）。

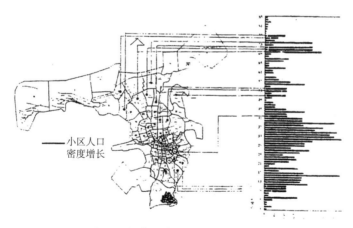

图 4　远期居住人口密度分布图

总体规划修编意向中，近期内可能开发较快的用地约为 4km² 高新技术开发区，约 3km² 经济技术开发区，约 2km² 南湖综合片区和约 5km² 大湾居住片区。远期新市区中心将成为未来的市中心，与旧城一起，使乌鲁木齐成为双中心城市。

远景（规划期末之后）发展用地可考虑约 7 ~ 8km² 的七道梁用地和北

站南边二宫站以西约 15km² 的南戈壁用地。现有的地窝堡机场远景有可能北迁,原机场用地可能作为辅助机场保留,也可能作为城市开发用地(图 5)。

图 5　用地与交通关系图

乌鲁木齐目前出行次数为 2.67 次 /(日·人),以工作出行为主,文娱、社交等出行少,今后随着经济发展和人民生活水平的提高,"企业办社会"的模式有可能逐步解体,大院内的道路及其他服务设施趋于社会化,出行次数还会增加,考虑到乌鲁木齐远期的发展规模和它在区域中的作用与地位,假定人均出行次数可能达到 2.8 次 / 日。

全市居民总出行量大幅度增长:按 2010 年和 2020 年市区总人口 180 万人和 220 万人计,全市日出行量约 540 万人次和 616 万人次,是 1993 年调查时的 1.4 倍和 1.7 倍左右。

从需求方面来说,随着社会经济的发展,机动车拥有量的迅速增长和机动车出行需求的增长是引起城市道路交通拥挤的主要因素之一。

根据已有的统计,乌鲁木齐市机动车年增长率达 11.6%,其中客车比货车的增长速度快,而摩托车的增长最为显著,1986 ~ 1992 年年均增长为 19%,近两年又趋于平缓。

根据调查乌鲁木齐市的居民对公共交通有特殊的偏好,除非有更为灵活方便的方式,这种增长还会继续下去。从过去 6 年机动车的发展过程来看,其数量上的增长与时间、人口、产值和人均国民收入有较大的相关性,几种方法预测如下：

单位：万辆

年份	人均保有量法	趋势外推法	弹性系数法
2010	18 ~ 20	16	20
2020	27 ~ 32	21	30

综合以上方法推测：

2000 年机动车数量约为 10 ~ 14 万辆；

2010 年机动车数量约为 20 万辆左右；

2020 年机动车数量约为 30 万辆左右。

七、路网发展分析

从供给方面来看，与机动车迅速增长相比，作为城市基础设施的城市道路网建设的缓慢增长以及路网布局的不尽如人意是导致城市道路拥挤的另一重要因素。

交通需求发展将形成未来的出行分布，对城市交通也提出新的要求。在政策上有效地发展交通供给，协调供需矛盾，使交通与城市用地规划相结合，提高城市内部活力，促进城市与区域的联系，适应和促进下一个世纪乌鲁木齐的经济大发展是交通发展战略研究的重要内容。

对于路网发展方案，在不同的布局结构、道路功能等级、交通管理政策条件下可能产生的结果，利用所建立的乌鲁木齐交通模型进行了大量的模拟分析。

模拟分析所得结果不仅能明确城市的规划期末所应形成的城市战略路网及其作用，更重要的是能为如何从现在走向未来、分阶段地实施路网、从纷繁的矛盾中找出近期结症提供依据。这里，仅列出影响全局的主要干路，来考察它们对改善交通的作用。

基本方案：现状道路网的基础上，河滩路改造成快速路，东内环路至胜利路打通。

方案 A：基本方案基础上，建苏州路，拓宽新民路，将南湖路连至苏州路。

方案 B：方案 A 基础上，将新医路向东延伸，接到七道湾路。

方案 C：方案 B 基础上，修建乌奎一级公路，形成乌鲁木齐西外环路。

方案 D：方案 C 基础上，重新整理道路等级，加强管理，对主干路主要是：设置中央分隔带，减少路段上的机动车左转；

设置辅路（或封闭一些路口），减少主干路两侧的单位出入口和支路对车流的影响；

减少行人和非机动车的横向过街干扰，等等。

方案 E：方案 D 基础上，打通雅玛里克山北端处至西过境路的隧道。

方案 F：方案 E 基础上，六道弯路接苏州路，并对部分道路进行拓宽改造，其中包括：东内环路经五星路、六道弯路、苏州路至乌昌公路拓宽成 6 车道。

方案 G：方案 F 基础上，东内环路经五星路、六道弯路、苏州路至乌昌公路建成快速路。

方案 H：方案 F 基础上，西山路 – 西虹路至河滩路为快速路，黑龙江路 6 车道。

方案 I：方案 G 基础上，西山路 – 西虹路至河滩路为快速路，黑龙江路 6 车道。

（一）测试条件 1

高峰小时出行量 10 万辆当量小汽车，相当于 2010 年全市保有 20 万辆（自然数）机动车。维持老城中心和新市区现状的吸发量比例，即分别占全市总吸发量的 45% 和 15%。

基本方案和方案 A ~ G 的测试结果见下表。

测试指标		基本方案	方案 A	方案 B	方案 C	方案 D	方案 E	方案 F	方案 G
速度 km/h	河滩路	6.3	12.7	12.8	14.8	28.6	33.3	36.9	36.9
	北门	4.5	16.8	17.0	18.0	18.9	19.2	19.0	21.1
	五星路	14.6	13.5	13.5	16.5	19.0	20.5	22.2	26.4
	人民路	12.2	12.6	12.6	12.6	17.0	17.2	17.1	17.9
总时耗（h）		—	—	—	—	29729	29090	27575	26660
车速损耗（万元）		—	—	—	—	1520	1485	1432	1361
损耗节省（万元）		—	—	—	—		35		71

注：①速度指高峰小时机动车路段双向平均行程速度。
②河滩路指西虹路至红山路段；北门指新民路北门至红山路段；五星路指五星路—红山路口以北的一段道路；人民路指新华路至红旗路段。
③总时耗指高峰小时内机动车行车时间总和。
④车速损耗指行车速度以规定速度（快速路、主、次分别为80，60，40km/h）为标准，按每辆车行驶速度降低 1km/h 损失 0.48 元计所得到的损耗费用。
⑤损耗节省指前面方案的车速损耗与该方案的车速损耗之差。

（二）分析讨论

1. 如果河滩路改造完成，东环路接通胜利路，而路网不再完善，路网仍阻塞。（基本方案）

2. 南湖南北路建设和新民路增加到 4 车道，河滩路和北门交通阻塞可缓解。（方案 A）

3. 新医路向东延伸，乌奎一级公路建设，如不加强交通管理，对改善瓶颈和旧城交通的作用有限。（方案 B，C）

4. 道路分级，加强管理，交通改善作用非常明显。（方案 D）

5. 打通雅玛里克隧道，接通东环路至苏州路，东环路—苏州路建成快速路，对路网改善都有作用。（方案 E，F，G）

6. 打通隧道后每日在高峰小时节省 35 万元，一年按 300 天计，年节省 1.05 亿元。（方案 E）

7. 建东环快速路后仅高峰小时每年就可节省 2.1 亿元。（按 300 天计，后同方案 G）

为进一步考察东环快速路的作用，以下测试 F 和 G 方案以及它们的发展方案 H 和 I 方案，在出行量增加时的情况。

（三）测试条件 2

高峰小时出行量 15 万辆当量小汽车，相当于 2020 年全市保有 30 万辆（自然数）机动车。维持老城中心和新市区现状的吸发量比例，即分别占全市总吸发量的 45% 和 15%。

方案 F ~ I 的测试结果见下表。

测试指标		方案 F	方案 G	方案 H	方案 I
速度（km/h）	河滩路	19.9	21.8	21.8	23.9
	北门	13.0	14.3	13.1	14.6
	五星路	11.5	14.5	12.4	16.7
	人民路	15.6	16.9	14.8	16.9
总时耗（h）		84574	81596	82696	79698
车速损耗（万元）		2593	2494	2456	2330
损耗节省（万元）			99		126

注：① 速度指高峰小时机动车路段双向平均行程速度。

② 河滩路指西虹路至红山路段；北门指新民路北门至红山路段；五星路指五星路—红山路口以北的一段道路；人民路指新华路至红旗路段。

③ 总时耗指高峰小时内机动车行车时间总和。

④ 车速损耗指行车速度以规定速度（快速路、主、次分别为 80，60，40km/h）为标准，按每辆车行驶速度降低 1km/h 损失 0.48 元计所得到的损失费用。

⑤ 损耗节省指前面方案的车速损耗与该方案的车速损耗之差。

（四）分析讨论

1. 当高峰小时机动车出行量增多时，快速路的作用也随之增大，方案 G 要比方案 F 每年节省损耗 2.97 亿元。

2. 方案 G 和方案 F 中，分别再增加快速路和道路的车道数，方案 G 的作用更为显著，每年节省损耗 3.78 亿元。

3. 总的情况是快速路吸引了大部分的交通量，而减轻了其他道路的交通压力。

所以，路网规划将在方案 G 的基础上发展和完善（见交通发展建议部分）。

八、停车

根据调查及我国大城市的经验，停车难与行车难同是困扰我国城市交通的问题，为此，在该阶段对城市的停车总量及分布进行了研究。首先，根据调查分析建立城市用地与停车的关系，然后由城市用地的发展、机动车的增长确定停车总量及其分布。

从机动车出行调查分析发现，机动车停车时长 2h 之内的需求主要分布在老城区、友好区行政办公和商业网点密集地区。老城区主要分布在旧城（6 号大区）及其周围（3，4，5 号大区）；友好区内的友好商场（56 号小区）。

公共停车设施的规划和建设是城市建设的一大缺口，旧城内更加突出。旧城内有很大的停车需求，但目前尚无一处公共停车场。

机动车调查表明，出行车辆的停车位需求主要集中在停放时间在 2h 之内。基于社会停车场具有车辆停放时间较短，车位周转率较高的特点，将停放 2h 以内的临时停车位需求计为社会公共停车量（图 6）。

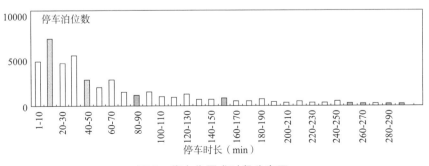

图 6　停车位需求时段分布图

经匡算，现状社会公共停车需求总量至少为 1.5 万个停车位，约是市内车辆总数的 19%。如果按照同样比例，规划 2010 年和 2020 年的市内停车车位数约为 3.5 万 ~ 3.8 万个和 5.3 万 ~ 5.7 万个停车泊位（相应规划年的机动车数量为 18 万 ~ 20 万辆和 28 万 ~ 30 万辆）。再考虑 14% 外来机动车的停车需求，需乘上系数 1.16，则全市社会停车位为 2010 年 4.0 万 ~ 4.4 万个和 2020 年 6.1 万 ~ 6.6 万个。

由于现状停车用地极度匮乏，尤其是中心区，许多应该配建的停车场都没有配建，在用地上又没有留有余地，因此必须在社会停车场中予以补偿。建议在上述指标的基础上，再分别乘以扩充系数 1.1 和 1.05，则 2010 年和 2020 年的规划停车总量分别为 4.4 万 ~ 4.8 万个车位和 6.4 万 ~ 6.9 万个车位。

配建停车主要依据各建设项目的性质和规模及在城市中的分布情况，按照乌鲁木齐市的有关规定配建机动车和非机动车停车位。这在今后城市建设中必须严格执行，并且禁止将配建的停车用地改作其他用途。

社会停车重点考虑的地段是中心商贸区和城市的出入口部位以及重点开发的地区。从现状各交通小区停车需求密度的分布看，停车需求与用地性质、人口密度有密切的关系。在乌鲁木齐，人口密度基本上也反映了土地的开发强度。开发强度高，停车位需求强度也高。例如，老城区（6 区）的停车位需求强度为 7.4 车位 $/km^2$，八钢（10 区）仅为 0.06 车位 $/km^2$。

根据近远期规划的用地调整和人口密度分布，各交通大区规划所需的机动车公共停车位数为：

交通大区号	现状（个）	2010 年停车位（个）	2020 年停车位（个）
1	625	735	920
2	1070	3420	5210
3	955	1480	1850
4	1235	1910	2390
5	635	920	1150
6	2725	2005	2510
7	1625	4560	7700
8	3045	4560	6630
9	2385	11390	19520
10	660	2990	3740

交通大区号	现状（个）	2010 年停车位（个）	2020 年停车位（个）
11	315	2020	3380
合计	15275	35990	55000

注：未包含出入口外来停车量

　　远期规划大型社会公共停车场 22 处。其中位于城市出入口的停车场 4 处，主要以停放外来大型货车为主；城市客运枢纽如火车南站、飞机场、南郊客运站以及老城外围设置停车场 5 处；此外结合货运枢纽的分布，设立货车停车场，以后逐步完善其功能，发展成为货物流通中心；其他为综合性停车场。

　　以上大型停车场有停车位 1 万个，其余 4 万～5 万个停车位分散到全市的小型停车场。

九、交通发展建议

　　乌鲁木齐远期道路网将以扩展的老城区为中心，形成山外围公路、快速路和干路组成的"环＋放射"的路网格局，建立以快速路为走廊，主、次干路为骨架，支路健全的城市道路网络（图 7、图 8）。

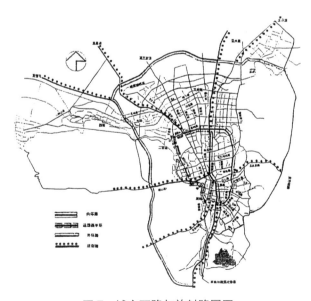

图 7　城市环路与放射路网图

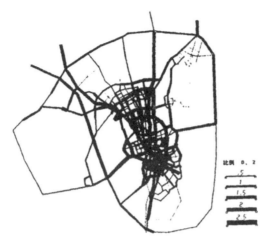

图8　规划路网机动车高峰小时流量分布图

（一）外环路

外环路由乌奎一级公路（乌鲁木齐段）、北外环路（米泉到西站）和东外过境路（尚未定线）这三条公路联结而成，距建成区尚有一定的距离，将不必要在乌鲁木齐市停留的过境车辆从市区道路引开，同时在市区道路交通阻塞时，能够起到疏解作用。其中西外环借用了乌奎公路（改线后的312国道）的一段，与市内道路有三个接口，极大地方便了国道经济影响区内各城市与乌鲁木齐市内的交通联系。北外环路不仅解决石化、米泉到昌吉的车辆穿越市区的问题，也改善了乌鲁木齐北部各集团区的横向联系，并且密切了乌鲁木齐市区及其北部各乡镇之间的联系。

（二）内环路

河滩路、六道湾路和东环路连成城市内环路。内环路实际是中心区的保护环，环呈扁长形（远期西过境路可视为内环路的西半环）。尤其是东半环，对瓶颈的交通分流和老城交通的疏解起决定性作用。

（三）放射路

乌鲁木齐作为全疆的主要集散中心，需要有对外放射道路，规划有六条放射路分别连接内外环路，成为城市对外联系的主要道路出入口。各放射路在各大组团边缘切过，并与机场、铁路、公路等客货枢纽点有方便的联系。放射路止于内环，既可提高市中心的可达性，又可减少市中心的穿越交通。这些放射路是：

　　·乌鲁木齐到大黄山公路

　　·苏州路 – 阿勒泰路 – 乌伊公路

　　·西山公路

　　·仓房沟公路

　　·河滩路南段

　　·温泉东路延伸段

（四）建立快速路交通走廊

　　乌鲁木齐用地呈"丁"字形，市中心区南北长30km，需有快速交通联系。快速路以老城为中心向外放射，切过各区中心的边缘。联系重要的对外出入口，成为机动车的快速交通走廊，使机动车交通能在中心区内迅速集散，快速地到达乌奎公路、乌昌公路、乌吐公路和乌奇公路等重要的对外出入口和机场（图5）。除了原有的河滩快速路外，规划中把内、外环路和放射路中的快速路和一级公路纳入快速路系统。

（五）主干路系统

　　主干路是连接城市片区的交通性道路，原则上以行驶机动车为主，不宜汇集大量的非机动车。主干路系统的规划主要针对原有路网的先天性缺陷，突破最窄断面的束缚，寻找道路网络的新的再生点。南北向道路的规划，根据河滩路东西两侧路网的不同特点，采用不同的规划策略。

（六）逐步建立轨道交通

　　轨道交通可改善公共交通网络的总体服务水平和刺激沿线地区的发展。根据国外经验和我国的实际情况，人口规模超过200万的大城市，线路单向高峰小时客运量超过1万人次/h，全市年客运量达到10亿人次以上，可采用大容量交通。预计2010年后，乌鲁木齐市很有可能达到这种交通需求。所以只要经济条件许可，逐步发展快速大容量交通可以作为公交持续发展和将来抑制私人小汽车大量增长的长远之计来考虑。根据乌鲁木齐的用地和交通情况，可以由市区纵向线利用外围铁路线的郊区环线组成。

（七）机动车与道路发展相协调

　　机动车的增长速度总是要高于道路的建设速度，如果对机动车的增长不加以控制，远期的道路交通的状况仍不容乐观。所以，在道路建设的同时，还必须从交通结构上考虑，大力发展道路利用率高的公共交通，加强交通需求管理，增加有效出行，控制机动车的出行量，使道路交通与道路容量相适应。

　　货运交通也应逐步提高效率，除规划货物流通中心外，还应向专业化方向发展。

（八）重视停车设施建设和管理

停车场建设应采取多种形式，及多渠道投资。鼓励社会和私人提供和经营停车设施。要保证采取有效行动杜绝违章的路边停车。

不管在新区或老城区，发展规划中均应包括停车场的规划。这种停车规划应在分区规划一级做，禁止把停车场所改作他用的违章行为，不仅要保证本单位车辆的停放，也要让外来联系工作的车辆停放。

本文原载于《城市规划汇刊》1995 年 03 期。作者：潘海啸　张涵双

郑大立　徐循初　蔡美权　邵永年

关于我国城市交通规划的改进

一、国内城市交通规划的回顾

建国以来，我国在城市交通规划领域取得了很大的进步。50年代，我们只会做一些道路断面的交通量观测，个别城市做了公交线路的运量观测。60年代初，由苏联传入的居民相互流动法首次在包头交通规划中应用，但由于计算手段差，无法多次迭代修改，用手摇计算器只能算十几个交通小区间的相互流动量（即O/D流量），因此无法推广应用。70年代后期，由西方传入的交通规划和交通工程理论开始在国内城市中推广使用，高等学校也增加了这方面的教学内容，开设了新的专业。全国成立了大城市交通规划学术委员会和城市公共交通学术委员会，有力地推动了城市交通研究。进入80年代初，国内自编的计算机软件首次应用于交通调查数据处理的交通预测，继而引进了国外交通规划软件，加快了交通规划的步伐，世界银行和各国援助项目请来的外国交通专家和教授来我国工作和组织培训，使国内的交通规划更得到较快的成长。在这个阶段，国内有20多个城市做了交通调查和交通规划或单项公交规划；同时，在国家科委、经委、计委和建设部的主持下，国内开展了一系列的城市发展技术政策的研究、提高城市道路通行能力和改善城市交通困境的研究，成长了一批交通人才。国际交通学术界频繁交流，推动了国内城市交通规划领域的科研活动，提高了解决实际交通问题的能力。进入90年代，国外交通规划咨询公司进入我国市场，带来了一些新的工作内容、方法和手段，活跃了城市交通规划领域的学术思想，使国内的交通规划从偏重"四阶段"的计算转向重视交通政策、交通背景、交通环境和交通结构的分析。城市土地使用规划进入市场经济以后，从由国家机构按计划拨地，转变为房地产开发商来开发和经营土地，其开发强度和用地性质迅猛地改变，使原来不完善的道路交通网络设施受到强大的交通压力；汽车工业的发展，摩托车、小汽车和卡车的数量剧增，使城市规划和交通规划工作者开始意识到下世纪城市交通将受到非常严峻的考验。在这样的形势下，有一批高等院校和城市交通规划研究所积极投入了当前的城市交通规划工作，在实践中探索在市场经济下交通规划所面临的新问题，去寻求解决的办法，经受实际的考验，提高了交通规划的能力和水平。这也对城市道路交通规划设计规范的编制及其规划思想和技术指标的确定起着极其重要的影响作用,规范的制定来源于实践的总结,吸收国外城市的经验和教训,又指导规范的编制,也推动了一批城市的交通规划工作。但是,还有较多的城市规划部门,对当前土地市场的变化所带来的一系列交通问题,如何在工作中去理顺这些关系,使之有利于交通发展的变化,在认识上还很不够。

应该肯定,这些年来国内城市交通规划界的同志们齐心协力做了许多工作:

在城市交通规划中,明确认识到交通规划的目标是为加快城市经济发展,为促进土地开发,为缓解城市交通。

在交通规划各个阶段,提出不同的要求:在城市总体规划时,要做好交通发展战略规划的道路交通网的骨架;在城市分区规划、控制性详细规划和修建性详细规划时,也要分别有相应的交通规划内容和交通影响分析。

在交通规划的内容上:

(一) 交通需求的研究,随着城市交通调查的普及和深化

1. 调查和研究了居民出行特征,以及与社会、经济发展的关系。包括:居民出行目的、次数、出行距离、时耗与交通方式、出行时辰和空间的分布、经济收入与交通方式选择等等。这方面国内已有近 40 个城市开展了调查工作,但调查成果的分析研究不够细,调查工作往往占了交通规划的大半时间,而且耗资很多,调查结果在后期应用得并不多,因此,有人提出要求减少居民出行调查的抽样量,尤其在发展得很快的中等城市,或中心地区土地批租、用地性质变化很大的大城市,居民出行空间分布现状与今后有很大变化可以减少抽样调查的数量。

2. 调查和研究了货流特征。但常用全样本的货运机动车为代表,取得货种、货运起迄点、货流空间分布图、载重情况等。但各城市调查内容并不像居民出行调查那样一致,主要是因为调查工作量和数据处理工作量很大。另外,有些城市的非机动车货运和内河货运的比重很高,有的达到60% ~ 70%,而这些运输方式的承运者文化水平极低,又是个体户居多,很难向他们调查出一个比较准确的结果,若只抓机动车货运,往往漏了一大块。因此,货运调查一直是在城市交通调查中较薄弱的一环。有人认为国外的交通调查中主要是居民出行调查,货运放在次要地位。这是因为在这些国家中,95% 的交通量是小汽车出行、仅 5% 左右的交通量是货运出行,重视居民出行调查是可以的。但在我国,货运交通量与客运交通量几乎各占一半或更多的城市里，对货运调查还是不能忽视的。也有到市经委下属各企业单位直接调查货运量及货种的，并用投入产出法进行计算，与交通运输局和经委的汇总资料进行校核，但困难的是市内运输与对外运输的比例分不出。此外，在市场经济竞争中，今后企业的生产也会有不小的变化，反映在不同货种、在空间上的分布特征和运量也会变化。城市货运中除了生产、生活的货运外，基建材料货运的比重很高，达 40% ~ 60%，有的城市大量建材是由水运和农村拖拉机运送的，并且收货地点随建筑工地经常转移。中小城市对外货运，例如开采金属或非金属矿产的城市，对外中转量大。所有这些都给城市货运的分析和预测带来了难度，是需要研究的。

3. 调查和研究了本市车和外来入城车在城市内的流动特征，包括：道路流量、车速、交通事故、占路停车等。

4. 研究了城市交通结构变化的影响因素，包括：个人和政府的财力，城市规模和道路网布局的特征等，及其相关的政策。

5. 研究了城市人口和车辆的增加规律，预测城市未来本市与外来的居民出行需求量和本市与外来的各种车辆的数量。

（二）交通设施供应的研究

1. 从行和停两个方面来调查和研究城市道路系统的存在的问题。我国许多城市在旧城扩展、拆迁改造或开发新建用地时，由于财力不足，过分迁就现状或自然条件，用地布置错位，在道路网中形成了"蜂腰"，留下了今后交通治理中的难题。道路网只考虑干路、忽视了支路，造成先天性交通缺陷。道路断面宽度与土地使用不协调、道路断面通行能力与交叉口的通行能力不匹配，成为改造交通的难点。而这些还未被广大的城市规划工作者所认识。停车问题已严重影响城市交通，正在受到各级部门的重视，但尚未有有效的运作机制，以保证停车场能顺利地投入建设和营运。

2. 公共交通系统规划　考虑到社会、市场经济、城市环境的要求，从买方（乘客）与卖方（公交企业）的利益出发，城市应该给出行者自由选择交通方式的可能，出门有交通主动权，有良好的交通可达性。为此要求：①将各种交通方式统一衔接，减少居民出行时耗；②尊重地方传统的交通模式，发挥各种交通方式的长处，以适应各种年龄和收入的居民活动的需要；③加强运输市场的管理，包括：票价政策、补贴立法、线路经营权的竞争和统一营运管理；④投资政策的制定。但事与愿违，长期来，"优先发展公交"在许多环节未能得到落实，使其供应能力每况愈下。但在国内也有个别城市是越来越兴旺的，关键是票价政策和营运管理机制真正进入市场。这方面许多城市还没有理顺，国营公交企业仍在恶性循环的漩涡中挣扎。

3.综合考虑了对外交通和市内交通的规划，使它们间有良好的衔接和协调，这是要在跨越了"本位主义"的高围墙后，才能实现的，难度是不小的。港口——重视码头上散装货和集装箱到仓库货物的运输道路和后方基地的协调发展。机场——认识到市区应以多种交通方式联系机场，不能以单一的小汽车客运作为主要的交通方式。铁路——客站，将车站广场旅客活动与地下商场结合在一起，进行整体规划和建设；将客站与市内外各种交通方式衔接在一起运送旅客出入。货站，与仓储、外环路结合在一起，减少市内道路货运。长途汽车——汽车站址根据城市规模外甩或进入城中心区边缘，并使车站广场客流集散与公交紧密衔接。

4.开始关注市民的步行交通和无障碍交通，重视闲暇时间休憩场所的规划。但不少城市的市民还不理解，任意占用、糟蹋设施，使它无法发挥作用。

（三）交通政策的研究

1.认识到城市用地发展模式与城市主要交通方式的抉择有着密切的联系。国外发达国家大量发展私人小汽车，构成城市松散布局和大量用地建停车场；大力发展公交，结合自行车，构成城市适当的紧凑布局，需建一批换乘枢纽和存车设施。

2.对自行车在城市交通中的作用，有两种不同的观点，认识上尚不统一，造成了对待路网规划上的不同态度，这是需要研究的。北京召开的有关自行车交通研究的国际会议是有积极意义的，但影响面尚不够大。

3.认识到调动积极性，建设城市停车设施的重要性。需要有一系列的政策，管理好配建停车场的建设和使用，公共停车场的收费制度和营运机制，保证停车设施的建设进入良性循环。

4.协调土地开发强度与交通设施发展的能力，更要加强发挥交通设施对土地开发的促进和制约的能动作用，作为调控土地开发的手段。

5.意识到在市域范围内执行统一的交通政策，是促进市域范围内城镇体系发展、城市郊区化发展的重要因素。城市与公路部门经营的交通在政策和管理制度应相协调，相辅相成。

6.开始重视交通需求管理和交通设施使用管理的迫切性和长期性。根据国外的经验和教训，交通设施的建设总是经常跟不上交通需求的快速发展，因此，交通需要管理是必需的。同样的交通设施，在不同的交通政策的鼓励和制约下，可以出现完全不同的交通结构，一个可能出现交通拥挤、堵塞，而另一个可能已经够用了。洛杉矶、休斯敦和香港、东京，就是两种交通结构、两种需求管理产生出的两种交通模式。我国尚处在机动化交通刚起步发展的阶段，原有的道路交通设施还很落后，今后城市交通走什么路，决定于交通政策。另外，对已耗巨资建设的交通设施如何使用，以发挥最大的效能，也有一个供应管理问题。像香港那样对道路面积精打细算地用，还是无节制地滥用。例如：有的城市里盲目发展满载率低、行程空驶率高、由个体承包的交通运输工具，只承运了全市总运量的百分之几，却占用了道路总面积的 40%，像这样对道路面积的浪费使用，这样悬殊的投入产出，是任何一个城市的财力难以持续承受的，也是必须限制的。这就要充分发挥交通政策的威力，来调控好城市交通结构的发展。

需要指出的是我国在交通政策的研究和制定上还非常软弱。中央和地方、各部门之间的政策，同一个城市内各部门之间的规定和做法都不大协调，结果就形成了一个很模糊的、各人可以按自己需要而解释的东西，这对城市的发展和综合治理是很不利的。

二、对当前城市交通规划改进的意见

（一）交通规划指导思想的转变

1. 在市场经济的条件下，交通规划已非纯工程技术性的项目。它涉及社会、经济、环境各方面的问题。要求用整体、综合和可持续发展的观点来考虑交通问题，当前城市建设百废俱兴，在高起点、高水平、大手笔的口号下，项目耗资很多，除了本身项目的建设费还要附加很大一笔拆迁费，有时为了安置拆迁户还要付二次拆迁费。政府的资金是有限的，不易到位，借贷方又有他们的利益要求，土地开发商的投资是从他自身利益出发的，要求交通建设服从于他。在这种情况下，交通规划工作者在国家城市利益与个体利益之间，应从长计议、采取慎重的态度，坚持原则，不能迁就眼前的得失，以免造成千古恨。

2. 要重视城市交通结构的研究。在当前城市交通工具迅猛发展的过程中，交通设施的建设和供应是大大落后于交通需求的，交通规划工作要研究交通需求发展的规律与影响它发展的各种因素，研究哪些增长是合理的、必然的，哪些是带有假象的、突发的、偶然的，从而将注意力转向对交通进行综合治理，有交通需求管理，有交通设施使用上的管理，有新建、有改造，目的就是在有限的财力下，使建设的设施发挥最大的作用，给广大居民带来交通方便。近年来，在与国外和世界银行的交通专家的接触中，他们十分强调要对不同年龄和不同收入的居民，尤其是低收入的和老弱者的交通出行给予方便；不能只顾及到汽车使用者的舒适和方便，还要照顾到广大骑车者的安全和方便；当前局部交通问题的改善，要与今后的交通发展全局的要求结合在一起考虑。因此，我们应该很好地研究一下，在我国经济和城镇体系发展若干年后，在城市经济快速、中速和低速发展情况下，广大群众的交通需要是什么，会存在哪些交通方式，与城市用地发展的规模和布局的特点有哪些联系，来确定城市的交通结构和相应的交通发展政策。

3. 影响交通背景分析的因素，主要是：城市发展规模、城市的区位、社会经济环境发展对交通的要求、国家和地方的有关政策、行政体制、政策制定者和决策者的观点。在考虑这些影响因素时，不同的时期会各有所侧重和变化。以往，在交通规划时，常偏重在工程技术方面，考虑问题比较单纯，而现实是很复杂的，就因为规划的内容不能适应现实的要求而只能束之高阁。

4. 要将城市交通规划的目标转变成当地规划决策者和实施者所理解的交通愿望。近期建设的各项交通工程项目的排序，所带来的效益明显，就便于决策者决断。在实践中常会遇到决策重大事情前并未有过慎重的推敲和科学的依据，例如：中等城市自行车在城市干路上过量，影响了汽车交通，决策者在某种舆论宣传影响下，就认为自行车是落后的交通工具，要消灭自行车，用公交来替代。应该承认主观愿望是好的，但从城市平面分析，若城市的直径是 6km，居民出行最省时最便捷的是骑自行车，从居民出行愿望调查的结果，也是乐于用自行车，要有自行车专用道，城市干路交通拥挤的实质是因为没有像样的支路、没有停车场、行人没处走，造成干路交通混行。若真采取行政手段限制或取消自行车，那将带来多少不便。又如：某小城市为了交通"现代化"，在攀比心理的驱使下，在市内的道路系统并不完善时，耗巨资建了一个很有气魄的多层大立交，结果成为一个没有交通量的点缀点，十分遗憾。所以，交通规划工作者一定要为决策者提供有科学分析的、有说服力的支撑材料，才能避免决断"小事情清楚、大事情糊涂"的缺点。在遇到内部环境或外部环境发生较大变化时，在决策项目时有很好的应变能力。

5. 交通规划要考虑建设费和使用、营运费用的大小。有时在比较方案中难以求得绝对数值，也要有相对数的比较。在比较方案时，考虑节约造价是经常做的，但对使用费也同样不能忽视，滴水成河，聚沙成塔。

总之，交通规划工作是一项既有定性，又有定量的工作，其中定性的考虑是主要的，指导思想的正确尤为重要，定量计算是为强化定性工作提供依据的。

（二）关于交通规划工作的基础研究

1. 交通调查　从引进美国的交通调查方法和内容开始，至今已有 17 年了，我国近 40 个城市做了交通调查得到一大批数据，摸清了一些规律性的问题，对研究城市发展趋势十分有用。但是大多数调查数据的应用常停留在一般描述水平上，对资料尚可进行多因素的综合分析和深加工，使现状交通存在的问题得到客观深入的分析和评价，寻求出可能解决的路子，按理在 40 个城市中有各种类型的城市，可以归纳出各自的特征，但由于对交通调查的出行定义不统一，数据的可比性差。10 年前曾为此在合肥开过学术讨论会，但由于认识上的差距未能取得一致。如今，实践经验多了，大家也有共同的愿望，应统一出行定义，并建立共享交通调查的数据库；其次需要研究交通调查的抽样量，目前各城市的抽样率很不一致，有的项目是全样本调查，有的抽 1% ~ 4%，羁于财力和调查人工费的猛涨，有减少抽样量的趋势。在各项调查的持续时间上，也很不一，有的作全天或半天，有的仅调查高峰小时。这涉及调查的工作量，费用和应用的精度要求，需要研究得出一个抽样率的下限。在调查内容上，应该允许各市根据解决各自问题的需要，确定不同的内容，但需要研究并确定必须做的内容。交通调查的表格设计也很有改进的潜力。例如：居民出行的调查表格，经过专业统计人员多次修改，现今使用的调查表，已比从国外引进的表格形式简化了许多，而内容却更为丰富。同样，在交通调查的手段上，随着摄像手段和多媒体的应用，使调查的方法更简化，投入的人力更省。以上这些方面的内容都是可以总结、交流和提高的，但目前有实践经验的人忙于业务，少有时间去总结；有时间的研究生又缺乏实践的体会，因此，鼓励在职人员攻读研究生，在校研究生积极投入实践中去使科研与实践结合是一个好办法。

从当前修编城市总体规划和编制城市交通规划的要求，希望交通调查和事后数据处理的时间尽可能短，最好能在两个月内完成，留出更多的时间做交通规划分析研究，使宏观的交通战略规划，控制在 9 ~ 12 个月内完成。

2. 交通预测和交通模型的应用研究，目前国内几个单位已经自行编制了整套软件，也有的从国外引进了一些交通计算软件，但对其中一些参数的确定或交通模型的开发，还需要做许多深入细致的研究工作。为了适应各城市在城市总体规划中做好交通战略规划，在详细规划中做好交通影响分析。许多城市还在等待简明易懂、易于操作的汉字化计算机软件推向市场，并有较简便的交通需求预测的方法，得出全市或局部地区交通发展的趋势和规模，以满足各级城市规划设计院的需要，交通规划工作才得以广泛普及和提高。

3. 研究我国大中小城市交通发展的模式。在我国汽车工业发展的目标：在 2000 年和 2005 年左右实现两个战略重点转变的指引下，我国的轿车将有很大的发展，而且，目前我国已成为摩托车生产大国，这些都会对今后城市规划和建设、对城市道路交通产生巨大的冲击，我国的城市道路现状是很落后的，改造的代价是非常高的，政府在市场经济下运用房地产和物业开发，能为城市基础设施的建设筹集到多少资金，将城市的生地变成熟地、将基础设施逐步完善，要投入多少资金，日益富裕起来的市民和外来人口对交通工具的需求愿望和购买力又有多大。在供需矛盾差距很大的情况下，城市交通发展的模式究竟走怎样的道路是一个十分重要又迫切需要首先解决的问题。西方经济发达国家所走过的路有反思和悔恨，后起的发展中国家也有许多经验和教训，都值得我们去认真吸取。要立足在我国人多，人均城市用地面积小，可耕地少的自然条件下，立足在经济发展还不富裕，人均国民收入还不高的现实上，立足在我国的文化教育、法制观念和管理水平还不高的基础上来考虑城市交通的发展，我们要急起直追，迅速改变我们的落后面貌，但也不能忽视现实的条件和别人走过的弯路，我们需要走一条使城市可持续发展的道路，在土地高强度开发、图高效益，又要满足生态环境保护的要求下，提出适合我国不同时期的交通模式和相应的交通政策。

4. 改变用单纯的数学模型、"四阶段"交通计算的方法作为交通规划的手段，它局限了交通规划的思路。现实的城市交通受到社会、经济、环境多方面复杂因素的影响，因此，要加强对影响城市交通发展的内部和外部的背景环境分析，抓住影响交通发展的有利因素（Strength）、不利因素（Weakness）、机遇（Opportunity）和障碍（Threat），（简称 SWOT 法）。从定性与定量两个方面，对城市道路交通空间的和非空间诸因素在经济快速和常速增长下，研究城市居民中的实力派、富有者、小康者、温饱者和交通弱者对交通的基本要求，使他们得到各自相应的满足，实现对道路交通标本兼治的效果。

5. 与国外相比较，国内现做的城市交通规划所包含的内容尚不够全面。例如：从城市环境的角度将交通噪声、交通尾气等交通公害的内容与城市地价挂钩。德国在详细规划阶段要做道路交通等噪声线，从而影响道路两侧房地产的价格。交通的发展可以促进土地的开发，使土地增值，给开发商带来效益，这方面的计算也需要引入，使政府获得相应的收益。停车的研究在国外也是一项与道路网规划、轨道交通规划并列的重要内容，从停车泊位总量的确定、泊位的分布、停车楼的标准设计，到停车需求管理（可以倒过来限制某些地区的道路交通量）政策的制定，停车收费制度及停车导向指示标志的设置等都有专人进行全面的研究和规划设计。此外，在交通规划模型中尚有许多参数需要通过细致的分析交通调查数据后确定。

（三）分清城市交通规划的阶段和内容。

与城市规划一样，城市交通规划必须划分阶段进行。不能从宏观的战略规划、道路交通网络规划、一直做到交叉口的详细设计，花了 3 ~ 4 年的时间，等到做完评审，交通情况已经变了。所以，交通规划必须与城市规划各个阶段的规划年限和规划内容相呼应，才能在较短时间内完成。

与城市总体规划相配合的城市交通战略规划，一般为 20 年，考虑到城市交通发展的超前性，结合城市远景规划也要较全面地探索一下城市交通可能发展的前景。城市交通战略规划包括：城市交通发展目标、城市用地发展与交通的关系、城市交通方式和交通结构、城市道路交通综合网络布局、城市对外交通与市内客货运输设施的选址和用地规模以及有关交通发展和交通需求管理的政策建议等，它相当于城市总体规划纲要阶段的内容。城市道路交通综合网络规划包括：城市公共交通系统、各种交通的衔接方式、大型公交换乘设施和公交场站设施的分布、各级城市道路（包括干路和支路）的红线宽度与断面形式、主要交叉口的形式和用地、广场、公共停车场等的位置和用地等。通过对网络规划几个比较方案的技术经济评估，优选出方案，提出分期建设的项目排序建议。它相当于城市总体规划阶段的内容。在交通专项规划中有城市地铁网规划或快速轨道交通网规划，城市交通走廊规划，城市公交规划，城市货运规划等。在城市控制性详细规划时，也有许多交通问题需要考虑，土地开发强度与交通承受能力必须相协调，对高强度开发的地块要做好影响分析评价，近期建设中土地开发与交通项目的预可行性研究，在有若干项交通建设项目时，可作优先建设项目的排序等。

（四）交通规划工作标准化、规范化

明确各个阶段的规划内容，所需完成的图纸和规划文本，有利于控制交通规划的工作量、规划进度和确定收费标准，有利于当地规划人员学会和掌握交通规划的内容，也有利于规划成果的审批和交通规划工作的管理。因此，主管这项工作的上级领导部门要及早制订出交通规划编制办法，通过试行加以推广。这样，我国的城市交通规划水平就可以在实践中不断提高。

（五）要对地方进行技术援助

美国在 50 年代初，开始将计算机应用于交通调查。1954 年成立全国城市交通委员会，目的在于：帮助各城市系统收集交通基础资料，做好交通规划；帮助城市完成交通的改造，使城市健康的成长；他们以最低的费用给公众提供尽可能好的交通服务；在成立大会上提出了"改善你们城市公共交通"的手册，这是第一次为系统的交通规划工作提供了成文的规程，1954 年住房法又规定要对州及 5 万人口以上的城市规划部门给予技术帮助，1958 年又召开"城市交通规划工作会议"，对城市公交和发展城市区域的交通给予指导，指出要有城市交通成本效益分析，要开展交通规划的研究和探索，并鼓励小城市及国内有关单位研究城市交通规划，因为当时能胜任交通规划的城市还不多。1961 年在住房法中为城市公共交通立法，并为公交系统改建创立了小额信息贷款的申请办法和论证程序。1962 年应总统的要求，商业部、房建和住房、财政局提出了联合报告，指出交通是形成城市的关键因素之一，交通规划是城规纲要的必要部分，城市交通政策的主要目的是建立稳定的土地使用模式，保证交通设施对城市各部分居民都方便。总统也强调了需要正确平衡私人汽车与公交的使用、交通与社会发展之间的关系。之后，又将公路与城市交通发展的目标合在一起研究。1963 年向城市规划部门提供了计算机程序操作训练教程和技术帮助，完全改变了过去做城市交通规划工作的态度，到 1965 年全国有 224 个城市都在进行城市交通规划。这是美国在城市交通规划起步时期的情况，对照我国的城市交通规划的情况是有参考价值的。目前我国除了几个特大城市有较强的技术力量、有专业的交通研究机构外，各省级或市级的城市规划设计院在交通规划方面的力量还是较弱的，他们对道路工程设计的能力是强的，但对于交通与土地使用的关系、交通流与道路网络的关系、交通结构对城市交通的影响、交通政策对城市交通发展作用等在认识上还有待提高。在具体工作时需要技术咨询、技术诊断、技术服务，他们需要计算机软件，也需要对城市交通的发展树立正确的观点，更需要人才的培训，以及对各级有关领导和决策者普及城市交通规划的知识。应该肯定，建设部从 80 年代以来做了不少工作，领导和推动了全国城市的交通规划工作，但由于形势发展更快，需要有更多的人力来从事技术援助工作和交通规划人才的培训工作，以适应我国城市交通事业的发展。

本文原载于《城市规划汇刊》1995 年 06 期。作者：徐循初

Experiences of Using EMME/2

With the rapid development of socialist market economy and the acceleration of urbanization course in China since 1990, urban transport has been growing up accordingly. The yearly growth rate of vehicles' development has reached 15%~20% that leads to the wide spread of traffic friction and jam in the urban road network. The National Ministry of Construction points out clearly that in this session of urban master planning revising and regulating, every city must formulate urban transportation planning to ensure the further urban sustainable development.

1.Common features in several urban master plans

In the newly session of urban master planning, there are some common features as follows in several urban master plans:

a. The extension of urban area becomes more and more wide. The economy development around the Center City usually put into consideration as a whole. Therefore, transport corridors and expressway come to appear in metropolitan area. Some middle size cities also unite as one to enhance the economy cooperation by the construction of freeways.

b. The function changes of urban land use take place in the central area. People who live in the central area move to the suburban residential area that led to the improvement of residential environment and quality. On the other hand, financial and trade and other third industrial institution are developed in the central area. The real estate developers afford the cost of demolishing and highly density construction. Because of this, every inch of land is scrambled to gain and it is difficult to enlarge the width of roads and the density of road network. Therefore, the traffic attraction of renewal area is increasing; the traffic volume on the road is growing up rapidly, especially at the intersection. The road traffic capacity often could not rise by the extension of the intersection that leads to the usual occur of traffic jam. The skyscrapers have underground parking. But there are such few temporary parking areas that road occupied parking at will gains the burden of roads in the central area.

c. People move to the suburban area leads to the risen of trip distance for work and living. People have be able to choose to buy the houses near the trip destinations since the housing commodity system established, but if there are several people in one family have a job, some of them will inevitably suffer for the long trip. From the residents trip investigation data, the residents trip distance distribution is changing in several cities, but the time waste of the trips become more and more similar by their self chosen of the means of transport. Time waste by the people who walk and ride bicycles is in 20 minute. For long distance trip, people choose moped and motorcycles and the time waste of them are also 20 minute or so. The numbers of people who have the trip exceed 30-minute drops obviously. Among are only those residents by buses. Because the average outer bus time waste is up to 20 minute, the average trip time waste of them is enormous. As a result, with the growth of the income, they would join the team of buying private means of transport. From the aspect of macroscopic strategy, the residents would not accept the fact that the time waste will increase from 20 minute to 40 minute, that is double the time waste after move from central area to suburban area. It is definitely that the time waste of them should be kept as before or adds 5 minute at most by the rapid means of transport when getting better living environment. If the out-moving people are all as these, the percentage of urban traffic mode distribution will change accordingly, that is, from bicycle to moped, motorcycle and car which including private car and taxi. The result of these is the tremendous growth of traffic volume on the roads and the going out of the range of the capacity of the intersection.

d. Taking precedence on the development of public transport has become the common understanding of all classes in the urban area. Only by this, the traffic trouble would not occur and only this could make the urban road network operated normally. But how can people be attracted from private means of transport to public transport? The answer is serious. Because the curve of the distribution of resident's trip distance and time waste reflect clearly the passenger's volume is limited. In order to reduce the outer bus time waste of the public transport passengers, that is, reduce the time waste on going to and back from the buses station and waiting for buses. The approach of the prior is to increase the density of the branches, which can increase the density of bus line network. The approach of the later is to publish the travel timetable at the bus station, but it will be confirm by roads unobstructed and travel on time. Otherwise, the reduction of outer bus time waste on the public transport will come into vein. This is why "taking precedence on the development of public transport" is difficult to be implemented; though it likes the slogan shouted for tens of year.

"Bus only lane" has been constructed in some cities recently that the transport speed of buses is accelerated and the time waste in the buses is saved. The average time saving for trips distance of the passengers more than 9 kilometers is 10~15 minutes. But the percentage of the passengers having long distance trip is little as a whole. It is effective only in metropolitans and strip like cities. Middle and small size cities should not use this method.

The construction of the "Bus only lane" in metropolitan area may act as middle volume high-speed rail transport that could do more things with less expenditure. It defers the construction of rail transport in the cities and has leading effects of attracting passengers, which formulate the basis on the construction of high-speed rail transport.

2. The needed in the transport research

What is said above is the problems need to solve in urban transport plan in this session of master plan, thus, the following is needed in the transport research.

a. Traffic demand must be control from macroscopic aspect that could be coordinated to the traffic capacity of the planned road network. Passenger traffic peak hour is chosen as the basis on road saturation control. From the investigation data presently, vehicles volume gets to its peak when it is 8~9 or 9~10. From the distribution of the traffic, half of the traffic volume is taxi and 1/3 ~1/2 of them is empty. The traffic volume must be reduced. Taxi stops must be densely distributed intentionally in the planning, every stop has 3~5 parking lot. These not only satisfy the residents' calling for taxi, but also reduce the traffic volume of the road network. In fact, the taxi drivers intentionally look for those short-time parking lots to reduce the cost and find passengers easily. From the tendency of rising up of the residents' income and private means of transport, with the growing up of the amount of suburban moving of the residents, the demand of buying private means of transport is also going up accordingly. It is indicated in the investigation of residents' buying private means of transport. Because people who use private means of transport, including moped, motorcycles, cars and taxi grasp the trip initiative, they wastes less time going to work. On the light of the characteristic of the distribution of trip distance, the time waste of the activities is only half-hour (the time waste of the bicycles' trip is only 15~20 minutes). This will enlarge the equivalence intensity of traffic volume of the road network. With the development of private motorization of the residents, it is appropriate to choose morning passenger traffic peak. Therefore, it is important to research on the O/D volume draft of different traffic mode (including public transport and private transport).

b. Implementation of road network structure is essential in transport planning. The problems exist in the road network of many cities presently are as follows:

（a）The percentage of the length of road network structure, including expressways, arterial roads, sub-arterial roads and branches is wrong. Moreover, the percentage of arterial roads, sub-arterial roads and branches is upside down. The main roads constructed is so wide that road area assigned in the national standard is used up. This leads to the lacking of branches and the bus routines have to be repeated in several arterial roads.

（b）Accommodation to the present situation result in the unreasonable of structure and form of the road network. Producing enormous T-shaped intersection, staggering of the road network and mustering of the roads like "bee-waist" leads to east-west (south-north) transport having to change the direction to south-north (east-west) and then change the direction back to east-west (south-north). The volume adds to the south-north (east-west) road causes the friction of the road network in some part. Even worse is the staggering of the road network of these two directions, which bring out the fast knot of the central area.

（c）The defect of the road network can be analysis from the phenomenon of traffic friction by using EMME/2. It is easy to find the area traffic problems existed in the situation of "do nothing" to the present network. It is also concluded in the investigation of the present situation. Then the road network can be renewal according to the financial support by the government and locality and the construction volume annually. Because the project chosen are enormous, even there will be many combinatorial schemes. The adding or reducing of the traffic volume after one scheme implemented can be shown visually that indicates the effect of which project is outstanding or ordinary. The subjectively decision of starting or abandoning the project or propose the project in intuition are weak when it is propose to the leader for decision. Using EMME/2, which can examine the effect of different planning schemes, can produce many drafts on traffic assignment. This gives the strong basis for the leader decision and the arrangement of project construction.

（d）The discussions of expressway construction in urban area have been popular recently. Some people eager to construct transport corridor, but they are afraid of the traffic paralysis if this attract much traffic concentrate in the central area. The positive and negative effect of building high-speed traffic corridors can be concluded obviously by using EMME/2. The distribution of vehicle speed, the change of time and space, the time waste of the trip, the extent to reach of the trip and the saturation of the section of the road network can be shown obviously. That can give the decision basis for the research on traffic dredge and land use transformation.

（e）Rail transport development is appeal to the public in the public transport plan in the future. But rail transport is the mean of transport of mass expenditure and high technology. The construction of this must coordinate to the passenger volume. Otherwise, capital losing will occur in the operation if the volume is less. On the contrary, traffic capacity is not enough if the volume is more that the burden of the station is exceeding and it is difficult to change. The train interchanging and the design of the platform must be considered thoroughly on the section that several routines intersecting and repeating. The future passenger volume can be evaluated along the railway by using EMME/2 that can give full analysis and comparison on the type chosen of rail transport, the scale of the interchanging hubs and the railway stations, the location chosen, carriages marshalling and the number of carriages and the coordinance of the other traffic mode. On the contrary, it can give advice to the intensity of land development around the railway stations along the rail.

3.Condusion

As conclusion, EMME/2 is comprehensive on the transport research and the effect of it is distinguishing. It can be used not only in the macroscopic decision, but also on the microcosmic project analysis and research. It deserves widely application.

But there are some defects exist in the software, that is, it is difficulty to connect to GIS, there is no topography, rivers and some necessary landmark, especially in the research on the distribution on planned parking area and the space distribution on public transport and interchanging hubs, it is impossible to compare with the present topography. I hope that these problems can be solved in the near future and the usage of this is widespread.

REFERENCES

1. Wenzhou Urban Planning Bureau. Wenzhou public traffic planning, 1977 .(in Chinese)

2. Suzhou Urban Planning Bureau. Suzhou denizen trip investigation,1996.(in Chinese)

3. Urban Planning Department, Tongji University. Jiangmen urban traffic planning, 1997. (in Chinese)

4. Wuhan Institute of Urban Traffic Research. Wuhan denizen trip investigation, 1998. (in Chinese)

5. Nanjing Institute of Urban Traffic Research. Nanjing urban traffic planning. 1998. (in Chinese)

6. Changsha municipality Statistics Bureau. Changsha denizen trip investigation, 1998. (in Chinese)

7. Zhang Xiaobin, Some Idea of The precedence development of public traffic, Urban Planning Overseas, 1999, (1). (in Chinese)

8. Lin Wei. The planning and design of Kunming bus demonstrated line, City Planning Review, 1999, (4). (in Chinese)

本文原载于《上海理工大学学报》1999 年 03 期。作者：徐循初

关于确定城市交通方式结构的研究

　　城市交通规划中交通方式结构的研究是十分重要的。但在一些城市的交通规划中，交通方式结构的确定带有很大的主观性，缺少说服力，并且几个不同类型的城市，交通结构却十分相似，缺乏城市的个性。其实从城市已有的交通调查资料中可以通过深加工，得到许多所需的资料。

　　首先，从居民出行特征调查中，可以得到居民出行次数和出行距离分布特征曲线。在计划经济时期，厂矿、企、事业单位办社会住宅和工作地点靠得很近，所以，绝大多数居民的出行距离都很短（图1）。进入市场经济时期后，居民对居住地点和住宅类型可以自由选择，加上城市土地功能重新调整，许多原来住在城市中心地区的居民大量迁到城市外围环境更好的地方去，出行距离分布有了明显的变化（图2），他们使用的交通方式也有了很大的变化。而目前国内一些城市在分析居民出行特征时，常采用出行时间为横坐标，其结果就隐藏了选择出行交通方式与出行距离的关系。

　　其次，在当前我国许多城市中存在大量自行车，自行车出行比例达50%～60%，而公交出行的比例仅4%～6%。随着居民经济能力和生活水平提高，他们对出行时耗要求更短，这也是居民在选择机动化交通方式（选私人交通工具还是选公共交通工具）时必然要考虑的。在国内有些城市的交通战略规划中，对远期的公交出行所占的比例定得很高、大于50%，还有的提出要消灭自行车、用公共汽车替代，以整肃城市道路交通，而实际上城市并不具备这样的能力和需求。居民选择出行交通方式时考虑的因素甚多，主要有：交通主动权，安全、准时、便捷、舒适，可达性好。其中，出行时耗是一项重要的考虑指标。

　　骑自行车人的出行时耗（$T_自$）：

　　$T_自 = t_骑 + t_{取存} = 60 l_出 / v_自 + t_{取存}$（min）

　　乘公交者的出行时耗（$T_公$）：

　　$T_公 = t_步 + t_候 + t_车 + t_步 + (t_换)$

　　　　$= 2 \times 60 t_步 / v_步 + t_候 + 60 (l_出 - 2 l_步) / v_送 + (t_换)$（min）

式中：$l_出$——居民的出行距离（km）；

　$l_步$、$t_步$——居民步行到公交车站的距离（km）和时耗（min）；

$t_候$——居民等候公交车的时耗（min）；

$t_车$——居民乘在公交车内的时耗（min）；

$t_换$——需要换乘的人，换乘公交的时耗（min）；

$t_骑$——骑车出行的时耗（min）；

$t_{取存}$——拿取和存放自行车的时耗（min）；

$v_自$——骑自行车的速度（km/h）；

$v_送$——公交车的运送速度（km/h）。

设 $\Delta T = T_自 - T_公$。令 $\Delta T = 0$，则 $T_自 = T_公$。

联立二式，得 $\Delta T = bl_出 - a - t_候$（图3）

式中：$a = 2 \times 60 l_步 / v_步 - 2 \times 60 l_步 / v_送 - t_{取存}$

$b = (60 / v_自) - (60 / v_送)$

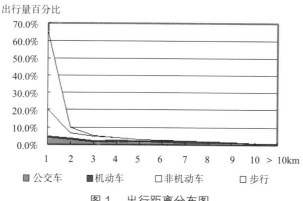

图1　出行距离分布图

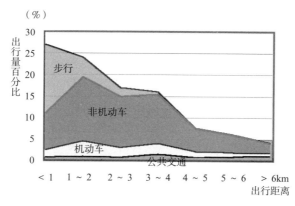

图2　出行方式分布图

　　由于一个城市公交的线路网、站点布局、运送车速、自行车车速等都是已知的，将其数值代入上式，就可以求得 a、b 两值，在图 3 的出行距离横坐标上绘出 $\Delta T=0$ 的交点。在交点的左边，$T_{自}<T_{公}$；在交点的右边，$T_{自}>T_{公}$；在 $\Delta T=0$ 处，即 $T_{自}=T_{公}$，是居民出行时选择自行车还是公交的争夺区。由于居民候车时耗是可变的，有人没有车、不会骑车或喜爱骑车。所以争夺区有个范围（图 3）。

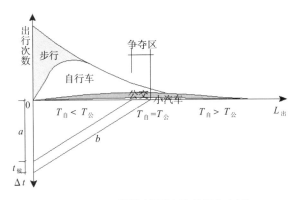

图 3　一般情况下居民出行分布图

　　同理，此法也可以对私人机动车与轨道交通的出行时耗作争夺区分析。

　　从远期的城市土地使用与人口分布、城市人口年龄结构与交通方式、不同收入与使用交通方式等的关系，在交通规划预测时，可以得到规划期的居民出行分布曲线，通过对远期公交网规划，将各项规划的服务指标参数代入，就可以框出将来可能选用公交和自行车的居民出行量所占的比例。这就为初步确定城市交通方式结构提供了定量依据。

　　在城市交通近期规划改善时，居民的出行分布随着土地使用调整，远距离的出行量会有所增加，但他们使用公交的比例很低。为了增加公交的乘客，应采取各种方法改变 a、b 值，使争夺区向左移，扩大 $T_{自}>T_{公}$ 的范围（图 4）。这些方法有：加密城市支路网，为提高公交网密度、缩短步行到站的距离创造条件；用 GPS 手段在公交车站上公布行车时刻表，缩短居民候车时耗；改善道路交通和车辆动力性能，设置公交优先道、专用道或大站快车，提高公交车的行驶速度；采用 IC 卡票制、低底盘车辆、改善站点设置，缩短停站时间，提高运送速度；各种公交线路站点间在时空上衔接好，换乘便捷。

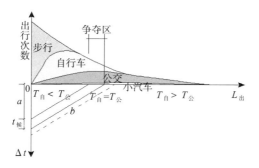

图 4A　加密公交网情况下

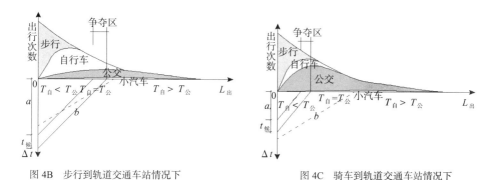

图 4B　步行到轨道交通车站情况下　　　　　图 4C　骑车到轨道交通车站情况下

图 4　改善公交条件下的居民出行分布图

　　建有轨道交通的城市，由于轨道交通网造价高，线路网较稀，居民步行到站点的距离远，步行时耗长，抵消了轨道交通车速提高所带来的效果。为此，要在轨道交通站点上做好与公共汽车的接驳；并设置自行车停车场，使路远的居民能骑车到车站、存车换乘，节省到站的时耗，同时也扩大了乘公交出行的比例。反之，若城市道路交通混乱，公交行驶车速和运送车速低，则居民出行的旅行速度将更慢，只有 7～8km/h，而自行车的旅行速度可达12km/h。道路交通恶化，b 值越来越小，当 b 值小到 0，意味着在城市中不论出行多远，都是骑自行车比乘公交快。结果大量居民向自行车和其他私人交通工具转化（图 5），造成道路交通更拥挤，车速更下降，公交效率每况愈下，进入恶性循环的漩涡，无法自拔。这种情况在我国的一些大城市中已经出现（见表 1），其交通结构是很糟的。正因为此，在一些特大城市加速建造快速轨道交通和改善地面公共交通是十分迫切需要的。

　　所以，结合城市居民的出行特征，制定相应的政策，大力发展公交、优先发展公交、使城市交通结构向良性发展，是城市交通发展战略的一项重要内容。

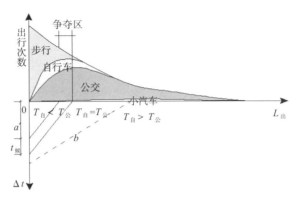

图5　大量私人交通工具情况下居民出行分布图

城市	天津市					上海市		
时期	1950 年代	1960 年代	1970 年代	1980 年代	1990 年代	1982	1986	1995
自行车	38	46	77	81	90	70*	50*	75*
公交	62	54	23	19	10	30	50	25

津沪两市居民使用交通工具（%）　　　　　　　表 1

* 含助动车

　　随着国家社会经济发展，国民收入增加和生活水平改善，居民对节省出行时耗和增加舒适度的要求也日益提高。根据笔者近年对一些城市居民出行特征调查资料分析得知（图6）：当人均月收入（不含灰色收入）从人民币 500 元升为 2500 元时，居民出行方式中步行和自行车的比例，由 70% ~ 80% 降为 20% ~ 30%,>65% 居民采用了机动化的交通工具(助动车、摩托车、出租汽车、私人小汽车），已很少人乘公交车（如果公交的服务质量仍不迅速改善的话），结果，城市道路交通空间将会空前紧张。在居民出行特征调查中，对不同收入组的人数比例规律特征和全市的收入平均值是掌握的，通过规划年的国内生产总值或市民的平均收入，可以反推出各收入组的出行交通方式结构；对不同年龄组的出行次数和人口百岁图也是掌握的，由此也可推出规划年的人口年龄结构和出行次数，进一步确定规划年的交通方式结构和出行量。应该指出，未来私人机动车的发展进程是非常快的。有的城市看到了交通问题的严重性,正大力扶持和改善公交服务水平,减少居民在乘车全过程中每个环节的时耗,用靓丽清洁的、不拥挤的公交车,增强其吸引力和舒适度、可使原来骑自行车、助动车、摩托车的人转化为公交乘客,使公交出行比例在总出行量中增加 5 ~ 10 个百分点,缓解了城市道路交通,也为发展私人小汽车腾出了空间。

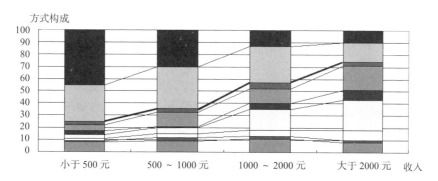

图6 城市居民收入与出行方式关系图

城市中的出租汽车是公交的辅助交通工具。近年来人们有乘小汽车的愿望,使出租汽车大量快速发展。但若将它作为一种解决就业的手段,或拍卖牌照赢利,就会使车辆发展失控,几乎城市道路的一半面积被流动的、半空驶的出租车所占用,而所运送的乘客并不多。为此,应在城市中设置大量出租汽车服务站,鼓励市民用电话叫车,服务站就近派出车辆,可以减少大量空驶里程;此外,对其总量宜控制在千人 4 辆左右。当然,出租车大量发展会推迟私人小汽车的发展,也可节省许多停车场地。

私人机动车的发展。我国是摩托车生产大国,年产几百万辆,在我国南方城市中摩托车已趋饱和,其噪声和尾气的污染十分严重,应控制其发展。从摩托车的形式看,跨骑式摩托车大多用于快递和运送小件货物,踏板式摩托车大多为家用,其所占的数量远大于前者。摩托车的出行距离大多在 6km 以内,显然它是替代长途跋涉自行车的交通工具。

私人小汽车的发展已经起步,预计购买的高潮将在 2010 年前后。应当指出,现有的城市道路网络,尤其是市中心地区,很难适应大量小汽车的发展;反之,道路交通不善又会制约私人小汽车的发展,从北京和上海两市的人均收入与私人小汽车发展的差距,已可说明这点。根据国家发展小汽车的政策，城市不能限制人们购买小汽车，但可以在不同的地区控制使用，在道路拥挤的中心城区，应积极发展大运量轨道交通和公共汽车，提高客运服务质量，并控制停车场的建设，使小汽车主自觉在城市外围和郊区行驶。还应注意到：在私人小汽车发展进入普及期，人均年国民收入约在 1500 美元左右，也是国外开始大量建造轻轨的时期；在私人小汽车进入大规模发展期人均年国民收入约在 2500 美元以上，也是国外大量建造地铁的时期。因此，要抓住这个机遇，尤其在大城市要积极建造快速轨道交通，理顺和协调各方面使用小汽车的政策，改善城市道路网的等级结构和布局结构，及早留出未来建造公交换乘枢纽和停车场的用地，以迎接小汽车发展高潮的到来。

各种交通工具都有其最佳的出行范围。根据调查，居民出行距离各不相同，为多种交通方式共存、优势互补提供了条件。欧洲城市的资料表明在交通方式中：除去步行交通方式后，余下的部分，小汽车占一半左右，另一半是公共交通和自行车。城市大，公交占的比例多些；城市小，自行车占的比例多些。发展综合的交通体系的经验是值得我国借鉴的。

通过以上分析，结合本城市的居民出行特征调查资料、城市远近期的社会经济发展战略规划和土地使用规划资料，可以定量与定性相结合地确定该城市自己的交通方式结构，从而为进一步制定相应的城市交通发展政策提供有力的依据。

本文原载于《城市规划汇刊》2003 年 01 期。作者：徐循初

长江三角洲地区综合运输发展历史与对策研究

1 区域综合运输历史沿革

1.1 综合运输发展历程概述

长三角地区综合运输主要经历了三个阶段。第一阶段，1949 ～ 1978年，计划经济时代经济总量增长缓慢，综合运输量停滞不前。第二阶段，1978 ～ 1990年，改革开放以后经济复苏时期，综合运输量稳步增长，年均增长率达到7%左右。第三阶段，1990 ～ 2000年，国民经济快速增长时期，综合运输量快速增长，年均增长率达到8%以上。

1.1.1 旅客运输发展

过去20多年间（1978年至今），区域旅客运输量及周转量增长迅速。客运量增长了4倍以上，年均增长率达到7.4%。旅客运输平均运距，从40km左右增长到了70km。客运结构也发生了显著变化，1990年前水运和公路占有重要作用，1990年后水运比重逐渐下降，而航空运输客运量呈现逐步上升趋势。具体数据如表1所示。

长三角地区主要年份客运量（万人）、客运周转量（亿人、km）、平均乘距（km）　　　　　　　　　　　　　　表1

	1978年	1980年	1985年	1990年	1995年	2000年	2001年
客运量	47919	64825	110145	112521	199207	238270	249918
客运周转量	206.08	286.19	562.31	696.18	1284.6	1617.7	1813.33
平均乘距	43.01	44.15	51.05	61.87	64.49	67.89	72.56

1.1.2 货物运输发展

区域货物运输量及周转量增长规律和幅度同旅客运输量相似从1978年42373万t、1700.12亿tkm增长到2001年217661万t、9822.88亿t km，平均年增长率分别为7.3%和7.9%。

从货运量承担结构来看，1990年前水运是最重要的货运方式，1990年后水运比重逐渐下降，而公路运输成为最主要的方式。目前，航空运输量仍然较小，随着高科技发展，一些高附加值的物品逐渐采用航空方式，航空运输发展呈现逐步增长趋势。由于各省份统计时未包括航空运输，因此本次研究不包括航空。具体数据如表2所示。

长三角地区主要年份货运量（万 t）、货运周转量（亿 tkm）、
平均乘距（km）

表 2

	1978 年	1980 年	1985 年	1990 年	1995 年	2000 年	2001 年
货运量	42373	43941	92034	108285	170703	216037	217661
客运周转量	1700.12	1969.08	2836.22	4443.75	6401.59	9266.17	9822.88
平均乘距	40.12	44.81	30.82	41.04	37.50	42.89	45.13

1.2 综合运输发展主要特点

长三角地区几十年综合运输发展呈现以下几个鲜明的特点。首先，在前几十年交通运输需求受到抑制释放后，该地区综合运输需求呈现持续上升趋势；其次，从运输方式结构来看，由于运输对象的改变，即运输客流时间价值的提高，运输货物附加值上升，使得运输方式从廉价慢速方式向高价快速方式转移；第三，随着区域一体化进程，区域内部人流、物流交流日益频繁，推动区域内短途交通的发展，使得综合运输距离日益缩短。最后，长三角地区外向型经济的发展，促进该地区对外运输需求的增加，促使该地区综合运输由面向国内到面向国际转变。

1.2.1 运输总量：呈现持续快速增长趋势

从长三角地区各省市统计年鉴汇总数据分析来看，1978 年开始至今长三角地区整个区域客、货运量都呈现持续增长趋势。过去的 20 多年间，客、货运量只在较短时期 1978 ~ 1980 年，1985 ~ 1990 年出现相对缓慢增长期，其余年份都出现快速增长势头（图 1）。

根据国外相关研究结果，1990 年前增长可以被看作为长期抑制交通需求的一种释放，也就是说由于综合运输设施的薄弱许多城市之间的交通出行需求受到了不同程度的制约，各种运输量的增长从很大程度上来看是一种被动的增长。而后期 1990 年开始至今，综合运输量的增长则是主动增长，是促进、保障社会经济增长的有效手段。

将长三角地区近 20 年综合运输发展同日本、韩国相关资料对比可以发现，目前长三角地区综合运输发展年均达到 7% 以上，相当于日本

1987 ~ 1991 年经济腾飞阶段的增长速度，正处于上升期，即区域综合运输需求发展还存在较大余地。

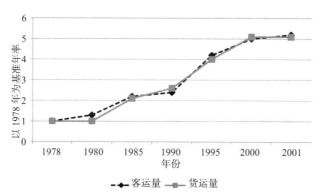

图 1　长三角地区主要年份客、货运量增长

1.2.2　运输方式：低成本慢速方式向高成本快速方式转移

在过去 20 年间，无论是客运还是货运其运输方式都发生了根本性的变化。从总体上来看，运输方式由原有低成本慢速方式向高成本快速方式转移。

从客运方式来看，1980 年初客运市场中以铁路为主，公路次之，水运相对较小但也占有一定比例，航空几乎没有，发展到 1990 年初期公路运输比重逐渐上升而铁路、水运比重逐渐下降，航空运输作为一种新型方式开始得到发展，2000 年公路比重相对于 1990 年初而言更进一步提高，航空运输也占到了 1/10 以上，而铁路运输从原来接近 30% 下降到 20%。具体数据如表 3 所示。

长三角地区主要年份客运周转量结构表　　　　　　　　　　表 3

方式 年份	铁路	公路	水运	航空	合计
1980	42.20%	38.9%	18.90%	0.00%	100%
1990	32.60%	53.20%	8.70%	5.40%	100%
2000	21.60%	65.60%	1.10%	11.80%	100%

从货运方式来看，1980 年初货运市场中以水运为主，占到了 60% 以上。1990 年初期公路运输比重迅速上升，而铁路、水运比重相应有所下降。

2000 年公路货运周转量上升到 21.7% 与铁路相当，水运仍然占 56.4%。但是从水运运送的物资来看，目前以沙石等低价物资为主，高附加值物资改由其他方式运输。具体数据如表 4 所示。

长三角地区主要年份货运周转量结构表　　　　表 4

年份 ＼ 方式	铁路	公路	水运	合计
1980	34.90%	2.40%	62.70%	100%
1990	23.60%	11.40%	65.00%	100%
2000	21.90%	21.70%	56.40%	100%

* 上述统计中不包括航空、管道、远洋运输。

1.2.3　运输距离：时空距离缩短，运距逐年增加

统计数据分析表明，除水运以外，其他各种运输方式的客、货运运输距离逐年增加。高速公路、高速铁路的建成，使得传统运输方式的时效大大提高，导致原有城市间时空距离相应缩短。以铁路为例，1980 年上海到南京所需时间为 7h，目前已经缩短到 3h，时间缩短促使区域间客、货流动更为便捷，区域间客、货交流更为频繁。以客运为例，1980 年综合运输平均距离仅为 43km，2000 年上升到了 72km。

1.2.4　运输范围：由面向国内朝亚太、全球扩展

航空运输和远洋航运的发展，推动了区域交通由面向全国的内向型系统，向面向世界的外向型系统转移。

根据统计 2001 年末长三角地区共有 18 个机场（包括军用机场），其中一级民用机场有上海虹桥机场、上海浦东国际机场、南京禄口国际机场、杭州萧山机场等，有近百条国际航线和国内航线，覆盖了全国各个地区，以及海外主要国家及城市。

与此同时，远洋航运的发展也相当迅速，区域中心城市上海近十年来大力发展远洋运输，基本建成了外高桥港区，正在新建大小洋山港，为区域向外辐射创造了有利的条件。在上海港建设国际枢纽港的同时，以宁波北仑港为首的江浙两省远洋航运发展也相当迅速。仅上海港吞吐量已经达到 22099 万 t（2001 年），其中进口比重 67.5%，出口比重 32.5%。2000 年，继续保持国内第一、亚洲第二、世界第三大港的地位。其中集装箱吞吐量达到 561.2 万 TEU，进入了世界集装箱港口六强之列。

2 综合运输发展相关因素分析

综合运输发展与经济发展、城市化水平等众多因素相关。以下对综合运输发展相关因素进行分析，以便寻求综合运输发展的规律和趋势。

2.1 经济增长

长三角地区跨苏、浙、沪两省一市，历史上就是我国富庶之地。进入1990年以来，在浦东开发开放和我国经济发展重点转移到长江流域的形势下，这一地区所蕴藏的经济发展潜能得以释放。目前，长三角地区人均GDP已经达到了1.6万元，是全国平均水平的2.3倍。

近20年长三角地区经济发展规律与综合运输发展规律是基本吻合的。1978年以前，处于计划经济时代，经济总量增长缓慢。1978～1990年改革开放以后，闻名全国的苏南、浙南经济模式起步，经济开始起飞，经济增长步入快车道。1990年以后，我国经济进入高速增长期，长三角两省一市经济增长更为迅速，比全国平均年增长率高出2%，达到年均增长率15.3%。

2.2 产业结构演变

在经济增长的同时，长三角地区经济结构也发生了根本性的变化。统计表明，在前20年间，经济结构由原来以工业为主，农业、第三产业为辅的产业结构逐步过渡到以工业、第三产业并重，以农业为辅的状态。

产业结构变化使得综合运输的需求发生了变化。第三产业发展不仅使得运输需求总量增加，并且也使得运输物品的附加值相应增加。这种变化，一方面对综合运输体系造成了压力，另一方面也促使综合运输工具、方式、信息体系等多方面更新和改进。

2.3 城市化进程

长三角地区是城市化发展水平最高的地区之一。目前，已经形成了大、中、小城市发展完善、各具特色的城市群（表5）。从城市数量看，平均每300km² 有一座城市，是我国城镇密集区。从发展态势看，苏南、浙北还有不少县经济发展迅速，这将进一步提高城市数量。从城市群体结构分析基本合理，城市首位度大，与区内第二大城市南京相比，城市首位度达3.08，远高于全国1.35的水平。

城市化水平提高使得区域内农村人口向城市人口过渡，伴随着迅速工业化的是汹涌的城市化浪潮，农民越来越像市民，农村越来越像城镇。城镇化改变的不仅是农民的经济状况，还有他们的精神状态，并直接改变了他们的出行行为，促使区域客运交通增长。农业工业化的发展，使得货物流动范围更加广阔，且对区域内公路系统覆盖率提出了新的要求。

长三角城市规模等级分级   表5

规模（万人）	城市数（个）	城市名称
> 1000	1	上海
200 ~ 500	6	南京、杭州、苏州、南通、徐州、盐城
50 ~ 200	15	无锡、常州、宁波、温州、宿迁、淮安、扬州、泰州、连云港、镇江、嘉兴、湖州、绍兴、金华、台州
20 ~ 50	23	常熟、衢州、丽水、海门、通州、邳州、张家港、启东、溧阳、泰兴、如皋、昆山、舟山、宜兴、东台、江阴、兴化、江都、丹阳、吴江、靖江、新沂
< 20	30	仪征、大丰、瑞安、太仓、义乌、姜堰、温岭、余姚、高邮、金坛、海宁、慈溪、上虞、临海、诸暨、包容、桐乡、兰溪、乐清、建德、平湖、富阳、东阳、嵊州、奉化、临安、扬中、江山、永康、龙泉

2.4 人口集聚

长三角地区历来就是人口稠密的地区，随着城市化进程，该地区大、中城市的人口密度不断提高，根据测算上海市人口密度高于纽约、伦敦等国际大都市，与日本东京相当。南京、杭州等城市人口密度也接近发达国家大都市的水平。

人口向大、中城市集中，一方面给大城市内部交通增加压力，另一方面也增加了城市与城市、城市与农村之间人流、物流的流动。

2.5 多因素综合分析

利用统计软件对长三角地区经济增长、产业结构、城市化进程、人口集聚等多因素进行分析，结果表明其中经济增长、城市化率提高与综合运输量有直接关系，而产业结构、人口密度等虽然也存在一定关系但是影响强度不大，是弱因素（图2）。对比日本经济起飞时期（1987 ~ 1991年）的综合运输量增长与GDP的关系可以得到相同的结论（图3）。但是，随着日本经济由高速增长期转入衰退期，客货运量与GDP的关系就随之减弱。

由此可见，综合运输量与GDP、城市化关系不是一个国家孤立的现象，而可能是一个较为普遍的现象。从而也从侧面证明了，综合运输对经济发展有着积极的作用。特别是在经济起步阶段，对综合运输系统投入对于拉动经济以及推动城市化进程都有着积极作用。

图 2　长三角地区客、货运量与经济发展、城市化水平的关系

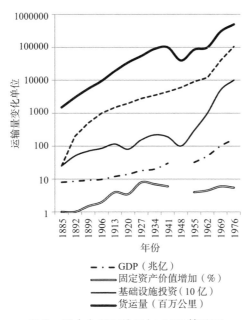

图 3　日本交通运输量与 GDP 等关系

3　区域综合运输系统存在问题

3.1　交通设施规模不足

过去 20 年对区域交通系统进行了大规模的改造和扩容，特别是 1990 年区域内各地区都加大了对基础设施的投入，使得区域综合运输供应水平有了

较大幅度的提高。但是，统计分析表明与国际大都市圈交通设施比较，目前长三角地区交通设施发展规模仍然不足。铁路网络和公路网络人均里程不高，特别是铁路网络密度只有其他大都市圈 1/6 ~ 1/10 左右，难以适应当前及未来发展要求（图 4）。

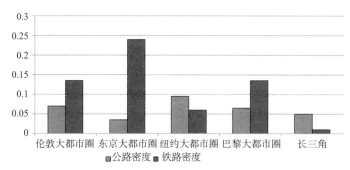

图 4 长三角地区与国际大都市圈道路、铁路比较

与全国综合运输线路各项指标对比来看（表 6），长三角地区各种交通方式密度均高于全国平均水平。但由于长三角地区为人口稠密地区，因此从人均指标来看，除水运外其他各项指标均低于全国水平。从运输效率比较来看，长三角地区运输系统承担压力大。其中尤以铁路为甚，其承担客运量为 5.6 万人次 /km，而同期全国铁路平均负荷仅为 1.7 万人次 /km，是全国水平的 3 倍，而发达国家区域铁路一般为 3 万 ~ 4 万人次 /km 左右。

长三角地区与全国综合运输线路比较表　　　　　　　表6

方式 各项指标	铁路		公路		内河航运	
	全国	长三角	全国	长三角	全国	长三角
总里程（km）	57923	2216	1351691	116504	116504	36810
密度（km/100km²）	0.6	1.1	14	52.5	1.2	17.5
万人里程（km/ 万人）	0.46	0.171	10.74	8.55	0.93	2.84
客运强度（万人 /km）	1.7	5.62	0.9	2.1	0.09	0.2
货运强度（万 t/km）	2.9	5.42	0.7	1.29	1	1.07

* 上述统计数据来源为《中国统计年鉴》《上海市统计年鉴》《江苏省统计年鉴》《浙江省统计年鉴》，其中长三角地区数据为 2001 年数据，全国为 1999 年数据。

3.1.1　公路

从公路规模来看，现有公路里程约 11 万 km，公路网密度为 52.5km/100km²，每万人拥有公路里程 8.55km，仅为全国水平的 80% 左右。同国内同类区域相比，长三角的公路网密度和每万人拥有的公路里程也低于京津唐和珠三角地区水平（图 5）。

图 5　长三角地区现状公路网络图

3.1.2　铁路

从铁路规模来看，铁路营运里程约 2216km，铁路密度 1.1km/100km²，每万人拥有的铁路里程仅为 0.17km，只有全国水平的 1/3。且铁路技术装备落后，火车运行速度较慢，难以适应长三角城市间日益频繁、快速的物流、人流的需要。最近，铁路部门开辟了上海到厦门的直达货运专列，时间短、效率高，可弥补客运损失。

3.1.3　内河航运

长三角河网密布，内河航运优势较为明显，区内大小通航河流数千条，航运里程共 3.64 万 km，占长江沿线地区内河航运总里程的 48%，占全国的 34%，航道密度高达 17.5km/100km²，航道里程高达 2.84km/ 万人。但是，大多数内河航道处于天然状态，通航能力很低，加上缺乏统一规划，港口布局以自然分布为主或被农田水利闸坝所截断，通航能力很低，每公里航道年货运量仅为 1 万 t。

长三角地区拥有我国唯一出口远洋的内河港口，目前已开辟了通往日本、美国、加拿大、欧洲、澳新、波斯湾等外贸航线和集装箱运输线，同世界上 100 多个国家和地区的港口有货运往来。但总体来看，内河港口泊位少，装卸设备和装卸工艺陈旧落后，机械化程度低，吞吐能力不足。另外，内河船舶平均吨位低，不及发达国家的 1/10。

3.1.4 远洋运输

长三角地区远洋运输发展迅速，区域内上海港集装箱去年已达到了 861 万 TEU 名列全国第一，宁波北仑港集装箱 186 万 TEU 位于全国第六。无论是洋山港还是北仑港的水深条件都十分优越，其目标也都是建设为区域现代化大港。

目前存在两个港口如何协调发展的问题，细分服务空间和服务对象，做到优势互补。

3.1.5 机场

目前，长三角机场众多，密度正在逐渐加大。上海有虹桥、浦东，杭州有笕桥、萧山新机场，南京有南京、禄口，另外还有无锡硕放机场，苏州光福机场、常州机场、南通机场、宁波机场、舟山机场等。从总体情况来看，机场基本已经处于饱和状态，有些机场客源少，难以维持。2001 年在全国民航排序中，长三角地区有 5 个机场位列 100 名之后，经营状况十分不理想（表 7）。

2001 年长三角机场吞吐量统计表　　　　　　　　　表 7

机场	排序	旅客吞吐量（人次）	货邮吞吐量（吨）	起降架次
上海	3	13667094	439904.7	117875
上海浦东	4	11047695	634965.7	107335
杭州萧山	11	3879259	86734.2	44912
南京禄口	16	3170346	52197.7	37776
温州	22	1913201	28386.9	25747
宁波栎社	28	1265057	18660.7	16325
舟山朱家尖	52	301909	1888.2	5148
常州奔牛	60	148848	2339.5	2232
台州路桥	62	134338	2368.1	2178

机场	排序	旅客吞吐量（人次）	货邮吞吐量（吨）	起降架次
义乌	63	129394	1605.7	1830
徐州观音	71	85148	802.9	3030
南通	73	68712	945.8	1587
杭州笕桥	90	35143	0	398
无锡硕放	101	28035	0	390
盐城	107	22142	342.2	588
南京大校场	116	16196	0	220
苏州光福	124	11750	0	160
衢州	137	2612	14.4	76

3.2 交通设施布局结构不尽合理

3.2.1 综合运输结构不经济

交通运输结构不尽合理。首先，由于长期未进行基础设施统一协调规划和建设，各地区都强调高速公路建设，而忽略铁路建设。

从运输方式的送达速度、投资、运输成本等技术经济特征来看，各种运输方式相差甚远。对各种运输方式的最优速度范围、投资、运输成本比较来看，长三角地区整个区域总面积 21 万 km^2，从区域中心城市上海到地区中心城市南京、杭州等距离 300km 左右，各种运输中铁路应当占一定优势。而目前区域内客运周转量主要由公路承担，客运周转量铁路比重只占到 21.6%（全国铁路比重为 40% 左右），公路占主导地位，其占总量的比重为 60% 以上。其次，在规划、建设、运营中长期存在重客运、轻货运现象，因此导致该地区货物流转至今效率低下，阻碍了区域经济一体化发展。从统计数据来看，截至 2000 年长三角地区货运采用水运的比重仍然达到 56%（表 8）。

2000 年长三角地区客运、货运周转量结构表　　　表 8

运输对象＼方式	铁路	公路	水运	航空	合计
客运	21.60%	65.60%	1.10%	11.80%	100%
货运	21.90%	21.70%	56.40%		100%

3.2.2 系统布局缺乏整体发展概念

近年来，各地政府对综合运输进行了大量投资，但投资建设重点集中在长江以南地区，江北地区长期得不到投入使得其社会经济发展水平都远远落后于江南地区。另外，大交通航空重复建设现象严重，密度过高，布局相当不合理。从而导致了相当一部分机场无充足客源,无法维持正常经营活动。

3.3 交通设施衔接问题

3.3.1 大小交通衔接性差

从现状情况来看，长三角地区至今还没有真正可以称得上综合交通枢纽的交通枢纽点。

大多数城市都将铁路客站、公路客站、航空站等分别建设，使得各个交通系统之间衔接性差；其次对外交通与城市内部交通之间交通衔接性差，随着城市扩展，许多城市将机场都迁移至远离中心区的新开发地区，但大多数都仅有一条高速公路与之相连，而未考虑轨道交通与之相衔接。且由于机场大多数已经建设完成，即使将来考虑与轨道交通衔接，将会遇到土地利用、建设费用等多方面问题。

长三角地区上海、杭州、南京等城市在轨道交通规划时考虑了铁路与市内轨道交通换乘可能，但由于铁路站建设与轨道交通建设在体制上属于两个部门，铁路站规划、建设由铁路局承担，城市规划部门参与力度较小，因此铁路与轨道交通衔接仍存在较大问题。以上海为例,铁路与地铁1号线、明珠线换乘距离长，步行达到10min。

3.3.2 区域南北通道少

整个区域客流、物流主要依靠沪宁、沪杭两条高速公路、铁路分别向西北、西南延伸。国道204、312、318、320穿越整个区域将中心城市上海与其他地区中心城市相连，也发挥了一定作用。

但是区域北部、南部受到了长江、杭州湾等天然障碍，整个区域缺少贯穿南北的通道，阻碍区域中心城市上海与地区中心城市宁波及广大苏北地区的联系，从而制约了区域一体化发展的进程。

4 区域综合运输发展方向

4.1 整合城市内外交通，提高整体运行效率

注重辐射交通与都市圈核心区及其他各城市内部交通的有机衔接，满足"方便、安全、舒适"的要求，形成"人便于行，物便于畅"。通过交通系统的整合来带动和促进都市圈经济发展的一体化。

重点加强核心城市上海以及各地区中心城市南京、杭州等地区对外枢纽建设，尽快形成内外交通一体综合枢纽，减少城市内部交通和城市对外交通连接距离及时间，提高城际交通效率。

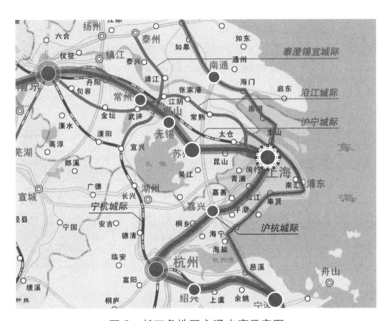

图6　长三角地区交通走廊示意图

4.2　大力发展高速铁路、国铁、轨道交通等多种大容量快速铁路系统

大力发展高速铁路、国铁、轨道交通等多种大容量快速铁路系统。并确立都市圈中以铁路、轨道交通为主要方式的地位。

延伸磁悬浮线路至杭州、南京，缩短上海至江、浙两省首府之间的时空距离。预计磁悬浮延伸线建成后，上海市至南京市、杭州市的时间将分别从现状 2.5h、3h 降低到 1h 左右。

主要铁路干线进行全面提速，运营速度达到 250km 以上。城市轨道交通与主要铁路干线考虑建成同站换乘。加密次要铁路干线，近期"十五"期间铁路网络密度达到 $0.2km/km^2$，远期铁路网密度达到 $0.5km/km^2$。

"十五"期末，实施铁路客货运分离，打破垄断，按照市场需求分配资源，改变以货运补贴客运的收入分配机制。有计划发展特色铁路货运，例如发展滚装小汽车业务为通勤客流及节假日游客服务，降低乘客出行成本及区域环境成本。

4.3　加紧一般公路建设，完善区域公路系统

在快速高等级公路基本建成的前提下，重点完善整个公路系统，加紧一般公路建设，形成具有合理级配的公路系统，从而保障资源的配置和有效利用。构筑形成长三角宁沪杭高速公路圈和环太湖苏杭锡高速公路圈，以及淮海地区徐宿淮连高速公路圈；加快跨长江公路大桥建设步伐，初步形成沿江两岸高速公路网络；加快跨钱塘江的大桥建设，其一上海到慈溪，其二是从海宁（硖石）向南到钱塘江边向东南45度到大尖山过江到上虞的淞厦镇向南，经过上虞市西，南下到连接去嵊州、新昌、天台、临海、黄岩、温岭接温甬高速公路到温州，接沿海大通道。

"十五"期间，长三角两省一市公路建设的主要目标主要有四项：①到"十五"末累计建成高速公路5000km；②区域内二级以上公路占公路总里程的比重达到20%以上，争取达到21%；③继续加快公路养护市场化的步伐，基本形成适应社会主义市场经济要求的公路养护管理机制。继续推进公路养护机械化发展，不断提高养护企业的整体实力和养护管理水平；④继续加大公路管理站的建设力度，形成布局合理、精简高效的公路管理网络；通过努力，力争使国、省道干线公路好路率达到85%。

4.4　重点发展航空枢纽港，控制一般枢纽发展

重点发展航运主要枢纽港，控制一般枢纽发展，限制不必要的航空港建设。在整个区域内形成高效率航空系统。

可以考虑将区域中部分客流较少机场改建成货物专用机场并在机场内部设置一站式服务，提高货运通关效率，节约货物运输成本。

4.5　改善内河航道，加强水路航运枢纽建设

加强水路航运枢纽的建设，改善内河航道。尽快按规划建成主要港口，增强与周边城市的水上联系。通过内河航道和铁路、公路等配套交通设施的建设，完成对外水运和市内交通的有机衔接。

今后5～10年重点改造京杭大运河，包括航道、扩岸、船闸、桥梁等工程。改造后，基本保持现航道线路，航道设计水深2.5m，航宽45m。航道通行能力将比现在提高10倍左右，最大可通过500t的货轮。

杭甬运河的改造，将为长三角地区内河水运再添大动脉。它上可与京杭运河相连，连通钱塘江水域，下可与宁波港相接，增加宁波港的疏港通道，姚江、甬江的水质也有望得到改善。

参考文献

① 连玉明 . 中国城市蓝皮书 . 中国时代经济出版社，2002

② 杨万钟 . 上海及长江流域地区经济协调发展 . 华东师范大学出版社 2001

③ 王德、刘锴 . 上海市一日交通圈的空间特征和动态变化 . 城市规划汇刊，2003[3]，
同济大学出版社

④ 陆柄炎 . 长江经济带发展战略研究 . 华东师范大学出版社，1999

作者简介：徐循初，同济大学建筑与城市规划学院教授，博导

阮哲明，国家开发银行上海分行，同济大学城市规划与设计专业博士研究生，
E-mail：bandm@sina.com

本文原载于《城市规划汇刊》2003 年 05 期。作者：徐循初　阮哲明

城市巴士快速公交线网规划

一、引言

• 城市居民出行需求的变化——出行距离延长，出行距离分布特征，远距离的比例增多，出行时耗增加。

• 出行交通工具变化——居民自觉选择不同速度的交通工具，使其出行时耗保持在可承受的范围内。

• 特大、大城市选用快速轨道交通——不受道路交通的干扰，运送速度快、时耗省，但投资大，建设工期长。寻求新的客运交通方式——城市巴士快速交通。

二、历史的经验（以上海为例）

• 1981 年的客运调查资料——在拆除有轨电车后，用大容量铰接式无轨电车和公共汽车并用的方法，大大提高了发车频率，使发车间隔达到 42s，完成了轻轨的运量。

• 1984 年 200 万张月票调查资料分析后——开辟了一大批在高峰时段跨线运行的 200 号公共汽车大站快车线路，提高了运送车速，减少了换乘，缩短了出行时耗。由于大站快车线形成一个线路网，缩短了城市的时空，适应了城市用地向外扩展的需要。

• 1990 年前后，利用电脑处理居住新村职工上班的起讫点调查资料——开辟了五条加价的定人定时定线的直达公共汽车线路，大大缩短了出行时耗，提高了乘车舒适度，深受市民和企业的欢迎。

• 以上用常规的公共交通工具，实现了国外用轨道交通才能完成的运量，使国外的公交同行十分震惊和钦佩。总结这些经验是很必要的，可以激励和增强发展巴士快速交通的信心和决心。

三、国外的点滴经验

• 加拿大首都渥太华：在城市东部废弃的铁路路基上建造公共汽车专用路，路段 2 车道，站点 4 车道。经过老城区，组织两条单向道路为公交专用路。在城市的南部和西部开辟了公交专用路，运送车速高达 40 多 km/h，达到了接近轻轨的运能，而造价不到轨道交通的 1/6。

• 巴西的一些沿海大城市，在客流很大的线路上，将同一条线路和站点分为 A、B、C，并固定线路的停站地点，避免乘客在站台上前后奔跑，使线路单向小时发车高达 300 次数，达到了轻轨的运量。

• 哥伦比亚首都波哥大，具有非常密的公交线路网，居民走 100m 就能到站的家庭达家庭总数的 51%，走 300m 就能到站的家庭达 87%，所以居民使用公交非常普及。近年又建了很漂亮的大站距巴士专用道，让城市居民感受到乘车的愉快和便捷，使乘公交出行成为居民出行的主体。

• 通过上述讨论，在城市中若道路建设能与巴士线路和站点的设置紧密结合，开辟巴士快速公交线路和站点的设置紧密结合，开辟巴士快速公交线路就有了基本条件；再加上大容量巴士车、大站距运行和站点上存车换乘设施的配合，开辟巴士快速公交线路就能实现。

四、巴士快速公交线路的规划

• 根据城市用地发展方向、土地使用规划，找出城市中主要人流的集散点和交通换乘点，将它们锁定，并锚固在初始的公交线路网和道路网上，在主要的集散点之间应有直达的线路连接。

• 在规划的公交线路网上，按照各地块上交通小区土地使用的特征，预测公交线路网上的客流量，找出适合采用巴士快速公交的线路——运送能力、车速、出行时耗等——进行线路的"编织"。

• 规划设计的巴士快速公交线路网在"编织"时，要从线路长度、线路曲折系数、道路上线路的重复系数、线路客流的均匀程度乘客换乘方便程度、经过道路和交叉口路况复杂程度、设置巴士专用道（路）可能性——设置在道路中间、与人行横道相结合；设置在路边、港湾式站点、避免受非机动车干扰；以及在道路外设置换乘站的可能性。

• 巴士快速交通线路的站距，1.5 ~ 2km 或视具体情况而定，大站要与普通线路的小站相结合，以便换乘；设置在道路外的大站，要尽量做到同站台换乘。

• 巴士快速交通线路车辆的停车场、保养修理厂可以与城市公交的停车、保修厂相结合，使其空驶里程最少。

• 通过线路、站点的规划调整，并用相应的指标、用定量和定性的方法检验和比选，得出较优的方案。也可在全市选择一批主要客流集散点，以某个点为中心，分别绘制它们向外放射的等时线图，以便更形象地看出巴士快速交通线路发挥的效能。

·在大城市轨道交通还难以很快建设，而私人小汽车的增长正在日益加快之时，积极发展巴士快速交通线路是一种行之有效、可持续发展的出路。

本文原载于 2003 年 12 月中国巴士快速交通发展战略研讨会论文集。

作者：徐循初

论枢纽机场的发展及其规划理念的演变

1 世界枢纽机场的发展趋势

20世纪80年代以来，随着各国政府对民用航空业的管制政策逐步放松，世界航空运输业出现了前所未有的激烈竞争，也因此获得了巨大的发展。近年来，世界航空运输以平均每年2倍于GDP的增长量，成为世界经济增长的最重要的产业之一，在区域和城市交通体系中也占据着越来越重要的地位。据世界民航组织统计和预测，从年旅客吞吐量来看，世界航空客运总量由1989年的11亿人次到1998年的15亿人次，发展到2003年的35亿人次；根据预测，未来还会以平均5%的速度增加。

航空运量的快速增长刺激了机场业的发展，在世界范围内出现了大规模的机场改、扩建或者新建大型机场的高潮，并出现了以枢纽机场为核心的机场体系。枢纽机场最初含义是航空公司运作技术领域的概念，是指各国的骨干航空公司开始通过某些机场运作中枢——辐射航线结构（Hub—Spoke system），以高质量的航线网络瓜分本国市场，强化自身的竞争优势，取得相对的垄断地位；继而，一些有实力的大型航空公司纷纷在世界范围内缔结联盟，将各自的网络通过枢纽机场对接起来，在全球航空市场中谋求更大的利益。而枢纽机场作为航空公司中枢网络的核心，不仅提供传统意义上的基础设施服务，也成为航空市场竞争的参与者，扮演着越来越重要的角色。依托基地航空公司的枢纽网络，枢纽机场大大拓展了市场覆盖范围，获得了可观的收益。同时随着航空公司全球化和机场联盟的出现，枢纽机场的竞争环境也在不断变化，将面对更大范围的激烈竞争，应对更多难以预计的风险。

枢纽机场的产生从来不是一种结果和目的，而是机场业发展到一定时期的产物。事实上，由于航空公司的中枢运作成本大，风险高，其运作并不是完美无缺的，每个枢纽机场内部都是枢纽和反枢纽化并存的。在两种趋势的对抗和互补中，枢纽机场的概念和运营模式也在不断地变化、发展和完善。

枢纽机场的概念起源于美国，随后是欧洲，亚太地区枢纽机场的发展相对起步较晚。目前，世界上年旅客吞吐量排名前50位的机场中，绝大多数都是枢纽机场。以欧洲为例，欧洲航空市场的自由化，使各大机场之间的竞争日益激烈，洲际间的交通逐渐集中在四个大型机场（表1），即英国伦敦希斯罗机场（LHR）、法国巴黎戴高乐机场（CDG）、德国法兰克福机场（FRA）和荷兰阿姆斯特丹斯希普霍尔机场（AMS），这些机场已经成为欧洲的主要门户枢纽机场，均居于世界枢纽机场排名前10位。面对不断增长的市场需求和竞争态势，各大机场都在积极提高机场容量和服务水平，占据有利的市场地位，从而获取丰厚的回报，同时也为周边地区及所在国家创造更多的商业机会。

2004 欧洲四大机场客货运量统计   表 1

机场名称	客运量 / 万人次•年	年增长率 /%	客运量欧洲排名	客运量世界排名	货运量 / 万 t	年增长率 /%	货运量世界排名
伦敦希斯罗机场 LHR	6734	6.1	1	4	141.2	8.6	17
德国法兰克福机场 FRA	5110	5.7	2	7	183.9	11.4	7
巴黎戴高乐机场 CDG	5086	5.5	3	8	163.8	9.4	15
荷兰阿姆斯特丹机场 AMS	4254	6.5	4	10	146.7	8.4	16

2 枢纽机场规划面临的挑战

枢纽机场的市场需求、竞争环境和运作要求等都在不断地发生变化，其未来是复杂而不确定的，规划作为机场应对未来的手段，必须逐步去适应这种变化。

2.1 多机场体系的出现

随着航空业的飞速发展，世界上出现了许多同时拥有多个机场的城市或区域，如美国纽约、芝加哥，法国巴黎，英国伦敦，日本东京等。上海浦东国际机场的建成通航使上海也形成了"一市两场"的格局。城市或区域内各机场的运营和分工模式成为机场规划需要明确的首要问题，这就涉及机场系统规划，于是多层次的机场规划体系初露端倪，大致可分为战略规划和形态规划。战略规划主要包括区域机场系统规划、机场战略规划等方面的内容，这是机场形态规划的前提；形态规划主要包括机场总体规划、详细规划以及专项规划方面的内容。

2.2 航空公司开展中枢运作的要求

航空公司作为机场最主要的用户，利用枢纽机场进行中枢航线的运作，机场的基础设施和管理要尽可能满足航空公司开展中枢运作的要求。中枢运作的典型特征是客货流的高峰特征，即出发和到达的航班集群相互交替，强度很高，并且航班集群的衔接在较短时间内完成，机场空侧和陆侧设施，尤其是机场跑道系统的容量要能够适应这一特征。同时由于枢纽机场的中转率相对较高，中转的效率是保证整个枢纽网络正常运转的关键因素，它要求对旅客和行李的中转流程快捷顺畅，满足枢纽运作的最短衔接时间（MCT）。

2.3 机场对商业活动的日益重视

正如欧洲机场经营者常说的"Airport is a business"，机场经营的概念已经发生了深刻的变化。在传统观念中，机场仅仅是基础设施服务的提供者，投资依赖于政府的公共开支，收人多来源于航空主业，投人大而利润薄，只能依靠政府的扶持。而在当今，凭借旺盛的客流，通过创造性地开发并满足旅客的个性化需求，机场的商业活动已空前繁荣，非航空主业占机场收益的比重不断提高乃至超过航空主业的收入，这在欧洲机场中已不鲜见。随着机场投资主体的多元化，商业活动的利润也成为备受投资者关注的因素。

2.4 日益严峻的公众环境问题

机场的建设和运行必然产生一系列的环境问题，主要包括：噪声影响、大气和水体污染、生态系统的改变和地区景观的破坏，这些都影响到周边居民的切身利益。西欧国家的人口密度远小于我国，但机场环境问题仍相当突出。通过西方的民主体制，公众的环境压力最终转化为政治上的干预，这些国家的行政和立法机构相继采取了行动，严格限制机场产生的环境问题。对比我国，差距是显而易见的，"重发展、轻环境"的观念依然存在，在发展与环境的协调问题上还需要较大的改善。随着航空业的高速发展和公众环境意识的觉醒，发展与环境的矛盾将会更加尖锐。

2.5 未来的不确定性

枢纽机场不仅是某个城市的机场，也是基地航空公司整个枢纽网络辐射区域的中心机场。航空公司之间网络对网络的竞争，直接表现为不同枢纽之间的竞争。对于枢纽机场来说，本地旅客市场相对稳定，中转旅客市场必须通过激烈竞争来夺取。一个机场是不是枢纽，是什么性质的枢纽，决定权主要在中枢航空公司，因而枢纽的地位处于不断变化之中。除此之外，机场技术、运行方式和管理模式也在发生日新月异的变化，规划必须适应这种局面。正如著名机场规划界所言"Feasibility is the only answer to uncertainty"（灵活性是应对未来不确定性的唯一途径）。

3 机场规划设计中的关键要素

3.1 跑道系统规划

高峰小时容量是跑道系统的关键指标，是机场运行和不断发展的首要因素。跑道系统容量的影响因素，包括：跑道构型、跑道使用模式、机型组合、空中交通管制的水平等。

对于跑道系统而言，中枢运营有两个典型特征。一是航班的起飞和降落呈现出较强的不均衡性。在一天之内，形成若干个相互交替的航班集群，到达在前、出发在后。二是按照枢纽性质的不同，机型组合比较复杂。大型枢纽机场往往是重型、中型和小型飞机混合使用。这两个特点都是枢纽运作的必然要求，但客观上不利于跑道容量的充分发挥。

许多大型机场是长期发展形成的，靠近人口稠密地区，噪声问题也成为制约跑道容量的另一个现实问题。

以荷兰斯希普霍尔机场跑道系统的发展为例（图1），该机场风向多变，1967年最早规划的是四条跑道呈四边形的构型，受周边城市和居住区的限制，跑道的使用模式基本上是一起一降，其高峰小时容量只能达到80架次。随着旅客量的不断增长，一方面容量基本饱和，另一方面是噪声问题日益突出。经过漫长而艰苦的谈判，机场被允许修建第五条跑道。这条跑道的增加可以使跑道的使用模式改进为两降一起或两起一降，高峰小时容量提高到104至114架次。从某种意义上讲，这也是一条"环境跑道"，该跑道可大大缓解对周边居民的噪声影响。该机场的跑道使用模式为优先等级模式，优先使用噪声扰民问题较小的跑道。再如德国法兰克福机场，由于机场周边被几条主要的高速公路紧紧围绕，限制了机场的发展。目前，该机场拥有两条非独立平行运行的跑道和一条斜向跑道（专门用于南欧航线的起飞），高峰小时已达到78架次的饱和容量。目前无论是航站楼还是跑道系统都已无法满足日益增长的航空量。因此，机场着手在即将搬迁的美国空军基地所在地规划第三航站楼，但是跑道容量也必须同步增长，唯一的办法是增加跑道数量，而在现有的机场用地范围内已不可能。通过大量的论证，基本确定在机场的西北侧（高速公路外围）建一条降落跑道，可使机场跑道系统容量增加到每小时120架次。但跑道位置将占用法兰克福市属森林的部分土地，必须付出巨大的经济和环境代价。

　　以上案例说明，跑道容量不足、延误水平较高是世界上许多大型枢纽机场面临的共同难题，各大机场都在着手新建跑道或提高现有跑道的容量。与机场陆侧设施的容量相比较，跑道容量的弹性要小得多，还要受到噪声控制、风向、空域条件、管制水平等多种因素的制约，而中枢运作又对跑道系统提出了更高的要求，因而跑道系统的规划，更要为长远发展留有充分的余地。

3.2　航站区规划

　　机场航站区包括航站楼、站坪、地面交通系统和配套设施。枢纽机场的中转旅客量占有较高的比例，而旅客的中转发生在航空公司或航空公司联盟内部。在美国，中枢航空公司的运量占机场总运量的 60%~80%。而在欧洲，中枢航空公司的运量一般占机场总运量的 50%~70%；而其中 50% 以上的旅客是中转旅客。中转旅客的活动范围集中在空侧登机门位附近的候机区，并不使用陆侧的办票大厅和地面交通系统等设施。为了合理有效地进行土地和空间利用，在航站区规划中，陆侧空间可以在某种程度上压缩，而空侧空间需要适当地加大，以提供足够的近机位，方便旅客中转。

　　中枢运作要求航站楼规模足够大、站坪布局紧凑合理、门位使用灵活调配、旅客服务方便周到、中转流程简洁顺畅、行李系统先进高效，能够在短时间内处理大量中转旅客及行李，尽一切可能减少中转时间。

　　荷兰斯希普霍尔机场航站楼构型为集中式航站楼加若干指廊式（图 2），非常有利于中枢运作。1967 年投入使用至今，从最初的 1 号主楼和 4 个指廊，经过逐步的扩建，发展成为现在的 1、2、3 号连成一体的主楼和 A、B、C、D、E、F、G7 个指廊以及即将建设的 J 卫星厅。其令人惊叹之处是 30 多年以前的规划至今还能适应形势，并一直保留扩建的可能性。早期的规划设计打下了良好的基础，设计以功能为主线，建筑的处理手法极为简捷，不追求华而不实的外在形象，有利于灵活发展，而且不易过时。

图 1　荷兰斯希普霍尔机场跑道系统构型

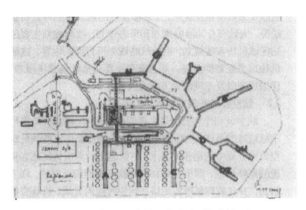

图2　荷兰斯希普霍尔机场航站构型

3.3　注重商业规划

机场非航空主业的发展，是机场赢利的重要来源，也是增强机场竞争力的手段。斯希普霍尔机场集团2001年的财政收入显示：机场航空主业收入占48%，非航空主业收入（如零售业、停车设施、房地产等）占52%。据统计，该机场2002年的零售和餐饮娱乐等商业活动中，平均每个旅客在机场消费50美元。

影响机场商业服务质量和收益的因素是价格水平、质量和业务范围。机场的商业活动包括：服务于旅客的商业活动、服务于航空公司的商业活动和其他经营开发活动。其中：服务于旅客的商业活动，主要包括：零售（陆侧和空侧）、餐饮、娱乐、租车、银行、酒店预订、问讯、搬运服务等，足够的客流是保证此项商业效益的关键；服务于航空公司的商业活动，主要包括：地面服务、办公设施和场所，其他经营开发活动包括房地产开发、展览展示和为观光游客提供的服务设施。

因此在机场设施规划和设计之初，就应将商业规划和开发的理念引人其中，为可能的商业活动提供机会。

3.4　地面交通系统规划

在欧洲主要的枢纽机场，机场功能正在逐步转变成为航空运输与轨道交通、公路、海运的一体化综合交通枢纽。随着航空运量的不断发展，铁路与空运之间的竞争已逐渐被多式联运所代替。

中枢结构的本质是吸引更多的旅客，扩大航空运输市场的范围。最初，机场只是某个城市的机场，城市周边区域的客源通过其他交通方式集中到该机场；随着中枢结构的诞生，枢纽机场通过支线航空服务于广阔的边远地区，美国的航空体系属于这一情况，中小地区的旅客大多通过支线飞机运输。欧洲的情况则有所不同，由于具有完善的铁路网络，同时高速铁路也在不断发展，使得陆空联运得以实现。

以德国法兰克福机场为例（图3），该机场是铁路、公路和水路交通的交汇点，空运/铁路联运车站每年输送370万人次的旅客。法兰克福国际机场拥有一个完善的联结各大城市的铁路网，连接市中心的地铁，同时拥有欧洲国际城市快线。

图3　法兰克福机场鸟瞰图

汉莎航空公司与德国铁路有限公司已达成协议，自2001年3月以来，开展了铁路转接空运的运营，空运旅客在车站的办票柜台办理登机手续，行李自动转运。

再如荷兰斯希普霍尔机场，机场除了通过新建第五条跑道增加容量外，还努力通过完善的铁路系统，来分担部分短程航线的旅客，从而保证远程航线客运量的增长，实现陆空联运。

在我国的长江三角洲和珠江三角洲地区，正崛起着连绵分布而经济发达的城市带，陆空联运是一个值得借鉴的发展方向。

4　结语

规划是机场应对未来的手段，机场规划体系正在实践中逐渐形成和成熟，规划的灵活性和动态规划是贯穿机场规划与设计始终的宗旨。枢纽机场没有固定的发展模式，只有根据航空市场发展需求进行动态规划，以充分的灵活性应对未来的不确定性，才有可能保持其在竞争市场中的地位。我国枢纽机场的建设和发展方向，应该不仅仅是空空中转的枢纽，更是集海、陆、空为一体的立体交叉的综合交通枢纽。

参考文献

[1]　Robert E. Caves，Geoffrey D. Gosling. Strategic Airport Planning. Pergamon，1999.

[2] ICAO. Airport Planning Manual, Part 1, Master Planning, 2nd ed, International Civil Aviation organism, Montreal, 1987.

[3] ICAO. Assembly-35th Session, Agenda Item 29: Facilitation and Quality of Service at Airports. International Civil Aviation organism, Montreal, 2004.

[4] Airports Council International. Leading the Global Airport Community. Annual Report 2004, Switzerland.

[5] 约翰 .M. 利维 . 现代城市规划 . 北京: 中国人民大学出版社, 2001.

[6] Alexander T. Wells. Airport Planning and Management. McGraw-Hill Companies, Inc, 2000.

[7] Schiphol Group. Sustainable development of Amsterdam Airport Schiphol. Schiphol Annual Report, 2003.

[8] Frankfurt Airport website information, www.fraport.de, 2004.

本文原载于《交通与运输》(学术版) 2005 年 01 期。

作者: 秦灿灿　徐循初

法兰克福机场的空铁联运

1　法兰克福机场概况

法兰克福机场位于欧洲的心脏地带——德国莱茵河区域，距离欧洲主要的经济区空中距离不超过 2h 航程，是欧洲最重要的四大枢纽机场之一，也是欧洲连接各国际航线的主要枢纽机场。在世界大型机场客、货运量排名中，法兰克福机场均名列第七，2004 年旅客吞吐量 5110 万人次，其中 50% 是中转旅客，货运量 183.9 万吨。在欧洲的四大枢纽机场中，法兰克福机场货运量排名首位，客运量居第二位。机场占地 17km²，现有两座航站楼，3 条跑道，北跑道、南跑道组成非独立平行跑道。北跑道用于起飞，南跑道用于降落；西跑道只用于北向南的南欧航线的航班起飞。但目前由于高峰小时起降架次已经超出目前设施能力的 15%，机场当局除了着手扩建机场跑道外，还在运营管理等方面采取了许多积极措施，其中之一就是开发航空公司与铁路运输之间的"空铁联运"。

2　发展空铁联运的背景

2.1　成熟的铁路网

德国具有发达的铁路、公路、航空和水运等交通设施，而法兰克福是德国的重要经济中心，处于铁路、陆路和水路交通最关键的交叉点。法兰克福机场在法兰克福市中心西南方向 16km，位于德国高速公路 A3 和 A5 的交汇处（见图 1），同时地区铁路和国家铁路均经过这个机场。法兰克福机场地面综合交通主要方式有高速公路、区域铁路和高速铁路三种形式。乘客由铁路换乘飞机或由飞机换乘火车，都极为方便。铁路不仅服务客运，在法兰克福机场的南货运城还新建了铁路货运站，服务于货运。

德国在 1991 年开始运营高速铁路 ICE，法兰克福机场也已进人了欧洲高速铁路网，这使得德国城市以及欧洲其他国家的一些城市至法兰克福机场的旅行时间进一步缩短（见图 2），为法兰克福机场的多式联运提供了可能性和优势。预测 2015 年欧洲境内的铁路旅行时间将大大缩短：大约 2h45min 从法兰克福机场到阿姆斯特丹或慕尼黑，2 个半小时到达布鲁塞尔或巴塞尔，4h 左右到达德累斯顿或巴黎。

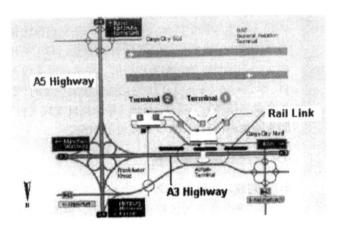

图 1　法兰克福机场对外交通衔接示意图

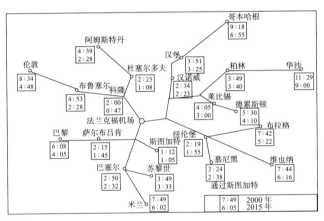

图 2　各城市至法兰克福机场的旅行时间的变化

2.2　潜在的旅客资源

　　法兰克福机场是德国的中心机场，其本地客源（O/D）来自全国。按照区域划分，法兰克福机场的 O/D 旅客在各区域分布见图 3。来自法兰克福机场所在的黑森州（莱茵—美茵地区）的旅客仅占 43%，其他旅客都分布在其他州内。

　　德国城市分布在离法兰克福机场 200km 之内相对分散，这一城市布局可以体现高速铁路网络优势。与欧洲其他几个枢纽机场相比，法兰克福机场 200km 辐射圈内的居住人口明显要高出很多，达 350 万人次，说明其潜在旅客资源丰富。

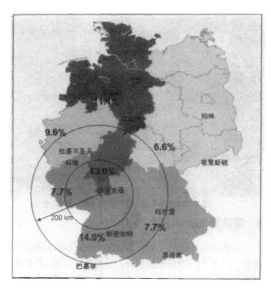

图 3　法兰克福机场在德国各区域内的 O/D 旅客资源分布

　　高速铁路对机场和航空公司有两方面重要的影响。一是增加各机场辐射范围的重叠部分。越来越多的旅客会发现他们可以在多个机场间进行选择出行，使得欧洲主要枢纽机场越来越强地在争夺潜在旅客方面进行竞争。早在 1996 年德国机场协会进行的一次调查显示，大量居住在德国边缘城市的旅客将会流失到国外其他机场中去。要想稳固和扩大市场资源，必须利用高速铁路网，提供更为便利的空铁联运服务。二是促进多式联运的发展，因为 100km 到 300km 之间的距离，以往是铁路与支线航空竞争的焦点。

3　空铁联运

　　法兰克福机场于 1995 年就基本完成了空铁联运的基础设施建设，主要包括区域火车站、远程火车站和空铁联运大楼等（见图 4）。区域火车站在一号航站楼地下层，三条轨道，两个站台，每天约 220 班次火车。区域火车站线路除了市中心和周边区域外，还包括至科布伦茨、萨尔布吕肯（150km以远）和维尔茨堡的线路。远程火车站和空铁联运大楼位于机场航站楼和高速公路之间，通过连廊与航站楼衔接，远程火车站是空铁联运大楼的一部分，火车站上一层即是办票航站楼。1999 年开通运营以来，所有德国南部和北部至汉诺威和汉堡的铁路都直接通至机场。

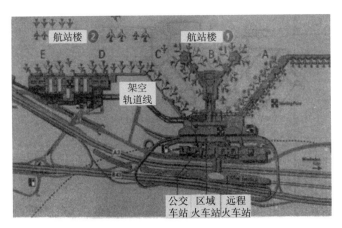

图4　航站楼和两个火车站之间的相对位置图

4　空铁联运服务水准

空铁联运包括两种水准的服务，一是铁路设施（区域铁路、高速铁路）直接衔接机场，使旅客可以通过铁路便捷地进出机场，办理办票和行李托运等各种手续都将在机场内进行。二是在第一种服务基础上的所谓"零米高度支线飞行"服务，是指机场和航空公司为旅客提供的铁路和飞行之间的联程服务，旅客作为从铁路到飞行的中转旅客，行李自动转运，这就要求火车站应有登机办票柜台和行李输送系统，并可通过航空公司的订票系统购买联程票。

许多枢纽机场都具有第一种服务，即将铁路直接引进机场，在连接航站楼和机场火车站之间的通道里布设办票柜台，服务于一般通过火车进出机场的旅客。这很大程度上解决了旅客和行李的运送，缓解机场路面交通的压力。但第二种服务，仅有为数不多的欧洲几大机场提供这种服务。因为提供这种服务，机场是否有空间增加这些新的设施是首要问题，再就是巨大的投资问题，包括投资建设衔接航站楼和机场火车站之间的全自动行李系统，在火车站站台上方的"飞行行李"房等。

借助于发达的区域铁路和高速铁路网络，法兰克福机场为机场的旅客和行李提供了便捷的衔接设施，提供了第一种服务。但是该机场为了给旅客提供更好的服务，同时为将部分短途航线转为铁路运输，从而节省出跑道系统的容量，以供远程航线的使用，从1999年开始，就将提升空铁联运服务水平作为其运营使命的重要部分，为此该机场建设了空铁联运大楼，提供了第二水准的服务，开发了德国铁路和航空公司之间的共享代码，以满足空铁联运换乘最小衔接时间(Minimum connecting time)在 45 分钟之内(包括行李和旅客)。

德国铁路已经为各火车站设定了国际航空运输协会（IATA）代码，每个航空公司可选择一定数量的火车和 10~15 个重要的火车站（法兰克福机场辐射范围内的区域），实现航空公司与铁路之间的代码共享。目前汉莎航空公司选择了斯图加特和科隆，每天来往法兰克福机场和这两地的 120 班火车已经拥有了航班号。2001 年开通了法兰克福机场到斯图加特的"零米高度支线飞行"服务，2003 年实现了法兰克福机场到科隆的"零米高度支线飞行"服务。目前"零米高度支线飞行"服务架次占每日 1200 架次飞机的 10%。

5 空铁联运的成果评价

5.1 对铁路运输的影响

自 1999 年开通远程火车站以后，旅客进出机场的交通模式所占比重发生了很大变化。目前该火车站每天使用旅客有 10000 人左右，2003 年全年 370 万人次。根据预测，到 2015 年使用高速铁路等的旅客情况见表 1。从表 1 可以看出，通过高速铁路提高了机场公共交通的比例，为整个区域的交通提供了保障。高速铁路从支线航班中赢得了旅客，从扩大机场腹地范围中受益。

高速铁路对法兰克福机场进出机场交通模式的影响 %　　　　表 1

交通方式	1999	2000	2004	2015（计划）
小汽车 / 租车	54	48	46	41
出租车	18	17	18	11
巴士	5	7	6	16
区域火车	13	11	11	
长途及高速列车	9	15	18	30
其他	1	2	1	2
始发旅客量	100	100	100	100

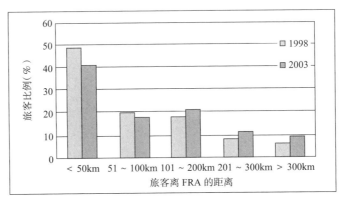

图 5   法兰克福机场（FRA）本地旅客增长变化图

5.2   对法兰克福机场的影响

通过提供空铁联运，包括"零米高度支线飞行"服务，强化了法兰克福机场的枢纽功能，扩大和加强了腹地范围，稳固了市场资源。图 5 是法兰克福机场本地旅客增长的变化数据，从中可以看出，100~300km 以上的旅客增加很快，从而说明空铁联运在挖掘潜在旅客资源方面的效果明显。另外，由于空铁联运的实施，汉莎航空公司在 2003 年首次取消了至法兰克福机场的 35% 的支线飞行，由此节省了 5% 的跑道时隙。这虽不能代替新建一条跑道的作用，但至少可以在新跑道建好之前，缓解机场跑道容量不足，为机场跑道容量提供一些灵活性。

6   总结

空铁联运可以使机场运营和铁路运输互利双赢。高效的空铁联运不仅需要完善的基础设施作为支撑，而且离不开机场、铁路和航空运营部门的通力合作与协调。空铁联运不仅能够提高进出机场的公共交通比例，改善机场地面交通和机场可达性，还能不断拓展枢纽机场的市场辐射范围，扩大和稳固市场资源，提高枢纽机场的竞争力，有利于枢纽机场的可持续发展，值得我国在机场建设与运营等方面加以借鉴。

参考文献

[1]   Fraport. Hub to the future. FraPort Annual Report，2004.

[2]   Fraport website information，www.fraport.de，2004.

[3]   Airports Council International. Leading the global airport community. ACI Annual Report Switzerland, 2004.

[4]   ICAO. Assembly-35th Session, Agenda Item[29]: Facilitation and Quality of Service at Airports. International Civil Aviation Organism, Montreal, 2004.

本文原载于《交通与运输》（学术版）2005 年 02 期。

作者：秦灿灿　徐循初

对我国城市交通规划发展历程的管见

从 1950 年代以来，我国城市交通事业的发展经历了一个艰难而又曲折的历程。从初期的马车、人力板车、自行车时代，过渡到当今的小汽车时代，经过几代专家、学者以及建设者们的辛勤耕耘，我国城市交通领域在规划理论、建设实践等方面发生了翻天搜地的变化。回顾这一段历程，对人们正确地了解我国城市交通发展的现实，把握未来发展的脉搏和方向具有重要意义。

1 开端

1950 年代初，新中国刚成立不久，百废待兴，国内有关城市交通问题的研究资料极少。二战后，金经昌教授从德国带回来很多资料，其中包括一些有关城市道路交通的资料。1952 年，同济大学创立我国最早的城市规划专业时，就开设了道路交通课程，它先后由金经昌先生和邓述平先生讲授。正是在这种条件下，笔者开始逐步逐步地进入这一领域，学习研究城市道路交通问题。

当时，在学校图书馆里只有一篇圣约翰大学的硕士学位论文，主要是研究上海城市道路交叉口阻塞的问题，其他也有一些俄文和德文的城市道路书籍和少量有关城市运输的教材，但关于路网方面的研究几乎处于空白。

"一五"计划期间，苏联专家带来了社会主义计划经济体制下做城市规划和城市公交规划的一些书籍，其中谈到了居民出行次数、出行距离、出行方式、出行流向和流量等问题由于社会体制、经济、财力、技术、气候寒冷等条件的限制，因此，强调公共交通（且以有轨电车为主），对小汽车控制非常严格，这一点与我国当时自行车作为出行主要交通工具的格局相比有较大差异，所以，苏联在道路网规划、道路宽度和密度等方面都与我国有所不同。但在当时"全面学习苏联"的形势要求下，有关道路交通规划建设的理论对我国城市交通建设（宽、大、平、直、对景）的影响很大。

在苏联专家的带领下，国内学者在 1956 年接触到"居民出行相互流动法"，国家城建总局还用济南老城的资料作了一个试点计算。该方法是根据城市居民的出行量、乘车量、工作出行距离等，算出在城市各区之间工作出行相互流动的数量，然后分配这些流量到公交线路和道路上去。由于计算技术手段受到限制，当时在路网上分配流量是用手摇计算机进行的。在路网上分配流量是一次性的，没有作多次反复调整，尽管比较简单，但这已为我国早期的城市交通规划作了一个历史性的开端。参与过该项目现在仍健在的还有朱俭松（中国城市规划设计研究院）等。

2 成长

1958 年后进入大跃进的年代，一大批国家级科学家如华罗庚等院士，走出科学院，到工矿、农村和基层，去传播和普及有关单纯形法、0.618 法、推销员行程法以及多种图上作业法等线性规划的实际应用问题。这些对我国交通运输领域节约时间、行程和费用有很大的影响。

2.1 1960 年代

1960 年徐家钰从苏联留学回国，分配在同济大学城市建设系工作，她带回了全套"居民出行相互流动法"课程设计的计算例题，使大家较全面地学到了该方法的基本原理和计算过程，也充实了专业的教学内容和毕业设计内容。于是，开始结合国情思考城市交通规划的内容，并用所掌握的这些知识运用于实践，首先就是 1961 年的包头市交通规划。

包头市交通规划由罗孝登教授领队，教师、政工和学生共 12 人。历时 3 个多月，规划内容比较完整，包括：居民出行活动调查分析、预测出行量、公共交通线路网规划、货运规划及粮食运输、道路网调整等，该规划用的是苏联的方法，结合当地的情况，在实践中调整使用，共划分了 13 个交通小区，计算量相当大，只能做一次流量分配，未能反复调整。

由于包头是一个新兴的工业城市，有不少国家重点企业，是典型的企业带社会。所以，交通规划成果按规定必须存放在同济大学绝密档案室内，在上课时才能借出来看一下。

在总结包头交通规划经验的基础上，笔者于 1961 年发表了："新兴工业城市客运计算方法"、"新兴工业城市货运问题及其规划处理"和"大型体育场观众疏散的交通运输问题研究"等三篇论文。

其中，"大型体育场观众疏散的交通运输问题研究"一文是以上海的江湾、虹口体育场、北京工人体育场观众疏散时的大量现场调查资料为依据，并和莫斯科吉纳摩运动场做分析对比，提出四个方面的问题：散得开，乘得上，运得走，通得畅。该论文讨论了不同车辆在体育场外适宜的停车场位置，分析了北京工人体育场散场后，车辆堵塞的原因，提出了体育场疏散的基本原理。这是笔者最早的整合交通规划思想的体现，由于刊登在 1963 年国家建研院的城市道路交通文集上，正值困难时期，发行量很少，知晓的人也少。但有关体育场疏散的基本原理对大型公共建筑集中人流的及时疏散可起到一定的借鉴作用。

当时，城市用地紧凑，自行车是城市中主要的交通工具，所以开始关注和研究城市自行车交通的特征和发展。在三年自然灾害的困难岁月里，还编写了一批高等学校试用教科书：城市道路与交通、城市运输等，并翻译了一批教学参考书。

困难时期后，1963 年起全国不做城市规划了，中央城建机构解散、人员下放、资料失散。城建专业的交通运输课程也削减，又经过文化大革命十年浩劫，城建专业被砸掉，人员流散全国各地或改行，专业资料全都当废纸处理掉。

2.2 1970 年代

1976 年唐山市发生地震，亟需城市规划和重新建设。这时中央各部才得以重新恢复机构，重建专业班子。在参加唐山震后重新规划建设中，笔者继续做了自行车交通特征研究，对交叉口的极限通行能力进行了调查分析，并在唐山道路网的蜂腰地区做了分流的自行车专用道路网规划。

3 发展

1980 年代初，城建总局的钱治国将从苏联带回的有关"出行相互流动法"的交通规划资料，翻译成中文并出版。与此同时，由于中美关系改善，一些美籍华人陆续来华讲学，在上海、北京、西安等地介绍国外交通工程的情况，引入美国的交通规划四步骤法。其中影响较大的是美国海华市交通局局长张秋。当时，北京正开始大量建造立交，张秋就介绍了海华市的平交路口，其通行能力达到 6900 辆 /h，所以只要改善平交路口，就可以大大提高道路通行能力。

3.1 改善交通拥堵的实践

在此之前的 1978 年，国内的一些知名学者，如周干峙、郑祖武、金经昌、周家骧、王作锟等，包括：北京、上海、天津、广州、沈阳、武汉等规划院和同济大学等一批有关的高等院校，在 1979 年春成立了大城市交通规划学组，并得到了国家城市建设总局的支持，鼓励京、津、沪等特大城市在交通规划上先走一步。当时的大城市交通规划学组属于建筑学会城市规划委员会下面的学组，到 1985 年夏才成立了中国建筑学会城市交通规划学术委员会。

通过学会的交流，大家充分认识到出现交通堵塞问题的根本原因，是因为汽车交通的不断增加，公交发展缓慢，自行车的数量又相当多，而且机、非混行严重。1980 年交通规划学组提出了开展国家重点课题"改善交叉口提高道路通行能力"的研究。当时交通规划学组的特大城市，还有不少大城市都参加了，大家的积极性很高，从做道路和交叉口的交通量调查开始，也有做交通出行特征调查。其中，北京市研制了含锆合金的压电晶片做成的压条,由于耐压力低，只可用来测自行车流量。压条按 50cm 一段连接而成，测车数时放在路面上，车辆压过后可产生脉冲电流，统计的数字输入计算器；上海测汽车数是用安装在道路上空的超声波探头，可通过车顶反射测得车速、车种当时还考虑了如何分辨大型的人力货运三轮拖车；成都市用橡皮管，根据大小车种辗压道路上充气橡皮管压力的不同、区分出车种交通量。但由于设备不耐用，一年之后，上述方法就较少使用了。这以后随着交通管理逐步自动化，开始使用埋在道路路面下的感应线圈测交通量。

在交通量调查的基础上，各地采取了很多措施来改善交通拥堵，如：1979 年北京在东长安街上用了隔离墩，对当时拓宽的道路、改善交叉口交通还是比较成功的；北京提出拓宽崇文门交叉口，解决了北京站东面的交通堵塞问题；在宛平县城东面的莲花池路西四环路五岔口改为环岛，堵车一上午的交通，立刻得到疏解；上海外白渡桥交通蜂腰地区，运用组织单向交通的方法使堵车 1.2km 长的车队，得到很快消除；广州、沈阳等城市也取得了很多改善交通的成果。总体来说，经过 3 年的努力，既改善了交通，也提高了业务水平。

3.2 交通调查的实践

1978 年，上海市搞了一个三整顿办公室，主要是指整顿车辆、交通、市容。其中:唐敖齐、李凌霄提出整顿市内货车，并作了上海的货运交通全面调查。

当时刚出现邮政编码，就想通过电脑技术来处理数据，但由于少一位编码号，因此只能仍用手工方法处理，结果弄了 100 个麻袋（交通小区数），往里丢数据卡，来处理货运的流量流向，得出 OD 图。后来上海规划院的陈声洪又将这些 OD 数据，在乒乓球台上分配了一年，得出了上海道路上的货流图。从货运分析中发现上海市中心区两万多家弄堂小厂对城市交通的影响很大，后来在总体规划修编时决定将这些小厂搬出市区。

1970 年代起，上海公交公司每年 11 月都要做一次全市性的随车客流调查，其内容是很全面的，对每条公交线路在不同时辰、不同方向、不同路段断面的客流都作了调查、经过多年资料的积累，掌握运量变化规律，用以调整线路和配车。从分析数据可以看出：上海在 1980 年，绝大多数无轨电车线路和部分公共汽车全天的客运量达到 25 ～ 28 万人次，高峰小时客运量高达 2.5 ～ 3 万人次。这已经是轨道交通的运量。当时加拿大多伦多公交公司的总经理在上海私访后，称赞上海公交用常规公交车完成了国外轨道交通的任务，是了不起的国际水平。

1980 年年底，天津市要做交通规划，中规院十几个人到天津去做了全面的交通调查，但数据处理仍和上海三整顿办公室的办法相同。

1981 年夏，上海公交公司也开始搞居民出行特征调查，并去天津学习。华有道、章三元等感到天津的方法太慢，就从以往上海公交公司管理业务用的穿孔卡片法，想到了在这次调查处理数据时，改用新的穿孔卡片统计方法，可以用来统计年龄、职业、工作日、交通方式、出行时辰以及 OD 流量等。这种方法的效率较高，且只需要初中文化水平的人就能参加校核和整理数据。缺点是卡片数量多，使用后无处堆放。上海的居民出行特征调查，于 1981 年 12 月份公布了交通调查成果，而此时天津还在分配数据。

之后，在芜湖等城市做交通规划的调查数据处理时，笔者同时用了穿孔卡片和计算机两套方法作比较，结果：处理速度是一样的，但日后数据的再利用，计算机就方便多了。

1983 年，南京大学地理系林炳耀在徐州市做交通调查，在国内首次用计算机处理调查数据（数据存入 8 寸磁盘中）。这以后，国内许多计算中心，如：武汉、北京等城市抢先处理交通调查数据，但由于不了解数据在交通规划中的用途，往往成果厚厚几大本，有效成果无处寻，这里走了些弯路。

1982 年夏，深圳特区开始大发展，同济大学城市规划系应邀前去做深圳市的交通规划，共去了 4 人，做好后，成果在当地没人看得懂，1983 年深圳规划局把全套成果寄了回来。1985 年在深圳成立了全国第一届城市交通规划学术委员会，会后由中规院承担了深圳市的交通规划。

1984 年应中国建筑总公司之邀，同济大学规划系派出以李德华和董鉴泓教授为首的 10 多个人次，参加阿尔及利亚领土整治署的捷尔法和艾因乌塞拉的两座新城规划，其中包括新城的交通规划。这是我国首次在国外做城市规划和交通规划。由于阿方的保密制度，所有资料均不能带回。

3.3 国家技术政策的研究

1983 ～ 1985 由国家科委、国家计委、国家经委联合组织了全国性的技术政策的论证工作。包括：能源、交通运输、通讯、材料工业、机械工业、住宅建设、建筑材料、农业、消费品工业、计算机、集成电路、城乡建设、环境保护等13大项的技术政策，并以中国技术政策蓝皮书的形式出版。

3.3.1　蓝皮书中第9号——交通运输技术政策要点是：

（1）逐步调整运输结构、搞好各种运输方式的合理分工；

（2）加强能源运输建设、开发能源运输新技术；

（3）提高客运技术装备水平、增加客运能力；

（4）大力发展集装箱运输、粮食与水泥散装运输和冷藏运输；

（5）应用计算机技术、实现交通运输管理现代化；

（6）加速铁路牵引动力改善；

（7）加快铁路技术改造、提高铁路运输能力；

（8）提高港口通过能力、充分发挥海运优势；

（9）大力扶持和发展内河航运；

（10）加速公路改造和建设、大力发展汽车运输；

（11）大力发展航空运输；

（12）农村交通运输的发展方向；

（13）我国城市交通运输的发展方向：

a 我国城市交通运输的主要特点；

b 我国城市交通发展趋势；

c 我国城市交通运输的发展对策：

——重视城市道路交通运输设施的建设；

——控制私人小汽车的使用，鼓励和提倡发展公共交通；

——积极发展大容量快速轨道交通技术；

——实现城市交通管理现代化。

3.3.2　实现上述目标是十分艰巨的，为此，在20世纪末前必须：

（1）加速对城市的建设和改造，完善道路网，逐步建成快速干道系统；

（2）大力发展公共交通，在特大城市应逐步发展快速轨道交通，建立各种交通工具协调发展的现代化城市客运综合体系；

（3）在优先发展公共交通的前提下，对城市自行车采取因势利导，适当控制和积极治理的方针，对不同的城市采取不同的对策，对摩托车等私人机动化交通工具限制其发展；

（4）加强城市交通管理，逐步实现城市交通管理现代化；

（5）要重视解决城市内外交通的联系，组织好联运换乘。

与此同时，学术界相应于交通政策研究成果的论文更是数以百计。

1984年上海公交总公司又做了200多万张月票调查，其中包括换乘调查，为上海开辟上下班高峰大站快车（200号）提供了科学依据。

以后上海公用事业研究所又在居住新村调查，用电脑分析，搞了5条定人定时定点发向工作地的直达公交车线路，它节约了一半上班时耗。

1985年中规院交通所、情报所编辑了《世界大城市交通》。包括：各部属领导讲话，世界大城市的交通治理经验，还有周干峙院士翻译的日本文部省得奖影片《世界的城市交通》的全部解说词。该科教影片在国内各城市、高校放映起到了积极的推动作用。

为落实国务院关于"加强城市基础设施"的指示，国家科委在1985年提出进行《不同类型城市基础设施等级划分和发展水平》研究，参加学者100多人，历时4年余，完成《中国城市基础设施的建设与发展》研究报告，并通过了国家鉴定，为我国城市基础设施的投资和政策制定，提供了科学依据。其中，同济大学城市规划研究所用了两年时间，提前完成了《城市道路交通评价指标体系及等级划分》。

4 提高

4.1 技术手段的提高

1980年代中期，上海、广州、杭州、昆明、北京等城市，先后引进了国外交通规划公司和世界银行的交通专家，购买他们的交通计算软件，引进了国外的交通规划技术手段。用得较多的 EMME/2、TRANSCAD、TRIPS 等，推动了许多城市尝试做交通规划。这时，中国交通规划的水平迈出了一大步。但在交通调查，如车辆出行调查上与国外差距仍较大，国外可以用 GPS 调查车辆出行及速度。

到1990年代，东南大学编制了国产交通规划计算软件，中规院也开始编制了国产软件。

4.2 交通规划人才的培训

1990年代城市交通规划学术委员会开始交通规划人才的培训。世界银行组织国内学者举办《土地使用——交通规划与评价》培训班；同济大学建筑与城市规划学院培训中心，连续两年举办了城市交通规划培训班；在全国市长培训中心的课程设置中，每期都有城市交通综合治理的课程；在同济大学举办的全国城建干部和局长班上，也开设了城市道路交通规划的课程。同时，国内其他高等院校也相继开办培训班，以提高城建干部的交通专业水平。

4.3 培训交通人才的书籍

1990 年代是城市交通规划迅速发展的时期，各方面取得了长足的进步，许多高校撰写的交通规划书籍纷纷出版。1987 年国家计委下达了国家标准《城市道路交通规划设计规范》的编制任务，由同济大学城市规划设计研究所编。1995 年经国家批准、颁布实施。

4.4 学术活动

1990 年代一些大城市开始成立"城市交通规划研究所（院）"，独立研究自己城市的交通问题，使学会的学术活动空前活跃。1992 年，笔者在西安交通规划年会上提出了砸烂三块板的建议，引起争议；另一个建议是发展支路，得到大家认同；在南京交通规划年会上，笔者提出了城市交通规划应着重解决的四个问题：瓶颈、蜂腰、交织、政策；在世行的支持下，在北京召开的国际交通会议上，还提出了"北京宣言"，并借鉴国外经验指出了我国交通发展中的问题；在第二届交通规划学术委员会成立后，将"城市轨道交通的规划研究"提到了前列；在综合交通规划的思想指导下，上海首先编制了城市交通政策的白皮书。以后，北京也编制了城市交通政策的白皮书，将城市交通规划与综合交通治理提高到新的水平。

5 展望和期待

今天，随着我国国民经济整体实力的迅速提高，人民生活水平日益改善，越来越多的小汽车进入家庭，人们又不得不面对着这样一个令人尴尬的现实——交通日益拥挤、交通环境逐步恶化、城市的亲切感逐步丧失……要解决这些问题，还有很长的路要走。目前来看，城市交通规划在以下方面的研究还存在不足：

5.1 交通与经济、环境、土地开发要定量化，算细账，不能以形态规划作为交通规划的指导思想；

5.2 公交网与道路网整合规划设计；

5.3 客货交通换乘换装枢纽规划。1980 年代就提出，最近才开始重视，但要实现同站台或就近短距离换乘还有很大差距；

5.4 交通设施与地下工程整合规划设计；

5.5 交通战略规划与近期规划的有机结合；

5.6 交通结构研究还不充分；

5.7 交通政策研究；

5.8 GIS 数据没有实现共享平台；

5.9 国标《城市交通规划设计规范》尚需修编……

6 结语

回顾我国城市交通规划建设所走过的历程，不禁由衷地感到老一代知识分子的可敬与可爱。是他们在极其艰难的条件下，带领大家想尽办法，少花钱、多办事，多快好省地建设我们伟大的祖国。

从他们身上，人们深刻地认识到，只有通过大量实践、总结，再上升到理论层次，然后指导实践，才能有效解决我国当前所面临的问题和困难。正如抗日战争中，军民合作、各军合力，摸清现状和敌情，去打击敌人以取得胜利；今天建设社会主义，上下齐心合力，取得了巨大成就。自 1978年以来，大家又"而今迈步从头越"，为我国城市交通规划、交通工程事业的发展打下了基础。

展望未来，期待着新的一代要不断积累前人的经验，去继承和创新，努力提高学术水平和实践能力，使我国城市交通规划事业能跻身于世界之林。

本文原载于《城市规划学刊》2005 年 06 期，
根据 2005 年 8 月"庆祝徐循初教授执教 50 周年研讨会"上作者的发言整理。
作者：徐循初

三、城市道路网规划与设计

环形交叉口流量观测方法

一、任务的提出

目前在我国不少城市都建造了环形交叉口，相比原来所采用的简单十字交叉口，它具有停车、起动少，通过车辆多，节约燃料，减少尾气等优点。尤其是山城，道路交叉口常建在较大的坡面上，能连续行车的环形交叉更易受到欢迎。这说明环形交叉对现阶段的大多数城市的道路交通量是能够适应的。

但是，在道路交通量大的上海市，近年来却因为环形交叉口的通过能力有限，经常出现交通阻塞，不得不一一挖去环岛，仍改为灯控的十字交叉口。

从今后交通量还要不断发展和增长来看，环形交叉口和十字交叉口二者相互转换的可能是十分大的。因此，有必要对交叉口上的机动车和非机动车流量作调查，以便积累资料，掌握交通增长变化的规律，决策日后交通发展到何等程度、在何时需要改造交叉口。这对于城市规划工作者来说是十分重要的。

通常可以采用历年进入交叉口的总流量，绘成曲线（图1），用时间序列法、趋势外推法找出交叉口到达饱和流量、发生阻塞的年份，从而可以确定今后还有多少年交叉口必须改造，以便在安排土地使用、房屋维修和拆迁等方面共同协调配合，为改造交叉口创造条件。

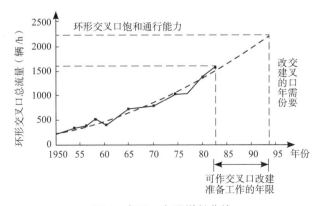

图1 交叉口交通增长曲线

但有时环形交叉口总流量尚未达到常见的饱和值 2200 ～ 2400 辆 /h，由于道路流量的不均匀性，使交叉口早已产生阻塞。因此，必须对环形交叉作分向流量的调查。

下面通过一个例子来说明这种情况。

已知某交叉口，各路口左转、直行和右转的机动车小时交通量如表 1 所列：

交叉口交通量（辆 /h） 表 1

发到	东	南	西	北	进交叉口流量之和
东	–	40	560	40	640
南	30	–	40	420	490
西	110	20	–	30	160
北	60	560	50	–	670
出交叉口流量之和	200	620	650	490	1960

整个环形交叉的总进入交通量为 1960 辆 /h，尚未达到环形交叉口的饱和通行能力。

绘成环形交叉流量流向分析图，如图 2 所示。从图中各环道交织点的流量可知，西北角和东北角两条环道的交织段交通是十分紧张的，高达 1220 和 1050 辆 /h，已经到达一个交织段所能负担的最大值。当车流稍有不均匀，该交织段就会发生堵塞，从而引起连锁反应，使整个环形交叉口堵死。

若将此流量改绘成灯控的十字交叉口流量流向图（图 3），分析其在绿灯放行时的两对冲突点的情况，可知，在南北向开放绿灯时，冲突点 W 最紧张，交通量为 600 辆 /h；东西向开放绿灯时，冲突点 N 最紧张，交通量为 590 辆 /h。（图 4）。这时，若交叉口的色灯时间是平分的，则

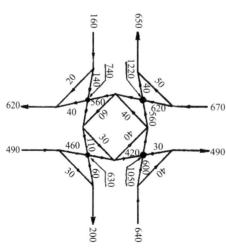

图 2 环形交叉流量流向分析图

600 辆车是可以在绿灯时间内通过的，若一条直行车道不够，可以用两条直行车道，将十字交叉的路口展宽就可以了。

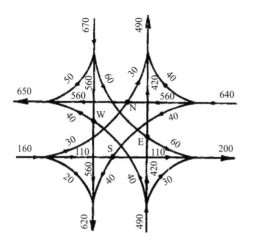

图 3　十字交叉口流量流向分析图

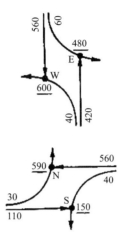

图 4　冲突点流量分析图

二、环形交叉口分向流量的观测方法

对于一个十字路口的分向流量观测，通常在每个路口安排 2 ~ 3 人，分别观测左转、直行和右转车辆。若车流量不大，左转和右转车流可由一人兼顾。观测时段常用 15min 一计。经过几小时或全天的观测资料汇总，可以得到高峰小时整个交叉口各路口的分向车流量，可列入表 1 或绘成图 3，也可按流量大小，绘成有宽度比例的流量图。

对于环形交叉口，用此常规方法观测直行和左转流量就非常困难，尤其是观测自行车流更无所适从，即使到五层以上的高楼，居高临下观测，也只能掌握住机动车流的分向流量。

此外，随着交通量自动记录仪的生产、投入使用，也希望能在交叉口的流量观测中得到应用，以减轻繁重的流量观测工作。

下面推荐一种观测方法[*]，供同志们参考。

观测流量的地点如图 5 所示：

1. 观测各路进入环形交叉的断面车流量 A_i，下标 i 为东、南、西、北，下同；

2. 观测各环道上的右转车流量 B_i；

3. 观测正对各路口中心线处绕环岛行驶的车流量 C_i。

第一次用此法进行观测时，还可以观测一个出交叉口的汇合车流量 Z，

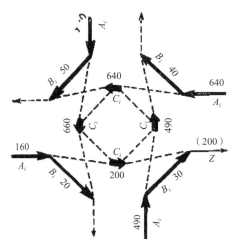

图 5 观测流量和地点示意图

作为校核流量。（Z 值不观测也行，如同做十字交叉口流量观测那样，也不观测出口的汇合量作为校核流量）。

这样，就可以从观测到的流量（图 5 中粗实线所示）中，减得其余各个流向的流量（图 5 中虚线所示），汇总后，得到整个环交的分向流量图（见图 2）。

例如：图 5 中观测到的车流量，在南路口进入量 $A_南$ 值为 490 辆 /h，右转流量 $B_南$ 值为 30 辆 /h，正对东路口的绕岛行驶流量 $C_东$ 值为 490 辆 /h，东路口出口汇合流量 Z 值为 200 辆 /h。

根据这些观测资料，可以得到：

1. 南口进环的直行和左转流量 = 490 – 30 = 460 辆 /h；

2. 东南环道绕岛的左转流量 = 490 – 460 = 30 辆 /h；

3. 东南环道出环的直行流量（它由北路口的左转流量和西路口的直行流量所组成）= 200 – 30 = 170 辆 /h；

4. 它与东南环道的右转出口流量相汇合 = 170 + 30 = 200 辆 /h，与东路口的 Z 值（观测值）相符合。

同理，可以利用其他路口的观测资料，汇总，最后得到整个环交的分向流量图（如图 2）。

使用此法，要求各观测点的人员认真负责，使观测的流量误差达到最少。

此法对观测环形交叉口的非机动车分向流量也同样适用，只需观测人员多配一套（见图 6）。

由于目前不少城市建造的环形交叉，在环道上对机动车和非机动车采用了分道行驶的方法，使观测工作各带来了难易。一般说：对观

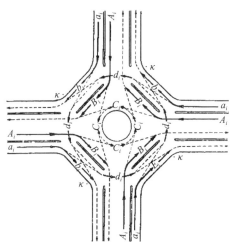

图 6 观测环形交叉非机动车流测点示意图

测各方向的机动车流是方便了，当机动车流量不多时，B_i 和 C_i 值还可由一人兼顾。观测非机动车流，对右转车流较难从直行和左转车流中区分出来，尤其当环道较长时，观测人员比较吃力，最好能站在 K 点，看由路口迎面来的车流中的右转车 b_i，这样，比较不易搞错。若有沿街房屋，则登高俯测，效果会更好。至于观测由路口进入环道的非机动车总流量 a_i 和绕岛行驶的非机动车流 d_i，由于车流通过的观测地点固定，又不受机动车辗压，可以采用国产的自行车流量自动记录仪，以节省人力。

运用此法，观测环形交叉口分向流量与观测十字交叉口分向流量所需的劳动力是一样的。因此，凡能做十字路口分向流量观测的单位，都能作环交分向流量观测。这样，我们就能很快地掌握环形交叉车流的动态，经过多年的观测，就能对交叉口的发展前景作出判断，为城市道路交通的改善提出合理的解决办法。

＊运用此法，笔者还曾对一个五路交汇的环形交叉进行了人工观测，得到了各路口的机动车和非机动车的分向流量，效果令人满意。

本文原载于《城市规划汇刊》1983 年 01 期。作者：徐循初

我国城市道路网规划中的问题

一、问题的提出

（一）建国40多年来，我国发展了一大批城市，也扩建和改造了一些旧城，其中城市人口和车辆交通增加得很快，各个城市都投入很多资金来建设道路，但道路所发挥的效果却不理想。有的仅是交通阻塞地点的转移；或者是路越拓越宽，交通越来越集中，道路依然不畅；有的城市连年埋设地下管道，路面标高越加越高，使地面排水方向倒流；原来可走公交车的道路因行道树树枝限制净空，反而不能通行；"优先发展公交"讲了多年，公交客流反而在逐年下降，自行车越来越多……这些在城市建设中不断产生着问题，不得不使人反思"城市道路网的规划到底有没有问题"。

（二）若道路网规划有问题，那么这些做规划的人都是在大专院校里培养的，我们在今后的教学中应该怎样来改进。

（三）目前正在编制的"城市道路交通规划设计规范"是国家标准，应该写些什么内容，以避免穿新鞋，走老路。

二、历史的回顾和启示

我国许多老城市的道路网密度比当今规划的密得多。水乡城市有密稠的河网，往昔它承担了大量的货运和客运，无论是商贾的货物贮运批发，或是大宅人家的生活用品与燃料的供应和垃圾的清除，以及客船的往来，都通过河道，即使这样，沿河两岸，仍是大量不太宽的道路，四通八达到各个地块。例如：南通市城区濠河范围内，道路网密度达到20km/km^2；上海旧城厢内如今可通小型救护车的道路网密度达22km/km^2；丘陵地区的城市，青岛老城区的路很密，顺着等高线筑路或依山坡筑踏步，道路间距仅60～80m；北方平原地区的老城市，其道路网的间距也很近，街巷间距在100m左右。

外国老城的道路也很密，除去绿地和水面，在居住区或市中心区（选典型地块量算结果），道路网密度均大于15km/km^2，如：

城市	华盛顿	旧金山	柏克莱	奥克兰	圣荷塞	洛杉矶	温哥华	卡尔加里
道路网密度（km/km²）	14～16	16	16	16	16	16～17	20	20～22
城市	蒙特利尔	奥斯陆	法兰克福	科隆	伊斯坦布尔	孟买	德里	香港
道路网密度（km/km²）	17～18	16	16～18	15～16	22	15～20	14～16	20～25

这些道路经改造都能通汽车（但车速或流向受到限制），并且自成系统可以四通八达，也可以方便地通到干路或快速路。

综上得到启示，城市的道路网就像人的血管一样，不仅要有动脉和静脉，还要有大量的微血管——支路的规划和建设。

三、当今我国道路网建设中存在的问题

（一）建国初期，《城市道路设计规范（草案）》没有明确规定组成路网各级道路的特点，教材中虽有所说明，但不具有法律效应。1980年以后，建设部提出了《城市规划定额指标（暂行规定）》中有了各级道路特征的说明，并且规定横断面形式，主干道为三幅路，将机动车与非机动车分开行驶，提出了支路规划，但缺乏明确规定。在城市总体规划时，支路无法画入，详细规划时，做的人又未考虑城市整体的交通，有的连支路的数量也没有给，有的将城市支路仅当作居住区内的道路，结果新建城市支路稀少，旧城支路零乱不成系统，或无钱改造。若将一个城市的主、次干路，从道路网图上抹掉（即在其上禁行非机动车），则全市的支路和街巷，全成了支离破碎的断头路，这说明所有从各个地块出来的非机动车，全都必须汇集到了干路上，才能与其他地块相通，而干路系统又常被河流切断，无力在每条路上建桥，结果有桥的一条干路往往服务面过大。若为了降低桥梁造价，再收缩桥面宽度，则桥头必定形成瓶颈，卡住了整条道路，甚至局部路网的通行能力和效率的发挥都受到了限制，这时断头的支路又无法分担其中部分交通。难怪有些城市到了高峰小时，汇集到干路上的自行车要推着走。

（二）建国40年来，全国各类城市相互学习，几乎都有了三幅路断面的干路系统，应该承认，三幅路在路段上使机动车与非机动车分流，保障了交通安全，提高了行车速度，但到了交叉口，机动车与非机动车之间的矛盾就集中暴露出来，尤其是左转自行车在绿灯初期抢行，对机动车的干扰

十分突出，它产生的冲突点是难以用信号灯的相位变化消除的。交叉口上相交的道路条数越多，通行能力就越低，或相交道路的横断面越宽，交通量越大，则交通问题越严重。有些城市已出现机动车被自行车拦在交叉口内，紊乱的自行车流不管信号灯是什么相位，不停地在汽车头尾缝隙中穿过，大量摩托车的出现，更加重了抢先行驶的混乱局面。于是双层、三层、四层的立体交叉出现了。

若城市中有许多畅通平行的支路，可以分担大量的自行车流，则每个交叉口所汇集的交通量就不至于到非建多层立交不可的地步。徐州用开通平行道路来缓解交通，未建昂贵的立交，就是一个很好的例子。

（三）在道路网红线规划中，长期以来，道路的路段宽度与交叉路口的宽度是一样的，结果使路口的通行能力比路段上少一半，若再在路口四角紧压红线修建大楼，开设吸引大量人流的商店、影剧院等，则大量行人过街，又得占去不少绿灯时间，使通行能力再次降低。最后，路段上车流疏松，交叉口前车辆排长队，要等候几次绿灯才能通过。显然，上述的规划手法必然会在路网上造成制约道路通行能力的卡口。

（四）各级道路的性质和功能划分，对保障行车安全、提高交通效率，是十分重要的。但是，长期以来没有解决道路的分工问题。逢路就开店，甚至国道、快速公路上也想在两侧建集贸市场，这种像"穿心糖葫芦"的做法，使道路无法再拓宽。人、自行车、三轮车、公交车、小汽车、货车都将汇集于此。纵向横向的交通必然穿越其间，结果行车快不了，走人不安全。有的城市原来有很宽的交通干路，车速也很高，随着沿街商店林立，车速降到10km/h左右，通行能力大减。于是重新开一条与它平行的更宽的道路，企图保证车辆能又多又快的通过，但为了偿还拆迁费，将沿街的土地建高楼、开商场……。令人担心的是在赚到钱的同时，这条新路又将重蹈覆辙。为什么规划时不能搞一条步行购物街，多建些公共停车场呢？

（五）在道路网规划时，常习惯于用一些规定的定额指标去检验是否够数量，我以为数量固然需要，但规划的质量更为重要，反映质量的好坏是多方面的，例如：有的城市在规划完道路网后，全市平均的路网密度值很大，但在空间上分布不均匀，一条道路几乎承担了全市40%面积上汇集过来的交通量，加上交叉口左转车的干扰，交通怎会不拥挤，又如一个城市新开发的大片用地与老城用地错位，这就不同于平行延伸的路网布局，错位处的节点将是道路网的"蜂腰"，今后交通集束于此必然紧张。若错位处正好有一条通航的运河通过，则桥顶标高，桥头坡道，桥头交叉口都会对今后道路上车流的速度、密度产生影响，降低道路通行能力。因此，要及时控制该"蜂腰"地段的用地和标高，以便为日后缓解交通留有余地。

路网规划还需适应城市用地扩展，使路网能长大，现在有不少城市一条道路对着火车站，或对着重要纪念性建筑物，有的城市道路两端都被顶住，结果再延伸时，左拐右拐，形成不少错位的带陡坡的丁字路口，成为日后的交通卡口。

凡此种种，不胜枚举，总之希望规划道路网时，从行车行人的要求，多考虑些交通的使用质量。

四、道路网的规划

综上所述，今后规划路网应该：

（一）强调道路分清性质与功能。快速路和主干路在城市交通中主要起"通"的作用，要求通过车辆快而多，次干路则兼有"通"和"达"的作用，其上有大量沿街商店，文化服务设施，靠公交对居民服务，支路主要起"达"的作用，其上有较多的公交线路行驶，方便居民集散。

（二）道路网的密度。快速路和主干路的密度，视城市规模和用地形状而异，次干路和支路的密度不论城市大小都取一样数值，是希望在组织居民生活的基本结构中，具有相同的交通可达性，也有利于组织非机动车交通。城市用地中，扣除工业区、公园绿地、水面、对外交通等用地，需要布置支路的用地面积不到城市总用地面积之半，加上部分在居住区的道路也作为支路。因此，支路的实际密度可达到 5 ~ 8km/km^2，市中心区支路密度可更高些。支路密，用地划成小地块，有利于分块出售开发，也便于埋设地下管线，开辟公交线路。支路多，若沿街设摊、停车，即使占用一两条路，对交通影响也不大。反之，支路少，干路稀，占干路设摊、停车形成大量活动瓶颈，则交通必将受阻。

道路网密度	城市人口规模（万人）	快速路	主干路	次干路	支路
（km/km^2）	> 200	0.4 ~ 0.5	0.8 ~ 1.2	1.2 ~ 1.4	2 ~ 3
	50 ~ 200	0.2 ~ 0.4	0.8 ~ 1.2	1.2 ~ 1.4	2 ~ 3
	< 50		1.0 ~ 1.2	1.2 ~ 1.4	2 ~ 3

道路用地面积率占城市用地面积 8% ~ 15%。

人均道路用地面积为 7 ~ 15m²/人，其中人均道路和交叉口面积 6 ~ 13.5m²，广场面积 0.2 ~ 0.5m²，公共停车场面积 0.8 ~ 1.0m。

（三）做好干路与支路的规划。规定在配合城市总体规划中城市道路交通战略规划阶段，做好干路网的基本骨架规划；在配合城市分区规划的城市道路交通综合网络规划阶段，做好支路网的规划，这样支路的规划实施就能得到保证。

（四）将快速的车辆交通和慢速的步行交通在规划的道路网系统中区分开，市中心区，支路密，有利于开辟步行区，结合广场和公交线路使之具有很大的吸引容量和交通聚散能力，使市中心区成为外来旅游者的客厅和本市居民的起居室，增加人们有声和无声的交往，丰富生活的情趣。快速的道路是城市动脉，尤其当城市用地日益扩大时，快速路是缩短市民时空的基本保证，是提高城市运转效能的基本手段，必须严格保护其功能。

（五）要建造道路外的停车系统，城市中车辆的行与停是交通过程的两个方向，行的目的是停（供上下乘客、装卸货物），实现位移；停的延续是行（得到新的位移），为行作准备。因此，两者缺一不可，应予同样重视。但目前各个城市都大量缺乏公共停车场，也缺乏路外的公交站点和换乘枢纽。习惯占用车行道停汽车，占用人行道停自行车，使道路断面宽度被任意缩减，产生了大量活动瓶颈，使行人无处可走，随意走在车行道上，与车辆混行，造成交通混乱，车速变化无常，通行能力大为降低，所造成的交通损失远远超过在道路的以外建造停车场地和公交站点的费用。国外城市中心地区地价是很昂贵的，但为了保证道路的交通效能得以充分发挥，尚且建造了一系列路外停车场地、停车楼和完善的停车指引系统。我国也应该借助停车系统的建立达到改善交通秩序的目的。

总之，在道路网的规划时，必须改变许多老的观念，要重视路网在不断地发展，要重视路网的规划质量，要重视路网与其中相关交通的供求关系，才能实现交通综合治理的目的。

今后，道路网的规划还有许多工作要做，有待大家共同努力探索。

本文原载于《城市规划汇刊》1992 年 06 期。作者：徐循初

再谈我国城市道路网规划中的问题

拙文《我国城市道路网规划中的问题》在《城市规划汇刊》1992年第6期刊登以后，曾引来不少读者的信函讨论，得益非浅。也仿佛感到上文有些问题没有展开，今结合这一年来工作中的感受，再谈点看法，与大家讨论。

一、土地开发与交通的先导作用

回顾历史，我国城市的产生及发展无不与交通运输条件的便捷优越有密切联系。早年依靠河道水运，以后因铁路的建设，促使一批城市发展。建国以后，在发展工业的城市里，都是在道路交通设施沿线布置工厂和仓库，形成了城市的发展轴。当然其中有些是自觉的，有些则是自发的。80年代以后，人们的交通意识逐渐加强和普及，"若要富，先修路（桥）"，在珠江三角洲地区首先取得了明显的效果。但有些城市羁于财力，却出现了"若要富，先占路"，沿着城市对外公路两侧，建了1～2km长街，熙熙攘攘的人流，混乱的停车，使道路可通行的宽度仅剩一车道，过境交通无法正常通行，制约着交通的发展，也桎梏了城市对外交往的活力。应该指出，这种情况往往是由决策层定的。被眼前利益诱惑，在城市里占用支路搞集市一直发展到占主干路搞交贸大会，常年不断，"马路即市场"已成为"合法"的概念，谁有需要都可以侵占，蚕食。其结果，城市道路交通必然长期处于混行、低效率和事故多的状态下，市民也没有遵守交通法规的观念。特别需要指出的是，随着改革开放的深化，城市间人口流动的剧增，这种不良的交通习惯已冲击着一些交通管理得较好的大城市，产生了负效应。、

其实，在北方不少小城市或城镇也有定期的农贸集市，他们在城镇外的公路附近，辟出一块很大的场地，一半停车，一半集市，保证了公路上交通秩序井然。南方也有一些小城市搞起了大型批发市场，有固定的交通运输建筑和场地，为商贾代办长途托运；批发市场建筑本身有很大的容量，还有配套的食宿建筑和其他服务设施。因此，具有很大的吸引力，对小城市的经济发展，起着积极的促进作用。上海浦东的开发，更重视了交通的规划和建设。例如：小陆家嘴地区与浦西外滩地区规划为上海的中心商务区，在1.7km² 范围内，要建400万 m² 的建筑面积，容纳20万个就业岗位，因此，

将来该地区与全市交通的联系，小陆家嘴内部的交通联系，各种交通方式所占的比例，公交线路的布设，综合换乘站点的布局，停车场地、停车楼的数量和布局，行人交通的规划等等都必须事先有周密的考虑。并且在部分大厦已经建成启用之后，还有一些高楼大厦正在建造，地下工程管线和地下铁道在施工，为运走挖出的土方和运入大量的建筑材料，所产生的交通与日常上下班和公务联系的客运交通之间协调，都必须事先作好统筹规划。在这里，土地开发的成败就决定于交通先导作用的好坏。又如，苏州市东部新开辟一个有 60 万人 70 多 km² 的高新科技工业园区，显然，首先必须考虑的是这一块土地的对外交通运输问题，它与上海虹桥机场、苏州光福机场的交通，与出海港口的水运陆运的联系，与沪宁、苏杭高速公路的联系，与苏州古城的交通联系和与埋设在道路下的各种城市基础设施的衔接，以及由于工业园区和金鸡湖的阻挡而必须对整个苏州东部地区公路网和河道网作的调整等等。由此可知，在土地开发时，交通先行的重要性。

二、市区土地开发强度与道路网规划

作为土地开发者总是希望土地上的产出比投入高得多，以便及早还本付息，尽快得益。因此，土地开发的强度，容积率就成为争论的焦点。在旧城，原有的房屋往往是一些年久低层的住宅，与之相联系的道路也以狭窄的街道或小巷居多，基础设施也不能适应现代化生活的要求。但这里却是人流活动频繁的交通集散地，是城市用地的重心。因此，在土地批租的热潮中，必然首当其冲（当然，在这里改造的工程量很大）。为了获取最大的效益，开发商是寸土必争，容积率一再提高甚至超过 8，而城市规划部门往往对道路交通设施考虑不够，也没有考虑大运量的公共交通与之衔接，用地的预留也偏少，尤其交叉口周围的用地一旦失守，将来道路的通行能力就被限死，难以改造。公交站点、换乘枢纽出租汽车上落点、社会停车都没有给出街道以外的用地，土地使用性质变了，人行道仍然照旧，或者开辟了几条 60 ~ 70m 宽，甚至近百米宽的道路，而将大量高层建筑和所有的交通活动集于一条路幅内，其结果必定事与愿违。从交通的角度看，交通的动静，人、车活动，宜分别处理，但又要能方便联系，对一个地块的交通设施通行能力，要出大于入，这样容易疏导和畅通，越是交通繁忙的地区就越要路多些，以适应交通突发事故的应变能力。如果建一条 100m 宽的道路，不如建两条 50m 的路，或者建一条 50m，两条 25m 的路，将繁忙的交通集中在一条道路上的方案是不足取的。例如，某市的中心地区拟开辟一片商贸区，建筑面积达 60 万 m²，但基地北侧沿江，原有的一条支路打算封掉，仅南侧为一条市干路，贯穿城市东西的中轴线，交通较繁忙。显然，若中心商贸区建成，该地区的交通是单边负荷，干路将不胜负担，难以疏解。最后的方案是商贸区南移，使基地的四面都有道路，其中三条为主干路，一条为次干路，并且在基地内外设置较多的汽车和自行车停车场（库），再以人车分流的原则设置较多支路，以利交通组织。

三、城市用地形状与道路网布局

城市用地的形状是受自然条件——山川湖海和人工影响因素——铁路分隔、城墙包围、矿区塌陷等的限制而形成的。道路网的布局在旧城已经形成，有些是在自发情况下形成，有的虽有规划，但限于财力或迁就某部门的利益，或由于事物发展的过程有许多超出了人们对客观世界的认识，最后总会在城市道路网中出现许多交通难点急待去解决。当今城市发展的速度很快，用地在不断扩展，需要在解决目前交通问题时有长远的眼光，道路网是城市的骨架，一旦形成要长期存在下去，规划时要尽可能勿为后来留下难题。

对城市用地发展的方向，首先要考虑城市的交通发展轴。昔日沿河道将城市拉得很长，如无锡、常州等，而今后将沿着道路向外延伸开发城市用地，例如芜湖的长江路，深圳的深南大道直到宝安和贵田机场一带。便捷的交通可达性是开发土地的一项重要条件。

对平原地区，向四面扩展都比较容易，城市用地的形状常成为团状，放射道路将用地变成星状，在其间需用环路联系。当城市用地不断扩大时，环路的数量也会增多，其中内环路是保护老城或内核的第一环，它的位置视老城的大小，一般可在旧城废弃的城垣或护城河上，事先埋好地下管线或地下停车库，在西欧大多用此模式。在我国有不少老城占地很大，因此，在其内核的外面还需另辟内环，目的是使车辆能很方便地进到内核中心商务区外面附近，又不使车辆进入穿行，以减少内核的汽车交通量和停车量，使内核有限的用地给从事各种活动的人们有足够的步行空间。需要指出的是，内核外的道路不一定是环路，尤其在方格道路网中可以是几条道路切过内核附近满足交通集散的要求。城市的外环是随着城市用地的扩展而演变的，一般它应将城市对外的货运站场、港口、工厂、仓库、批发市场联系在一起。对一个中心城市，围绕着它的许多县城之间应有公路环相连，并与城市的放射道路相通。目前国内不少城市正在修编总体规划，这是整理道路网骨架的良好时机，但有的城市不问城市中客、货源的分布和客、货流的流向和流量,盲目追求环路的形式和环数,甚至搞出连环相套的环路,对解决交通是难以奏效的。

受河流分割或受地形情况的影响,用地向外发展时,往往沿道路延伸轴呈风扇状发展。风扇叶片间楔入绿地,以改善城市环境,这时叶片间的交通联系往往要穿过城市中心地区。若是老城,则道路狭窄或道路两侧有大量吸引人流的商店,人、车交通的相互干扰,使得向中心集散的交通常被堵死,因此,在规划路网时要在市中心区外设置切线,如合肥。

呈方格网道路系统的老城,在向外发展用地时,可出现几种模式:

1. 向单侧平行发展。所有道路跨过护城河或城壕向外延伸,其交通处理比较简单,主要是处理好出城河道上的桥梁标高和道路纵坡,以及坡脚的交叉口左转交通。

2. 向两侧平行发展,要考虑老城用地与发展用地的规模。若老城很大,发展用地小,则交通处理方式同上;反之,老城外发展用地很大,则两侧用地之间的联系交通往往会穿城而过,上下班的客运交通和自行车交通是很难用旁路引出城的,尤其老城还保留城墙或有很宽的护城河时,交通总是被集束在几个豁口或大桥上,桥头是左转交通的集中地,使道路的通行能力降得很低,道路上则车流排长龙,甚至推着自行车前进,如开封。这时,一方面要加密老城和新区之间的路网密度,另一方面要增加老城外的旁路,首先将过境交通和城市货运交通分流出城,再分流部分远程的客运交通,减少穿城交通量。

3. 单侧错位发展。由于发展用地受到湖泊、山丘或大型工业基地等的阻挡,只能错位搭角发展。先沿着环城路延伸到新的地块上建一批住房,同时配套建一些沿街商店,使开发的新区有一定的吸引力。之后,逐渐向下作更大规模的开发,伸延的环城路也成了商业一条街。应当指出,这里存在着一个很大的交通隐患。当新区的用地日益扩大,新老区之间的交通将会阻塞,这种实例在我国已经不少,如乌鲁木齐,绍兴等市。两块错位搭接的方格网道路系统,本来相接处就是一个"蜂腰"地,许多条纵横平行交叉的道路集中到一点与另一地块产生交通联系是不胜负担的,如这条道路性质较单一,车速高,通行能力大,在处理为左转车交通和行人,非机动车交通后,尚可勉强担起这副重担。但是,一旦将唯通道变成了商业街,其上的交叉口间距又短,则后患无穷。为此,在开发的早期,就要控制道路红线和道路的性质,将商业网点布置在干路以外的商业街或商贸广场上,预留好停车场用地,及早保护好干路的交通功能。另外在"蜂腰"地区外围还要尽一切可能预留开辟其他道路或建造跨线桥的位置和用地，以便利用旁路分解交通。在江南水网地区，在"蜂腰"地总会有一条 5 ～ 7 级的河道，它的通航净空要求使"蜂腰"地区的道路网标高都被提高，交叉口被设置在坡道上，给左右转的交通带来了麻烦。为此，机动车与非机动车分流变得更为重要。对于已经建成的三幅路断面的城市，可以考虑在"蜂腰"地区的桥梁建双层桥，桥面行驶机动车，桥腹中行驶非机动车和行人，取其净空高度低，由三幅路进出桥腹方便、对机动车流毫无干扰的优点，以提高"蜂腰"地区的道路通行能力和速度。这种实例在欧美城市不少，我国南昌也有一例双层桥。

用地呈组团式布置的城市，道路交通问题相对简单些。在中等城市，这些组团的面积约 4 ～ 6km²，它往往是由几个大单位或工厂所组成，居住区也是几个大院，紧靠在单位边上，它们上下班交通很近，一般都在 1km 以内，可以步行解决，少数远距离上班的职工，可用交通车接送。如株洲，组团之间的客运交通，平时也不多。而过境交通由组团间的道路穿过的较多，由于这些城市大多是在 60 年代前后逐步建设起来的，货运尚以铁路运输为主，厂际之间的协作货运也不多。近年来，中长距离的汽车货运效率比铁路高，汽车交通已逐渐增加。在大城市，组团式布局的交通问题就比较复杂些，如乌鲁木齐等市它们往往是由于地形的限制，在老城的周围到处去开发坡度相对小些的用地，结果一是道路网产生错位布局，二是留下的大多是陡坡地，使道路网的改造陷入困境。随着城市不断扩大，组团间的交通和市际的、市县的交通日益增多，已迫使考虑动大手术建造街道外的立体交通系统。因此，在规划道路网时，要重视联系各组团之间"藤"，"藤上结瓜"，藤长瓜多，藤粗瓜大的自然规律在城市道路规划时同样适用。要重视路网上的节点，换乘枢纽，预留用地，特别是山口河谷，用地狭窄处还要考虑排洪的需要。铁路由于站场用地大，线路弯道半径和纵坡的限制，展线时常常会将已经零碎的城市用地切割得更破碎，如衡阳，甚至出现用地死角。所以，在规划道路网时一定要综合协调。组团式城市还有一个交通特点是节假日到市中心组团的交通特别集中。平时居民在本组团内上班、生活，活动比较简单，并且商品门类也较单一。周日去市中心活动是调节生活的需要。因此，在市中心地区设置高一个层次的文化娱乐设施，商业设施是很必要的。大量人流的集中给城市客运和道路交通带来了很大的压力，也对市中心的停车场地、人流活动的广场和步行商业街提出了更高的要求。否则，市中心容量不够，到处马路设摊，路边停车，人车混行，路上车挤人，车内人挤人，星期日一天的"战斗"，到晚筋疲力尽，谈何休息。为此，在城市规划时一定要预留用地。

带形城市的道路网，往往过境公路就是城市道路中的主干路，过境交通穿城。在发展市场经济时，沿路开设了大量批发市场和零售商业网点，吸引着大量人流和汽车、畜力车在此装卸货物或停车吃饭，使干路可通行的车道宽度明显减少，车速下降。在规划道路网时，应该归还并保护好道路的交通功能。

最近（1994年3月）广东省召开了一次全省城乡规划、建设和管理工作会议。会上对综合整治国道和省道两旁用地下了大决心，提出要在一两年内有根本性的改观，对公安、公路、交通、工商、建设和国土各部门分别提出了要求和各自的职责：要加强路面管理，保障道路安全畅通；要维护好路产、路权；整顿好运输市场，解决好车辆停放场地；要搬迁妨碍交通的路边市场；严格控制公路两旁设店的审批和管理；不得出现新的路边市场和沿路建镇现象；不得在"不准建筑区"内批建房屋，谁批准，谁负责拆迁。以确保将公路两旁"净化、绿化、美化"的建设搞好。这是非常正确的措施。如果全国各城市都能这样做，城市道路交通也会得到明显的改善。

四、水网地区城市的道路网规划

水网地区的城市，地势低，河网密，尤其是兴修水利多年的农田改为城市发展用地时，要很好利用和整理河道网。这方面先辈们有丰富的城建实践经验，值得我们去研究、学习。

在以水运为主的时代，城市里开了很密的河道，主要是解决排水。城市选址总在相对高一点的地方，低洼处的湖塘，成为调节洪涝的蓄水库。在用地紧张的城区，河道两岸砌筑了石驳岸，可以稳定岸线，多取得一些沿河的土地，也方便洗濯、利于船只靠岸，进行客运或货运，运送建筑材料和日常生活供应的货物。饮用水是取井水。城内的河道并不宽，桥梁以石板桥居多，净空也不高，只是在出了城门水关以外的护城河上或对外的几条主航道上，才有多孔高大的石拱桥。塔常是导航的标志，扬帆的船只进城前必先经过落帆亭，再用人力撑划进城。城内重要河道上总是分段设置码头，或在集市附近的河道上，留有宽阔的水面，供船只停泊调头。批发行号集中的街道总是与航道紧密结合在一起，形成一河两街四排店，例如苏州的娄门、七里山塘。在河道相交的岔口处，常有两三座石桥相连，构成了江南特有的水乡风貌。应该指出，这些河道、街巷、低层房屋、驳岸、照壁和庭院内的树木等等的尺度是相协调的。这是以船只为主要交通工具时代的城建特点。

但随着科技的发展，建筑材料的更新，汽车进入城市，街道的尺度变了，市民的时空观念变了，作为城市规划工作者需要思考交通方式变化后，道路网布局的特点。往昔在相当长一段时间内囿于资金，而将就使用和改造，使古城遗产的继承和改造利用也乱了章法。

当城市用地大大向外扩展时，道路网的规划和改造首先遇到的是航道的等级和净空、桥梁的标高，桥梁与旧城道路的接坡及控制好桥头的用地等问题。处理得好，利用桥梁荷载等级，桥下净空的限制或桥头坡度的大小，使道路主次分明，机动车与非机动车可以分在两个道路系统中；处理不好，则混行交通在桥头陡坡急转，事故也频繁。其次是填河扩路，有的城市城中小河已无通航作用，有些沦为臭水沟。治理时埋管填河，同时拆去沿河的四排房屋，得 40～50m 宽辟筑干路。这时要注意干路两侧街坊的排水系统和道路标高。也有的城市在改建沿河街道和房屋时，保留了河道，这时应注意协调河道宽度、水面高度与建筑物高度所构成的空间和风貌，必要时要加宽河道、加宽岸边绿地或后退建筑物。

社会在发展，市民对居住环境质量的要求在提高，使规划工作不能原封不动地保留旧城的面貌。在改造道路网时，应区分交通的主次和快慢的要求，重点开通几条交通干路，同时处理好停车设施的建设，而将市民的生活组织在旧城的支路上，以减少大规模的拆迁。

五、小汽车的发展与道路面积率

在自行车王国的城市里，随着国家政策的导向，汽车工业的发展，以及企事业单位和个人家庭收入的增加，私用交通工具正在逐步升级换代。

在严格控制摩托车使用的大城市市区及郊区，新崛起的燃油助动车，替代了郊迁居民长途跋涉的自行车，制造厂商像雨后春笋，到处冒出来。摩托车在南方中等城市发展很快，摩托车占机动车数的 80% 左右。全国摩托车年产量已达 300 万辆(还不包括进口车和走私车)，成为世界第二生产大国。小汽车的使用在大城市已逐步在普及，国内 90% 的轿车由社会企事业单位购买，国家为负担公务车的开支每年高达 400 亿元，公车私用情况十分严重。为了适应富裕起来的个人和家庭需要，今后将重点开发低价小汽车，年产30 万辆投放市场。此外市民对使用出租汽车的需求也与日俱增。只要价格合理，起步价能为广大群众所接受，在大城市出租汽车拥有量达千人三辆，在服务上还是很紧张的。

　　小汽车的迅猛增加，年递增率达 18% ~ 24%，反映在道路上车流密度加大，交叉口交通紧张，停车无场地，任意占路停车严重，造成交通混乱。

　　在经济较发达地区的大城市，由于其地理区位和行政地位决定了它对周围城镇的吸引力很强，各种乡办企业和下级事业单位，为了联系业务的需要，大多在中心城市设立办事机构，配置了 1 ~ 2 辆小汽车，其总数甚至超过了中心城自身的车辆数，造成停车场地奇缺。也有的为了图方便，进城办事高效，常放弃乘坐火车，从 400 ~ 500km 外直接驱车去中心城。这些都加剧了中心城道路交通的紧张。因此，在道路网规划时，应考虑外来车的需要，对城市道路面积率，虽然目前许多城市还不足 7%，但对规划远期宜采用 15% ~ 20%，甚至留有更大的弹性。

六、道路网节点上相交道路的条数

　　众所周知，交叉口上影响交通最甚的是由左转车所引起的冲突点，相交道路的条数越多，冲突点也越多。在只有机动车行驶的道路上，3，4，5 条路相交的交叉口，其冲突点分别为 3，16，50 点。三岔口（丁字路口）很多的道路网，车辆行驶路线曲折，左转比例又高，不利行车组织，并且在两个丁字路口之间的道路上，流量是两条道路流量的重叠值，容易堵车。四岔口（十字路口）若交通量不大，经冲突点的车辆可以在时间上错开。若用环形交叉可将冲突点变为同向的交织点。若交通量增加，可以用信号灯管理，将冲突点降为 2 点，还可以拓宽进口道的车道，提高道路通行能力。但若道路两侧有非机动车行驶，则冲突点又增加到 16 点，其中 12 点是由非机动车对机动车干扰所产生的，这也是三幅路（即俗称三块板）横断面的主要缺点之一。五岔口用信号灯管理时相位难以配对，若在交通量 300辆/小时时可用环形交叉，但道路相交的角度宜相近，否则在狭小的交角处，交织段过短车辆难以顺利通过，不然就要为加大这段交织长度采用很大半径的环岛。六岔口，在信号灯相位配对上，绿灯时间不到 1/3 周期，故其通行能力低。但目前国内还有一些城市为了强调市区建筑对景，或追求一个可以绿化的环岛，或先占有一块日后可以扩大交叉口的用地，将六七条道路交汇在环形交叉口上，可以想象，其交织长度是不会很长的，道路的通行能力也是很低的，一旦环形交叉的交通量达到饱和状态，改造成用信号灯管理的平面交叉口或建立体交叉，都是十分困难的。可以预料，这里将出现道路网中的交通瓶颈。因此，在道路网规划时要慎重处理节点上相交道路的条数，以免造成先天不足。

七、关于"三块板"形式的道路横断面的优缺点讨论

目前全国城市干道横断面几乎都采用了三块板形式，这是近 10 多年来在规划指标暂行规定中推荐，以及交通管理部门推广的结果，在一定的历史时期发挥了作用。赞成的人认为：①今后机动车交通增加、淘汰自行车后，容易将非机动车道改为机动车道或沿街停车场；②可以在非机动车道下埋管。不少小城市也本着交通发展迅速要有超前意识，留了很宽（有达 60 ~ 70m）的道路横断面。应该承认，三块板的断面在路段上起了分流作用，这在上文中已谈及。但根据路段行车观察，目前三块板断面的机动车道上，仍有不少自行车从交叉口出口道闯入后行驶。这是由于路口设计不善，或被右转机动车逼进来的。若机动车道与非机动车道之间的分隔带长，就会使这些少量不遵守交通规则的自行车，有较长一段时间占用了机动车道，形成机动车怕撞上自行车而尽量靠道路中心线的车道行驶的习惯。结果右侧的机动车道成了公交停靠站、机动车任意停车的车道，机动车辆一般都不愿走。若机动车道为单向双车道，则右侧车道成了超车道，这与交通规则规定相反，这种反常现象主要产生在郊区入城干道和国道公路上。在市区单向多车道的快速干道上，慢车和非机动车，机动车随意地蛇行，变换车道极其频繁，远远超过欧美城市，结果擦撞事故多，路面划线辗光，反光猫眼压碎，每年损失了大量交通标志标线的费用。

在交叉口进口道，由于三块板断面上的自行车流在机动车的右侧，当上下班高峰时间直行的自行车交通量很大时，右转的机动车难以驶出，在绿灯中停滞的右转机动车就压住了直行的机动车，使道路通行能力下降。有的城市，如济南，采用了增加右转停车道的办法，提高了道路交叉口的通行能力，这正说明了在交叉口绿灯时间内，降低交叉口通行能力的主要因素，首先是受三块板上的自行车流的干扰，使机动车流在交叉口滞留甚至堵塞，其次才是左转的机动车干扰对向直行机动车。

在功能分区较明显的城市里，上下班高峰时间内道路上双向自行车交通的流量极不均匀，不少城市上下行流量的比值为 1：4，使一侧路面未能充分发挥作用。马鞍山市通往钢厂的道路，单向自行车占了道路宽度的一半以上，由于采用了一块板，可以调剂使用，节约了道路用地和造价。可以设想，在新开发的城市用地上，若将三块板断面中的两条自行车道合成一条道路，设置在另一个自行车道系统内（或支路系统内），不仅可以节约道路用地面

积，还可以简化交叉口交通。当非机动车与机动车立体交叉时，只有直行车通过；当非机动车与机动车平交时，冲突点也少。

八、交通干道中央分隔带的宽度

在新规划的快速路和主干路上，为行车安全须将双向车流分隔开。目前国内常用的是水泥隔离墩和金属护栏。

交通干道上的中央分隔带还有一个作用是封掉一些沿线垂直相接的支路，使由支路驶出的车辆只能右转，而不能直接左转和直行，加大了干道上交叉口的间距，有利于提高车速。但从支路驶出的车辆仍可以在右转后，在车道上逐步变换车道靠向中央分隔带，到一定的缺口处左转180°到对向车道上去，这种远引交通的方式在国外用得较多，也很成功。但在我国的干道上，由于中央分隔带很窄，仅0.5m，因此，即使车辆要远引交通，也至少要占用对向三条车道，短时间干扰对向车流交通。如果能有一条宽度为8m的中央分隔带，对组织干道交通就非常有利。到交叉口可供展宽车道用；在路段上，开缺口可供运引的左转车用，并且在缺口中可以短时停留几辆候驶的车辆，一点不会干扰干道上车辆的行驶。再者，分隔绿带有8m宽时，可属于城市绿地。当今后城市公共客运交通紧张，需要建街道以外的交通设施时，可以在其下埋地铁，或在其上设置高架轻轨，为城市交通的改善留有余地。

九、人行交通

在我国城市中，人行交通是常被忽视的，可恰恰就是因为没有提供足够的人行道路、没有管理好人流交通，加剧了城市交通的矛盾。

论城市人口密度，我国比西方城市密；论交通方式结构，我国的步行比例也比西方的高；论走路习惯，我国的行人更喜欢几个人并排而走。可是我国城市中的人行道又少又窄，无法适应市民出行活动的需要。根据观测，在商业繁华的市中心区，人行道宽度每侧至少在8m以上，一般地区人行道的宽度也需有4m。这方面规划工作者要有足够的思想准备。

行人过街是整治城市道路交通中一项重要的内容。在过街行人多，又没有财力建天桥（或地道）的地方，可在道路中央设置一个高出路面的腰圆形安全岛，在岛的四周围上栏杆，两侧开有一对错位的缺口，对着过街的人行斑马线，这样，冒失的行人不致直冲而过，他必须在中央安全岛上迎着对向车流走一段路，有一个思考的时间再过街。这种做法在香港的湾仔地区取得了很好的效果。

在市区，为了保证城市快速路或主干路的车速和通行能力，人行交通应借着每200m设置一个天桥或地道通过。香港在港岛东西交通干道（干诺道、金钟道、告士打道、英皇道）上这样做了。虽然花了不少投资，但所换回的效益远远超过投入。他们从建简单的行人跨路天桥开始，有效地将公交站点、码头、停车库、商店、办公楼等逐个地组织在人行天桥系统中，还规定了建筑物第一层的标高为5.2m，以便天桥向各种建筑延伸，最终形成6条完整的步行道系统，组织了港岛沿海地区的工作、生活、旅游的步行交通，深受市民的欢迎。最近又建成了一条由标高4m依山分段上升到139m高的自动扶梯，大大改善了市民的上山交通，也减少了山区的道路交通量。此外，在山上居住区，或新界地区的新城和居住区，都建有完善的步行系统，可以走一天不与车辆发生冲突。香港的经验是值得学习的。

我国在城市中常喜欢建很宽的街道，两侧高楼商店林立，行人在其间横穿道路不止，又何能要求在中间车道上通过大量车辆呢？如果我们用拓宽中间两条车道的资金去换建一批行人过街天架，使其余车道的车速和通行能力提高一倍是完全可能的。道路的交通效率和城市噪声都可以改善。关键是要有一个综合规划的思想，并与沿街各单位取得共识，统一开发建设。

在市中心地区还应多设置一些步行广场和生活游憩的绿地；有水面条件时，要尽量争取留出较多的生活岸线，供市民享用，柳州市所建成的实例是值得学习的。

以上是我近年在城市道路交通规划中的所见所思，有些已是老生常谈，有的是新的感受。一并写出，希望有参考作用。

本文原载于《城市规划汇刊》1994年04期。作者：徐循初

三论我国城市道路网规划中的问题

　　随着我国城市经济的发展，人们活动节奏加快，时效地位提高，原来的河网地区城市纷纷弃水运而改为陆上运输，交通方式的转变，需要大量城市道路来支撑，中小城市原有的道路系统，一不成网，二宽度不够，为了减少拆迁，填河筑路，其下埋排水管道或加设人防通道，已成为习惯的手法，成为解困城市交通的"良策"。许多城市自发地干着，相互学习着对方的经验。但仔细回顾一下，其间有不少疏漏或考虑欠周之处，从而造成了难以逆转的变化。例如：

　　水乡城市不乏石拱桥，坡陡且高，自从筑路后，改为平桥，截去通航净空，航道作用退化。

　　运输方式的改变，原来用船作货运，一艘船的运量约为汽车装载量的2～3倍以上；今改为汽车货运，交通量明显增加，尤其当今许多城市大搞基本建设，建材货运量占到总货运量的30%～50%，若用船运可减少许多道路交通量，也可减少大量拖拉机运建材的高噪声值。苏州是一个水运至今占总运量70%的城市，运输企业货运起重吊车设在全市各地的工厂河边，真可谓"服务到家"，货运转驳少，货损少，既方便，货运成本也低廉。所以，城市道路虽较窄，城市中货运交通不多，道路主要为客运交通服务。相反，像无锡等城市，较早就大量填河筑路，道路货运交通就多，交通也较拥挤。

　　在防洪排涝方面，城市河道在防洪要求上，常是按洪水10年、20年甚至50年一遇的要求设计防洪堤的标高。自从填河筑路后，排水管的断面就大大缩小，设计时甚至还允许在暴雨时有溢流，这两者之间的标准既不协调，相差也太远。难怪，城市河道填得越多，暴雨时蓄水面积越小，内涝现象也越频繁。加上城市道路路面标高不断在抬高，干路比支路高，支路比街坊内的道路高，逐级道路将用地围死，一旦暴雨就出现内涝现象，在我国不少城市都有发生。日本横滨港北新城，跨一条小河两边建设，由于地面径流状况改变，将河道挖宽一倍，以利泄洪，这是值得我们吸取的经验。

　　填河筑路的另一个问题，是出现大量丁字路口。古代河网城市的规划是很合理的（图1），城外的大河到城边，外有护城河，挖河取土筑城墙，城墙内有时也有一条较小河道，用来排水，兼供城内种菜灌溉之用。河道经水关入城后，分若干条干河，均匀分布于城区，其上再分出许多条与之相垂直的支河通到全城各地，成为一街一河的布局，两支河的间距在 80 ～ 100m 左右，由于开挖支河，取得大量土方，填高到了两河之间所夹的地块中央的地面标高，使地块的排水变得很顺畅。这最高的地方，也就是昔日住宅、厅堂大院，最后一进大堂的位置，这在抗战时给日本侵略者成片烧掉的城市废墟上，可以清楚地看出街坊标高的变化和坡向。当年以水运为主的城市，这些稠密河道网既解决了排水，日常的生活洗濯（饮用井水），又解决了大量基建材料运输、日常生活供应和废弃物（粪便和垃圾等）的运输，以及客船的停泊和航行。沿河的道路并不宽，但也成系统，在交通运输中起辅助的作用。陆上交通运输方式有轿子、独轮车和挑担。在河网中丁字形的河汉很多，在当时的运量情况下，船只的出入量不大，在河汉口船只相互扣住的情况很少，支河宽是两条船的宽度，若是大户人家河边往往展宽，另做码头或照壁小场地（供上落停轿用）支河上的船只也不频繁；干河就可航行三四条船，两干河相交，丁字口和十字口都有。干河上公共码头也多起来。

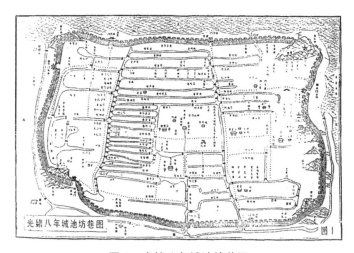

图 1 　光绪八年城池坊巷图

如今，交通方式突变，填河筑路，形成了一个既新又老的道路网，老在它迁就了老的河网，产生了大量丁字路口，成为当今城市交通的难点。有的城市为了取得道路的对景，在丁字口上再加上一幢高层建筑，先天不足，后天再失调，迅猛发展的汽车交通量，立刻出现了堵车状况。难怪，大、中、小城市都在惊呼城市交通问题严重。

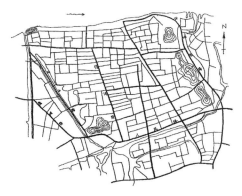

图 2　道路网现状图

举例分析之。某市（图 2）将城墙推平改为一条商业街，同时也是老城边上唯一的一条交通干路，与之相交的均为丁字路口，相交是次干路（原为干河），与次干路相交的有大量支路，是老城的商业街或居住区道路，它们也是由支河填埋管道后筑成支路的。由于原来支河两岸分别有小路，标高不同，如今支路的横断面高差很大，有一侧房屋地坪比路面低 0.6m，排水困难，沿街建筑立面也难处理。支路与次干路相交的丁字路口机动车交通量不大，自行车和行人交通量多，由于支路多又密，可以组织单向交通，或禁止车行，定时作为步行街，以简化道路交通。但大量南北向的次干路与东西向的主干路呈丁字相交，即使将南北道路组织单向交通，仍在路口产生了大量左转交通，它们相互扣住横向的交通，使车流密度变得很大，车辆首尾相连，左转车无法插入车队，排队的回波顶推得越长，扣死的交叉口越多。加上公交停站（没有建港湾式停靠站），更使车流难以前进。密排的车流到了临近交叉口进口道，无法按左直右分列行驶，只能在车道内斜横车头，示意后车让我先行，如此整条道路上原来按纵向划线行驶的车队全向左或向右靠，斜横在车道上，到了路口右转车又受到三块板右侧非机动车的阻拦，难以驶出，又继续滞留在路口，使整条东西向的道路在交叉口的通行能力降得很低。道路上车辆的进入量大于驶出量当然要堵车，根据道路上车流的冲击波理论，可以很清楚地知道这条道路上排队的长度和持续时间会有多少，消散的时间将延迟多久。在这个城市里，堵车的现象是表现在东西向的道路上，实质是由于大量南北向道路的丁字路口所引起的问题，转嫁到东西向的道路上，其中：尤其是错位的丁字路口（中心线错位距离在 50m 左右）所造成的影响最坏。由此，可以得出的教训和结论：在道路网规划中对于干路宁愿弯曲也要将它在交叉口拉通，成为接近垂直的十字路口，不能迁就一时的舍不得"割爱"，而造成几代人的遗憾和痛苦。

在道路网规划中，还有一种道路中心线相距很远的错位丁字路口，相比下来，它所造成的交通问题没有上述的严重，但是仍要注意在道路网中交通量两合一路段的车行道和道路红线宽度的展宽要求。此外，还应注意道路网上连续几个丁字路口层叠连接，会造成树枝状的集束现象，在地区上产生道路网上的"蜂腰"（图3）。当各方面的交通汇集时，"蜂腰"处的道路将不胜负担，若再遇上左转车比例高时，必然会在高峰小时造成交通阻滞（图4），甚至严重堵塞。交警部门虽投入大量警力去疏散交通，但"先天不足"所造成的困境是很难缓解的，只有在规划道路网时防患于未然，才是有效的办法。由此，又可以得出教训和结论：在道路网规划时，对受到地形、地物影响的干路，宁愿弯曲加密间距，也更少搞断头路，连续层叠的丁字路口，尽可能使道路网不产生汇集交通的"蜂腰"。

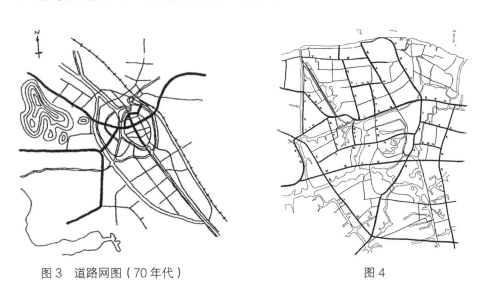

图3　道路网图（70年代）　　　　　　　　　　　图4

本文原载于《城市规划汇刊》1996年05期。作者：徐循初

环形立交拥挤原因及改进办法

　　关于环形交叉口设计的关键是：交织段的长度，及环道上车流有无可穿越的空档。一般来说，交织车辆在车间距有 4.5 ~ 5s 时，可以交织一次，大型公交车和载重拖挂车交织所需的时间更长，有时要 6.8 ~ 7s。在南北高架路的环形立交上车辆主要为快速小汽车交织。天目路南北高架路的环交，交织段太短，若车速为 36km/h，需交织段 50m，而现状仅 37m，因此，要设法通过工程措施加长交织段，使它能长达 50m 左右；若用减低交织车速的方法去凑交织段长度，则在进环交前快速车流突然减速，会使进环道的车流密度加大，使交织车流无可穿越空档，车辆必然会扣死在环道上。南北高架路中山南路立交口，在环交部分阻车的原因是车流过密所致。在环交的西北角交织段上，由北向南的车道数为三条，进环道的交织点上只有一车道，车流进环至交织，车流三合一，其密度加大，车头间距由原来值缩至 1/3，使西向东的车辆无法通过交织点。虽然南半环的交织长度很长（占半个圆）。但交织车辆相互抢交织的空档，不断地加速、减速，使车速很不稳定，大大影响通行能力。由南向北的下高架路的车流，由于受下坡道端部非机动车的干扰，右转和直行机动车流都不畅，导致坡道上机动车流产生冲击波的回波，波及环交东北角的交织段上车流密度过大，东向西的快速直行机动车也难以交织，造成进环道的车速下降，车流密度也加大因此，改善高架路下坡道端口的通行能力，减少受非机动车和横向车流的干扰是十分重要的。

　　对于上述环形立交交通改进的办法，建议在进环道的口上划一条让路的停车线，并在路面上标明"让"，使环道上的车辆行驶时，贯彻"先出（环）后进（环）"的原则在环道上出环车辆通过后，进环的左转与直行车辆可以两条车道同时并列驶入，这样，其通行能力是两条车道的交织通行能力。比通常在环道上只有一个交织点的通行能力高得多。香港柴湾地铁站前的环交就是采用"先出后进"的让路行驶办法，厦门莲坂环交也是采用这种方法，在有少量非机动车混行的情况下，每小时通过了 4600 辆机动车。若在南北高架路的两个环形立交上也采用这个办法，相信一定可以少花钱，而提高较多的通行能力，改变目前阻车的状况。

本文原载于《交通与运输》1998 年 02 期。作者：徐循初

四论我国城市道路网规划中的问题——关于城市道路立交与高架的使用和分析

　　近年来，由于城市交通的迅速发展，机动车的增长率达 10%～15%，道路交通量日益增长，许多城市的主要道路交叉口日趋紧张，纷纷建造立体交叉。更有的将它作为现代化交通建设的标志物，标新立异，式样繁多，花钱不少。还有的城市缺乏从整个城市交通发展的全局来考虑立交建成后的地位与作用、立交形式与流量流向的关系。

　　城市快速路的建设，对缓解大城市的交通紧张起到了积极作用，尤其是高架的快速路，避开了非机动车和行人的干扰，效果更为显著，在国内掀起了一股建高架路的热潮，视之为现代化立体交通的象征。也有的，不论客观条件，盲目照搬，成败皆有。因此，有必要对它们进行一些回顾和分析，使今后的建设项目能发挥更好的作用。

1 回顾与分析

　　1950 年代，乌鲁木齐市巧用地形在火车站前建成了完整的环形立交，揭开了建设城市立交的序幕，以后 40 多年中，随着城市交通事业的发展，出现了大量形式各异的立交。由于不同时期的城市交通方式和特征上的差异，以及受当时经济能力和工程技术水平的制约，立交的建设大致可分为三个阶段。

　　1.1　1980 年代以前，我国城市机动车的数量不多，有限的道路设施尚能容纳，只是车辆和人流特别集中的个别交叉口，因塞车严重而建设立交。这些立交的形式比较简单，以满足主要道路的交通流畅为目的，对周围道路的互通性要求不高，在主要道路上常建一座跨线桥或地道，匝道布置成苜蓿叶形，使机动车与非机动车皆可通过。例如北京市早期建设的立交。

　　1.2　1980 年代，城市机动车开始大量增加（图 1），以深圳市为例，机动车约每 5 年增加一倍。这个时期，国内城市的非机动车趋向饱和，且居高不下。由于全国城市道路网规划和建设中支路与干路的比例严重失调、倒置，各种交通都集中于主干路上，交叉口上机动车、非机动车和行人相互干扰，使交通堵塞经常发生，在这种情况下所建设的立交，往往是先将机动车与

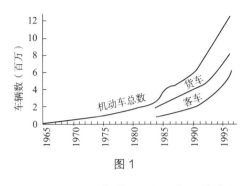

图1

非机动车分层处理或建造人行天桥，消除相互间的干扰，以策交通安全，从而提高道路的通行能力。其形式以环形、苜蓿叶形立交为主。其中：环形立交占地省（约 4 ~ 5hm²），造价低，又能分层解决机、非之间的干扰，又适应当时机动车的交通量需求，所以建造得最多。

1.3　1990 年代以后，我国城市机动车增长更快，平均年增长率达15%左右。城市中主要道路的交通趋于饱和，市内机动车的行驶速度明显下降，在这种情况下，一些城市开始改造主干路，建成专供机动车行驶的快速路，并且在这些道路上建设了大量立交，由于快速路的立交必须满足车速快、流量大的要求。所以，原来习惯采用的环形立交、机非合用的苜蓿叶形立交，普遍地出现了问题，交叉口的进口道或交织段前出现了车辆滞留现象。一些城市开始在快速路上或主干路上建设部分互通式定向立交，或在主次道路上建设菱形立交，更有的城市建设高架的快速路和全互通式定向立交。其造价也随之不断地提高，有的立交造价高达 1 亿~ 2 亿元。

应当指出，在我国城市中建设的立交，总体上说是十分有效的，它缓解了道路交通的紧张状况。但有时也存在一定的盲从性：将它视为城市交通现代化的标志，人家有，我也要有；或者在交叉口经常出现了塞车，就建设立交，而对交叉口所在道路的性质、在道路网中的区位和造成交通堵塞的内在原因就考虑得不够。因此，一旦城市用地扩展或道路等级调整，原有的立交就会出现新的交通问题。

为了避免建设立交的盲目性，首先在我国的国家标准《城市道路交通规划设计规范》中规定：大城市只有在快速路和主干路上可建设立交。其中：快速路与快速路、主干路相交时应该建立交，与次干路相交时可以建立交。主干路与主干路相交时可以建立交。《规范》还强调在快速路上建立交是为了保证车速，在主干路上，立交主要为提高道路的通行能力。这样就对立交的建设进行了控制，减少了盲目性。实践证明，有的城市用信号灯管理的、展宽路口的、平面交叉口的通行能力，已达到每小时 6000 ~ 7000 辆标准小汽车。

其次是一些城市在建设立交时缺乏对城市道路网络的整体研究。在不少城市中，干道的间距太近，若建造立交、坡道几乎相连，且造价高昂。有的城市对立交形式的选择，与道路的性质、等级、设计车速和交通特点不相匹配，以致建成后未能发挥应有的作用，或者使用不久就出现交通问题，成为城市道路系统中新的瓶颈。

根据对国内 6 个大城市的立交统计（见表 1），立交的平均间距与城市道路网密度、千人机动车拥有量有密切的相关性。它与道路网密度成正比、与千人机动车拥有量成反比。这说明随着城市机动车水平提高，对主要为机动车服务的立交需求量会日益增长。当前，我国的城市机动车正处于快速发展阶段，并且会持续相当长的一个时间，城市的立交数量将会进一步增加，但如果能有完善和高密度的道路网，就能够减少或延缓道路立交的建设需求。

表 1

项目	单位	北京	上海	广州	成都	长沙	深圳
城市建成区面积	km^2	454	300	207	92	101	81
城市非农人口	万人	575	894	304	184	116	88
全社会道路长度	km	2713	2722	1379	712	622	296
道路网密度	km/km^2	6	9.1	6.6	7.7	6.2	3.7
立交平均间距	km/ 个	25	167	67	71	71	12.5
机动车拥有量	辆 / 千人	120	40	120	72.5	78	160

表 2

项目		北京	上海	广州	成都	长沙	深圳	总计	百分比（%）
立交数（个）		100	16	20	10	9	23	178	100
空间分布	中心区	33	9	11	4	8	8	73	41
	外围区	67	7	9	6	1	15	105	59
在道路网中的分布	在公路上	4	3	3	2	1	2	15	9
	快速路上		6				6	12	8
	主干路上	96	4	17		10	12	146	83

注：表中所列均为 1993 年统计数据。

从表 2 的统计结果可看出：在 178 座立交中分布在中心区的数量很多，

占41%，其中：上海、广州、长沙三市，中心区的立交更是多于外围区，出现这种情况的原因是由于城市呈单中心的发展，其对应的道路网络越到中心区道路等级越低，而土地的开发强度反而越高，使得中心区吸引了大量交通量。以北京市为例，1997年城区机动车每日出行强度为4710车次/hm²，是近郊区的5.1倍。因此，当不少城市中心地区的道路网不完善、密度过稀或非机动车过量时，常采用建立交、甚至在市中心地区建造大量高架道路的办法来改善交通、扩大道路的空间，以缓解交通阻塞，但破坏了城市的景观和风貌。大量立交还集中在城市主干路上，占总量的83%。这主要是我国城市中普遍存在主干路、次干路与支路三者长度比例严重失调所致。次干路少于主干路，支路更是稀少。许多城市主干路的两侧都建造了大量商店和公共建筑，吸引了大量机动车和非机动车的出行汇集于此活动，使得主干路的交通十分复杂和拥挤。此外，在交叉口四周大都建造了高层建筑，使交叉口更难以拓宽，限制了道路提高通行能力，只能建造昂贵的立交来解决交通问题。统计还表明在快速路上的立交较少，说明快速路在我国许多大城市尚未形成系统，在交通上起不到承担主要的、长距离机动车流的作用。

从城市用地的发展看，在新一轮的城市总体规划修编和调整中，城市的骨架拉得很大，中心城与周围的城镇加强了联系，尤其是特大城市和带形城市，城市快速路和高速公路的出现，对缩短时空、带动土地开发、提高城市运转效能发挥了十分重要的作用。

随着市场经济的发展，老城市中心土地功能的置换，将居住区向城市郊区迁移，加大了市民上下班的出行距离。从对居民出行调查资料分析发现，不论城市大小，居民出行所愿付出的时耗大都在20min左右，超过30min的出行量已明显减少（图2）。若出行距离很远，他就会在各种城市交通方式中去寻找：既能掌握交通主动权、又便捷廉价的交通工具，这些就是助动车、摩托车、小汽车等私人交通工具。而乘公共交通者的出行时耗常超过40min，使它无法与私人交通竞争。调查资料还表明了居民购买私人交通工具的档次是与他们的收入同步的（图3）。由此可知，若在今后不大力改造道路网、加密次干路和支路的密度，积极发展公共交通并加密公交网。则原有道路必将不胜负担:交通混乱、相互干扰的结果，必然导致干道车速慢（仅10～15km/h）、道路通行能力低下（一车道的通行能力仅400～500辆小汽车/km/h）。在无可奈何的情况下，为了免受交通干扰，不少城市竞相建造高架路。实践证明，一条纯标机动车行驶的快速路，车速可达70～80km/h，一车道的通行能力可达1800～2000辆小汽车/h。以不到20%的道路长度承担了全市 60% 左右的交通量，但它必须以畅通的出口为保证。

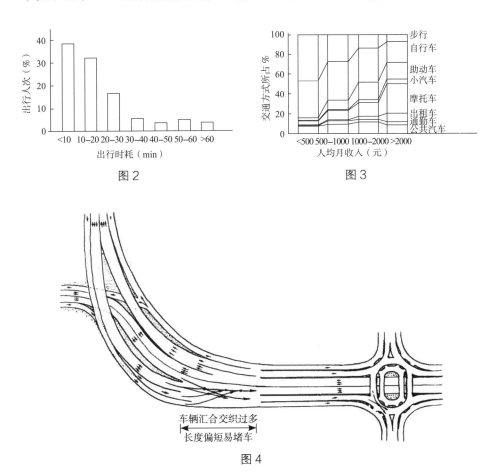

图 2　　　　　　　　　　　图 3

图 4

2　与国外相比

回顾国内已建的城市道路立交和高架路，与国外大城市的道路立交作分析比较，主要区别如下：

2.1　国外大城市的道路立交绝大多数分布在城市外围区，市中心区道路面积率高，道路网很密，可以组织单向交通或利用道路中央分隔带展宽路口，增加通行能力，所以，较少建造大型立交和高架路，使城市的环境和历史风貌得到保护。

2.2　快速路在国外大城市大都规划建设成网，承担了大部分长距离的机动车交通；而国内大城市的快速路，与它相连接的道路等级混乱，交叉口多，汽车行程较短（1～2km），车辆出入道路次数频繁，在多条车道之间连续反复穿梭交织，使整体车速难以提高。

2.3 国外大城市的立交形式，根据各自的交通特点、车速、道路互通的要求，选用2～3种形式简单、易于识别的立交，并且在立交上都妥善地考虑了公交乘客能直接上下换乘的方便；而国内的立交形式太多，层数多、坡度小、占地大，与横向道路上的公交车换乘很不方便，要走很远的距离。

2.4 国外快速路、主干路的两侧不设非机动车道，车辆出入立交匝道没有非机动车的干扰。而国内的主干路、甚至在快速路的两侧也设非机动车道，机动车辆出入道路交叉口时，就会受到非机动车的干扰。

2.5 国外城市高架路的上下匝道常设置在横向的、单向交通的道路上，以确保高架路上下交通的畅通。而国内高架路的上下坡道就设置在高架路的下面，本车行道的范围内。

3 存在的问题

综上所述，目前国内在立交和高架路的规划设计中存在的问题有下面一些：

3.1 由于城市道路网不完善，局部地区的道路多次汇合（图4），使多路合并的交通量过大，车流密度骤增，车速下降，形成交通阻塞段。或者主要道路在路网中错位（图5），在交叉口产生大量左转交通，相互扣住；或者道路网在蜂腰地区产生集束（图6），随着交通量的增长，汇合的流量将使道路无法承受，立交的匝道难以通行。高架路的上下坡道也难以畅通。所以，首先要理顺路网。

3.2 在城市快速路的两侧应该设置可双向行驶的辅路，两条辅路之间的联系与快速路无关。在城市快速路上不能再用三块板形式的横断面。因为，这种横断面的布置方式，常在道路两侧布置许多沿街商店，会使立交匝道口的机动车与非机动车混行，产生相互干扰，限制了立交的车速和通行能力。

3.3 随着道路等级和设计车速的提高，立交的形式也应作相应的变化。以往建造的环形立交，在车速不高、交通量不太大时，环交的交织段尚能满足车辆的交织。如今在快速路上建环形立交，车辆在交织段上以3～4s（指小汽车，若大客车，交织时间更长）完成一次交织所需的长度，要比以往习惯沿用的环交交织段长度大得多。为了使车辆能在交织段上通过。司机在进入环交前，不得不降低车速，由此，引起进入环交的车流密度骤增，几乎无法为横向交织的车流提供可穿越的空档，造成快速路上的环形立交常出现堵车，这种现象已在新建的快速路上发生。

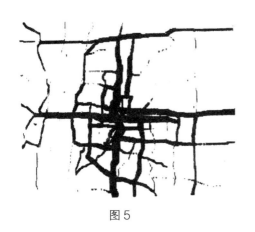

图 5

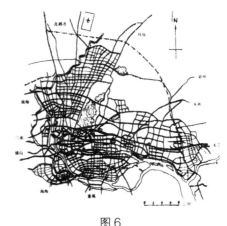

图 6

若为了保证环交的交织段长度，就要放大环交的直径，但由于相交道路的横断面内含机动车道和非机动车道，占用道路横向的空间很宽，即使分层处理机动车和非机动车交通，而在环道上可分到的交织段长度仍然变得很短，较难满足车辆交织的需要（图7）。因此，在快速路上建造定向立交是必然趋势。对于在主干路上的立交，应着重解决机动车与非机动车、行人的矛盾，提高主干路的通行能力。在

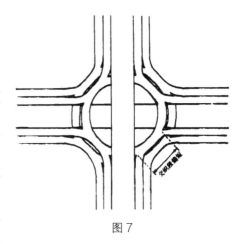

图 7

尽可能加密道路网的基础上，用展宽的平面交叉口解决交通问题。

在已建的苜蓿叶立交中，也存在一些问题。由于机动车道两侧有非机动车道，经匝道驶出和驶入的机动车都要穿过非机动车，昔日机动车不多，在非机动车高峰时尚能通过，如今机动车大增，匝道的出入口已成为机动车受阻和排队的地方。尤其是在快速路上，4个左转车出入的匝道口相距很近，在主要车行道旁又没有设置减速和加速车道，车辆更容易受阻。

在建造定向立交的道路上，对左转匝道驶出车行道的位置也是值得重视的。由于立交的形式百花齐放，在单向有 3～4 条车道的快速路上，若将左转车的定向匝道由右侧车道出线（图8），则快速行驶的左转车往往要从左边车道连续几次与直行车交织后进入最右边的车道。当车流量大时，这就

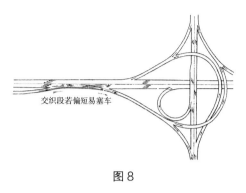

交织段若偏短易塞车

图 8

需要很长的交织段。若交通标志不完善、交织段长度不够，快速行驶的车辆必然要减速，等待和寻求可穿越的空档，而减速的结果是使后续的车流更密。实践已经证明，这种布置匝道的方法是要阻车的，应该避免这种现象的产生。

3.4 快速路为了免受非机动车和行人的干扰，在许多城市中常建成高架路。高架路上下坡道的设置、与地面交叉口的关系，常对高架路效能的发挥有明显的影响作用。在国内，一般都将上下坡道直接放在高架路的地面车行道内。对坡道与地面交叉口的布置方式有先下后上和先上后下两类。

3.4.1 先下后上

常见的一种是将下坡道对着地面的环形交叉口，使下坡的车辆可以方便地选择所要去的方向。但由于交通管理不善，不少城市的环形交叉口的环道成了公共汽车、出租汽车和长途汽车的停车换乘点，摊贩云集，交通阻滞，也影响到下坡道的畅通（图 9）。应该将环交外的一角用地辟作交通换乘枢纽，使环形交叉口的交通得以畅行。

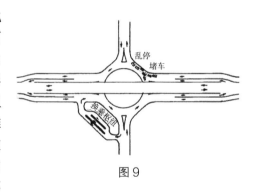

图 9

另一种是将下坡道对着用信号灯管理的交叉口，由于在交叉口出现红灯时，停止线后排了不少按左转、直行和右转分列的机动车和非机动车（图10），若下坡道离交叉口太近，自坡道驶下的车辆无法分列排入候驶的车道中，于是将下坡道的落地点放在离交叉口 30～50m 以远，视地面交通量的大小而定。这样就避免了下坡道的车辆因堵车而在坡道上不断向后排队，甚至波及高架路上的车道，也产生阻滞。这时要注意下坡道的车辆中左转、直行和右转机动车的比例，以便确定下坡道的落地点放在车行道的哪一侧，以减少与地面机动车的交织。但是，当地面有大量非机动车行驶时，即使在绿灯中自坡道驶下的右转机动车，也难以穿过直行的非机动车，排队等候右转的机动车就会影响交叉口内交通的畅通。因此，最好能将非机动车与机动车立交处理，或将右转机动车高架右转后再落地。

3.4.2　先上后下

随着下坡道远离前方交叉口，它就接近后方的交叉口，产生了先上后下的方式，基本上避开了与地面交叉口的矛盾。但是，自上坡道进入高架快速路的车辆是加速行驶的，以便顺利地汇入快速车流；而自高架路驶出的车辆，在进入下坡道前是要减速的，这就使后续的车流密度加大，不利于上坡道车辆的交织（图 11）。在实践中，已经出现由于高架快速路上的交织段长度不够迫使车辆减速而造成交通受阻，只能封闭一条坡道，消除车辆的交织。但若封闭一条上坡道，则邻近的一条上坡道将变得更为繁忙，甚至在高架路的交汇点上，用交警指挥，交替分批放入车辆。为此，在布置高架快速路的上、下坡道时，要确保高架路上的交织段长度，并且要多加一条加速减速车道，使高架快速路上的直行车辆不受阻碍。

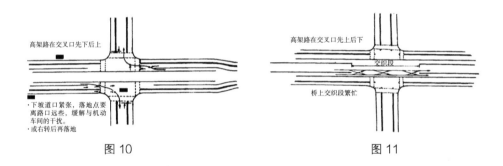

图 10　　　　　　　　　　　　　　　　　图 11

随着 21 世纪的到来，城市化进程的加快，道路交通量的增加，设计车速的提高，原来习惯的设计思想和运用的手法已不能适应今后交通发展的需要，我们将面临新的挑战。为了城市交通的可持续发展，希望国内同行共同努力探索出各种解决交通困境的办法，仅此抛砖引玉。

（本文部分引用了张逸和包晓雯硕士论文中的资料。）

本文原载于《城市规划汇刊》1999 年 05 期。作者：徐循初

城市道路规划中交通功能的挤占
——五论城市道路网的规划

　　随着城市汽车交通的发展，现有道路的宽度和路网的布局日益不能适应交通发展的需要，许多城市都在不断进行改造。但由于对原有道路交通功能的挤占，使城市道路网在改造的同时，又出现了新的矛盾。

　　昔日，我国有许多城市是临水而筑，除了取水、排水、洗涮方便以外，靠稠密的河道网支撑了城市的水运，实现了物资的交流和建筑材料的供应。因此，陆上的许多道路并不很宽，往往只要满足两顶轿子或两辆独轮车擦肩而过就行了。由于道路是在平行河道两岸建的，道路网的密度倒是十分稠密，常常达到 20km/km^2 以上，四通八达十分便利。随着马车、人力车交通的出现和发展，人们开始重视陆上道路网的改造，汽车接踵而来，加快了道路的拓宽工程。由于受城市土地使用功能和产权的约束，以及城市改造财力的限制，较易采取的办法就是填河筑路。由填浜到截塘，被填的河道越来越宽，逐步形成了一个新的道路系统和城市雨污合流的排水系统。应该指出，在这个时期所建的道路网对原有城市的土地使用功能影响不大，也未出现道路功能挤占问题，起了逐步替换和补充功能的作用。但同时也留下了较棘手的城市建设问题。在交通方面出现了一大批错位的丁字路口，在该路段，两条道路的交通量重叠，使交通常易受阻；在排水方向，管径不够大，暴雨时常溢出淹没街坊。

　　进入 80 年代后，城市建设的力度大大加强，填河筑路或拓宽道路的改造工程常一次性拓宽到百米以上，其间铺设了四、五十米宽的道路，两旁重新建起了高楼，商店林立，城市面貌"焕然一新"。但道路的功能却是混杂的，它既要承担纵向的大量机动车和非机动车交通，又要满足沿街商店吸引大量顾客的来往和车辆的出入、停车以及横穿道路间的交通，显然这些交通是相互干扰、相互挤占的。沿街的商业越发达，两侧用地的交通集散作用越强，短的行程也越多。车辆出入越频繁，对纵向车流的干扰也越甚，车速也越慢，从而削弱了城市片区之间的交通联系。随着城市交通不断增长，必然要迫使纵向交通去挤占掉横向交通。一条条交通隔离护栏出现，将道路的综合功能强行限制。于是，非机动车道上出现了逆行车辆，市民只能在单面街道上活动。在市民的呼吁下，人行天桥（或地道——由于地下管线的阻挡和治安原因，建造得较少）和自行车天桥才逐步建造起来。

进入90年代，新一轮的城市总体规划修编中，不少城市的用地面积扩大了许多。大城市快速路提到了修建日程，道路网的改造日益迫切。一些城市的道路，被升级为速度更快的或要求通过流量更多的快速路或主干路。道路功能和车速的变化，必然引起原有地块土地使用功能的变化和适应问题。因此，不能简单地只从道路工程本身来考虑问题——增加车道数，铺筑更坚实的路面。笔者认为要从多方面来考虑防止道路的原有功能被挤占。常见的"挤占"有：

一、道路等级结构比例失调。在道路网规划中过分重视主干路的地位，而忽视了城市支路的布设。主干路过多，红线宽度过宽，就挤占了其他等级道路的用地面积，会造成全市道路网密度过稀，使城市交通大量集中在几条主干路上，使交叉口不胜负担，也使公共交通线路网的布局，线路重复系数过大，在一个站点上同时停靠的车辆过多，极易造成站点堵塞。对整个城市用地而言，公交线路的可达性却很低。

二、拓宽原有道路时，由于沿街建筑难以拆迁，造成机动车道挤占人行道的用地，大量沿街停车又挤占人行道，最后，行人无路可走。这是在居民出行调查中最常见到的市民呼声——要有畅通的人行道，安全的人行横道。

三、道路升级，原路拓宽。经过大量拆迁沿街建筑，新建了一条道路，但同时也失去了一条道路，原有道路的功能被挤占了，而新建的道路有时是无法包容原路功能的。若能另辟一条路，同样也有拆迁，却得到两条路。道路功能各异，交通快慢分行，可各得其所。

例如：国外有些城市利用废弃的河道做路堑式快速路，既不挤占原河两侧支路的功能，又减少了交通噪声等公害的影响。也有的城市将远期规划的快速路设置在房屋较差的居住区或有污染的工业区，等到将来建筑拆除、土地功能置换，居民或工厂搬迁之时，规划的快速路就可建成。国内某市在城市主干路上建造快速路时，采用了高架快速路的做法，在原来道路上占了一小条土地竖立了桥墩，而没有去挤占原有道路的功能。相反，将原有道路的车道理得更顺畅。因此，建成后的高架路和地面道路的效能都很高。所出现的"挤占"问题：一是高架路挤占了地面道路的空间和阳光，破坏了城市的景观，使道路两侧的房地产跌价；二是在上下高架路的坡道上，往往由于下坡道的落地点就在原来的道路内，当其流量大或落地位置太近交叉口时，就明显挤占了地面原有的交通空间，造成交叉口前转向交通混乱，相互干扰严重，甚至造成高架路的下坡道交通堵塞，波及到高架路上交通不畅。国外在处理下坡道时，往往利用高架的有利条件，将坡道右转到横向道路的上空再落地，并且将落地的车道再分别落到两条单向交通的道路上，这样离开快速路下坡道的车辆虽很快很多，而地面接纳道路的通行能力很大，因此它不会被下坡道的车流完全挤占，也不会出现交通堵塞现象。

对于目前在地面上建造的快速路，由于原有地面道路的功能和空间被挤占，快速交通又将两侧的慢速交通作了封闭性隔离，使道路两侧的土地使用功能发挥受到限制。若在规划中及早在快速路两边控制好用地，预留出可供车辆双向行驶的辅路（即支路），而不是单向行驶的非机动车道，则其交通将比目前混杂的情况畅通得多，快速路的功能和沿路土地的使用功能都能正常发挥。

四、道路的使用性质突然改变，挤占了原有道路、甚至一片道路网功能的正常发挥。近年来，建造步行商业街开始风行。但是在将一条车行交通很多的道路改为步行街之前，必须先有一条道路来承担被转移出来的车辆交通。笔者在国内遇到一些好的实例，不仅在步行街的周围有分担车辆行驶的道路，还有接送步行街人流的公交车站、出租汽车上落点、公共停车场。由于交通问题考虑得周全，就促进了步行商业街的繁荣。

但也有一些城市，将一条交通主干道拦腰截断建步行街，而当地地形的限制条件极为苛刻，几乎找不出另一条可分担交通的道路，于是大动干戈，辟出通道；或在次干路上建大立交，牵动了一大片道路网的改造来分流交通。这种建步行街的做法，强行挤占了其他道路功能的发挥，是不可取的。

在老城居住区的改造中，原有许多街巷，其密度达到 $20km/km^2$ 左右，为各个地块上的居民提供了良好的可达性和直达性，起着城市支路的作用。但在旧区成片改造中，往往忽视了支路建设，只建宽大而稀少的干道，使居民出行难以使用很远公交站点，最后以购买私人交通工具来解决交通问题。这也是一种支路功能被挤占的状况。

五、道路两边设公交站点，挤占车行道的交通空间。应该提出"公交优先"是城市交通政策中的主题内容，在城市道路旁应有许多公交站点，包括：首末站、换乘枢纽站和中途停靠站，它们的用地面积是计算在公共交通用地（U21）内，布置在道路以外的地块上，中途停靠站应做成港湾式，这样就不至妨碍车行道的交通。若将这些站点都布置在道路内，则占用道路用地（S），挤占了道路的功能，必须受到交警的管制，被强行赶走。同现，对货运交通用地（U22），也应布置在道路以外的场地上，不应去挤占道路用地的空间。

六、道路路内任意停车也是对道路空间的挤占。形成道路上许多固定的和活动的交通"瓶颈"，其危害甚大。整治路内停车要从停车管理政策，停车收费政策入手，协调各部门之间利益，才能使路外建造的停车场发挥作用，才能调动投资商将停车作为有利可图产业而不断投入的积极性。从居民出行的需求看，设置短时间的路内停车泊位，也是十分需要的。因此在交通规划中要给出用地，并在控制性详规中予以落实。

总之，要在道路交通规划的各个环节综合考虑，相互协调，才不至于出现强行挤占其他道路的功能、面积、空间的情况。使城市道路交通的改善提高到一个新的水平。

本文于 2000 年完成，尚未公开发表。作者：徐循初

城市道路横断面规划设计研究

　　城市道路横断面是指道路中心线的法线方向断面，它由车行道、人行道、分隔带等组合而合。一般而言，其规划设计必须综合考虑交通需要、建筑艺术、日照通风、减灾防灾、管线布置等方面要求。但我国城市道路横断面规划设计在理清功能、分期实施、机非分流、保护城市特色等方面存在不少问题，很难保障城市交通与城市特色的可持续发展。

　　我国城市呈紧凑型布局形态，建成区内人口高度密集，人均建设用地指标远低于西方发达国家现有水平，大中城市土地资源处于极度短缺状态，随着我国城市化水平及城市社会经济发展水平的提高，这种状况将呈进一步加剧趋势。在我国，一方面道路建设资金极其有限，另一方面城市机动车保有量正在迅猛增长。因此，城市道路横断面应当如何科学合理分配，如何在适应交通需求的前提下尽可能提高土地资源利用效率，如何在有限的资金条件下尽可能提高资金利用效率显得尤为重要。

　　此外，我国《城市道路设计规范》（下称《规范》）从开始编制到目前实施已近 20 年，在这期间，城市道路交通流构成、道路建设标准、道路网等级结构以及居民出行方式结构发生了很大改变，原有的道路横断面设计标准可能已不适应新形势的发展要求，因此，极有必要对城市道路横断面规划设计进行再研究，以期保障城市社会经济的良性发展。

1　西方发达国家道路横断面设计代表性方法简介

　　西方发达国家已经历机动化、城市化发展历程，城市道路横断面建设已跨越由"马车时代"向"汽车时代"转型的考验，因此，其道路规划建设经验对我国极具参考价值。

1.1　美国方法

　　美国个是浮在汽车轮子上的国家，居民出行以小汽车为主，除纽约外，不少城市居民小汽车出行比例高达 80% ~ 90%，城市近 30% ~ 50% 的用地被道路占去。美国地广人稀，城市用地呈低密度蔓延形态，其道路横断面设计方法可堪称为资源丰厚型工业化国家的典范。

1.1.1　机动车车道宽度（Lane Widths）

美国机动车道分为路边停车道（Curb Parking Lane Only）、外侧行车道（Curb Travel Lane）、内侧车道（Inside Lane）及交叉口进口道（Turn Lane）四大类。美国研究成果表明：当车道宽度从 2.7m 增加到 3.35m 时，司机使用增加的宽度来增加车辆间的净空；当车道宽度从 3.35m 增加到理想宽度 3.65m 时，司机使用增加的宽度来增加车辆与路面边缘的距离；当车辆与路边障碍物距离小于 1.8m 时，车道通行能力将受到影响。由于较宽车道不仅无助于车道通行能力及投资效益比的提高，而且增大道路投资及行人过街时间，所以美国方法建议车道宽度不要大于表 1 所列数值。

美国机动车车道规划设计建议宽度　单位：feet⑤　　　　　　　　　表 1

车道类型	车速 < 40MPH①		车速 ≥ 40MPH①	
	最小值②	期望值	最小值	期望值
路边停车道③	11	12	11	12
外侧行车道③	11	12	11	12
内侧车道	10	12	11	12
交叉口进口道④	10	12	11	12

注：① 对于新建道路车速指设计时速；对于改建道路，车速为 85% 分位运行车速加 5MPH，但不能小于限制车速加 5MPH。

② 当中型、大型货车（包括公交车）占日平均交通量的比例超过 15% 时，车道宽度采用 11feet。

③ 路边车道包括路缘带在内；当自行车交通量很大时车道宽度期望值为 15feet。

④ 受条件限制并且人型车很少时交叉口车道（不包括右转车道）最小宽度可为 9feet。

⑤ 1feet=0.3m，1MPH=1.6km/h。

1.1.2　中央分隔带（Medians）

美国自行车保有量很低，城市道路横断面一般不设两侧分隔带。由于中央分隔带可分隔对向交通，可方便变速车道、左转车道及调头车道设置，可改善城市景观并为行人、自行车过街提供安全等候区，因此，美国特别注重干路分隔带设计。因为，胸径大于 15cm 的树木容易成为司机撞车的障碍目标，所以，美国方法建议在中央分隔带内不要栽植大树。

美国方法还提出设置中央分隔带具有如下缺点：占用能够作为车行道的宝贵土地资源；作为固定目标容易使司机紧张酿成交通事故；禁止左转车辆进入车行道，造成周围道路的交通堵塞。

为协调上述优缺点，美国建议车行道的合理宽度为 2 ~ 6m，并且当分隔带用于不同目的时，建议采用表 2 所示宽度。

中央分隔带建议宽度 单位：m   表2

中央分隔带功能	最小宽度	理想宽度
分隔对向车流	1.2	3
行人过街安全岛	1.8	4.2
路口渠化时的左转车道	4.2	6
车辆穿越中央分隔带的安全等候区	6	12
车辆掉头	7.8	18

注：当中央分隔带宽度小于 1.8m 时，必须通过缩小直行车道宽度才能渠化左转交通。

1.1.3 人行道（Sidewalks）

在汽车化以前，美国城市道路设置了人行道以满足居民的购物、工作、上学、生活等出行。在 19 世纪 50 ~ 60 年代，居住开发沿着城市边缘大规模发展，随着小汽车的普及以及居民购物工作出行距离的变长，居民出行依赖于小汽车，城市道路建设忽视了人行道的设置，但目前许多州颁布法令规定新建道路必须设置人行道。这样，美国城市道路出现了一个有趣现象，在中心区和外围区，城市道路具有人行道，但两者之间没有人行道。

美国人行道的建议宽度是依据两个人并排行走得出的，在不同区域，美国方法建议的人行道宽度是不相同的。在旧的商业区，整个路侧带应作为人行道；在新建商业区，尤其是禁止路边停车的区域，居民从停车场直接到达目的地，人行道宽度没有必要大于 1.2 ~ 1.8m；在其他区域，人行道宽度至少需 1.2 ~ 1.5m；在人流量较大区域，如校园、停车场、车站附近，人行道宽度应为 1.8m。此外，美国方法建议人行道与路缘石间的距离宜为 1.5 ~ 3m，以方便交通设施设置，减少儿童玩耍跑入车行道及行人跌倒到车行道的可能性。

1.1.4 路侧带（Border Areas）和路权（Rights-of-Way）

路侧带是指车行道边界与路权边界线之间的空间，主要用来设置人行道、管线、标志牌、交通信号灯、停车米表、自行车道等。随着道路等级的提高，管线布置越来越多，路侧带宽度需相应加大。路侧带采用较大宽度的优点是可为将来道路拓宽、增设管线设施提供发展余地。一般而言，美国方法建议路侧带最小宽度应为 2.1m。

美国的路权相当于我国的道路红线，与我国不同的是，在整个道路横断面宽度中，人行道、绿化、自行车道所占比例很低。由于城市交通发展面临许多未知因素，所以，美国许多研究机构认为城市干路的标准宽度均应为30m（表3）。另外，AASHTO研究表明，18m宽的道路可设置为单向4车道。对于居住区支路，美国方法建议路权宽度为15m，对于商业区与工业区支路，建设宽度为20m。

干路路权　单位：m

表3

分隔带情况	双向车道数	最小路权	最大路权
无中央分隔带	4 或 5	22.5	30
	6	25.8	30
	7	29.1	33
有中央分隔带	4	23.4	30
	6	30	33

注：最小路权对应的车道、路侧带、中央分隔带宽度分别为 3.3m、3m、4.3m

1.1.5　路边停车

大约17%的城市交通事故与路边停车有关。据研究，一条路边停车带耗费的机动车道宽度相当于4.6～5.2m，由于干路路边停车不仅违背干路建设为保障车辆畅快通行的基本准则，而且占用大量车道资源，所以美国城市干路严格禁止停车，但支路等地方性道路则考虑路边双侧停车，如7.8m宽的车行道由3.6m宽的车道和两侧各2.1m的路边停车道组成。

1.2　日本方法

日本国土狭小，人口众多，属于土地资源奇缺的工业化国家。日本对每寸土地都精打细算，利用到最大限度，日本方法可堪称为资源短缺型工业化国家的道路设计典范。

1.2.1　机动车车道宽度

日本城市道路外侧车道与最内侧车道的定义与我国相同，不包括路缘带宽度。日本主干路相当于我国城市出入口道路，即公路与城市道路的连接线，干线道路相当于我国的主干路。日本机动车车道的突出特点是车道窄，干路车道有3.5、3.25、3m三种规格。为考虑侧向净空，日本规定中央分隔带的路缘带宽度为0.25m，干路外侧车道的路缘带（路肩）宽度为0.5m。日本城市道路一般都考虑路边停车，所以往往未设路肩。日本双向6车道未设路边停车带的道路路面单向标准宽度为 11.25m，双向 4 车道未设路边停车带的道路路面单向标准宽度为 7.25m。

日本道路交叉口并不像我国那样把相交道路路口展宽，城市道路在相邻两路口间宽度是相同的。路口渠化主要是靠取消路口附近的路边停车及公交车和出租车站点来增加交叉口进口道车道数。在交叉口附近考虑的计算行车速度为 20km/h，主干路交叉口机动车进口道车道宽度一般为 3.0m，干线道路和次干路的交叉口进口道车道宽度一般为 2.75m。

1.2.2 中央分隔带

日本城市人口密度很高，行人过街流量很大。日本干路交叉口都安装了行人过街信号灯，考虑盲人音乐过街，现已形成连续安全的步行系统。当机动车车行道数目较多时，若道路不设行人过街安全岛，许多行人在绿灯信号内不能走到马路对面，容易引发交通事故。因此，日本推荐双向大于等于 4 条机动车车道的道路需设中央分隔带，这样在交叉口处可变中央分隔带为行人过街安全岛，以方便老人、儿童等的安全过街。日本现已步入老龄化社会，可见中央分隔带的作用将更加明显。

日本规定分隔带宽度需大于 0.5m，随着机动车道条数的增多，中央分隔带宽度需相应变大。双向 4 车道道路的中央分隔带宽度一般为 1.5m，双向 6 车道道路的中央分隔带宽度一般为 4.5m。

1.2.3 人行道或自行车人行道

日本自行车保有量很低，城市道路一般不考虑非机动车道设置，自行车需与行人同在人行道上行驶，所以日本出现了人行道和自行车人行道。行人在自行车人行道上优先级最高，即使挡住了自行车去路，骑自行车者也是在行人背后耐心等待可超越空档。

日本城市道路的人行道（自行车人行道）宽度一般为 1.5 ~ 3.5m，该宽度小于我国《规范》的推荐标准。值得注意的是，日本在人流聚集量大的地方特别注重属于特殊道路一级的人行专用道建设，如高架人行走廊、地下街、散步道等。居民许多步行出行由这些分流道路完成，所以，尽管日本城市人口密度不比我国城市低，但人行道（自行车人行道）宽度并不比我国大。

1.2.4 植树带

日本植树带主要包括人行道植树带和两侧带（辅道与行车道分隔带）植树带两大类。为分离到达交通与通过性交通，实现干路为两侧建筑服务的功能，日本在一些道路上，考虑设置 4m 宽的辅道、2m 宽的停车带、2m 或 2.5m 宽的两侧带植树带，以提高通过性交通的行车速度。日本人行道植树带宽度一般为 1.5m,但对于车速较高的主干路和基干道路,考虑到环境保护,特别是减少噪声和绿化美化等要求，建议采用 4 ~ 6m 宽的人行道植树带作为环境设施带。

2 我国道路横断面规划设计主要存在问题

2.1 道路横断面规划设计忽视对道路功能的考虑，道路安全性较差

20世纪90年代已达成共识,城市道路规划建设的根本目标是以人为本,如何在单位时间内运送更多的人和物，而不是更多的机动车。随着社会和时代发展，居民对道路交通的舒适性、安全性、便捷性要求将愈来愈高。

我国是"自行车"王国，为适应城市自行车保有量很高的实际情况，解决机非干扰问题，三块板断面已成为普遍使用的道路横断面形式。从表面上看，机动车、非机动车、行人各行其道，提高了交通安全性，但实际上机、非、行人在同一条道路上的同时优先意味着大家都不优先，尤以穿越中心区、核心商业区的干路为甚[①]。加之，长期以来，我国城市集中资金建设干路、立交，忽视支路尤其是贯通性支路的规划建设，支路不成网络不成系统[②]，自行车行人均汇集到几条贯通性的三块板道路上，这不仅加重交叉口的机、非、行人相互干扰程度，而且行人过街很不安全，大大降低了交叉口的通行能力。

为适应机动车迅猛增长需要，带动旧城改造与新区开发，我国大城市双向 6 ~ 8 条机动车车道的主干路愈建愈多。因建设分隔带及行人过街安全岛需占用宝贵的车行道资源，并且有可能"影响气派"，而往往遭到忽视。行人一次过街需穿越 20 ~ 30m 宽的机动车道，年轻人需 15 ~ 25 秒，更不用说老人和小孩，这明显违背城市交通可持续发展的平等性原则。此外，我国城市道路大多未设置行人过街专用信号灯，尽管在行人斑马线前方的机动车道上设置了汽车让行人的菱形警告标线，但行人仍需根据车流状况判断能否安全过街，由于道路双向车流到达不均匀以及车行道较宽，许多行人、自行车横在机动车道上等待过街，这不仅影响干路多个车道的通行能力，而且造成极大的交通隐患。目前，我国独生子女家庭越来越多，正因为道路横断面规划设计忽视对道路功能设计及步行友好的考虑，形成道路安全性较差的不利局面，许多城市出现一日需多次接送子女上学的现象，这严重影响了社会劳动生产力，然而日本小学生甚至幼儿园学童在居住区内却能走在步行系统中，独自上学回家。

2.2 道路横断面宽度分配难以适应远近期过渡

我国不少城市在道路规划建设时，往往仅研究路幅宽度，并未深入研

究快慢车道的合理分配以及断面形式的远近期结合。如快慢车道总宽为17～20m的现状干路，若机动车道分配为双向4车道，则非机动车道密度不能满足交通需求；若机动车道分配为双向2车道，又存在非机动车道较宽的断面浪费。又如快慢车道总宽为12m或快车道为10m的现状干路，改造为机动车双向4车道时，车道偏窄，人行道或分隔带上行道树面临着被砍掉危险，使城市道路建设陷入保护城市特色与解决交通问题的两难抉择。再如12m宽的贯通性支路，不能组织机动车双向行驶，难以布设公交线路，很难提高公交线网覆盖度，使优化交通方式结构成为空谈。

自行车是我国城市许多居民当前最主要的出行工具，随着公交优先政策的实施以及家用小汽车的普及，许多居民出行将由自行车转向公共交通和小汽车，城市自行车出行需求将呈萎缩趋势。我国除快速路外的各类城市道路规划建设均考虑了非机动车道设置，目前在道路总体建设水平很低的情况下已满足居民自行车出行需求，远期道路规划建设规模将增加多倍，但当前道路规划建设并未考虑非机动车道将来向机动车道、辅道或路边停车带的合理转变。以南京市为例，据非机动车道资源供需平衡分析，多丘陵的城东、城南、城北地区从现在起就需考虑机动车专用路设计；2010年总规路网实现后，仅通过支路的非机动车道资源即可满足居民自行车出行需求[3]。显然，我国城市目前通常采用的3～8m宽的非机动车道很难适应将来的车道功能转变。

2.3 机动车车道偏宽，道路建设存在着资源与资金浪费

我国《规范》规定的城市道路机动车车道宽度标准超过了美国、日本的车道宽度水平，甚至超过了美国、日本的高速公路车道宽度标准。值得提出的是，我国车道宽度标准考虑的前提条件是多辆大车并排以计算行车速度行驶，但目前城市道路交通流状况与《规范》制订时相比已发生很大变化，原有标准已不能适应城市道路交通新情况发展要求。

首先，在城市内部除快速路外，车辆受交叉口信号灯及道路两侧建筑物开口的频繁影响，路段行车速度很难达到设计时速，往往交叉口延误比路段行车时间还长。随着我国城市道路网络结构的完善，当路网密度指标达到国标《城市道路交通规划设计规范》要求时，平均每300m左右就有一个路口，届时智能交通系统（ITS）建设可能比单纯地追求路段计算行车速度更重要。据调查，机动车在我国城市旧城区内的行程车速多在20km/h左右，目前路面平整度及车辆性能已发生很大改观，因此，不论同向车辆间还是异向车辆间都没必要考虑较宽的车辆安全净距，车道宽度完全有条件缩窄。

其次，在我国城市道路机动车交通流车型构成中，60% ~ 70% 的车流为小型车，大货车所占比例很低，仅有的大客车也主要是公交车、单位通勤车及长途客车。大车与小车车身宽度相差近 70cm，两者性能、运行车速相差甚大。目前，我国许多城市的道路横断面设计尚未根据机动车车型大小进行车道功能划分，如设置公交专用道、大车道及小车道，这不仅浪费了宝贵的道路资源，而且快慢车相混杂，降低了道路通行能力，制约了公交优先政策的贯彻实施。

再次，我国《规范》提出机动车道路面宽度包括车行道宽度及两侧路缘带宽度，按《规范》要求干路最外侧车道实际有效宽度需为 4 ~ 4.25m。我国城市公交站台通常设在人行道或两侧分隔带上，公交车的频繁停靠大大影响了外侧车道的车辆行车速度，显然干路外侧车道没有必要这么宽，应该在保障侧向净空、横向净空的前提下尽可能节约道路资源。

2.4 干路机动车车道条数标准不合理，道路拓宽改造造成城市特色的严重破坏

拓宽道路增加机动车道条数是解决城市交通堵塞的重要手段，但随着道路两侧用地新一轮开发的完成，往往诱发更多的城市交通，这就使城市道路规划建设陷入"面多加水，水多加面"的恶性循环，导致城市道路拓宽改造永远赶不上机动车发展需要。

在寸土寸金的城市内部，受经济条件制约及认识限制，很难预测未来交通需求，干路机动车车道条数设置标准偏低，城市干路每隔几年就需要拓宽改造。由于道路近期建设及断面设计未预留较宽的人行道或分隔带以利于将来道路拓展，因此，随着干路的每一次拓宽改造，我国的城市特色、城市风貌却在遭受建设性破坏，这不仅违背广大人民的情感和意愿，而且不能很好地解决交通问题[④]。

随着时代发展，我国一些城市的城市规模将要发生根本性改变，一些中小城市将要晋升为大城市，但这些城市的道路规划建设仍旧沿用小城市标准，道路机动车车道条数标准严重偏低，不少次干路仅为机动车双向 2 车道。随着这些城市的规模扩大及机动化水平提高，交通需求与道路供应间的矛盾将异常尖锐。由于这些城市的拓展依据是交通与土地的互动开发，所以将来道路改造难度很大，不仅需要拆除干路两侧的既有建筑，而且还将破坏城市景观，对城市发展造成灾难性破坏。

国内研究表明，为增加建筑与街道的亲切感，需协调道路各部分的宽度比例，单侧路侧带宽度与道路总宽的比值宜为 1：5 ~ 1：7[⑤]，历史街道的

道路宽度与两侧建筑物高度比例宜为 0.5 ~ 0.7[6]。但在旧城道路改造过程中,往往为满足机动车车道条数设置要求,道路宽度与周围历史氛围不协调,路侧带缺少绿化并且与道路空间尺度不协调。

3 对我国道路横断面规划设计的建议

3.1 注重道路功能设计,提高城市道路的宜人氛围

城市道路横断面分配必须体现不同类别交通在不同类别道路上的优先级差异,从快速路到支路,行人、自行车优先级应越来越高,但小汽车等机动车优先级需愈来愈低[7]。地面常规公交在各类道路上都应体现一定的优先性,提高公共交通可达性,方便居民出行。为实现各类道路预期设计功能,为体现不同类别交通流的优先级差异,作者建议道路非机动车道、人行道宽度设计需打破传统,其规划设计宽度宜随着道路等级的提高而适度变窄。

我国城市地下管网布设尚未考虑采用综合管沟方式。一般而言,道路等级越高,所需布设的管线就越多,对路侧带、非机动车道的宽度要求就愈大,所以在道路横断面设计时这些宽度尺寸往往是由管线布置而不是交通的需要决定的。我国《城市道路绿化规划与设计规范》对各类道路的绿地率提出很高要求,我国城市,除部分南方风景旅游城市外,城市干路绿化水平多未达到规范要求。因此,干路为满足管线布设等非交通功能而增加的路侧带、人行道宽度可设为绿化带,以改善城市景观,提高城市道路的宜人氛围,减缓机动车交通带来的噪声、尾气等环境污染。

我国城市交通将要经历机动化发展历程,人们应吸取美国道路建设的经验教训,在道路横断面规划设计中,必须考虑步行友好,注重街道景观设计,注重连续安全步行系统建设,主次干路必须设置分隔带和行人、自行车过街安全岛,以适应我国老龄化时代的到来,提高道路安全性,体现道路为广大居民服务的最基本功能。

城市道路机动车车道宽度与行车速度关系 单位:m 表4

计算行车速度(km/h)		20	30	40	50	60	70	80
外侧车道及有中央分隔带的最内侧车道(车道宽度包括路缘带;双向机动车车道条数不小于4)	小型汽车	2.63	2.73	2.83	2.91	3.00	3.08	3.15
	普通汽车	3.23	3.33	3.43	3.51	3.60	3.68	3.75
中间车道(双向机动车车道条数不小于6)	小型汽车	2.69	2.76	2.82	2.88	2.93	2.98	3.03
	普通汽车	3.39	3.46	3.52	3.58	3.63	3.68	3.73

计算行车速度（km/h）		20	30	40	50	60	70	80
机动车双向 2 车道道路	小型汽车	2.70	2.82	2.94				
	普通汽车	3.30	3.42	3.54				
未设中央分隔带的最内侧车道（双向机动车车道条数不小于 4）	小型汽车	2.75	2.84	2.93	3.00	3.08		
	普通汽车	3.45	3.54	3.63	3.70	3.78		

3.2 合理确定机动车车道宽度，节约道路用地资源，降低工程造价

我国城建部门在 20 世纪 60 年代根据调查资料得出了车辆横向安全距离及车身与侧石间安全距离的经验公式，并据此得出了机动车车道宽度与车速间的关系表达式，表 4 为不同类别机动车车道宽度与车速间的计算结果，我国现行《规范》的车道宽度标准就采用了该研究成果。为适应我国城市道路交通流出现的新情况，机动车车道宽度完全有条件缩窄，美国在这方面已进行了成功尝试。美国在 60 ~ 70 年代受石油危机及道路建设资金有限影响，1973 年美国海华市在未事先公布的情况下把左转车道划为 10 feet，2 ~ 3 年后进行调查，大部分司机认为没什么问题。这不仅表明车道宽度由 12feet 改为 10 feet 可以接受，传统习惯可以改变，并且还掀起各州在现代交通管理口号下的缩小车道宽度的高潮，由此美国高速公路出现了 11.5、11 feet 的车道宽度尺寸[8]。

对于城市高架快速路，按照《规范》要求，双向 4 车道桥面宽度需为 18.5m，双向 6 车道桥面宽度需为 25.5m[9]。作者建议在高架桥同向车流中只考虑 1 辆大车与小汽车并排行驶，据表 4 所列结果，双向 4 车道高架桥的单车道平均宽度宜为 3.5m，双向 6 车道高架桥的单车道平均宽度宜为 3.4m。应当指出，高架桥横断面宽度缩小不仅可减缓道路高架带来的诸多负面效应，而且可大大降低工程造价。据初步估算，4 车道高架桥每延米可节约工程造价约 2500 ~ 4000 元，6 车道高架桥每延米可节约工程造价约 5000 ~ 8000 元。

对于普通地面道路，建议路缘带宽度统一采用 25cm，但路侧带、分隔带上的障碍物（如行道树、杆线等）设置必须满足车辆行驶的净空要求，不能引发司机心理负担，降低道路通行能力。大力发展公共交通是我国城市解决交通问题的必由之路，干路可能由于公交线路重复系数高，出现多辆公交车并排行驶的情况，依据表 4 计算结果，笔者建议，双向 4 车道干路的机动车车道平均宽度宜为 3.5m，双向 6 ~ 8 车道干路的机动车车道平均宽度宜为 3.3m（承担繁重过境交通的城市出入口道路除外）。干路车道缩

窄后节约的资源若设置为分隔带，不仅可提高道路绿地率，改善城市景观，提高车辆运行车速，而且可方便行人、自行车过街安全岛的设置。

我国城市道路不包括大院、居住区内部道路，支路从某种意义上讲有可能相当于美国的集散道路，日本的次干路。由于贯通的交通性支路需考虑通行公交车，笔者建议支路机动车车道宽度宜为3.3m。

对于交叉口机动车进口道，建议机动车车道宽度宜为3.0m，最小可为2.7m。

我国城市若采用本文建议的车道宽度[10]，可大大节约机动车道面积，这将给土地资源严重短缺的我国城市带来可观的财富。

3.3 考虑远近期结合，合理确定非机动车道及车行道宽度，保护城市特色

80年代，国内就提出了"砸烂三块板，设置机非分流系统"的观点，随着我国城市居民出行由自行车向公交、小汽车的转变，以及平行于干路的贯通性分流支路的建成，我国城市干路系统净化为"机动车专用路"的时机将逐步成熟。为使现状的非机动车道资源能够适应将来的车道功能转变，采用分隔带形式的三幅路、四幅路道路横断面非机动车道路面宽度宜为6m或4m[11]。对于通过铁栏杆或水泥墩临时隔离的三块板双向4车道干路，考虑将来转变为机动车专用路后行人过街安全岛和中央分隔带的设置以及并不希望把大量自行车引到新建干路，建议道路近期建设横断面的非机动车道宽度为3.5m，车行道总宽为23m；对于双向6车道干路，建议道路近期建设横断面的非机动车道宽度为1.5m、车行道总宽为25m或非机动车道宽度为4m、车行道总宽为30m（图1）。

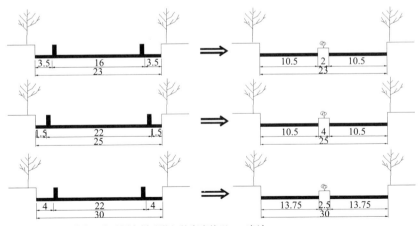

注：图中双黄线、临时隔离栏（墩）的宽度均以0.5米计。

图1 采用铁栏杆或水泥墩临时隔离的干路车行道建议尺寸 单位：m

随着时光流逝,即使现在新建的房屋、新栽的树木,也将成为历史的遗存,成为某个时代具有代表性的资源。为避免大拆大迁、砍树填河的建路方式,笔者建议目前交通需求不大而远期需按双向 6 ~ 8 条机动车车道控制的干路,可先建部分车道,道路红线一步到位,将机动车道远期拓宽部分作为现状的路侧带或中央分隔带,以控制用地节约道路工程造价。值得注意的是,在将来需改为机动车道的部分,不能栽植高大树木,应以种植灌木、草皮为主。

4 结语

城市道路横断面规划设计是城市交通建设的一项重要内容,它直接关系城市规划建设的成败。为满足城市交通可持续发展要求,本文从道路交通需要及以人为本角度探讨了城市道路横断面规划设计问题,但应指出具体进行横断面规划设计尚需综合考虑管线布置、道路防灾等其他方面要求。此外,本文提出的机动车车道宽度缩窄观点与现行《规范》有出入,有待于进一步通过工程实践和科学研究来验证。

注释

① 我国许多城市是"十"字相交的主干路将城市中心区一分为四,在城市中心区,干路的交通性功能要求限制非机动车、行人穿越道路,减小机非干扰,保障机动车快速、通畅行驶,但其商业性功能则要求干道两侧布设大量的商业设施,机动车行驶速度缓慢,行人穿越道路方便,这就造成道路不同使用功能的对峙。参见:李朝阳,关于我国城市道路功能分类的思考.城市规划汇刊,1999[4]: 39 ~ 42,同济大学出版社

② 国内城市道路交通规划建设经验表明,城市道路网络设计必须注重路网的整合性,即城市道路网中任何一类道路单独拿出来其本身应成系统,并且去掉这类道路的剩余网络也应成系统,只有这样才能为自行车、行人专用系统设置以及理清道路功能创造基本条件,因此,有必要重新审视传统的将支路设计成断头路,不注重快速路辅路建设等手法的合理性。

③ 同②所述,南京市启动机非分流系统,要求支路一级道路必须成网络,成系统,否则资源再充裕,也是浪费,难以发挥效用。

④ 国内一些城市走到另一个极端,害怕将来发展后原干路不够宽,将单条干路拓宽到 80 ~ 150m,机动车道双向条数达到 8 ~ 10 条,而不在全市路网均衡考虑不同等级道路的结构、密度及宽度标准。

⑤ 张廷楷、景天然、徐家钰等，道路路线设计. 上海：同济大学出版社，1990：18

⑥ 文国玮，城市交通与道路系统规划设计. 北京：清华大学出版社，1991：113

⑦ 美国方法对各类道路的通过性和可达性提出不同要求，其道路功能设计的后果是快速路、高速公路严重切割城市，城市道路让位于小汽车，失去了为居民步行服务的基本功能。我国现行城市道路功能设计走向另一个极端，道路功能极混杂，此处所讲的行人、自行车优先级主要是指它们随意穿越道路的优先程度。

⑧ 张秋，城市交通规划讲座. 城市交通管理，1986[12]：11 ~ 12

⑨ 18.5m、25.5m 分别为上海市内环高架桥及延安路高架桥的路段标准宽度。

⑩ 我国部分城市交管部门是"螺蛳壳里做道场"，已成功地进行了车道缩窄尝试，如上海市 18.5m 的高架桥在局部路段由双向 4 车道改为 5 车道；南京市有些干路机动车车道路段宽度为 3m，交叉口最小宽度为 2.2m；青岛市在充分挖掘道路潜力过程中，把大型车道宽度改为 3 ~ 3.3m，小型车道缩小为 2.7 ~ 3m。（11）

⑪ 6m 宽的自行车道可作为将来的辅道，辅道断面为 2.5m 的路边停车带加 3.5m 的机动车车行道；4m 宽的自行车道可作为将来的一条机动车道或一条车站设为港湾式的公交专用道。

参考文献

① Institute of Transportation Engineers.Guidelines for Urban Major Street Design，1990

② 河上省吾、松井宽著，交通工学（日）. 森本出版株式会社，1996

③ [日] 松下胜二等著，万国朝等译，城市道路规划与设计. 北京：中国建筑工业出版社，1990

④ [美] 美国各州公路与运输工作者协会著，交通部第一公路勘察设计院、西安公路学院、西安公路研究所译，公路与城市道路几何设计. 陕西：西北工业大学出版社，1988

⑤ 中华人民共和国行业标准（CJJ 37 ~ 90），城市道路设计规范. 北京：中国建筑工业出版社，1990

⑥ 中华人民共和国行业标准（CJJ 75 ~ 97），城市道路绿化规划与设计规范. 北京：中国建筑工业出版社，1997

⑦ 徐循初、王宪臣，城市道路交通规划设计规范. （讲解材料），1995

⑧ 李朝阳、周溪召，试论我国城市道路规划建设的可持续发展. 城市规划汇刊，1999（1）。

本文原载于《城市规划汇刊》2001 年 02 期。作者：李朝阳，徐循初

城市道路网系统规划思想及实例解析

城市交通规划的基本思想就是要疏解，不是说把道路拓宽来疏解，而是要从整个的道路系统网络、断面，道路设计里面解决疏解问题。不同规模的城市有不同的道路等级，目的就是要使城市居民"通"和"达"。但是，如果道路等级结构不合理，次干路、支路的交通功能没有得到充分发挥，只有干路缺少支路的交通，就会使交叉口不胜负担。

1 道路网的功能

1）交通运输的功能

道路要考虑行与停，要考虑人与车。车包括机动车、非机动车等，这是道路网的交通运输功能。

2）市政公用设施的埋设空间

城市道路和公路不一样，公路下面没有管线，城市道路下要保留市政公用管线埋设的空间。

3）城市骨架、建筑物的依托

道路是一个城市的骨架和建筑的依托。在封建社会我国沿河建了很多城市，以河道作为运输通道，船是主要的交通工具。如苏州这样的江南水乡城市，前面是街，后面是河。河上面解决了好多货运的问题，包括垃圾清运、大量建材的运输等。所以，水运当时很重要。而现在城市的骨架就是道路，原来的运输网络体系已经改变了。

4）反映城市历史、文化、风貌、精神文明的场所

道路是反映城市的历史、文化、风貌和精神文明的场所。如一条具有多年历史或者整体景观协调的道路，会使路上的行人感到心情舒适。

5）商贸、休闲活动的场所

道路还可以作为商贸、休闲活动的场所。许多城市道路两边都作为人们购物和休闲的去处之一。

6）防灾避难的场所

唐山地震以前，认为规划三块板的道路比较宽。地震后，人行道上面都是砖瓦，非机动车道上面一些残余的碎片，清理一下即可。伤员抬出来就

放到非机动车道，再通过机动车道运走。防灾的城市必须要考虑这些问题。

7）通风、绿化的功能

道路还有通风和绿化的功能，城市道路是城市内部通风很重要的通道，同时，道路绿化也是城市绿化的重要组成部分。当道路网功能相互之间存在矛盾的时候，需要协调和综合。

2 道路网规划的基本思想和应重视的基本内容

2.1 道路网规划的基本思想——疏解

城市道路网规划的基本思想就是疏解，不是说把马路拓宽来疏解，而是要从整个网络、断面和道路设计里面解决疏解问题。

我国的都江堰建了 2500 年没有用高坝，灌溉 100hm^2 耕地，而且灌溉量越来越大，整个成都平原旱涝保收就靠一条岷江。但是遗憾的是在闽江的上游现在建了多少坝，少说也有十几个，甚至要求在都江堰前面 1km 建一个坝。如果这些坝全部蓄水，都江堰将遭遇毁灭。我们的祖先用最简单的办法建了都江堰，能够使用 2500 年，但是现在却不能再建一个新的都江堰。从交通的角度来讲，它不是疏解而是围，它违背了"深淘滩，低作堰"的原则。所以，现在道路交通规划就要思考如何疏解的问题。

2.2 道路网规划应重视的基本内容

1）道路等级结构

不同规模的城市有不同的道路等级，目的是要使城市居民"通"和"达"。快速路主要是"通"；主干路有"通"有"阻"，但是没有考虑"达"；次干路"通"、"达"兼顾；支路主要是考虑"达"，如图 1 所示。例如去机场，如果两边沿街建筑和目的地没关系，那么就需要选一条"通"的功能强大的快速路。再比如，现在北京为了迎接奥运会，很多地方搞高架路，原因就是要解决"通"的问题。但是，有的道路用不着多考虑"通"，主要是"达"。例如，商店放在支路上面的问题。在等级结构上，如果能够区分"通"和"达"的观点，使道

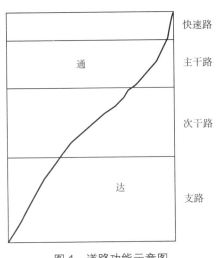

图 1 道路功能示意图

路等级与功能相匹配，会产生更好的交通效益。

2）道路网密度

《城市道路交通规划设计规范》GB 50220—95规定：城市道路用地面积应占城市建设用地面积的8% ~ 15%，对规划人口在200万以上的大城市，宜为15% ~ 20%。规划城市人口人均占有道路用地面积宜为7 ~ 15m^2。其中：道路用地面积宜为6.0 ~ 13.5m^2/人，广场面积宜为0.2 ~ 0.5m^2/人，公共停车场面积宜为0.8 ~ 1.0m^2/人。问题是这些道路用地面积是建道路、广场，还是建公共停车场。现在很多城市把这些道路用地面积修建干路，把道路修得非常宽，没有支路，没有停车场，最后道路就出现使用起来不方便的问题。

道路总面积除以道路宽度等于道路长度，道路长度除以城市建设用地面积就是道路网密度。现在，道路网密度提的更多的是干路网密度，干路把所有的道路用地面积都用了，忽略了支路所承载的功能。所以，道路越宽，长度越短，道路网密度越稀，公交网就越稀，交通的可达性就越差。

干路上的交通越集中，交叉口就越不堪重负。欧洲或者北美的交叉口就没有那么复杂，车虽然很多，但可以在支路、次干路里行驶。支路密度大，可以分散交通，而且可以组织单向交通，简化交叉口交通，同时，还可以组织路边停车，北欧或者西欧大量的支路都是沿线停车。国外1km^{2}内的道路网密度都在15km以上，如德国、伊斯坦布尔、奥斯陆、蒙特利尔，见图2。

德国、伊斯坦布尔、奥斯陆、蒙特利尔

图2 国外部分城市道路网

城市当中哪些地方要设支路，这个问题值得考虑。如图3所示，人均城市用地面积100m^{2}包括绿地、水面、工业、开发区、仓库、交通设施、火车站等，还有公用设施，包括自来水厂、污水处理厂、大专院校、特殊用地，这些用地里的道路没有城市支路。剩下的另一半里要有支路。在居住区里

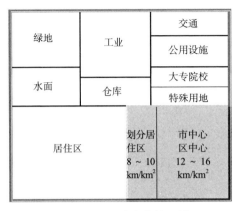

图 3　城市支路分布的区域

划分街坊的路是城市支路，居住区内部的路是居住区内的道路，所以这个面积又要去掉。留下的面积就是城市用地面积四分之一里面，包括市中心、区中心的划分、居住区的边界、商业用地等等有大量支路。所以，这些地方的支路一定要认真考虑。

支路的建设还涉及正方形和长方形街坊对比，如图4所示。原来的街坊是正方形的200m乘以200m，面积4hm^2，周长是800m。如果做相同的面积，边长是100m乘以400m的长方形，周长就是1km。如果开店铺，比正方形的街坊就多200m的店铺，而且将来适宜搞单向交通。正方形街坊交叉口的间距是200m，总是红灯。长方形街坊交叉口的间距是400m，就可以用"绿波"控制。

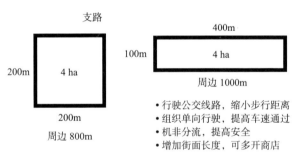

图 4　正方形和长方形街坊对比

现在小汽车增加以后，交叉口就开始建大立交，所有的交通都汇集在交叉口，交通走上了一条非疏解的道路。只有干路缺少支路的交通，使交叉口不胜负担。因此，支路不能忽视。

3）道路网结构形式

图5为不同城市的路网结构图。错位的路网结构是绍兴，绍兴新发展了朝北，当时在建朝北的时候，为了方便居民，道路两边商业非常发达。刚开始建朝北的时候只建了一小块面积，问题不大，但是做规划的时候变为

两块面积基本相当。那么，仅靠一个点就难以疏解，而且道路因山和需要保留的建筑不能延伸。所以，必须在交错的位置继续建桥，通过环城路通行。错位的地形往往在城市发展到一定阶段只能如此。路网结构除了错位，还有平行、团状等形式，这样的路网问题就好解决一些。欧洲、美国除干路和快速路，其他地方都是平行的路网结构，这个问题很值得研究。

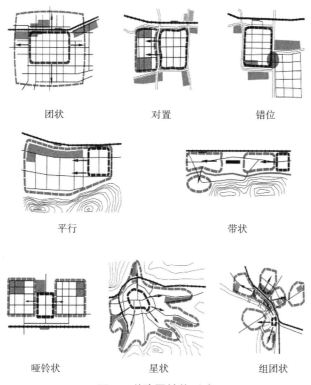

图5 道路网结构形式

3 道路网络规划实例中的主要问题

3.1 慎重改造路网

如图6南京市道路网所示，历史上留下来的老城规划是斜路，国民党时期来个"正子午线"，把所有里面的斜路全斜劈了。现在由于交通量的增加，如果利用边上的道路组织平行交通，没一条路能够平行。为了组织平行交通，南京市花了很大力气把静香河填了，做了一条静香河路，但是，到了某一个地方路还是会斜过来。既定规划的道路网是经过好多年的实践检验，所以，一个道路的走向不要随便改动，改造道路网需要慎重。

3.2 蜂腰、错位、瓶颈

1）防止"蜂腰"

错位的口叫"蜂腰"，蜂腰在布局结构里非常重要。蜂腰的问题跟"瓶颈"不同，"瓶颈"是一个道路断面，而蜂腰是整个城市的"控股"。蜂腰的形成受自然条件的限制；受地形条件的限制，如山、河、湖阻挡；也有人为因素，如铁路的包围，城墙、高速公路的阻拦等；还有用地错位、道路错位。图7是乌鲁木齐市一个典型的蜂腰。蜂腰收到宽度为800m时建了一个高架路，因为这个地区车辆全部汇集到这一点，车辆行驶上去却下不来。后来，花费很大力气通过调查才解决这个问题。

图6　南京市道路网结构图

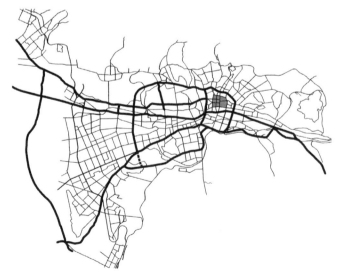

图7　乌鲁木齐市路网的蜂腰结构

图 8 是无锡市路网的蜂腰结构。从无锡的西门出去道路分为两个方向，一个方向向南一直到五里湖，到原州区；另一方向向北到锡惠公园，是北三区。上下班高峰时段这两个汇合量都要汇集到同一个交叉口，造成严重的交通拥堵。横向十几米宽的自行车队伍却要排纵向两百多米长的队。解决这个交叉口的交通问题，就要靠疏解。在这个地区建一条路，禁止左转弯，只能直行和右转弯，这样两个交叉口配套，就疏解了此处的交通。两合一的道路再加上蜂腰，使得这个城市将来

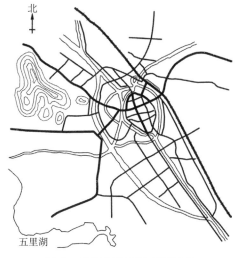

北

五里湖

图 8　无锡市路网的蜂腰结构

的路网要改造。因此，在做规划的时候必须要考虑蜂腰问题，不然就可能会失去改造的机会。

2）道路错位

图 9 是温州老城。图中的大部分道路原来都是河，这些道路很遗憾全是丁字路口。因为古代开的河道肯定是丁字形，现在把河道填了以后走汽车，就形成了一系列丁字路口。在做规划的时候填河便宜，填了就可以使用。但是这些丁字路口发生交通拥堵的时候，不是没有办法解决，问题是因为填河失去了解决的良机。

3）路段"瓶颈"

交通规划中，应该考虑干路和支路的问题，并采取相应的对策。道路中的路段第一个产生"瓶颈"，"瓶颈"以后，道路断面收缩形成排队，排队的车辆一个一个接下去，最后排成很长的队，叫排队的回波。

北

图 9　温州老城

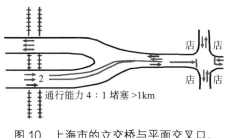

图 10　上海市的立交桥与平面交叉口、
农贸市场

常见的交通阻滞，一类是固定"瓶颈"，一类是活动"瓶颈"。固定"瓶颈"包括道路断面收缩，例如，铁路道口处四车道修成两车道；桥头处桥修得很窄；隧道口处（深圳五龙山的原隧道）施工的时候进去是四车道，里面是一车道，造成排队；有些老建筑没拆掉，断面上产生了"瓶颈"等；固定"瓶颈"还包括错位丁字交叉口和交叉口不拓宽等。活动"瓶颈"包括：没有做港湾停靠站的公交站点，公共汽车停在路边，一条车道就被占用了；或者是路边乱停车。这种活动"瓶颈"，车开走了就没事了；如果总是有公交车开来，就一直有一个活动"瓶颈"存在，这样的地方交通非常混乱。

图 10 是上海市的例子。左侧是铁路道口，本来东三环路铁路道口就堵得很厉害。后来建两个桥，每个三条车道，桥上是两条机动车道，一条非机动车道。原来的道路是四车道，从桥上行驶下来的车到了原来的道路，两条机动车道要并成一条机动车道。再往前行驶，到了平面交叉路口，有红绿灯，只有半个信号周期可以通行。所以，此处立交桥和平面交叉口的通行能力是 4：1，排队是必然的。商业部门一看这个地方交通拥堵，适合做生意，所以改成农贸市场。农贸市场放在这个平面交叉口上就是雪上加霜，因为有大量的行人在这里穿来穿去，还有自行车、三轮车、货车。这么一来通行能力比就不是 4：1，而是 6：1，这样就造成了路段"瓶颈"。

3.3　环路、高速路上下匝道

1）环路

根据天津道路规划总结的经验，放射线和环路要配套，环路上的交通量是很大的。环路有内环、外环、中环，它们的功能不同。内环保护旧城内核，中环联系城市交通，外环分流过境交通。环路不一定成环，沈阳市外环路就是半环，而伦敦 25 号公路 30 多年以后才把它环起来。建环路的结果经常是出现高架路，因为在中环里抓的是宽度。

2）高架路上下匝道

建高架路存在一些问题，例如对城市景观的破坏，噪声污染，地面尾气难散等。建高架路的重点是处理好上下匝道与地面交叉口的关系，并考虑是先上后下，还是先下后上。同理，在快速路上，出入到辅路的车辆，也有先进后出（辅路挤、引起主路排队）、先出后进（主路上进出车辆交织，交织段长）的问题。

图11为美国旧金山高架路。车辆从高架路上行驶下来以后，下面是单向行驶路网，至少有三条车道，所以，高架路上下来的交通量它能够承受，而且是单向行驶保证路路畅通。国内有些城市高架路出入口设置太近，先下后上，下不来往顶推，一直推到高架路上堵车。过去北京的东三环也是拥堵得很严重，并不是因为交织段不够，而是车辆在高架路上下不来。

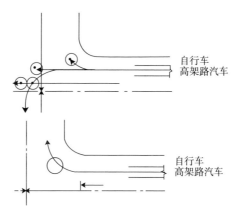

图11　美国旧金山高架路

如果高架路出入口是先上后下，如图12所示。先上高架路的车辆通过交叉口后再下去，对下面来讲交通简单了很多，也没有非机动车干扰。但是在交织段，上海没做好，

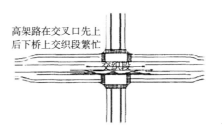

图12　先上后下的高架路上下匝道口

出入口距离太近。车辆速度非常快，要出匝道，就要减速。减速的结果是后面车流的密度加大，然后车辆就行驶不出来。现在上海用封掉一条路的方法来处理，结果车辆要在下面绕很多路程才能再回到原地。所以，在做高架路规划的时候上下匝道的处理是个非常重要的问题。

3.4　防灾

1）地震设防

如图13所示，常州当时规划城市的出口都是双出口，万一桥断了还有办法补救。唐山地震以后，只有北京路一个出口，其他出口的桥都断了。这条路有七、八米宽，如果这条路做成两块板就非常好。因为进来抢救的人往里面冲的时候没有出去的，但是两天以后出去的时候两边就顶死了，七八米宽的道路一块板，如果是两块板，一个进一个出问题就解决了。

2）水灾

我们有很多问题在规划中都忽视了，在城市里面灾难不光是地震，还有水的问题。城市必须要有一个道路系统在最高峰水位以上，哪怕在山腰上。

巴东老城在黄河地段，巴东的城市上面几百米高的高度全是树，所以一般暴雨就吸收了，结果连降一个多星期的大雨，就发生了灾难。问题出在山坳里，本来山坳里是涵洞和桥，后来搞矿井，沿边都建了房子。山洪下来水出不去，老桥都是土质桥，一冲下来就是泥石流往两边去，所有的房子都被全部推倒。所以，在做道路规划时，一定要考虑灾难的问题。我们国家过去没有提到泥石流，现在做规划的时候一定要考虑。

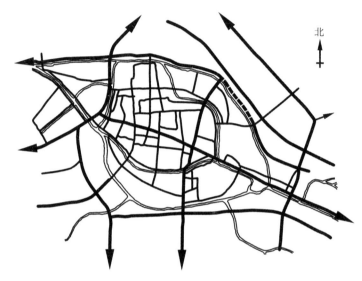

图 13　常州市路网结构图

4　结语

道路网系统规划是交通规划和城市规划的重要组成部分，如何科学、合理和高效地布置道路网络和等级结构，减少道路的交通"瓶颈"，充分实现道路网的功能，是城市良性发展的基本保证。笔者强调在道路网规划中，支路建设不能忽视。同时，通过大量道路网规划实例来说明道路网络规划中应避免出现的一些问题，以及规划在防灾方面的考虑。

本文原载于《城市交通》2006 年 01 期。作者：徐循初

四、城市交通系统建设与管理

地震区城市道路交通规划及震后应急措施

　　我国是一个多地震的国家。通过历次地震救灾，使人们认识到要减轻震害，必须在震前就按地震烈度分区，合理规划和使用城市土地，并用工程的手段加强结构的抗震性能。但在旧城市，会遇到许多条件的限制，使合理的规划难以在近期实现。当今，临震预报还不很准确，人们的侥幸心理往往会占上风，一旦地震，就难免遭受较大的伤亡和损失。因此，还应重视救灾工作，而在"时间就是生命"的关键时刻，救灾交通又是第一位的。

一、地震后城市对外交通设施破坏情况

　　对外公路：（烈度 8° 以上的地区）

　　1. 在路基土壤地下水位高、饱和的粉砂土、细砂土等地区，土壤液化，出现严重的喷砂冒水，不均匀沉陷，路面开裂，边坡滑塌，甚至整段沿河道路滑入河中；

　　2. 分期拓宽的道路，新老填土路基之间，结合不良，发生不均匀沉陷和纵向开裂；

　　3. 桥头路堤伸入河滩，具有较高的临空面，若地基软弱，河岸很易滑移或不均匀沉陷。

　　桥梁：最易受破坏，影响交通最甚。

　　1. 软弱地基砂土液化或河岸滑移，使浅埋的墩台位移、倾斜，桥长缩短，桥拱起。钻孔管柱桩、高桩基础，当上部结构自重大，会因"头重脚轻"产生较大的位移，使桩柱断裂，落梁或拱圈折断；

　　2. 上部结构纵横向联结薄弱，产生较大的横向位移，横向落梁；

　　3. 支座墩帽或盖梁过窄，支座摆柱倾斜脱落，落梁；

　　4. 多孔长桥，由于桥墩位移不同步，或上部结构在强震后的不断余震中，累积位移值过大而落梁。

　　总括起来，在烈度 10° ~ 11° 地区，桥梁几乎全部受到严重破坏。但城市铁路立交道口，相交道路是地道式的，其上铁路路基和桥台比较稳定，桥梁就没有损坏，若是箱形结构，则更为牢固。在 9° 地区，桥梁遭到中等

以上的破坏。在 8°地区，桥梁除少数遭受中等以上破坏外，其余均能完好或轻微损坏。从救援交通的要求，只要桥梁不落梁，经过抢险加固，就能维持交通。

铁路：

1. 路基下沉开裂，线路呈蛇形弯曲或轨线下部脱空；

2. 运行中的列车，客车脱轨、货车倾覆，加剧了线路的破坏；

3. 桥梁墩台错动、断裂、倾倒，甚至落梁；但在同样烈度下，铁路桥梁的震害要比公路桥梁的轻；

4. 站场设施、通讯、信号设备等受到严重破坏。

对铁路震害的修复，要求比公路高，修复时间也比公路长。

唐山地震发生在 1976 年 7 月 28 日凌晨，经过大力抢修，当天，唐山就与北京、辽宁、河北接通电话、电报；

7 月 29 日，北京向唐山供电，机场投入了紧张的救灾工作；

8 月 5 日，唐山所有对外公路和桥梁临时修复，可以全面通车；

8 月 10 日，京山铁路（复线）全部通车。

显然，根据我国国情，在救灾工作中首先能大力发挥作用的是道路交通。

二、震后市内道路交通情况

市内道路受到的破坏，一般比公路轻。以唐山地震为例，对交通影响较严重的是：

沿街建筑倒塌：

在旧市区，建筑密集，人口稠密，街道狭窄，这在平日交通高峰时，就嫌不够使用，一旦发生地震，情况就更严重。唐山市路南区，除了三条干道较宽外，一般道路只有 6～8m 宽，震后全为瓦砾所覆盖，废墟厚达 1m 左右，原有街巷已无法辨认。震时由屋内逃出的人，也会被压于其下，其严重程度甚至超过未逃出而被压在屋内的人。路南区死亡率高达 45%。

旧区较宽的道路，两侧建筑倒塌范围约在五、六米左右，但倒塌时抛出的大块灰土屋面、预制构件等，常成为一时难以清除的障碍，阻碍交通。

新市区道路红线一般都较宽，又有宽的人行道和绿带或慢车道，故中间车行道是不会受阻的。

人为因素的影响：

强烈初震后，烈度 10°～11°地区，一片废墟，只有少数山上的房屋破坏略为轻些。这时，大量的人被砸死、砸伤，或压在沉重的建筑构件下，逃出的幸存者是少数。整个城市自救能力很弱，急切需要的是救援和维持生命的水、食物和医疗。挖出的伤员或尸体，被放在城市干道上，盼望得到救援和处理。

下午，郊区农民就陆续进城，有的寻找自己的亲友。市内会驾驶汽车的人也将伤员逐步外运。整个城市只有少量干道是通的，交通量与平日相比很微小，主要流向市外。

城市开始乱起来是在当天傍晚发生滂沱大雨和第二次强烈余震之后，它不仅震倒了原来还能通行的桥梁、裂开的房屋，而且使许多原来压在废墟中的人被砸死和窒息死。

随着余震不断发生，各种夸大了的见闻或猜测广泛传开，会加剧人们的恐惧心理，使人感到必须离开这个地区才安全。由于各级干部的及时正确引导，大大减少了这种盲目的流动。

城市的安定，与空投报纸提供正确的震灾消息和政府救灾的行动，与交通民警当天就上街维护治安，与职工们自觉坚守岗位抢险，消灭和减轻大量次生灾害，以及广大群众关心集体的品德风尚有很大的关系。法制的严格执行也是十分必要的，从而使社会治安得到不断的加强。

救灾交通：

震后第二、三天，城市交通最为紧张。由于桥梁破坏而延误的各路外来救灾车辆，均迂回绕行而来，使交通量骤增三、四倍，持续时间也长，远远超过了公路平日的负荷和设计的通行能力，使车速下降，交通阻滞。

当这股强大的交通流拥到城市边缘，就产生了更严重的堵塞，因为：

1. 城市只有一个北面入口，其上已有不少运伤员和运尸体的出城车流，今遇着比它强大4倍的对向车流，四车道的唐丰公路就不胜负担；

2. 由郊区进入市区，车行道越来越窄，加上沿路倒塌的房屋，沿路陈放的伤员和尸体的影响，到交叉口情况就更严重，使通行能力大大小于交通量；

3. 运送救灾物资的车辆在交通阻滞时，让群众沿路拿取物品，阻碍后面车辆通行。

4. 缺乏交通民警，及时疏导交通。

所以，一旦交通发生阻滞，车辆不顾一切向前挤，单向并列四、五行，长达十几公里，结果进退两难，疏解极为困难。如文化路交通堵塞，长达十几个小时。

对此严重情况，震后第三天成立了中央交通指挥部，由公安部、交通部和有关省市的下属单位组成，下设京、津、冀三个分所和数百个交通指挥点，由其他各省市派出大量交通管理人员，在当地党委的领导下，对唐山市和救灾有关的道路交通实行统一管理，承担：

1. 交通指挥管理；

2. 维护交通秩序和事故处理；

3. 协调伤亡人员和救灾物资的集散和转运工作，以及流向安排。

这项及时的措施，和各方向修复的公路、铁路的桥梁和路线日益增多，使交通运输的效能日趋提高，秩序井然。其中有好几条道路，为了适应交通量日增的需要（8000 ～ 9000 辆 / 日）临时架设了复线桥梁，组织上下行单向交通，大大提高了道路和桥梁的通行能力。

路边临时建筑对救灾交通的影响：

随着救灾物资源源不断运入，震毁的城市开始成批搭建临时简屋，它主要是搭在道路两侧的人行道上或附近较平的废墟和空地上。越是主干道，与社会联系越密切，交通越方便的地方，人们汇集得越多，从而使道路有效的使用宽度进一步缩小。这种情况在原来道路狭窄的地区更为严重。

实践证明，在重灾区有组织地搭建抗震棚，不仅解决无力量搭建户的住宿问题，而且速度快、节省材料，对保证日后道路交通的畅通和城市重建起着重要的作用。

在强烈地震波及的城市，即使烈度 7° ～ 8° 地区，房屋破坏较轻，在余震不断发生的阶段，人们都要住到户外去，这样，在一个城市的空地中要立刻建起另一个"城市居住区"，在用地上是十分困难的。

天津市和平区，平均每平方公里 47700 人，红桥区平房地区建筑密度高达 60% ～ 70%，市区道路平均宽度只有 9.1m。因此，一旦遭到地震，能疏散到公共空地和学校运动场去的只有 20 余万人，其余的就只能挤在狭窄的人行道上，甚至在车行道上搭建窝棚。这不但距离震坏的房屋近，不安全，而且堵塞道路，加上有些狭窄的道路和街巷早已被倒塌的房屋和院墙所堵塞，以致造成城市交通一度瘫痪，公共交通停驶，严重地影响了居住区内部的生活供应、垃圾粪便的清除，也影响了城市中抢修排险任务的执行。

北京，灾情较天津为轻，公共绿地和道路面积都较多，加上搭建抗震棚组织严密，倒塌的废墟和杂土（总计 100 多万吨）清除及时。因此，没有交通堵塞现象。北京的东城区，以往为大游行的群众集合所需，在主要街道的人行道下都设有临时供水设施和厕所，这对搭建临时窝棚提供了方便条件，大大改善了城市的卫生状况。

三、城市道路规划要适应震后交通的需要

1. 城市要有多个确保畅通的出入口。受地震的城市各地烈度不同，外来救援车辆总是由低烈度区驶向高烈度区，随着可通行的路和桥越来越少，交通流量也越集中，往往超过道路通行能力。因此，在城市远郊各城镇之间及近郊放射路之间设置外环路，沟通城市各出入口之间的联系，起分散交通的作用，避免交通堵塞，使城市各灾区同时能及早得到救援。城市出入口的放射干道，红线宽度宜宽些，约 30 ~ 40m，最好是"三块板"，以保紧急救援车辆畅通；

2. 城市干道系统，无论平时或震后都必须畅通，要保证干道网密度在 2km/km^2 以上。干道横断面宜采用"三块板"的形式。道路和车行道都要有足够宽度，尤其道路上的绿带要宽些，并与居住区的小块绿地、城市公园等结合起来。城市中的公共绿地面积要保证，并能成为地震的避难场所；

3. 连接对外交通运输枢纽（如铁路客货站，水运客货码头、机场等）的干道要通畅，最好有两条或两条以上的通道，外面的广场要宽敞，以利震后客货流的集积和疏散；

4. 次要道路和街巷的宽度，至少大于两旁建筑高度之和；

5. 市内桥梁和立体交叉宜比基本烈度高出 1° 设防。立体交叉以地道式为宜。此外，万一立交桥梁倒塌，其匝道应能保证车辆绕行通过；在跨越铁路的立交附近，应考虑有平交道口，以供紧急之用。同理，在宽的城市河道上要备有渡口位置。

四、震后救灾交通应急措施的规划

1. 要有一支快速的探路队伍和一支强有力的交通指挥队伍。根据我国国情和运输能力，在最短时间内可以调动最多的人前去抢救的交通方式是利用道路。为了避免救援队伍边走边探路，巡回绕行，耽误时间，最有效的方法是利用直升飞机侦察通向震中的各条主次道路的路况和通行能力，以便迅速决定各路救援队伍的行动路线。派出带无线电话联络的侦察队也十分需要，以便及早：

①组织沿线有关交通部门竖立醒目的路标及交通指挥岗；

②对震损的桥梁等作出抢修计划和措施。

地震发生后，应由中央有关交通管理部门组成一支强有力的交通指挥队伍（包括本地和外来力量），对受震地区和城市的交通起指挥和疏导作用，才能充分发挥救灾队伍的效能。

2. 震前公路和市政部门应作好重要桥梁和道口的加固和抢修预案工作。防止桥梁落梁最为重要。实践证明，在震前根据地震预报、震情分析，对可能受震地区的道路性质、道路桥梁状况和修复的难易程度分出主次，确定重点必保畅通的路线和次重点路线，对路上的桥梁、隧洞、隘口逐一加以分析，制定抢修方案，是十分有益的。一是各级抢修人员有统一的组织领导，各路段抢修范围和救援方向明确，各工种专业人员职责明确，和当地群众配合紧密；二是遇到不同的震情发生，对工程抢修有几种方案准备，可以立刻采取对策；三是抢修材料的贮备地点明确，调用物资及时。

3. 震前要有一个震后物资调运和分发布点预案，防止道路交通越不通的地方，分发到的东西越少。为此，宜在市内留有布点合理、面积足够的场地，平时可作为学校体育场、公交终点站的停车场地或公园绿地，并使它们之间有方便的道路联系。城市本身的食物贮存和加工单位，和医药仓库等也应设在主干道上，以确保及时调动。

唐山震后，选择机场地区作为指挥中心，有许多优点，对及时抢救和转运伤员起了巨大的作用，但通往机场的路太窄，只有双车道，在路网中属尽端式，堵塞严重。今后，像这种地区至少应考虑有两条道路或两个出入口，以利组织上下行交通，加速车流周转。

城市内大量救灾物资的拥到是在铁路恢复通车以后，到货集中、量大超过汽车运输总量的几倍到十几倍，及时运走，腾出货场空位极为重要。好在铁路通车是在震后十天，城市已有能力、有时间作好场地准备，组织装卸人力、车辆和物资分发工作。设置了八个铁路装卸点，以后又增加到十几个点，保证了大量建筑材料和生活用品的供应。

4. 道路客货运输设备应适应震后的要求。车辆的停车场和保养场宜采用露天车场，震后车辆完好，能迅速出动救援伤员、抢运物资。宽阔的场地可作救灾指挥点，公交车辆可作医疗车或病房。

货运车辆应大、中、小型相结合，尤其是载重量在500kg以下的小型机动车和人力三轮车，在震后最初日子里，能通过窄路小巷和交通条件很差的道路，运输作用显著。例如天津，在震后小型车的运量占总数的1/3左右。

震后运输的特点与平日比较：

①路况不良，车速普遍下降；

②单向运输居多，行程利用率低（震前 70% 以上，震后降到 50% 左右）；

③出车率虽高，完成的货运量和货运周转量都大为降低，但由于整个城市的货运量减少（工厂停产或减产），运输任务还是可以完成的。

本文原载于《城市规划汇刊》1982 年 02 期。作者：徐循初

我国城市道路服务水平现状及其发展趋势

一、城市道路服务水平现状

（一）道路服务水平的衡量指标

已有研究结果表明，道路交通量与交通速度、密度，安全度等有一一对应关系，通常被单独用作衡量道路服务水平的指标，本文沿用这一指标、定义

$$\bar{Q}_d = \frac{\bar{Q}_k}{2n} \tag{1}$$

式中：$\bar{Q}_d$——高峰小时干道每车道平均交通量（辆/h）*

$\bar{Q}_k$——高峰小时干道交叉口平均交通量（辆/h）；

n——干道平均车道数（双向）。

（二）干道交叉口平均交通量（$\bar{Q}$）及干道平均车道数（n）的估算

1. 干道交叉口平均交通量（$\bar{Q}$）的估算理论上，干道交叉口平均交通量为全部干道交叉口交通量的均值即：

$$\bar{Q}_k = \frac{1}{m} \sum_{i=1}^{m} Q_i \tag{2}$$

式中：Q_i——第 i 个交叉口高峰小时交通量（辆/h）；

m——城市建成区干道交叉口总数。

实际上，数据（Q_1，…，Q_m）不可能全部取得，$\bar{Q}$ 值只能通过抽样进行估计。即

$$\bar{Q}_k \approx \frac{1}{g} \sum_{j=1}^{g} Q_i \tag{3}$$

式中：$\bar{Q}$——第 i 个样本交叉口高峰小时交通量（辆/h）；

g——样本数。

（1）抽样原则

为使所抽交叉口的样本具有代表性，且使不同城市之间的 $\bar{Q}$ > 值具有可比性，特对抽样作如下规定：

① 各城市的抽样密度（样本个数/每公里干道）应大致相等，原则上不少于干道交叉口总数的 20%。应抽样本数按下式计算：

$$g=(\frac{1}{2}\delta)^2 \cdot S \cdot 20\% \qquad (4)$$

式中：δ——干道网密度（km/km²）

S——城市建成区建设用地面积（km²）

对于干道交叉口总数较少的城市，适当提高抽样比例。

② 当城市仅有路段交通量观测资料时，以路段平均交通量的两倍乘以折减系数 0.7* 作为干道交叉口平均交通量的估计值。应抽样本数按下式计算：

$$g=\frac{1}{2}\delta^2 \cdot S \cdot 20\% \qquad (5)$$

式中符号意义同式（4）

③ 所采样本须在干道网上均匀分布，包括不同性质和等级的道路，原则上不同时选取相邻的路口。

（2）与估算 $\bar{Q}$ 值有关的统计数据

① 城市建设用地，指城市建成区内除农田、农村居民点及大面积河湖山丘、林地以外的用地。

② 城市道路总长。原则上将市区内能够通车的道路计入，干道长度采用各城市总体规划统计数据。

③ 各城市人口密度及道路网密度在上述基础上计算得到。

根据前述规定，对 25 个城市的干道交叉口抽样估算 $\bar{Q}$ 值，结果如表 1。

25 个城市的样本数及 $\bar{Q}_k$ 估计值　　　表 1

城市	项目						
	建设用地（km²）	干道密度（km/km²）	理论样本数	实抽样本数	机动车$\bar{Q}_k$（辆/h）	自行车$\bar{Q}_k$（辆/h）	统计年度
北京	332.8	2.22	（三环内）36（142km²内）	44	1430	—	1978
上海	173.3	2.64	44	33	1351	—	1978
沈阳	143.4*	3.33	2/4	20	617	—	1975
广州	122.4	—	24**	17	1173	9978	1978
太原	108.8	—	22**	30	659	5999	1979

455

城市	项目						
	建设用地（km²）	干道密度（km/km²）	理论样本数	实抽样本数	机动车 $\bar{Q}_k$（辆/h）	自行车 $\bar{Q}_k$（辆/h）	统计年度
西安	92.7	1.54	11	25	698	6870	1980
济南	88.0	2.03	18	16	719	9095	1981
南京	85.7	1.56	10	14	873	7402	1978
重庆	73.7	—	15**	14	967	—	1979
大连	70.8	1.66	10	12	872	3906	1980
郑州	65.0	1.80	11	22	573		1980
昆明	62.7	—	12**	10	881	—	1980
青岛	59.4	—	12**	16	764	3253	1981
石家庄	57.0	2.16	26	26	510	8181	1980
成都	56.1	2.33	32	41	660	8835	1982
合肥	50.5	2.66	18	11	431	3222	1978
乌鲁木齐	49.3	2.92	21	12	792	—	1982
南宁	35.5	—	7**	7	573	6370	1982
贵阳	34.1	2.77	13	12	659	1911	1978
南昌	33.0	3.07	14	20	822	—	1980
福州	31.2	2.46	9	10	741	—	1980
邯郸	28.8	2.27	7	8	341	5060	1978
徐州	28.5	1.19	4	12	694	—	1979
常州	27.8	2.09	12	13	427	6730	1980
无锡	25.6	1.64	3	6	452	7707	1978

* 为 1981 年统计值

** 按干道网密度等于 2km/km² 计算

使用正态坐标纸对各城市交叉口交通量的样本分别进行分析，证明各城市的样本总均基本服从正态分布。如将样本方差以体 σ 表示，约有 68% 的交叉口流量值在（$\bar{Q}-\sigma$，$\bar{Q}+\sigma$）范围内；95% 的交叉口流量值在（$\bar{Q}-2\sigma$，$\bar{Q}+2\sigma$）范围内；几乎 100% 的交叉口流量值不超过（$\bar{Q}-3\sigma$，$\bar{Q}+3\sigma$）。即：

约 84% 的交叉口流量值小于 $\bar{Q}+\sigma$; 97.5% 的交叉口流量小于 $\bar{Q}+2\sigma$; 交叉口流量值一般不超过 $\bar{Q}+3\sigma$。σ 值见表 2。σ 值越大，则高峰小时内车流在路网上的分布越不均匀。

σ 值与变异系数 * 表 2

序号	城市	项目			
		机动车 σ 值	机动车变异系数（%）	自行车 σ 值	自行车变异系数（%）
1	北京	422	29.9	—	—
2	上海	541	40.7	—	—
3	沈阳	227	34.1	—	—
4	广州	485	42.2	4663	48.2
5	太原	326	50.4	3732	63.3
6	西安	290	42.4	3105	46.1
7	济南	334	47.9	4807	54.6
8	南京	334	39.7	2423	36.9
9	重庆	460	49.4	—	—
10	大连	297	35.6	2087	55.8
11	郑州	289	51.6	—	—
12	昆明	209	29.9	—	—
13	青岛	254	34.3	1788	57.1
14	石家庄	307	61.3	5121	62.6
15	成都	230	35.3	3449	39.5
16	合肥	123	29.8	895	29.1
17	乌鲁木齐	232	30.6	—	—
18	南宁	260	49.8	2459	41.7
19	贵阳	220	34.9	932	50.9
20	南昌	577	62.0	—	—
21	福州	276	39.3	—	—
22	邯郸	63	17.9	1523	40.2
23	徐州	378	56.7	—	—
24	常州	111	27.2	3197	47.5
25	无锡	106	25.7	2791	43.2

* 变异系数 $=S/\bar{Q}_k$ 式中，$S=\sqrt{\dfrac{1}{n-1}\sum\limits_{\xi=1}^{\sigma}\left(Q_i-\bar{Q}_k\right)}$，为方差 σ 的无偏估计值

将市区机动车保有量与 σ 值对照，可发现一个有趣的关系（如图 1 所示），变异系数超过一般水准的七个城市（依次为 5. 太原、9. 重庆、11. 郑州、14. 石家庄、18. 南宁、20. 南昌、23. 徐州），不是地形特异（重庆），就是

为铁路站场、河流所阻隔（见图 2）。

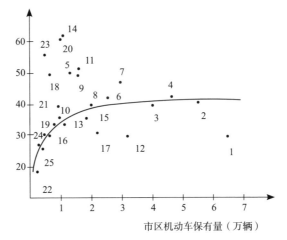

图 1 市区机动车保有量与交通量统计变异系数关系

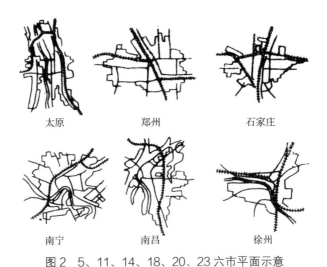

图 2 5、11、14、18、20、23 六市平面示意

2. 干道平均车道数的估算

道路宽度与城市发展历史关系密切。除首都北京外，"一五"、"二五"期间重点建设城市的道路大多较宽；老工业城市、布局受到地形限制的城市及部分在地方经济带动下逐步发展起来的城市、道路相对较窄。25 个城市道路宽度的数据统计见表 3。

各城市道路宽度统计数据 表3

城市	项目		
	道路红线平均宽（m）	统计口径	统计年度
北京	31.6	全部道路	同表1
上海	14.7	全部道路	同表1
沈阳	30.0	干道	1982
广州	> 7	全部道路车行道	1980
太原	—	—	—
西安	25.5	全部道路	同表1
济南	13.1	全部道路	同表1
南京	32.4	干道	同表1
重庆	10 ~ 14	主干道车行道	同表1
大连	23.7	干道	同表1
郑州	28.1	全部道路	同表1
昆明	15.2	全部道路	同表1
青岛	9.0	全部道路	1979
石家庄	40.0	干道	同表1
成都	23.5	干道	同表1
合肥	25 ~ 30	干道	同表1
乌鲁木齐	29.4	干道	同表1
南宁	20.0	干道	同表1
贵阳	21.3	干道	同表1
南昌	18.8	干道	同表1
福州	16.6	干道	同表1
邯郸	35.0	干道	同表1
徐州	30.0	干道	1978
常州	10 ~ 12	干道车行道	同表1
无锡	8 ~ 16	干道车行道	同表1

不同的城市，道路横断面的分配比例也不相同（表 4）。平均红线宽度越小的城市，车行道所占的比例越高。但在这些城市中，由于人行道过窄，行人侵占车行道的现象十分严重，致使部分车行道不能起到应有的作用。因此，车行道"有效宽度"小于其实际宽度。可以认为，一个城市的平均车行道"有效宽度"与其红线宽度成正比。

七个不同类型的城市的车行道与道路红线宽度之比　　　　　表 4

项目	城市						
	西安	沈阳	上海	贵阳	昆明	南宁	南昌
车行道宽 / 红线宽（％）	43.8	42.7	68.7	67.4	56.6	53	67.6
统计口径	全部道路	干道	全部道路	全部道路	全部道路	干道	干道

根据上述分析，这里将 25 个城市分为五类：

第一类：北京

第二类：太原、西安、郑州、石家庄、邯郸

第三类：沈阳、南京、乌鲁木齐、合肥、徐州

第四类：上海、广州、济南、大连、昆明、成都、贵阳

第五类：重庆、青岛

对上述五类城市分别按高峰时间有 4、3.5、3、2.75、2.5 条车道可供机动车行驶来计算干道服务水平。

（三）干道平均交通量（）的估算及干道服务水平现状

1. 机动车

在干道交叉口平均交通量（$\bar{Q}$）、干道平均车道数（n）和样本方差（σ）已知的条件下，根据式（1）可计算机动车的 $\bar{Q}$ 值及其波动范围，结果见表 5。

以表 5 对照表 6、表 7 便可发现，除少数城市的少数干道外，多数城市的干道服务水平在统计当年都处于 A、B 两级，负荷水平低、尚有潜力可挖，说明绝大多数城市干道系统的容量、基本满足机动车交通的要求，真正紧张的只是少数交通特别集中的路段、交叉口及道路系统中的一些卡、堵部位。

2. 自行车

自行车 $\bar{Q}$ ** 值及其波动幅度见表 8。

所统计的 15 个城市中，有 9 个城市（占总数的 56.3%）约 16% 的交叉

口流量接近或超过 10000（辆 /h）；3 个城市（占总数的 20.0%）约 2.5% 的交叉口流量接近或超过 20000（辆 /h），流量最高者近 25000（辆 /h）。在这些交叉口，如自行车高峰时机动车流量也比较高，便形成大量自行车与机动车混行的局面，其服务水平远低于路段的一般服务水平，甚至低于机动车高峰时服务水平。

机动车 $\overline{Q}_d$ 值及其波动幅度　　　　　　　　表 5

城市	项目							
	道路红线宽（m）	类别	车道数（n）	$\overline{Q}_k$	$\overline{Q}_d$	$\dfrac{\overline{Q}_k+\sigma}{2n}$	$\dfrac{\overline{Q}_k+\sigma}{2n}$	$\dfrac{\overline{Q}_k+3\sigma}{2n}$
北京	31.6（全部道路）	一	4	1430	179	232	284	337
太原	——	二	3.5	659	94	141	187	234
西安	25.5（全部道路）			698	100	141	183	224
郑州	28.1（全部道路）			573	82	123	164	206
石家庄	40.0（干道）			510	73	117	161	204
邯郸	30 ~ 45（干道）			341	49	58	67	76
沈阳	30.0（干道）	三	3	617	103	141	179	216
南京	32.4（干道）			873	146	201	257	313
乌鲁木齐	29.4（干道）			792	132	171	209	248
合肥	25 ~ 30（干道）			431	72	92	113	133
徐州	30.0（干道）	三	3	694	116	179	242	305
上海	14.7（全部道路）	四	2.75	1351	246	344	442	541
广州	大于 7（全部道路）			1173	213	301	390	478
济南	13.1（全部道路）			719	131	191	252	313
大连	23.7（干道）			872	159	213	267	321
昆明	15.2（全部道路）			881	160	198	236	274
成都	23.5（干道）			660	120	162	204	245
贵阳	21.3（干道）			659	120	160	200	240

续表

城市	项目								
	道路红线宽（m）	类别	车道数（n）	$\bar{Q}_k$	$\bar{Q}_d$	$\dfrac{\bar{Q}_k+\sigma}{2n}$	$\dfrac{\bar{Q}_k+\sigma}{2n}$	$\dfrac{\bar{Q}_k+3\sigma}{2n}$
重庆	10～14（主干道车行道）	五	2.5	967	193	285	377	469
青岛	9.0（全部道路）			764	153	204	254	305
南宁	20.0（干道）			573	115	167	219	271
南昌	18.8（干道）			822	164	237	309	381
福州	16.6（干道）			741	148	203	259	314
常州	9～12（干道车行道）			427	85	108	130	152
无锡	8～16（干道车行道）			452	90	112	133	154

北京市平交道路服务水平按负荷系数分级　　　　表6

负荷水平	I	II	III	IV	V
负荷状态	饱和	近饱和	正常	有潜力	大有潜力
负荷系数	≤1.0	0.8～1.0	0.6～0.8	0.4～0.6	<0.4

美国对于绿信比占50%时不同服务等级的车道交通量　　　　表7

等级	每车道交通量（辆/h）	交通流状况	负荷系数	换算成混合车流的通过能力（折减系数1.2）
A	<300	自由流	≤0.4	<250
B	500	稳定流	≤0.7	420
C	600	稳定流	≤0.8	500
D	675	稳定和不稳定流	≤0.9	550
E	750	不稳定流	≤1.0	630
F	变数	强制流	无意义	变数

自行车 $\bar{Q}_d$ 值及其波动幅度　　　　表8

城市	项目					
	类别	$\bar{Q}_k$	$\dfrac{\bar{Q}_k}{4}$	$\dfrac{\bar{Q}_k+\sigma}{4}$	$\dfrac{\bar{Q}_k+2\sigma}{4}$	$\dfrac{\bar{Q}_k+3\sigma}{4}$
太原	二	5999	1500	2433	3366	4299
西安		6870	1718	2494	3270	4046

城市	类别	$\bar{Q}_k$	$\dfrac{\bar{Q}_k}{4}$	$\dfrac{\bar{Q}_k+\sigma}{4}$	$\dfrac{\bar{Q}_k+2\sigma}{4}$	$\dfrac{\bar{Q}_k+3\sigma}{4}$
				项目		
石家庄	二	8181	2045	3326	4606	5886
邯郸		5060	1265	1646	2027	2407
南京	三	7402	1851	2456	3062	3668
合肥		3222	806	1029	1253	1477
广州	四	9978	2495	3660	4826	5992
济南		9095	2274	3476	4677	5879
大连		3906	977	1498	2020	2542
成都		8835	2209	3071	3933	4796
贵阳		1911	478	711	944	1177
青岛	五	3253	813	1260	1707	2154
南宁		6370	1593	2207	2822	3437
常州		6730	1683	2482	3281	4080
无锡		7077	1769	2467	3165	3863

部分城市建成区工业产值与全市工业产值之比　　　　表9

城市	北京	上海	南京	天津	大连	青岛
建成区工业产值/全市工业产值(%)	80.0	80.3	79.9	79.3	74.0	83.6

统计年度同表1

二、城市道路服务水平的发展趋势

城市道路服务水平的发展趋势与道路容量和交通量两因素的变化有关。此处暂假设道路容量不变，讨论交通量的变化对道路服务水平的影响。所得结果可作为确定城市道路改造建设速度的参考。

（一）对机动车交通量发展的推测

1. 回归方程的建立

城市发展的历史经验表明，机动车交通量的大小与城市规模、经济发展水平及城市交通机动化的程度有关。此外还可能受干道网密度的影响。将上述因素分别抽象成可定量表达的指标：a. 城市建成区建设用地面积；b. 建成区单位建设用地工业产值；c.建成区单位建设用地机动车保有量：d.城市干道网密度。

据表9统计结果，将各城市工业产值及机动车保有量乘以折减系数0.8作为建成区相应的统计数值，少数城市根据具体情况另行计算。

城市布局也是影响机动车交通量的因素之一。在相近的社会经济因素作用下，我国城市布局有以下类似特征：

（1）市区紧凑连片发展。

（2）居民与各种生活服务中心大部分集中于城市核心地带（表10），而主要工、企业分布在旧城以外的新市区内。由表11可知：工业生产为我国城市的主要职能，因而工业运输及工业职工通勤与居民生活性流动一起，构成城市交通的主要内容。其流向和空间分布决定了我国城市交通流的主要特征。

部分城市旧城与建成区面积、人口比较   表 10

项目		城市				
		北京 *	天津	南京	徐州	常州
旧城 / 建成区	面积（%）	29.4	39.9	49.8	41.4	19.4
	人口（%）	53.9	63.1	83.7	75.0	44.7

* 建成区范围仅计入 212.4km^2

部分城市的工业职工与全市职工总数之比   表 11

城市	北京	上海	西安	重庆	大连	郑州	昆明	青岛	邯郸	无锡
工业职工 / 全市职工(%)	42.3	64.5	54.2	53.1	56.0	55.1	78.0	66.8	58.7	70.0

统计年度同表1。

（3）城市道路系统基本为方格网状结构。建成区沿对外公路逐步扩展，城市形态相近。

进一步分析发现，我国城市大致可分为两类。第一类为北方内地城市。这类城市通常有一个功能相对单纯的核心地带。用地比较宽裕。道路系统等级划分明确，人均道路面积水平较高。第二类城市实际包括两个子类：a.沿海及沿长江的老工业城市；b.南方内地城市，该类城市有如下共同特征：建成区大部是与城市工业同步发展起来的，工业、居住用地混杂程度及人口、建筑密度均较第一类城市高，用地紧张，人均道路用地水平低。此外，两类城市还有一极为明显的差异：第一类城市多无常年水运条件，绝大多数第二类城市则正好相反。

表 12 中第 1 至 12 即为上述第一类城市 ***，13 至 25 为第二类城市。鉴于同类城市布局特征基本相同，继续讨论的过程中不再将该因素作为独立的因子看待。

对第一类城市与交通量有关的四因子进行逐步回归分析，得方程：

$$Y=402+3.1X_1+0.9X_3-97.9X_4 \tag{6}$$

复相关系数 $R=0.956$

检验：$\alpha=0.05$ $F_\alpha=3.49$

$F=28.40>F_\alpha$ 方程显著。

因引入回归方程的因子之间不存在相关关系，其标准回归系数即构成因子的权重。

对第二类城市与交通量有关的三因子 **** 进行逐步回归分析，得方程：

$$Y=243+4.8X_1+X_3 \tag{7}$$

复相关系数 $R=0.952$

检验：$\alpha=0.05$ $F_\alpha=3.41$

$F=48.80>F_\alpha$ 方程显著。

引入回归方程（7）的因子之间不存在相关关系。

与机动车交通量有关因素的统计数据 表 12

序号	城市	项目					
		建成区建设用地（km²）	单位建设用地工业产值（亿元/km²）	单位建设用地机动车保有量（辆/km²）	城市干道网密度（km/km²）	干道交叉口平均交通量（$\bar{Q}_k$）（辆/h）	统计年度
		因子符号					
		X_1	X_2	X_3	X_4	Y	
1	北京	322.8	0.475	201.5	2.22	1430	1978
2	沈阳	143.4	0.534	158.1	3.33	617	流量、车辆为1975其余1982
3	太原	108.8	0.266	130.6	2.00*	659	1979
4	西安	92.7	0.416	280.6	1.54	698	1980

续表

序号	城市	建成区建设用地（km^2）	单位建设用地工业产值（亿元 /km^2）	单位建设用地机动车保有量（辆 /km^2）	城市干道网密度（km/km^2）	干道交叉口平均交通量（$\bar{Q}_k$）（辆 /h）	统计年度
		X_1	X_2	X_3	X_4	Y	
5	济南	88.0	0.400	338.6	2.03	719	1981
6	郑州	65.0	0.412	263.1	1.80	573	1980
7	石家庄	57.0	0.526	199.4	2.16	510	1980
8	成都	56.1	0.570	275.4	2.33	660	1982
9	合肥	50.5	0.252	117.2	2.66	431	1978
10	乌鲁木齐	49.3	0.190	460.8	2.92	792	1982
11	邯郸	28.8	0.403	77.0	2.27	341	1978
12	徐州	28.5	0.441	181.0	1.19	694	1979
13	上海	173.3	2.514	319.1	2.64	1351	1978
14	广州	122.4	0.693	385.0	—	1173	流量、车辆为1979 其余1980
15	南京	85.7	0.705	249.0	1.56	873	1978
16	重庆	73.7	0.690	227.3	—	967	1979
17	大连	70.8	0.847	155.2	1.66	872	1980
18	昆明	62.7	0.348	303.7	—	881	1980
19	青岛	59.4	0.790	202.0	—	764	流量、车辆为1981 其余1979
20	南宁	35.5	0.309	195.4	—	573	1982
21	贵阳	34.1	0.359	301.1	2.77	659	1978
22	南昌	33.0	0.550	340.4	3.07	822	1980
23	福州	31.2	0.426	296.9	2.46	741	1980
24	常州	27.8	1.079	156.4	2.09	427	1980
25	无锡	25.6	1.169	178.2	1.64	452	1978

* 为估计值

引入回归方程（6）诸因子的权重　　　　表13

项目	因子			
	X_1	X_1	X_1	$|X_1|+|X_2|+|X_3|$
标准回归系数	0.917	0.374	−0.211	1.502
权重（%）	61.1	24.9	14.0	100.0

引入回归方程（7）诸因子的权重　　　　表14

项目	因子		
	X_1	X_3	$|X_1|+|X_3|$
标准回归系数	0.797	0.290	1.087
权重（%）	73.3	26.7	100.0

2. 回归方程结果分析

两类城市的因子权重都表明，建成区建设用地是影响机动车交通量的主要因素。

若设机动车保有量为 C（辆），则因子 X_3（单位建设用地机动车保有量）可用 $\bar{Q}_k$ 表示。回归方程（6）、（7）分别可化为：

$$Y=402+3.1X_1+0.9\bar{Q}_k-97.9X_4 \tag{8}$$

及

$$Y=243+4.8X_1+\frac{Y}{X_1} \tag{9}$$

对式（8）求偏导，令 $\dfrac{C}{X_1}=0$，得：

$$3.1-0.9\frac{C}{X_1^2}=0$$

$$X_1=0.539\sqrt{C}$$

对式（9）求导，令 $Y'=0$，得

$$4.8-\frac{C}{X_1^2}=0$$

$$X_1 = 0.456\sqrt{C}$$

由于在式（8）中，有

$$\frac{\partial^2 Y}{\partial X_1^2} = \frac{0.9C}{X_1^3} > 0$$

在式（9）中，有

$$\frac{\mathrm{d}^2 Y}{\mathrm{d}X_1^2} = \frac{C}{X_1^3} > 0$$

因此 Y 值分别在 $X_1 = 0.593\sqrt{C}$ 和 $X_1 = 0.456\bar{Q}$ 处取得极小值（不计入干道密度的影响），由此得出结论：对于一定的机动车保有量，城市布局过于松散或过于紧密都会引起机动车交通量的过量增长。

市区机动车保有量与合理的建设用地面积之间的关系如图3所示。

分析对于不同的机动车保有量，建成区建设用地与 $\bar{Q}$ 值的关系（图4）可知：a. 若建设用地面积小于合理值，$\bar{Q}$ 过量增长的速度较快；建设用地面积大于合理值时，$\bar{Q}$ 过量增长的速度相对缓慢。b. 市区机动车保有量愈高，在建设用地合理值周围 ＊ 的变化率愈小。

这一结果，可作为规划工作中合理确定城市建设用地规模的参考

3. 对机动车交通量发展的推测

有关研究指出，城市机动车保有量与工业产值线性相关。本文再次以京、沪两市为例进行同一分析，证实在经济和能源供应稳步增长时期，这种关系非常明显[*****]（表15）。

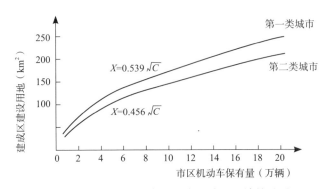

图3　市区机动车保有量与合理建设用地的关系

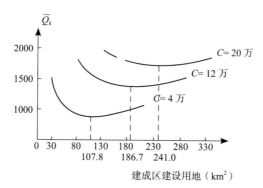

图 4　对于不同的 C 值建设用地与 $\bar{Q}_k$ 的关系

设 x_r 为城市工业产值的增长率，y_r 为机动车保有量的增长率，由两因素线性相关的通式

$$y=a+bx$$

可推得：

$$y_r = \frac{x_r}{\dfrac{a}{bx}+1} \qquad (10)$$

当 a/b 值为负且 $bx>a$ 时，有

$$0<a/bx+1<1$$

$$y_r/x_r>1$$

当 $x \to \infty$ 时

$$a/bx \to 0 \qquad y_r/x_r \to 1$$

上述结论可用文字表述为：城市机动车保有量的增长始终快于工业产值的增长。但工业产值愈高，两者增长率的差异愈小。

表 15

城市	年代	回归方程	相关系数
北京	1952 ~ 1960	$y=7094+158.88x$	0.92
	1970 ~ 1981	$y=-47330+690.56x$	0.95
上海	1952 ~ 1960	$y=5603+22.34x$	0.97
	1971 ~ 1978	$y=-53378+235.06x$	0.97

表注：1960 ~ 1970 年经历了三年自然灾害和"文革"初期的混乱，产值起伏很大。其间，能源供应亦发生很大变化，因而产值与汽车保有量间没有明显的关系。

对各城市机动车交通量发展趋势的估计（1）　　　　表 16

城市	项目							
	工业产值翻一番时				工业产值翻两番时			
	市区机动车（车辆）	$\bar{Q}_k$	变异系数（%）	σ	市区机动车（万辆）	$\bar{Q}_k$	变异系数（%）	σ
北京 *	13.00	2150	29.9	643	26.00	5250	29.9	1570
沈阳	8.16	1460	40.0	584	16.32	2800	40.0	1126
太原 *	2.82	800	50.4	403	5.68	1120	50.4	504
西安	5.20	1050	40.0	420	10.40	1780	40.0	712
济南	5.96	1150	40.0	460	11.92	2020	40.0	808
郑州 *	3.42	850	51.6	439	6.84	1260	51.0	650
石家庄 *	2.28	725	61.3	444	4.56	975	61.3	593
成都	3.76	890	40.0	356	7.52	1350	40.0	540
合肥	1.18	600	32.8	197	2.36	730	39.7	290
乌鲁木齐	4.54	970	40.0	388	9.08	1580	40.0	632
邯郸	0.44	500	24.0	120	0.88	590	30.0	177
徐州 *	1.04	580	56.7	329	2.08	700	56.7	397
上海	11.06	2060	40.0	824	22.12	3760	40.0	1504
广州	9.42	1690	40.0	676	18.84	3210	40.0	1284
南京	4.26	1180	40.0	472	8.52	1710	40.0	684
重庆 *	3.34	1050	49.4	519	6.68	1480	49.4	731
大连	2.08	910	37.8	344	4.16	1150	40.0	460
昆明 *	6.36	1430	29.9	428	12.72	2280	29.9	682
青岛	2.40	930	39.9	371	4.80	1290	40.0	516
南宁 *	1.40	820	49.8	408	2.80	990	49.8	493
贵阳	2.08	910	37.8	344	4.16	1150	40.0	460
南昌 *	2.24	925	62.0	574	4.48	1200	62.0	744

续表

城市	工业产值翻一番时				工业产值翻两番时			
	市区机动车（车辆）	$\bar{Q}_k$	变异系数（%）	σ	市区机动车（万辆）	$\bar{Q}_k$	变异系数（%）	σ
福州	1.86	880	37.7	302	3.72	1100	40.0	440
常州	0.68	750	28.8	216	1.36	810	34.0	275
无锡	0.92	770	30.2	233	1.84	875	36.8	322

注 1. 值根据机动车保有量按图 6 估算。

2. $\sigma = \bar{Q}_k \cdot$ 变异系数，当机动车保有量小于 3 万辆时，变异系数按图 1 估计，当机动车保有量大于 3 万辆时，取变异系数等于 40%。

3. 有 * 号的城市按表 2 取变异系数。

4. 工业产值翻番为相对表 12 所列统计年度当年的产值水平而言。

对各城市机动车交通量发展趋势的估计（2） 表 17

项目\城市	干道平均车道数（n）	工业产值翻一番时				工业产值翻两番时			
		$\dfrac{\bar{Q}_k}{2n}$	$\dfrac{\bar{Q}_k+\sigma}{2n}$	$\dfrac{\bar{Q}_k+2\sigma}{2n}$	$\dfrac{\bar{Q}_k+3\sigma}{2n}$	$\dfrac{\bar{Q}_k}{2n}$	$\dfrac{\bar{Q}_k+\sigma}{2n}$	$\dfrac{\bar{Q}_k+2\sigma}{2n}$	$\dfrac{\bar{Q}_k+3\sigma}{2n}$
北京	4.0	269	349	430	510	656	853	1049	1245
沈阳	3.0	243	341	438	535	467	653	840	1027
太原	3.5	114	172	229	287	160	241	321	402
西安	3.5	150	210	270	330	254	356	458	559
济南	2.75	209	293	376	460	367	514	661	808
郑州	3.5	121	184	247	310	180	273	366	459
石家庄	3.5	104	167	230	294	139	225	310	396
成都	2.75	162	227	291	356	245	344	442	540
合肥	3.0	100	133	166	199	122	170	218	267
乌鲁木齐	3.0	162	226	291	356	263	369	474	579
邯郸	3.5	71	89	106	123	84	110	135	160
徐州	3.0	97	152	206	261	117	183	249	315
上海	2.75	375	524	674	824	684	957	1231	1504

项目 城市	干道平 均车道 数（n）	工业产值翻一番时				工业产值翻两番时			
		$\dfrac{\overline{Q}_k}{2n}$	$\dfrac{\overline{Q}_k+\sigma}{2n}$	$\dfrac{\overline{Q}_k+2\sigma}{2n}$	$\dfrac{\overline{Q}_k+3\sigma}{2n}$	$\dfrac{\overline{Q}_k}{2n}$	$\dfrac{\overline{Q}_k+\sigma}{2n}$	$\dfrac{\overline{Q}_k+2\sigma}{2n}$	$\dfrac{\overline{Q}_k+3\sigma}{2n}$
广州	2.75	307	430	553	676	567	801	1034	1268
南京	3.0	197	275	354	433	285	399	513	627
重庆	2.5	203	307	411	514	296	442	588	735
大连	2.75	165	228	291	353	209	293	376	460
昆明	2.75	260	337	416	493	416	539	663	786
青岛	2.5	186	260	334	409	258	361	464	568
南宁	2.5	164	246	327	409	198	297	395	494
贵阳	2.75	165	228	291	353	209	293	367	460
南昌	2.5	185	300	416	529	240	389	538	686
福州	2.5	176	236	297	357	220	308	396	484
常州	2.5	150	193	236	280	162	217	272	327
无锡	2.5	154	201	247	294	175	239	304	368

究其原因，主要是我国各类货车在机动车总量中所占比例较大，其增长动态代表了机动车增长的总趋势。而城市货运需求取决于城市的产业结构及经济活动能力。其中，产业结构是影响单位产值货运量的关键因素，一般说来，城市经济的绝对增殖与产业结构的进步总是齐头并进的，因此，工业产值愈高，产品的体积和重量便愈小，产值增长率与货运需求量增长率逐渐接近。

今后，在机动交通工具的构成中，客车的比例将逐步提高。如果小汽车市场对私人开放，机动车总量与产值的关系可能发生改变。但从居民的购买力和城市提供道路设施的能力来看，小汽车的数量和交通量在 20 世纪内还不可能也不应该超过货运机动车。因此，货运高峰仍将保持机动车高峰的地位。

根据以上分析，到 20 世纪末实现工业产值翻两番时，可按机动车保有量与之同步增长来计算届时的机动车高峰小时交通量（$\overline{Q}^{******}$）。

结果见表 16，表 17。

（二）对自行车交通量发展的推测

15 个城市的四项统计数据及 $\bar{Q}_k$ 值　　　　表 18

城市	项目				
	自行车保有密度（辆／百人）	人口密度（万人／km²）	道路网密度（km/km²）	建成区建设用地面积（km²）	干道交叉口平均交通量 $\bar{Q}_k$（辆/h）
	因子符号				
	X_1	X_2	X_3	X_4	Y
西安	27.3	1.61	3.44	97.2	6870
济南	43.1	1.15	3.51	88	9095
太原	27.8	0.99	3.89	108.8	5999
石家庄	44.8	1.16	5.01	57	8181
合肥	24.6	0.92	5.3	50.5	3222
邯郸	30.9	1.22	4.02	28.8	5060
贵阳	9.8	1.44	4.49	34.1	1911
南京	17.7	1.33	2.5	85.7	7402
广州	34.5	4.11	8.69	122.4	9978
大连	20.6	1.52	7.19	70.8	3906
青岛	25.6	1.61	6.87	59.4	3253
无锡	25.4	1.75	2.95	25.6	7077
常州	27.6	1.33	3.01	27.8	6730
南宁	31.3	1.48	3.16	35.5	6370
成都	27	2.27	5.67	56.1	8835

注 1. 自行车保有密度根据行政区人口及自行车保有量计算。
　　2. 数据统计年度同表 12。

引入回归方程（11）诸因子的权重　　　　表 19

项目	因子				
	X_1	X_2	X_3	X_4	绝对值和
标准回归系数	0.720	0.580	−0.616	0.224	2.14
权重（％）	33.6	27.1	28.8	10.5	100.0

对所需统计数据完整的 15 个城市的自行车交通量（$\bar{Q}$）进行多因子逐步回归分析，所得回归方程包含下列因素：a. 自行车保有密度；b. 人口密度；c. 城市道路网密度；d. 城市建设用地面积。统计数据见表 18。

回归方程：

$$Y=1075+156.2X_1+2215.9X_2-812.5X_3+17.0X_4 \tag{11}$$

复相关系数 R=0.924

检验：α=0.10　　　F_α=2.36

F=14.59>F_α　　方程显著。

因引入回归方程的因子之间，其标准回归系数即构成因子的权重。

1. 从回归分析结果看，自行车保有密度是影响自行车交通量最主要的因素，但该结论仅在一定条件下成立：a. 自行车仍作为交通工具存在。b. 自行车使用者每人拥有不超过一辆。

当今欧美及日本的许多城市中，自行车保有密度已超过 80 辆 / 百人，但使用范围仅限于集散性交通、居住区内活动和体育锻炼，干道上很少有自行车出现。如图 5 示日本名古屋市，在自行车保有量持续上升的情况下交通量反而迅速下降（70 年代发生石油危机后有所回升）。

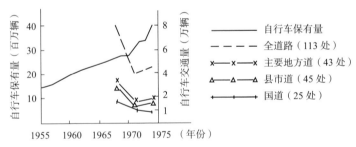

图 5　日本名古屋市自行车保有量与交通量变化情况

估计当自行车保有密度到达 50 辆 / 百人时。其增长率对交通量的影响已不明显，达 60 辆 / 百人时，该因子几乎不再引起交通量的增长。

2. 城市道路网密度是影响自行车交通量的第二位因素。在其他因素相对稳定的前提下，自行车交通量随道路网密度提高而降低。现实中，辅助路较少的城市或地区自行车交通特别集中的例子不胜枚举。因此，加强对城市支路系统的建设、改造（如打通阻头、提高路面质量等）和管理，对分散自行车流、减轻干道负担，意义重大。

目前，我国新建居住区多根据"邻里单位"的基本思想进行规划，为防止过境机动车破坏居住环境，区内道路多迂回曲折、避免连续。对小区道路之间的连接更是忌讳。本文认为，上述规划思想仅适用于只有汽车、行人两种主要交通类型的城市。我国城市中则应使居住区及小区级道路连接起来纳入交通型道路体系，以利我国城市特有的第三交通——自行车的流动。对过境机动车可用交通管理来加以限制。如果规定进入居住小区的机动车速度不得超过 10km/h，过境车辆自然会别择它径。即使其起讫点位于居住小区内，也会尽可能地在干道与起讫点间选择最短路径出入该区。

居住区内的连续型道路同时还可以成为环境良好的步行通道。

本文认为，提高路网密度及道路的连续性，是控制乃至降低干道自行车平均交通量的一项长远战略，应对此进行不懈的努力。为充分满足交通的要求，中心城市道路网总密度应达到 $6 \sim 10km/km^2$。

3. 人口密度在回归方程（11）中的重要度与路网密度不相上下。我国城市中心自行车交通特别集中。原因之一，便是此处人口密度远远高于市区的平均水平。

4. 由于自行车是以人力驱动的交通工具，其活动范围有一定限度。因而，城市建设用地对自行车交通的影响不甚明显。

一般说来，人口密度高的城市或地区，道路网密度也相对较高。因此，可以认为城市人口密度为 4 万人 $/km^2$。自行车保有密度 50 辆 / 百人，建设用地面积 $150km^2$、道路网密度 $8km/km^2$ 时所达到的流量，是城市干道自行车流量的极限值（对不同参数下干道自行车流量的推测，见表 20）。

对不同参数下干道自行车流量的推测（变异系数：45%）　　　表 20

人口密度（万人 / km^2）	自行车保有密度(辆 / 百人)	建成区建设用地（km^2）	道路网密度（km/km^2）	$\overline{Q}_k$	σ	$\dfrac{\overline{Q}_k}{4}$	$\dfrac{\overline{Q}_k+\sigma}{4}$	$\dfrac{\overline{Q}_k+2\sigma}{4}$	$\dfrac{\overline{Q}_k+3\sigma}{4}$
1	30	80	5	5274	2373	1319	1912	2505	3098
			8	2837	1277	709	1029	1348	1667
		150	5	6464	2909	1616	2343	3071	3798
			8	4027	1812	1007	1460	1913	2366
	50	80	5	8398	3779	2100	3044	3989	4934

续表

人口密度（万人/km²）	自行车保有密度(辆/百人)	建成区建设用地（km²）	道路网密度（km/km²）	$\overline{Q}_k$	σ	$\dfrac{\overline{Q}_k}{4}$	$\dfrac{\overline{Q}_k+\sigma}{4}$	$\dfrac{\overline{Q}_k+2\sigma}{4}$	$\dfrac{\overline{Q}_k+3\sigma}{4}$
1	50	80	8	5961	2682	1490	2161	2831	3502
		150	5	9588	4315	2397	3476	4555	5633
			8	7151	3218	1788	2592	3397	4201
2	30	80	5	7490	3371	1873	2715	3558	4401
			8	5053	2274	1263	1852	2400	2969
		150	5	8680	3906	2170	3147	4123	5100
			8	6263	2818	1566	2270	2975	3679
	50	80	5	10614	4476	2654	3773	4892	6011
			8	8177	3680	2033	2953	3873	4793
		150	5	11804	5312	2951	4279	5607	6935
			8	9367	4215	2342	3396	4449	5503
4	30	80	5	11922	5365	2981	4322	5663	7004
			8	9485	4268	2371	3438	4505	5572
		150	5	13112	5900	3278	4753	6228	7703
			8	10675	4804	2669	3870	5071	6272
	50	80	5	15046	6771	3762	5454	7147	8840
			8	12609	5674	3152	4571	5989	7408
		150	5	16236	7306	4059	5886	7712	9539
			8	13799	6210	3450	5002	6555	8107

（三）干道服务水平的发展趋势

1.机动车高峰时干道服务水平的发展趋势

对机动车高峰时交通量发展趋势的估计见表 17。对照表 6，推得相应的干道服务水平（表 21）。

476

对各城道路服务水平发展趋势的估计　　　　　　　表 21

城市	工业产值							
	翻一番时				翻两番时			
	干道服务水平（级）							
	平均	约16%的干道	约2.5%的干道	极限	平均	约16%的干道	约2.5%的干道	极限
北京 *	B	B	B	C	（F）	（超量）	（超量）	（超量）
沈阳 *	A	B	B	D	C	（F）	（超量）	（超量）
太原 *	A	A	A	B	A	B	B	B
西安 *	A	A	B	B	A	B	C	D
济南 *	A	B	B	C	C	C	（F）	（超量）
郑州	A	A	B	B	A	B	B	C
石家庄	A	A	A	B	A	A	B	B
成都 *	A	A	B	B	A	B	C	D
合肥	A	A	A	A	A	A	A	B
乌鲁木齐	A	A	B	B	A	B	C	D
邯郸	A	A	A	A	A	A	A	A
徐州	A	A	A	A	A	A	A	B
上海 *	B	（D）	（F）	（超量）	（F）	（超量）	（超量）	（超量）
广州 *	B	B	（D）	（F）	D	（超量）	（超量）	（超量）
南京 *	A	B	B	B	B	B	C	（E）
重庆 *	A	B	B	C	B	C	（E）	（F）
大连 *	A	A	B	B	A	B	B	C
昆明 *	A	B	B	C	B	（D）	（F）	（F）
青岛 *	A	A	B	B	A	B	C	D
南宁	A	A	B	B	A	B	B	C
贵阳	A	A	B	B	A	B	B	C
南昌	A	B	B	D	A	B	（D）	（F）
福州	A	A	B	B	A	B	B	C
常州	A	A	A	B	A	A	B	B
无锡	A	A	A	B	A	A	B	B

注　1. 工业产值翻番为相对表12所列统计年度当年的产值水平而言。
　　2. 有 * 者为城市人口（指城市行政区内的非农业人口）超过百万（1982年统计值）的特大城市。

第一类城市：

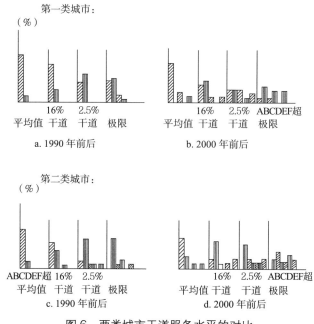

（％）

a. 1990 年前后　　　　　　　b. 2000 年前后

第二类城市：

（％）

c. 1990 年前后　　　　　　　d. 2000 年前后

图 6　两类城市干道服务水平的对比

（1）如果城市工业产值平均每十年翻一番，到 2000 年前后，北京、沈阳、上海、广州四市 * 以现有的道路系统 ** 已完全不能适应机动车高峰时的交通要求；济南、重庆、昆明等城市约 16% 的干道接近饱和，上述城市占参加统计的特大城市的 53.8%。

（2）按表 17 及表 21 的估计，本世纪末其他城市的道路系统大多尚有潜力。但这些城市产值基数小，发展余地大，尤其沿海省份及特大城市经济区范围内的城市，经济发展可能会超过全国的平均水准。若经济上产生大的飞跃，机动车交通量便会超过估计值，使干道服务水平低于估计标准。

（3）1990 年前后，一类城市的干道服务水平普遍高于同等规模（指人口规模）的二类城市。但到 2000 年前后，两类城市的干道服务水平已十分接近。

2. 客运高峰时干道服务水平的发展趋势

1980 年，我国人均国民收入 256 美元，相应的小客车（包括吉普车）保有量约为 0.2 辆 / 千人。为日本同样国民收入水平下的 1/9 ~ 1/8，与苏联的情况类似。据有关部门预测，到本世纪末，我国小客车保有量可能达 85 万辆（保守值）~ 200 万辆（上限），按 11 亿人口计，千人保有量为

0.77 ~ 1.82 辆，为日本人均国民收入 1000 美元时的 1/23 ~ 1/54，苏联的 1/2.5 ~ 1/6***。若 2000 年我国小客车保有量达 200 万辆且 80% 供城市人口使用，按城市人口总数 3 亿计，千人保有量为 7 辆，大城市还可能高于此值。

据上述分析，2000 年前后，城市人口与小汽车保有量的关系大致如下（表 22）：

可以设想，2000 年前后，客运高峰时的机动车交通量将达到甚至超过目前机动车高峰时的水平。

对机动车与自行车混行时道路服务水平的评价并无确定的标准，这里仅将自行车按一定比例折合成混合机动车流，对部分城市客运高峰时交通状况的发展趋势作一概略的估计（表 23）。

2000 年前后城市人口与小汽车保有量关系　　　　　表 22

城市人口（万人）	50	100	200	300	400	500	1000
小客车保有量（万辆）	0.4 ~ 0.5	0.8 ~ 1.0	1.6 ~ 2.0	2.4 ~ 3.0	3.2 ~ 4.0	4.0 ~ 5.0	8.0 ~ 10.0

注：城市人口指城市中非农业人口。

对 15 个城市 2000 年前后客运高峰时 Q_k 值的概略估算　　　　表 23

城市	太原	西安	济南	石家庄	成都	合肥	邯郸	广州	南京	大连	青岛	南宁	贵阳	常州	无锡
$\bar{Q}_k$	1754	1985	1887	1472	1833	1309	1350	2656	2175	1662	1669	1722	1680	1553	1686

注：1. 自行车保有密度均按 50 辆 / 百人计。

2. 各城市人口密度，道路网密度数值见表 18。

3. 城市建设用地分别取 50、80、120、150km²：现状建设用地（见表 18）小于 50km² 者取值 50，……，大于 120km² 者取值 150。

4. 自行车 $\bar{Q}_k$ 值根据上述参数按式（11）计算，折合混合机动车时系数取 0.11。

5. 机动车 $\bar{Q}_k$ 按表 1 取值。

对照表 16 发现，绝大多数城市 2000 年前后客运高峰时的 * 值高于货运高峰，其中特大城市高出 10% ~ 50%，一般大城市高出 50% ~ 120%，道路服务水平较表 21 所列下降一级。实际上，由于大量机动车与自行车混行所可能产生的种种弊端，远非服务水平所能描述。

三、总结

（一）我国城市道路系统在今后几年到十几年内应得到较大规模的改造，

否则将与交通发展产生更大的不协调。本文对各种规模城市需改造的范围估计如下（表24）：

表24

现状城市人口规模（万人）	50 ~ 100	100 ~ 200	> 200
改造范围	部分路口与路段	部分路口、路段、局部系统	在建立综合交通体系的基础上考虑市区道路系统的改造

（二）从某种意义上来说，客运高峰道路服务水平下降的速度快于货运高峰。解决大量机动车与自行车混行问题，是市区道路系统改造的主要目的之一。此外，应特别注意市区道路设施与客运交通结构转化的平衡发展。

（三）道路交通机动化程度迅速提高是城市经济起飞的前提和必然结果。今后十几年内城市机动车将从数量 * 上逐渐超过自行车，成为道路交通流的主体。城市道路系统的建设与改造应以逐步适应交通机动化为基本出发点。

（四）近中期内，文中归入第二类的城市对道路设施改造的要求较第一类城市更为紧迫。

在本文撰写过程中，得到有关城市规划、公交、市政部门同志的大力支持，在此深表谢意。

参考文献

[1] 各有关城市总体规划说明书。

[2] 各有关城市规划局、公交公司、市政管理处统计资料。

[3] （日）加滕晃；竹内传史，"城市交通和城市规划"。

[4] 苏联国家统计局，"各国经济地理统计手册"。

* 使用 * 值来估计一个城市的干道平均服务水平，自行车及行人的影响将另行分析。

** 此处 *= $\bar{Q}_d$ 为道路断面（单向）流量。

*** 其中成都市在地理位置上属第二类城市，但其各项特征与第一类城市更为接近，故划入第一类。

**** 第二类城市干道网密度统计数据不全，未使用。该因子的权重较小，因而是否取入回归方程，对方程相关性的影响不明显。

***** 设城市工业产值为 x，机动车保有量为 y，对两要素相关分析结果见表15。

****** 市区机动车保有量与 $\dfrac{\overline{Q}_k}{4}$ 值的关系如图 6 所示。

******* 在参加分析的 25 个城市中，该四市的城市人口超过 200 万（1982 年统计值）

******** 指统计年度的道路系统。

********* 苏联与日本在不同人均国民收入的条件下，小汽车千人保有量的比例基本一致。

********** 指折合标准车的数量。

本文原载于《城市规划汇刊》1988 年 02 期。作者：陈燕萍　徐循初

重视城市道路交通系统投资的质量问题

一、问题和意义：

良好的投资水平是城市道路交通系统健康发展的基本保证，从广义上理解，它兼含量与质两方面的意义：前者指系统投资总量的多少，而后者指投资在系统内部的分配利用状况。长久以来不乏有人将我国城市交通问题产生的根源仅归结为资金匮缺，对投资结构 * 和资金渠道等数量问题强调多，而对怎样合理有效地使用投资等质量问题关注少。

投资数量水平低确实是发展中国家城市建设发展的共同障碍，更是人口众多、生产力水平较低的我国所面临的一大难题。从下表可以看出国内外城市道路交通系统投资数量水平的悬殊差异（表 1）。它意味着在今后 10 年内我们若要达到发达国家现今的发展水平，道路交通系统年投资必须增长 10 倍。这对于尚处在社会主义初级发展阶段的国家来说，无疑是个难以获取的目标。

国内外城市道路交通投资数量水平比较（年平均）　　　　表 1

国名	日本	美国	西德	英国	中国
D/A（%）	0.62 ~ 2.85	0.61 ~ 1.24	1.12	0.40 ~ 1.00	0.07 ~ 0.15
D/B（%）	2.60 ~ 8.20	3.11 ~ 7.20	5.10	2.25 ~ 5.00	
年度	1953 ~ 1983	1950 ~ 1981	1976 ~ 1980	1963 ~ 1978	1981 ~ 1984
公共交通	一般均占城市总产值的 1.0% 左右				

备注：D/A——道路投资占国内生产总值的比例
D/B——道路投资占固定资产总构成的比例

（资料来源：《国外城市建设投资与统计资料》、《城乡建设统计年报》和法国公交设计及应用公司的统计 SOFRETU）

应该看到，国外城市道路交通系统之所以有较高的发展水平，不仅是因为在国家经济中保持了它具有持久稳定的投资比重，更在于他们讲求投资效益并为提高投资质量而做出了多重的努力，这也正是发展中国家尚未引

482

起足够重视的薄弱环节。就我国现状而言，问题主要表现在以下几个方面：

在投资方向上，缺乏整体的投资意识。道路、公交和交通管理部门各自为政孤立建设，而不重视研究每一项建设投资对提高城市道路交通系统的总体发展水平究竟起到了多大的作用。结果，往往只是将矛盾从一个交叉口转移到下一个交叉口，或从车辆内部转移到车外路上，仅治标而不治本。在与城市其他建设项目的关系上，缺乏统筹兼顾整体设计。例如市内外运输方式转换衔接不顺，建设资金"单点多次重复投入"（如街道频频开挖）等等。这一切均从总体上削弱了投资的效果也是对有限资金的浪费。

在资金的分配问题上，"应急建设、应急投资"的现象十分普遍，而不是依据道路交通系统各组成要素的功能特性和效用差异分配各建设项目的投资，故有可能使有限的资金未能用在最关键的地方。

在投资标准问题上，缺乏明细的规定和充分的研究。我国城市多类型广，即使是人口规模相同的城市，若布局结构不同或职能特性不同，其对道路交通设施的需求和利用状况也不同。这种需求差异客观上决定了各城市投资标准的差异。因此，必须改变目前以规模大小划定规划指标等级的做法，充分研究各种类型因子对城市道路交通系统发展水平的综合影响，在此基础上确定各城市投资标准的等级差异以合理分配利用有限资金。

历史统计表明：三十多年来，我国城市道路交通系统的建设投资虽少，但设施的绝对数量仍在增长。换句话说，如果我们能充分利用这笔为数不多的投资，改变它以往的分配利用方式，是否有可能取得比现在更好的建设效果？

投资数量不足又不注重提高投资的利用水平，客观上加深了道路交通系统的困境，使之与社会经济发展不协调的矛盾更为突出。美国运输工程协会技术委员会在发展中国家交通工程实践的调查报告中也曾指出过这种"一方面是贫穷，一方面是浪费"的不合理现象，并建议切实加强有关实践的有效性研究。

因此，为保证城市道路交通系统具有良好的发展水平，不仅需要广开财源筹措资金逐步使系统的投资结构趋向于合理与稳定。更需要加强对提高投资质量的各种途径与方法问题的研究，这也正是我国当前所处的发展阶段所提出的客观要求。

二、任务与目标：

笔者曾结合国家科委下达的课题《不同类型城市基础设施发展水平研究》**对如何提高质量投资质量作了下列几方面的初步探索。

首先从道路交通设施这一基本的层次入手，在分析设施系统内部各因素功能效用特点及城市类型因子影响的特征的基础上，从供—需的角度建立客观评价各城市道路交通系统总体发展水平的方法，为建设发展的投资决策提供依据。

建立目标—评价指标—措施—投资整体设计的动态决策系统。

为做好以上两方面的工作必须完善有关的基础统计，它有助于人们在更深的层次上更准确地把握城市道路交通系统的发展规律和完善投资效益的评价技术。

借鉴国外经验建立适合中国国情的道路交通规划设计理论、提高实践水平。比如在交通分流问题上，人车空间分流在道路紧、投资少的中国是否完全可行？是不是需要因借时间的因素？究竟是设自行车专用系统还是机动车专用系统等等尚有许多问题须待细细的研究。

从管理体制上探寻提高城市道路交通系统投资质量的途径。

图 1 是笔者从宏观层次上探讨提高道路交通设施系统投资质量的基本思路，为逐步实现以上的研究目标迈出的最基本的第一步。

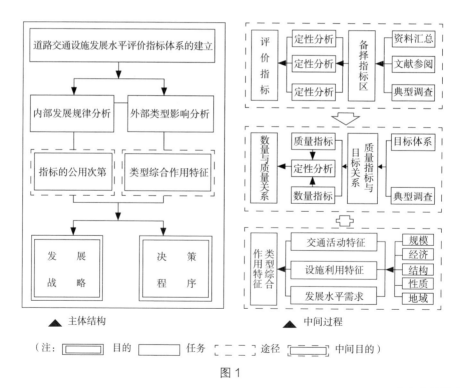

图 1

（未完待续）

＊投资结构在此指城市道路交通系统的投资量在国民生产总值中所占的比重。

＊＊笔者所参加的是该总课题中的子课题《不同类型城市道路交通设施等级划分与发展水平研究》。

本文原载于《城市规划汇刊》1988 年 04 期。作者：王英姿　徐循初

城市道路交通系统发展水平的总体评价

道路交通是维系城市生命活力重要的支持系统，改善其服务状况提高发展水平是我国城市化进程中所面临的主要任务。客观评价道路交通系统的发展水平是选取建设目标和投资方向的依据，它有助于系统自身的不断完善，也有助于提高建设投资的质量。本文所介绍的总体评价方法其基本思想是：建立"供"与"需"两套平行的评价体系，用以从纵向和横向对照比较系统实际的发展状况与客观需求水平之间的差异，借助由目标—准则—指标组成的层次结构模型，整体、动态地分析系统的投资方向和发展目标，分阶段逐年向前推进，使系统的发展水平逐步达到远景的规划要求。

一、总体评价方法的建立

1. 指标体系与目标体系：

不同的评价指标产生不同的评价目标。总体评价的目标体系由总目标和子目标两个层次组成。总目标为：提高城市道路交通系统的服务水平，使之与社会经济协调发展。子目标为：迅速、便捷、舒适、安全，这四项原则又可具体化为：良好的道路设施、合理的路网系统、满意的运输服务、有效的交通管理。在该目标体系控制下依据一定的选择原则，从现有的城市规划定额指标和城建统计指标中预选出一批备择指标提炼加工，通过作相关、聚类等定量分析和定性讨论，最后筛选出 19 项指标，组成总体评价的指标体系（见表 1）。它们分别代表道路交通设施系统中的道路设施、路网系统、客运和交通管理四个组成部分[①]。

城市道路交通系统发展水平的总体评价指标　　　　表 1

数量评价指标			质量评价指标		
N_1	人均道路面积	m²/人	Q_1	道路状况良好率	%
N_2	人均停车用地面积	m²/人	Q_2	路网有效利用率	%
N_3	道路网密度	km/km²	Q_3	干道网枢纽负荷水平	%
N_4	干道网密度	km/km²	Q_4	中心区平均车速	km/h

续表

数量评价指标			质量评价指标		
N_5	公交车服务人数	人/车	Q_5	市中心交通可达性	min
N_6	公交线路网密度	km/km²	Q_6	最大工作出行时耗	min
N_7	出租车服务人数	人/万车	Q_7	公交线路网负荷水平	万人次/（km·年）
N_8	路网交通信号控制普及率	%	Q_8	客运高峰时公交线路满载水平	%
N_9	交通标识完善率	%	Q_9	公交准点服务水平	%
			Q_{10}	交通事故率	死亡人数/万车

2. 评价指标的内部构成：

数量供应水平和质量服务水平是表征道路交通系统总体发展水平的两个方面。因此，总体评价指标亦由数量指标和质量指标两部分构成。数量指标反映的仅仅是设施在数量上的增与减，并不能反映出投入这些设施量所带来的客观效果（即服务质量问题）。数量指标是质量指标建立的物质前提和直接的支持背景，质量指标则是数量指标客观作用效果的体现。在系统建设投资的问题上，质量指标是投资的"期望点"，而数量指标则是具体的投资"入手点"。要使道路交通系统具有良好的总体发展水平，就必须保证其内部数量与质量的协调发展。

3. 系统内部的层次分析：

分析数量指标与质量指标的关系特征，研究数量变化所带来的质量效果以及质量水平的提高对数量水平的要求，然后借助层次分析技术[2]，建立评价系统实际发展水平的模型结构，将两指标的研究结果展引到对整个层次乃至整个系统的影响分析，通过构造不同层次的判断矩阵并作相应的计算和检验，最后得到各指标的效用权值，它反映了指标所代表的各系统组成的功能效用差异（图1）。

该模型结构由总目标、子目标、准则层、方案层四个层次构成。准则层由10项质量指标组成，方案层由9项数量指标组成。各层次间连接线标示着上下层因素之间的相互作用。

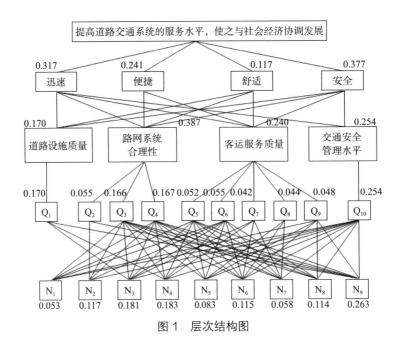

图1　层次结构图

4. 系统组成的效用差异：

系统组成的效用差异反映在指标上有"局部影响型"和"全局影响型"两类，前者如准则层中代表道路设施和路网系统的诸项质量指标以及方案层中的路网密度和交通管理设施方面的诸项数量指标。后者如准则层和方案层中代表公交客运方面的诸项指标。在方案层中各数量指标又有"初始型"和"转换型"之别，前者如人均道路面积、车辆拥有水平等指标；后者有三项密度指标和交通信号与标识普及水平的指标，它意味着所拥有的设施数量在城市空间中的分布。从图1可以看出：具有全局性影响意义的指标在其层次中往往也具有较高的效用权值。同样，"转换型"指标的效用权值一般也高于"初始型"指标的效用权值，准则层中各质量指标的效用次第为：

$Q_{10} > Q_1 > Q_4 > Q_3 > Q_2 > Q_6 > Q_5 > Q_9 > Q_8 > Q_7$

方案层中各数量指标的效用次第为：

$N_9 > N_4 > N_3 > N_2 > N_6 > N_8 > N_5 > N_7 > N_1$

为保证系统的建设投资具有良好的总体效果，应依据系统组成的效用差异选择投资的"期望点"和"入手点"。

5. 系统供应水平的评价方法：

将我国各地城市道路交通系统的数量指标水平和质量指标水平划分为

若干等级并以连续的整数标示相应的等级得分，按照式 1 和式 2 即可分别计算出各城市道路交通系统的数量与质量供应水平（即实际的发展水平）$T_a^{(N)}$ 和 $T_a^{(Q)}$。

$$T_a^{(N)} = \sum_{i=1}^{9} W_i^{(N)} \cdot t_i^{(N)} \tag{1}$$

$$T_a^{(Q)} = \sum_{i=1}^{10} W_i^{(Q)} \cdot t_i^{(Q)} \tag{2}$$

式中：$W_i^{(N)}$ 和 $W_i^{(Q)}$ 分别是层次结构图中各数量指标和质量指标的效用权值。$t_i^{(N)}$ 和 $t_i^{(Q)}$ 分别为各数量指标和质量指标实际的等级得分。

将 $T_a^{(N)}$ 和 $T_a^{(Q)}$ 的计算结果由大到小划分五个区间，对应为 A、B、C、D、E 五个等级，各城市只需要输入该 19 项指标的具体数值，计算机将会输出系统实际的供应水平和相应的等级。

6. 评价系统发展水平的客观标准：

系统实际的发展状况不能成为评价城市本身或比较城市之间发展水平高下的依据。因为城市各有特点，发展条件不同，客观对系统发展水平的需求特征也不同。各城市的系统需求水平的差异，客观上主要源于五大因子的影响：人口规模、经济水平、职能特征③、布局结构④和地域分布⑤。在此，暂且称为五项城市类型因子。这五项类因子作用各异，互不能取代。

抽取一定的样本，分别讨论每项类型因子对系统发展的客观影响，进而比较总体影响效果的差异。结果表明：五项因子中，经济水平对系统的发展影响最显著，其次为职能特征和地域分布，布局结构和人口规模的总体影响效果虽弱，但却是不可缺少的辅助因子。就每项因子而言，内部具有等级梯度的（如经济水平可按人均产值多少而划分为不同的等级），其对系统的数量和质量水平也呈现出相应的"需求梯度"，内部不可分等的因子，因其职能的不同组成或结构的不同形式，同样也存在着对数量和质量的需求差异。由此，按模糊数学的有关原理，分别赋予各类型因子和其内部组成以一定的模糊权值，汇成表 2："城市类型因子对系统发展水平的影响需求表"（简称"需求表"）。各城市根据自身的类型特征按式 3 和式 4 即可算得其道路交通系统数量与质量的客观需求水平 $T_b^{(N)}$ 和 $T_b^{(Q)}$。

$$T_b^{(N)} = \sum_{i=1}^{4} R_i \cdot r_{ii}^{(N)} + R_5 \cdot \sum_{j=1}^{5} r_j^{(N)} \tag{3}$$

$$T_b^{(Q)} = \sum_{i=1}^{4} R_i \cdot r_{ii}^{(Q)} + R_5 \cdot \sum_{j=1}^{5} r_j^{(Q)} \tag{4}$$

式中：R_i 是表 2 中前四项主类型的主权值，$r_{ii}^{(N)}$ 和 $r_{ii}^{(Q)}$ 是与 R_i 相对应的子类型的数量与质量的子权值。$r_j^{(N)}$ 和 $r_j^{(Q)}$ 分别是第五项主类型中，j 个职能单元的数量与质量的子权值（j 的个数取决于城市本身的职能构成，$1 \leqslant j \leqslant 5$）。

将 $T_b^{(N)}$ 和 $T_b^{(Q)}$ 的计算结果由大到小分成五个区间，对应于 A、B、C、D、E 五个等级。由此，为评价道路交通系统的发展水平提供了客观的标准。

城市类型因子对系统发展水平的影响需求表　　　　　　表 2

序号	主类型	主权重 R	子权重		子类型	
			$r(N)$	$r(Q)$		
1	人口规模	0.1	0.40	0.40	人口 ≥ 100 万	特大
			0.30	0.30	50 万 ~ 100 万	大
			0.20	0.20	20 万 ~ 50 万	中
			0.10	0.10	> 20 万	小
2	经济水平	0.4	0.45	0.50	人均产值 ≥ 5000 元	高
			0.30	0.30	3000 万 ~ 5000 元	中
			0.25	0.20	< 3000 元	低
3	结构形态	0.1	0.35	0.15	团状布局	
			0.30	0.20	对置布局	
			0.20	0.30	平行布局	
			0.15	0.35	组团布局	
4	地域分布	0.2	0.25	0.40	东部地带	
			0.35	0.30	中部地带	
			0.40	0.30	西部地带	
5	职能特征	0.2	0.20	0.20	工业（商贸）城市	
			0.25	0.20	交通港口城市（枢纽）	
			0.25	0.25	省会或地区中心城市	
			0.20	0.20	特殊职能（旅游、纪念重地、特区）	
			0.10	0.15	科技信息基地或中心	

7. 城市类型因子的综合影响特征：

表 3 列出了 44 个城市道路交通需求水平的计算结果，从中可以看出类型因子对需求水平的综合影响特征：系统的数量水平对质量水平的支持效果以及质量水平对数量水平的总体要求，因五项类型因子具体结果而异，或表现为"同级服务"的特点，例如上海，A 级的质量水平对应着 A 级的数量水平；或表现为"跨级支持"的特点，例如贵阳，B 级的数量水平仅能达到 C 级的质量效果，而苏州，B 级的数量水平却可获取 A 级的质量效果。图 2 直观地反映了这种特征。

哈尔滨、沈阳和抚顺同是大城市，而达到同是 B 级质量水平的数量要求却不同，分别是 A 级、B 级和 D 级，这与抚顺市具有良好的组群式布局结构和精简的职能组成有着重要的关系。揭示城市类型因子对道路交通系统的综合影响特征，不仅有助于各城市能依据自身的特点确立切实的努力目标，也有助于国家制定出多层次的规划标准，在全国范围内合理有效地分配城市道路交通系统的建设投资。

44 个城市道路交通的需求水平　　　　表 3

城市名	$T_b^{(N)}$	$T_b^{(Q)}$	数量水平等级	质量水平等级	城市名	$T_b^{(N)}$	$T_b^{(Q)}$	数量水平等级	质量水平等级
北京	0.505	0.535	A	A	兰州	0.41	0.37	B	B
天津	0.445	0.465	A	A	郑州	0.4	0.37	B	B
上海	0.465	0.495	A	A	太原	0.395	0.365	B	B
大连	0.45	0.49	A	A	厦门	0.35	0.36	C	B
杭州	0.42	0.45	A	A	成都	0.395	0.355	B	B
广州	0.445	0.455	A	A	昆明	0.405	0.355	B	B
武汉	0.44	0.42	A	A	株洲	0.325	0.355	C	B
重庆	0.455	0.455	A	A	抚顺	0.295	0.355	D	B
淄博	0.355	0.425	B	A	常州	0.355	0.385	B	B
济南	0.42	0.42	A	A	宁波	0.355	0.355	B	B
苏州	0.415	0.445	B	A	威海	0.325	0.395	C	B
无锡	0.42	0.45	A	A	马鞍山	0.33	0.35	C	C

续表

城市名	$T_b^{(N)}$	$T_b^{(Q)}$	数量水平等级	质量水平等级	城市名	$T_b^{(N)}$	$T_b^{(Q)}$	数量水平等级	质量水平等级
鞍山	0.37	0.425	B	A	邯郸	0.295	0.335	D	C
南京	0.395	0.415	B	B	沙市	0.32	0.34	C	C
沈阳	0.405	0.415	B	B	南昌	0.38	0.35	B	C
福州	0.365	0.405	B	B	洛阳	0.32	0.32	C	C
西安	0.42	0.4	A	B	桂林	0.305	0.315	C	C
哈尔滨	0.44	0.4	A	B	合肥	0.35	0.35	C	C
长春	0.415	0.385	B	B	衡阳	0.365	0.335	B	C
长沙	0.395	0.385	B	B	贵阳	0.38	0.31	B	C
佛山	0.35	0.39	C	B	遵义	0.335	0.295	C	D
内江	0.295	0.235	D	E	景德镇	0.305	0.255	C	D

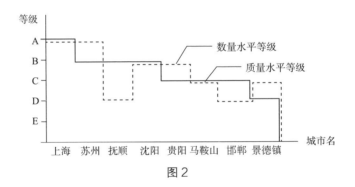

图 2

二、总体评价方法的运用：

城市道路交通系统发展水平的总体评价方法具有以下两方面的用途：

A. 比较单个城市道路交通系统的"供""需"差异，整体、动态地分析其改善目标与投资方向，为城市内分配投资提供依据。

B. 比较多个城市道路交通系统的"供需差异度"，为城市间分配投资提供依据。

1. 单个城市的总体评价和投资方向分析的基本过程

（1）计算现状的总供应水平：

设某个城市道路交通系统的 9 项数量评价指标为 N_1，…，N_9，10 项质

量评价指标为 Q_1，…，Q_{10}。由图 1 查得各指标的效用权值 $W_i^{(N)}$ 和 $W_i^{(Q)}$，查表 4⑥得出各项指标的现状水平得分和相应的等级如下：

现时各分项指标水平等级表（部分指标）　　　　　表 4

得分	等级	人均道路面积（m²/人）	路网密度（km/km²）	公交车服务人数（人/车）	万车事故率（人/万车）
5	A_0	4.0 ~ 24.4	5.0 ~ 9.6	800 ~ 1200	6 ~ 25
4	B_0	3.3 ~ 4.0	4.0 ~ 4.9	1200 ~ 1900	26 ~ 35
3	C_0	2.4 ~ 3.2	3.3 ~ 3.9	1900 ~ 2500	36 ~ 45
2	D_0	1.5 ~ 2.3	2.5 ~ 3.2	2500 ~ 3900	46 ~ 65
1	E_0	< 1.5	< 2.5	> 4000	> 65

质量指标	Q_1	Q_2	Q_3	Q_4	Q_5	Q_6	Q_7	Q_8	Q_9	Q_{10}
$t_i^{(Q)}$	2	2	2	3	3	3	2	1	1	3
数量指标	N_1	N_2	N_3	N_4	N_5	N_6	N_7	N_8	N_9	—
$t_i^{(N)}$	2	1	5	3	4	4	3	3	3	—

则该城市道路交通系统的数量与质量的现状总供应水平分别为：

$$T_a^{(N)} = \sum_{i=1}^{9} W_i^{(N)} \cdot t_i^{(N)}$$
$$= 0.053 \times 2 + 0.117 \times 1 + 0.181 \times 5 + 0.183 \times 3 + 0.083 \times 4 + 0.115 \times 4 + 0.058$$
$$\times 3 + 0.114 \times 3 + 0.263 \times 5 = 4.30$$

$$T_a^{(Q)} = \sum_{i=1}^{10} W_i^{(Q)} \cdot t_i^{(Q)}$$
$$= 0.170 \times 2 + 0.055 \times 2 + 0.166 \times 2 + 0.167 \times 3 + 0.052 \times 3 + 0.055 \times 3 + 0.042$$
$$\times 2 + 0.044 \times 1 + 0.048 \times 1 + 0.254 \times 3 = 2.54$$

查表 5，将 $T_a^{(N)}$ 和 $T_a^{(Q)}$ 转换成相应的水平等级：数量总供应水平为 B 级，质量总供应水平为 D 级。

总供应水平得分与等级转换表 表5

等级	得分	
	$T_a^{(N)}$	$T_a^{(Q)}$
A	5.0 ~ 4.5	5.0 ~ 4.5
B	4.5 ~ 4.0	4.5 ~ 4.0
C	4.0 ~ 3.5	4.0 ~ 3.5
D	3.5 ~ 2.0	3.5 ~ 2.0
E	2.0 ~ 1.0	2.0 ~ 1.0

（2）计算现状的总需求水平：

假设该城市现阶段的人口规模为210万，经济水平为人均产值6000元，团状的布局结构，位于东部地带，其职能特征为工业城市、交通枢纽、全国性中心城市以及科技信息中心。查表2得其相应的主、子权值如下：

主权值	R_1	R_2	R_3	R_4	R_5
	0.1	0.4	0.1	0.2	0.2
数量子权值	$r_1^{(N)}$	$r_2^{(N)}$	$r_3^{(N)}$	$r_4^{(N)}$	$r_j^{(N)}$
	0.40	0.45	0.35	0.25	0.2+0.25+0.25+0.10
质量子权值	$r_1^{(Q)}$	$r_2^{(Q)}$	$r_3^{(Q)}$	$r_4^{(Q)}$	$r_j^{(Q)}$
	0.40	0.50	0.15	0.40	0.20+0.20+0.25+0.15

则该城市现阶段道路交通系统数量与质量的总需求水平分别为：

$$T_b^{(N)} = \sum_{i=1}^4 R_i \cdot r_{ii}^{(N)} + R_\varepsilon \cdot \sum_{j=1}^5 r_j^{(N)}$$
$$= 0.1 \times 0.4 + 0.4 \times 0.45 + 0.1 \times 0.35 + 0.2 \times 0.25 + 0.2 \times (0.2 + 0.25 + 0.25 + 0.1)$$
$$= 0.465$$

$$T_b^{(Q)} = \sum_{i=1}^4 R_i \cdot r_i^{(Q)} + R_\varepsilon \cdot \sum_{j=1}^5 r_j^{(Q)}$$
$$= 0.1 \times 0.4 + 0.4 \times 0.5 + 0.1 \times 0.15 + 0.2 \times 0.4 + 0.2 \times (0.2 + 0.2 + 0.25 + 0.15)$$
$$= 0.495$$

总需求水平得分与等级转换表　　　　　表6

等级	得分	
	数量需求得分 $T_b^{(N)}$	质量需求得分 $T_b^{(Q)}$
A	≥ 0.420	≥ 0.420
B	0.335 ~ 0.420	0.355 ~ 0.420
C	0.305 ~ 0.355	0.305 ~ 0.355
D	0.225 ~ 0.305	0.255 ~ 0.305
E	≥ 0.255	≥ 0.255

查表6，将 $T_b^{(N)}$ 和 $T_b^{(Q)}$ 转换成相应的水平等级，数量总需求水平为A级，质量总需求水平也是A级。

（3）现状"供""需"水平的比较：

城市道路交通系统的供需差异水平即反映了该系统的客观发展水平。将（1）、（2）的结论汇总于下表，可以看出该城市道路交通系统质量水平的供需差异远远大于其数量水平的供需差异。该城市数与质的服务关系原属"同级支持"，但实际上其B级的数量水平仅得到D级的质量效果，可见现有数量的设施还有相当多的潜力可挖。

（现时）	数量等级	质量等级
供	B	D
需	A	A

如何缩小这种供需差异？对于三年五年的近期规划，系统现状改善及投资方向的分析过程见下述（4）~（7）。

（4）确定系统的改善目标和质量指标：

假设该城市根据其自身的现状问题，选择"迅速"和近期改善的主要目标，则从图1层次模型结构中可以看到，相应的必须从"道路设施、路网结构、运输服务和交通管理"四个方面全面提高系统的质量水平，它涉及整个质量标层。依照各指标的效用权值初步规划其发展水平 Q'_i，（$i=1$，…，10），输入计算机后，得到改善以后质量水平的等级，倘若该质量总水平远低于质量总需求水平，则需要调整 Q'_i，反复迭代直至达到或接近需求水平。

（5）确定质量指标的改善次序：

各质量指标的现状水平等级和规划水平等级见图 3 和图 4。

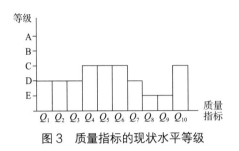

图 3　质量指标的现状水平等级

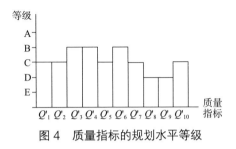

图 4　质量指标的规划水平等级

叠合图 3 和图 4，得出各质量指标的"负差"情况（见图 5）。水平轴之上为"＋"，表示该指标的现状水平高于其规划水平，水平轴之下为"–"，表示该指标需待提高的等级，负一格需提一级。

该城市可根据其自身的财力以及指标的权值和负差状况确定其质量指标改善的优先次序：

$Q_3 > Q_1$（或 Q_2、Q_4、Q_6、Q_7、Q_8、Q_9）

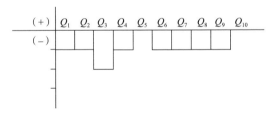

图 5　质量指标"负差"图

（6）确定改善的数量指标及规划水平：

从图 1 中找出与以上 8 项质量指标相联系的数量指标，然后初步规划其发展水平 N'_i（$i=1$，$\cdots$，9）。由于该城市的数量总水平供需差异并不大，因而除提高个别指标的水平等级，重点仍在于对现有数量设施的挖潜，加强管理，提高其再利用水平。反复迭代直至规划的数量总水平满足其总需求水平。

（7）确定数量指标的改善次序：

各数量指标的现状水平等级和规划水平等级如图 6 和图 7 所示。

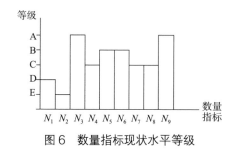

图 6　数量指标现状水平等级

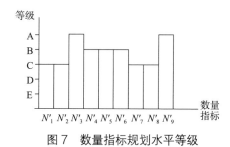

图 7　数量指标规划水平等级

叠合图 6 和图 7，得知各数量指标的具体负差（见图 8）。根据该城市自身的建设能力以及指标的效用差异及其负差程度，确定其数量指标改善的优先次序为：$N_2 > N_1 > N_4$

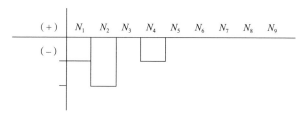

图 8　数量指标"负差"图

在保证该数量和质量的总体规划水平等级的前提下，该城市可调整其每年各指标的优先改善次序，逐步达到既定的发展目标。如果是中远期规划，上述过程不变，但需要在（3）与（4）之间插入以下两个步骤：

A. 计算未来的总需求水平：

根据城市的发展预测，调整表 2 中规模因子和经济因子的等级划分标准，输入未来的城市类型特征，按（1）中的方法得到未来的系统总需求水平等级。

B. 总供应水平由现时向未来的"一致性"转换：

供需水平的比较必须以同一时间段为前提，"一致性"转换的目的正是为了解决现时的"供"与未来的"需"之间的可比性问题。其具体方法是：将该城市各指标的当前值逐一转换成表 7 中相应的指标水平等级。例如路网密度指标的当前值为 4.5km/km^2，在表 7 中它仅相应 D 级水平，等级得分为 2，由此最终得到"未来的总供应水平"。

未来（2000年）各分项指标水平等级表　　表7

指标项	单位	A_1级	B_1级	C_1级	D_1级	E_1级
1. 人均道路面积	m²/人	7～9	6～7	5～6	4～5	3～4
2. 路网密度	km/km²	8～12	6～8	5～6	4～5	3～4
3. 干道网密度	km/km²	2.2～2.6	1.8～2.2	1.5～1.8	1.3～1.5	1.2～1.3
4. 人均停车面积	m²/人	1.4～1.7	1.3～1.6	1.2～1.5	1.1～1.3	1.0～1.1
5. 路况使用良好率	%	80～85	75～80	70～75	60～65	60～65
6. 路网有效利用率	%	85～90	80～85	75～80	—	—
7. 枢纽负荷水平	%	95～100	90～95	85～90	80～85	75～80
8. 中心区平均车速	km/h	35～40	30～35	25～30	—	—
9. 公交车服务人数	人/车	500～800	800～1500	1500～2500	2500～4000	＞4000
10. 公交线网密度	km/km²	3～4	2.5～3	2～2.5	1.5～2	1～1.5
11. 公交线网负荷	万人次/（km·年）	700～900	500～700	300～500	200～300	100～200
12. 市中心交通可达性	分钟	≤20	≤25	≤30	≤35	≤40
13. 工作出行最大时耗	分钟	≤30	≤40	≤50	≤60	—
14. 公交高峰满载水平	%	85～90	80～85	—	—	—
15. 准点服务水平	%	90～95	85～90	80～85	—	—
16. 出租车服务人数	人/车	650	1000	2000	5000	10000
17. 信号灯普及率	%	90～95	85～90	80～85	70～80	60～70
18. 交通标识完善率	%	80～70	70～60	60～50	50～40	40～30
19. 万车事故率	人/万车	10～15	15～20	20～30	30～35	35～40
相应得分 t_i	—	5	4	3	2	1

2. 多个城市系统发展水平的横向比较：

道路交通系统发展水平的横向比较依据是各城市的供需差异度 D，它等于系统供应水平与需求水平的比值。$D=1$ 表示供需平衡，$D<1$ 表示供不应求，$D>1$ 表示系统的供应水平完全能满足客观的需求。

　　$D>1$ 是当前我国各城市普遍的境况，因此，在编制全国城市差异度比较表的同时，需要进而将 D 在 0 与 1 之间划分为若干等级，对 $D<1$ 的城市，比较其供需差异度等级。多层次的比较将有助于明确建设投资在各城市间的流向。

注：

① 我国城市中做过货运系统调查、规划的城市极少，受现有资料的限制，本文中暂略去对货运系统的有关讨论，仅保留了它对道路条件基本的要求指标。

② 有关层次分析法的原理和计算方法的介绍，见《城市规划汇刊》1987.6.p.49—54。

③ 本文中的"城市职能特征"与城市总体规划中的"城市性质"并不完全等同，它由城市各职能中对道路交通系统的发展影响较大的一些职能组成，在此，将它分成五个单元组成：工业性城市、交通枢纽或港口城市、省会或地区中心城市、特殊职能的城市以及科技教育基地和信息中心城市。一个城市可以是单一职能的，也可以是多职能的。

④ 本文中的"布局结构"，实际上是城市中 HBW 的交通流空间分布结构（以住家为起点的工作出行）。典型的有四种：团状结构、平行结构、对置结构和组团结构。

　　属于团状结构的城市有：北京、天津、上海、沈阳、哈尔滨、长春、郑州、南京、杭州、济南、成都、昆明、厦门、乌鲁木齐、吉林、福州、苏州、合肥、南宁、宁波、南通、柳州、保定、衡阳、湘潭、蚌埠、新乡、汕头、营口、桂林、邢台、扬州、常州、无锡等。

　　属于平行结构的城市有：洛阳、鞍山、青岛、石家庄、邯郸、镇江、秦皇岛、温州、安庆、宜昌、襄樊、淮北、马鞍山、沙市等。

　　属于对置结构的城市有：开封、大连、太原、西安、兰州、长沙、贵阳、徐州、芜湖、烟台、武汉、九江等。

　　属于组团式结构的城市有：重庆、淄博、伊春、淮南、大庆、黄石、渡口、自贡、株洲、连云港、十堰等。

⑤ 将我国城市在国土地域空间中的分布按自然地理特征由东往西分成东部、西部与中部三个地带。

⑥ 该表根据我国部分城市的现有评价指标统计汇成。

主要参考资料：

1.《中国城乡建设技术政策》，国家科委蓝皮书，1985.

2.《城市建设统计年报》，城乡部，1978—1985。

3.《社会发展指标抉择》，北京城市系统工程研究中心，1984。

4.《城市和城镇群的客运交通系统》，[苏]B.沙巴洛娃著，刘统畏译，1985。

5.《城市交通》，[苏]M.C费舍里松著，任福田等译，1984。

6.《层次分析法》，赵焕层等著，1986。

7.《城市客运质量的评定》，[苏]C.阿尔捷米耶夫·

8.《城市基础设施的综合评价》，俞培明，《城市规划汇刊》，1984.7。

9.《模糊集合论及其应用》，汪培庄著，1983。

10. "Supporting Transportaion Facilities with Limited Funds——A Compendium of Methods",《ITE Journal》，1985.1.

11. An Introduction of Transportation Engineering，William W.Hay.1977.

12. "Wirkungsanalysen，Effizienzanalysen"，W.Ruske，《Grundlagen der Stadtischen Verkehrsplanung》，1985.

本文原载于《城市规划汇刊》1988 年 05 期。作者：王英姿 徐循初

城市道路交通系统总体发展水平的评价指标及其基础统计要求

规划工作离不开指标的选用却又常常为指标所困扰，例如，言及道路交通问题，城市的规划部门、统计局、公交公司和交通队都能各自抛出一连串指标、一系列数据，同一年某项指标的资料因出处不同其指标值往往也是差别悬殊。面对纷乱的"指标市场"，使用者无从选择？另一方面，不同的应用目的需要有不同类型的指标：基础统计指标取代不了规划设计指标，决策指标与评价指标也不能混为一谈，这些实践中应用很需要的指标往往又不容易得到。因此，当前的问题不在于缺少指标而在于缺少有效的指标；不在于缺少数据而在于实际可用的数据太少。随着城市规划实践的深入，这种指标问题越来越突出，已不同程度地影响到当前的规划应用研究向定量化的纵深发展，迫切需要做好以下两项工作：一是整理、筛选、充实和完善现有的指标，统一计测口径加强指标市场的管理。二是为设计、规划、管理、决策、评价及其基础统计建立相应的指标体系，以确保规划领域内各项指标的科学性、实用性和权威性。

本文在有限的篇幅内仅讨论城市道路交通系统总体发展水平的评价指标体系，介绍其建立的条件、选择过程、指代意义、计量方法和对基础统计的要求。

一、总体评价指标建立的条件：

1. 总体评价指标具有宏观和综合的特点

道路交通系统的发展水平评价可以是总体评价也可以是分项评价。总体评价对象是道路交通系统的各组成部分及其综合的作用效果。分项评价对象往往是系统中的某个组成部分，如道路系统或客运系统。显然，分项评价的指标细致、领域性强，而总体评价的指标综合程度高，着重于从总体的宏观角度评价对象。

2. 总体评价指标是以一定的目标体系为核心的聚合体

评价指标是评价目标的具体体现。城市道路交通系统的总体评价指标由围绕明确的目标体系[注1]和经过筛选典型代表系统各组成部分的指标构成，以整体的角度和全方位的意义反映系统的发展水平。

3.总体评价指标应充分体现城市道路交通的性质。

道路交通是城市重要的基础设施，为生产和生活提供社会化服务是其主要的功能，它的发展水平直接关系到城市的运行效率和生活质量，其影响意义远远超过了系统自身的技术经济范畴。因此，总体评价不仅需要有反映设施拥有状况的数量指标，更需要设立体现系统服务水平的质量指标，这正如城市供水不仅要保证一定的水量而且应保证一定的水质和水压。

近年来，经济的发展改变了人们评判事物的价值观。对于社会服务设施从满足于"有多少"进而讲求"有多好"。例如在选择出行方式时，费用支付已被时间耗费替代成了人们日趋注重的因素。

4.总体评价指标应具有相对可比的意义

城市道路交通系统的总体评价不仅适合于城市自身也适合于城市之间，因此总体评价指标宜以"相对值"的形式出现。以道路用地面积指标为例，在绝对数值上，上海是烟台的7倍，但按人口平均却仅有烟台的1/3。显然后者更能反映出上海道路用地紧张的实态。

5.总体评价指标宜与客观的发展阶段相当

国家所处的发展阶段不同对道路交通系统发展水平的需求度和承受力也不相同。经济发达的国家在交通环境质量、客运舒适度、道路服务水平方面能指出一系列科学具体的指标，但在尚处于社会主义初级发展阶段的我国盲目套用这些指标只可能带来不切实际的评价结果。总体评价指标时间上有一定的阶段性，它要求根据客观发展阶段的变更及时修正与完善指标自身的组成、项目和水准。

6.总体评价指标应考虑现实的统能计力

评价指标是由基础统计指数按一定的要求加工转化而来，对于个别意义至关重要而现实统计手段又确实难以得到的指标，可用其"分解指标"暂作过渡。例如道路服务水平指标比单独用车速或流量更说明问题，但受现实统计水平限制，亦可由速度指标暂时替代。

二、总体评价指标的选择：

依据上述六项原则、借鉴国内外有关的理论与实践提出一批备择的总体评价指标供进一步讨论（见表1）。

1.道路设施基础方面：

总体评价的备择指标

表 1

类别	设施拥有状况	设施使用状况
道路设施基础	人均道路面积 人均道路长度 道路面积率 车均道路面积 人均停车面积 人均桥涵座数	城市道路上高级路面的长度百分比； 路况使用良好率
路网系统	道路网密度 干道网密度	干道网枢纽负荷水平 干道服务水平 道路网有效利用率
城市客运服务	每辆公交车服务人数 （或万人公交车拥有量） 每辆出租车服务人数 （或万人出租车拥有量） 公交线路网密度	公交线路网负荷 市中心交通可达性 工作出行最大耗时 客运高峰公交线路满载水平 公交准点服务水平
交通管理	信号灯控制普及率 交通标识完善率	交通事故万车死亡人数 （即万车事故率） 万车交通事故数 交通事故万人死亡人数 （即万人事故率） 万人交通事故率

（1）人均道路面积、人均道路长度、车均道路面积和道路面积率几项指标都试图反映道路使用者对道路空间的拥有水平。但是，城市道路的宽度变化较多，人均道路长度相同而各种宽度道路组合的不同其客观效果也完全不同，该指标适合于公路而不适宜于城市道路。根据现有的条件用不同的资料对这四项指标作相关分析，结果如下：

使用 1985 和 1982 年的城乡建设统计年报资料，样本数 N=30，显著水平 α=0.05，该条件下的相关系数 R_o=0.361 相关矩阵表如下：

相关矩阵表（1）（1985 年资料）

项目	人均道路长度（km/ 万人）	人均道路面积（m²/ 人）	道路面积率（%）	平均相关系数（$\bar{R}$）
	R_{ij}			
人均道路长度（km/ 万人）	1	0.944	0.781	0.862
人均道路面积（m²/ 人）	0.944	1	0.828	0.886
道路面积率（%）	0.781	0.828	1	0.804

相关矩阵表（2）（1982 年资料）

项目	人均道路长度（km/ 万人）	人均道路面积（m²/ 人）	道路面积率（%）	平均相关系数（$\bar{R}$）
	R_{ij}			
人均道路长度（km/ 万人）	1	0.933	0.779	0.856
人均道路面积（m²/ 人）	0.933	1	0.817	0.875
道路面积率（%）	0.779	0.817	1	0.798

从两表中可见两两指标的相关系数 R_{ij} 均大于查表所得的相关系数 R。且有 $\bar{R} > \bar{R} > \bar{R}$，说明三项指标关系密切，其中人均道路面积指标最具代表性。

相关矩阵表（3）

项目	人均道路长度（km/ 万人）	人均道路面积（m²/ 人）	道路面积率（%）	平均相关系数（$\bar{R}$）
	R_{ij}			
人均道路长度（km/ 万人）	1	0.658	0.634	0.646
人均道路面积（m²/ 人）	0.658	1	0.480	0.569
道路面积率（%）	0.634	0.480	1	0.557

使用实际调研资料，$N=37$，取 $\alpha=0.05$，查相关系数表得 $R_o=0.325$，有关指标的相关矩阵如下：

矩阵表 3 的结果是：人均道路面积指标对于车均道路面积指标和道路面积率同样具有典型的代表意义。三项指标两两间的 $R_{ij}>R_o$，且有 $\bar{R} > \bar{R} > \bar{R}$。

（2）人均停车面积是代表静态交通方面必不可少的基本评价指标，曾被长期忽视。

（3）人均桥涵座数指标反映了城市桥涵设施的拥有数量。但是该指标并不具备普遍意义，因为并不是所有的城市都需要桥，而且过分强调这一指标可能造成桥越多（含立交）交通问题越少的错觉，导致过分依赖立交设施使简单问题复杂化处理的现象。

（4）城市道路高级（次高级）路面所占的长度百分比是反映路况方面信息的指标，但实质上该指标反映的仅仅是道路的"用前状况"——初始路况，而不同的"用后服务"——道路的养护具有不同的道路服务效果，后者才是道路使用者直接关心的问题。由此，提出相应的改进指标——路况良好率。

（5）路况良好率指标是道路设施的质量评价指标，反映了在高级（次高级）城市道路中真正可供用户使用的道路所占的比重，它由两部分组成：路面平整度和开裂状况。完善的路网系统和严格的交通管理可以使交通量合理分布，是保证路况使用良好的重要途径。

2. 路网系统方面：

（1）道路网密度和干道网密度是从不同的角度衡量路网设计合理性的评价指标，反映了交通活动的空间聚合状况。但是仅有路网密度指标还不足以反映干道网过稀所带来的单位面积交通负荷过重的现象，这种现象恰恰在国内城市中十分普遍，而过于注重干道网密度指标，其结果使城市如同只有干动脉而无有小动脉系统的人一般而失去生命活力。因此这两项指标缺一不可，互为依据相得益彰。

取实际调研的样本资料 $N=21$，$\alpha=0.05$，$R_0=0.432$，计算该两项指标的相关系数 $R=0.174 < R_0=0.432$，说明这两项指标各具独立的代表意义互不能取代。

（2）干道网担负着城市主要的运输任务，交叉口和干桥等枢纽节点又是路网最为敏感的部位，因此干道网枢纽负荷水平指标也体现了城市的运行效能，是一项评价路网系统服务质量重要而有效的指标。

（3）干道服务水平指标比单纯用交通量或速度指标更综合地反映了干道交通条件及其相应的服务状况，但现阶段普及该指标有一定的难度，可用市中心平均车速指标过渡。

（4）路网有效利用率指标用以评价城市道路空间的总体利用水平。迅速发展的第三产业中有一部分已开始越来越多的侵蚀道路空间，破坏了路网的系统完整，降低了道路的实际效能，加剧了道路与交通之间的"供""求"矛盾影响到道路的总体服务水平。该指标是针对我国现阶段这一特点而设立的评价指标。

3. 城市客运服务方面：

（1）公交线路网密度是评价公交线网布局合理性的重要指标。需要指出的是，长期以来一直是用公交线路密度指标，对于线路重复系数很高的城市（如北京），其线密度指标很高，而网密度指标很低，人们步行到站时间长、出行不便。因此，线密度指标并不能真实反映公交线路的空间分布状况，需要改成公交线路网密度指标。

（2）公交线网客运负荷指标反映了公交设施的使用状况与服务质量，与线网密度指标相似，公交线网客运负荷指标比其线路负荷指标更能说明线网的实际服务水平。

（3）市中心交通可达性和工作出行最大时耗均属"时间指标"。其重要特征主要体现在社会经济性。出行时耗中，既有工作时耗也有自由活动时耗，从国民经济的观点看，自由活动时间构成了一种特殊的社会经济结构，在该领域内实现着工作能力恢复的过程亦是生活过程的组成部分。交通服务水平越低，出行中的有效时耗在总出行时耗中的比重就会下降。节省出行时耗的意义在于全社会的总体收益。时间指标是不可忽视的评价指标。

（4）客运高峰公交线路满载水平指标用以评价公交服务"舒适"目标的实现状况。

（5）公交准点服务水平指标，是表征公交服务信誉的重要指标，该指标既涉及公交营运组织水平也与道路交通状况密切相关。因此准点服务不仅是公交企业的事也需要其他道路交通设施的协调服务。

（6）公交车服务人数和出租车服务人数分别反映了城市主体客运方式和辅助客运方式的数量拥有水平，也从宏观反映了不同"聚散"能力的城市其出行活动的便利性。在我国，出租车少是一大问题，其末应率高同样也很突出。为此既需要宏观指标的控制，也要求加强行业自身的管理，做到有车必出以提高出租车的有效利用率。

用实际调研资料对公交车服务人数，公交线路网密度[注2]和线网客运负荷三项指标作相关分析。N=11，取 α=0.05，查表得 R_0=0.602，其相关矩阵见下表：

相关矩阵表（4）

项目	公交车服务人数	线路网密度	线网客运负荷	平均相关系数（$\bar{R}$）
	R_{ij}			
公交车服务人数	1	−0.153	−0.561	0.357
线路网密度	−0.153	1	0.082	0.117
线网客运负荷	−0.561	0.081	1	0.321

从上表可见，两两指标相关系数 R_{ij} 均小于查表相关系数 R_o，说明这三项指标各具独立的代表意义，均有设立的必要。

4. 交通安全管理方面：

（1）干道网信号灯普及率是宏观反映城市道路交通管理设施拥有水平的数量指标。随着发展水平向高层次迈进，今后将对线控、面控的程度作进一步的评价。

（2）交通标识（标示标志）完善率对城市交通活动的秩序、安全与效率有着广泛的影响，往往是花钱不多而见效显著。该指标是根据我国现阶段交通标识未受普遍重视的情况而设的评价指标。

（3）万车事故率、万车事故数、万人事故率、万人事故数指标是宏观评价交通事故危险度的指标，同时也综合反映了交通管理的实际成效。但是用人口事故指标评价交通事故不及用车辆事故指标合适，因为车辆构成及其在道路空间上的分布状况与交通事故的发生有着更直接的联系。在车辆事故指标中，国际上通行的是万车事故率指标。

用实际调研来的资料作上述四项指标的相关分析，取样本 $N=36$，$\alpha=0.05$，查表得相应的 $R_o=0.325$。相关矩阵见下表：

相关矩阵表（5）

项目	万人事故数	万人事故率	万车事故数	万车事故率	平均相关系数（$\bar{R}$）
	R_{ij}				
万人事故数	1	0.734	0.702	0.272	0.569
万人事故率	0.734	1	0.281	0.373	0.463
万车事故数	0.702	0.281	1	0.613	0.529
万车事故率	0.272	0.373	0.613	1	0.419

在上表中，万车事故数与万人事故数指标以及万车事故率与万人事故率指标各自的相关系数 R_{13} 和 R_{44} 均大于 R_o，说明车辆事故指标对于人口事故指标具有密切的相关代表意义，而车辆事故两项指标的 R_{34} 也大于 R_o，说明两者亦可相互取代。

用国外资料分析，取样本 $N=30$，$\alpha=0.05$，该条件下的 $R_o=0.361$，四项指标的相关分析结果见矩阵表：

相关矩阵表（6）

项目	万人事故数	万人事故率	万车事故数	万车事故率	平均相关系数
	Rij				
万人事故数	1	0.386	0.412	−0.141	0.313
万人事故率	0.386	1	0.592	0.066	0.348
万车事故数	0.412	0.592	1	−0.058	0.354
万车事故率	−0.141	0.066	−0.058	1	0.088

上表中，唯有万车事故率指标与其他指标的 $R_{4j}<R_o$，即具有典型的独立代表性。

与国内资料车辆事故指标间关系不同的是，国外资料两者的相关系数 $R=-0.058 < R_o$，即两者互相独立互不可取代。这种差异似可归由为国内外不同的交通事故特征。国外恶性事故少、行人与车辆的事故多；而国内则是恶性事故多且车辆与车辆的事故多——亦即事故发生与死亡有着相同的主、客体影响因子，从而使两项车辆事故指标比国外的更显密切。

在上述分析的基础上再作指标的聚类分析，最终综合得出评价道路交通系统总体发展水平的 19 项指标，见表 2。

19 项总体评价指标表 2

类别	评价指标
道路基础设施	人均道路面积 路况使用良好率 人均停车面积

续表

类别	评价指标
路网系统方面	道路网密度 干道网枢纽负荷水平 路网有效利用率 中心区平均车流速度 干道网密度
城市客运服务	每辆公交车服务人数 线网客运负荷 公交线网密度 市中心交通可达性 工作出工最大时耗 客运高峰公交线路满载水平 公交准点服务水平 每辆出租车服务人数
交通管理方面	干道信号灯普及率 交通标识完善率 交通万车事故率

三、总体评价指标的指代意义和计量方法：

具体讨论总体评价指标的计量方法时所遇到的基本问题是：各评价指标外在的指代意义是什么？所评价的空间层次是不是需要统一？比如：计算人均道路面积指标时，该面积是市区范围内的还是建成区的？有关的人口又如何统计，是否亦与其一致？

笔者认为：道路交通总体发展水平的评价重在反映所拥有的道路交通设施对其主要使用者的服务状况，但不同的道路交通设施其服务对象所处的空间范畴并不相同，因此为能真实反映实际问题，人口、空间等指标的外在指代意义不宜统一划定而应视具体的评价指标的要求而定。城市的道路交通设施主要集中在建成区，但其使用者显然不只是建成区内的居民，随着城市进一步的开放搞活，流动人口对道路交通设施的影响越来越不可忽视。因此约定：以建成区内的道路交通设施为基本的评价对象（公交线路数例外），所涉及的人口等于建成区常住人口加上流动人口[注3]（两项时间指标的计算例外）。各评价指标的计量方法如下：

509

1. 人均道路面积（N_1）——反映城市交通活动拥有道路空间的基本状况。

$$N_1 = \frac{建成区内的城市道路面积}{建成区人口 + 流动人口} \quad (\text{m}^2/人)$$

2. 人均停车面积（N_2）——反映城市静态交通拥有道路空间的状况。

$$N_2 = \frac{建成区内的公共停车用面积}{建成区人口 + 流动人口} \quad (\text{m}^2/人)$$

3. 路况使用良好率（Q_1）——评价道路质量水平，包括路面平整度良好率 Q_{11} 和路面强度良好率 Q_{12}（反映路面龟裂状况）。

$$Q_{11} = \frac{建成区内路面平整度良好的道路长度}{建成区道路总长度} \quad (\%)$$

$$Q_{12} = \frac{建成区内路面无龟裂的道路长度}{建成区道路总长度} \quad (\%)$$

注：式中道路指城市高级、次高级道路。Q_{11} 和 Q_{12} 的综合判别依照市政部门的具体规定。

4. 道路网密度（N_3）——评价城市道路空间分布合理性的基础评价指标。

$$N_3 = \frac{建成区内道路总长度}{建成区用地面积} \quad (\text{km/km}^2)$$

5. 干道网密度（N_4）——评价城市干道的空间分布合理程度。

$$N_4 = \frac{建成区内的主、次干道长度}{建成区用地面积} \quad (\text{km/km}^2)$$

6. 路网有效利用率（Q_2）——反映道路有效利用状况。

$$Q_2 = \frac{建成区内实际用于交通性活动的道路面积}{建成区内道路总用地面积} \quad (\%)$$

7. 干道网枢纽负荷水平（Q_3）——反映干道网枢纽节点的服务水平及干道网容量的基本储备。

$$Q_3 = \frac{建成区干道网上饱和度 \leq 0.7 \text{ 的枢纽节点个数}}{建成区干道网的枢纽节点总个数} \quad (\%)$$

8. 中心区平均车速（Q_4）——反映市中心区干道服务水平的代用评价指标。

$$Q_4 = \frac{市中心区主、次干道实测平均车速}{市中心区主、次干道条数}（km/h）$$

9. 每辆公交车服务人数（N_5）——反映城市主要公共客运工具的基本拥有状况。

$$N_5 = \frac{建成区人口流动人口}{城市公交车辆总数}（人 / 车）$$

注：标式中的公交车数是折标以后的标准车数，其折算方法是：单机 =1，铰接车 =1.8，有轨电车 =1.5 ~ 1.8

10. 公交线路网密度（N_6）——评价公交线网布局水平的基本指标。

$$N_6 = \frac{建成区内的公交线路网长度}{建成区用地面积}（km/km^2）$$

11. 市中心交通可达性（Q_5）——反映日常文化生活出行的便利程度，也是城市布局与交通组织合理与否的综合性评价指标。

Q_5 是建成区 90% 的人其以市中心为吸引点全方式出行的最大时耗。（min）

注：该指标可以通过居民出行调查得到，也可以在有比例并含人口密度的城市平面图上作市中心为吸引点的全方式出行等时线图算得。

12. 工作出行最大时耗（Q_6）——反映居民工作出行的客运组织服务效果。

Q_6 是建成区内 90% 的人全方式上班出行的最大交通时耗。（min）

·注：指标数据来源似市中心交通可达性指标。

13. 公交线网负荷水平（Q_7）——反映公交设施服务水平及线网容量的有效储备状况

$$Q_7 = \frac{主要为建成区服务的公交线路客运量}{建成区内公交线网长度}（万人次 / 年·km）$$

14. 客运高峰公交线路满载水平（Q_8）——反映城市公交服务的舒适程

度及客运组织水平。

$$Q_8 = \frac{\text{市区线路中客运高峰小时线路满载率} \leqslant 0.8 \text{的线路数}}{\text{市区公交线路总数}} （\%）$$

注：各条线路高峰小时满载率计算方式：

$$= \frac{\text{高峰小时线路客流} \times \text{平均乘距}}{\text{人公里高峰小时额定客运周转量}} \left(\frac{\text{人} \cdot \text{km}}{\text{客位} \cdot \text{km}} \right)$$

15. 公交准点服务水平（Q_9）——评价公交的运营服务质量。

$$Q_9 = \frac{\text{市区线路中达到计划准点要求的营运线路数}}{\text{市区公交线路总数}} （\%）$$

注：各条线路的准点考核方法采用始终点行车准点率指标，计算式为

$$\frac{\text{准点到达始终点的班次数}}{\text{全程行车班次数}} （\%）$$

始终点行车准点率与计划行车准点率相差士 1 分钟皆算 "达到计划准点要求"。

16. 每辆出租车服务人数（N_7）——反映城市的辅助公交客运工具基本的拥有状况。

$$N_7 = \frac{\text{建成区人口} + \text{流动人口}}{\text{城市出租车总数}} （\text{人} / \text{车}）$$

17. 干道网信号灯普及率（N_8）——反映城市道路交通基本管理设施的拥有水平。

$$N_8 = \frac{\text{建成区干道网上有信号灯控制的路口数}}{\text{建成区干道网路口总数}} （\%）$$

18. 交通标识完善率（N_9）——针对我国现阶段缺乏齐全的交通标志标识的情况而设，反映了城市交通管理的数量水平。

$$N_9 = \frac{\text{建成区道路中实设交通标志标示数}}{\text{建成区道路中应设交通标志标示数}} （\%）$$

19. 交通万车事故率（Q_{10}）——宏观评价交通事故危险度及交通安全管理效果的指标。

$$Q_{10} = \frac{市区内交通事故死亡人数}{市区内的机动车总数}（人／万车）$$

·注：交通事故死亡标准按公安部的规定。式中的机动车辆是折算后的标准车。折算方法：公交车单机、卡车、拖拉机 =1，公交铰接车、拖挂车 =1.5，小汽车、吉普车、摩托车 =0.8

四、总体评价指标对基础统计的要求：

表 3 分类目给出了相应于道路交通发展水平总体评价指标的基础统计指标、统计口径和资料来源（基础统计部门）。

总体评价指标的基础统计要求　　　　　　　　　　　　　　表 3

类目：道路设施方面		
统计指标	统计口径	基础统计部门
（1）道路用地指标 ＊道路总长度（km） ＊主（次）干道长度（km） ＊高（次）级道路长度 ＊道路面积（km²） ＊停车用地面积（m²） ＊交叉路口总数（个） ＊干道网枢纽节点数	（1）车行道 3.5m 宽以上的城市道路； （2）包括人行道部分； （3）按建成区统计	市政管理部门
（2）道路使用指标 ＊路面平整度及强度合乎标准的城市高（次）级道路长度（km） ＊非交通性活动占用的道路面积（km²） ＊干道网枢纽饱和度大于 0.7 的节点个数（个） ＊中心区平均车速（km/h）	（1）统计范围同上。 （2）按建成区统计。 （3）路面平整度与路面强度指标分别统计	第一项指标见市政管理部门的统计；后三项指标由交通管理部门的统计
类目：客运服务方面		
统计指标	统计口径	基础统计部门
（1）公交供给指标 ＊年末营运车数（辆） ＊公交线网长度（km） ＊公交年客运量（万人次） ＊公交年客运周转量（万客位公里） ＊营运线路条数（条） ＊年末出租车数（辆）	（1）公交车辆统计注明铰接车数； （2）营运线路条数按市区线统计，线路网长度按建成区统计。 （3）客运量及客运周转量按市区线统计，并从中分出主要为建成区服务的线路客运量	公交企业的业务统计

续表

<table>
<tr><td colspan="3" align="center">类目：客运服务方面</td></tr>
<tr><td align="center">统计指标</td><td align="center">统计口径</td><td align="center">基础统计部门</td></tr>
<tr>
<td>（2）客运服务指标
* 到市中心的最大出行时间（分钟）
* 上班最大的出行时间（分钟）
* 高峰客运满载率大于 0.8 的线路条数（条）
* 超过计算准点率的线路数（条）</td>
<td>（1）两项时间指标按建成区范围统计。
（2）满载率及准点率指标按市区线路统计</td>
<td>公交企业的专项客运调查可得到前三项指标；准点率指标见公交企业的业务统计</td>
</tr>
<tr><td colspan="3" align="center">类目：交通管理方面</td></tr>
<tr><td align="center">统计指标</td><td align="center">统计口径</td><td align="center">基础统计部门</td></tr>
<tr>
<td>（1）车辆指标：
* 城市在册机动车辆数（辆）
* 城市在册自行车辆数（辆）
* 常年在城市内活动的各种车辆数（辆）</td>
<td>（1）机动车分车种统计；
（2）按市区统计</td>
<td>前两项指标见交通管理部门（公安局交警大队）第三项指标需作"城市机动车调查"</td>
</tr>
<tr>
<td>（2）设施供应指标：
* 信控路口总数（个）
* 实有交通标志数（个）
* 须设交通标志数</td>
<td>按建成区统计</td>
<td>公安局交警大队</td>
</tr>
<tr>
<td>（3）交通事故指标：
* 交通事故死亡人数（人）</td>
<td>依据公安部事故死亡判定标准，按市区范围统计</td>
<td>公安局交警大队</td>
</tr>
<tr><td colspan="3" align="center">类目：城市社会经济方面</td></tr>
<tr><td align="center">统计指标</td><td align="center">统计口径</td><td align="center">基础统计部门</td></tr>
<tr>
<td>（1）城市概况指标：
* 城市人口（万人）
* 城市面积（平方公里）
* 流动人口数（万人）</td>
<td>按全市建成区、中心区分别统计</td>
<td>市规划部门第三项指标须作流动人口专项调查</td>
</tr>
</table>

[注 1] 详见《城市规划汇刊》总第 57 期《城市道路交通系统发展水平的总体评价》

[注 2] 各城市一般没有线网密度的统计，本文所用数据由实际图上作业所得。

[注 3] 即 $P=P_1(1+n)$，P_1 为建成区人口，n 为流动人口与建成区人口的比率，需调查测定.

本文原载于《城市规划汇刊》1988 年 06 期。作者：王英姿　徐循初

我国城市交通治理的探讨

一、交通供需失调的矛盾日益增加

建国以来，城市道路交通的建设有了很大的发展，但是客货运交通需求的增长更快。大量城市都出现了不同程度的乘车难、行车难、停车难和走路难的状况。交通的困境已引起了社会普遍关注和重视。

回顾我国城市交通的发展，大致可以分为几个阶段：

1949—1965年，建国初期，汽车交通发展较慢，50年代建设一批城市，注意了道路建设与生产建设的协调发展，新兴的工业城市还铺设了不少铁路专用线；沿海有工业基础的城市，也有较好的铁路和水运条件。因此，市内道路运输量小，运距短，非机动车还起着作用。50年代末对城市道路交通虽有过一次冲突，旋即缓和。这个时期对汽车运输的依赖性还不大，道路容量大于交通量，所以道路上车速较稳定，交通事故曾逐年下降过再回升。

1966—1978年，国产汽车和燃料供应改善，汽车运输逐渐上升，货车约占城市车辆70%左右。经过十年动乱，各方面均有跌宕，但城市各工业部门之间的横向联系和城市对邻近地区之间经济辐射作用不断加强，使运距超出人力运输范围而改用汽车运输。同时，水运和铁路运输已趋饱和、周转滞慢,新增的运输量都向汽车转移。这个时期也是我国自行车猛增的时期，因为公交的客运能力和方便程度长期跟不上客流的增长。

1978年至今，由于前十多年对城市规划和城市基础设施建设在政策上失误，造成严重的供需失调，在交通需求量猛增的情况下，使各大中城市普遍产生交通问题。人们迫切要求改善城市交通设施，但羁于财力和拆迁的阻力，很难在短期内有根本改善。实行经济开放政策以来，各地域经济活力倍增，向中心城市的聚集作用加强，产生巨大的交通压力。流动人口增加，外来车辆剧增，使城市进出口道路和城市交通枢纽为之堵塞；市区车辆的构成明显变化,客运车辆年增长率高达15%～20%。城市中缺少停车场地，道路两侧的许多车行道和人行道被汽车和自行车停泊占用。市区次要道路被商业贸易摊贩和集市大量占用，将原来就不完善的道路网切得支离破碎，加上近年来为改善城市基础设施，大量开挖干道埋管，更加剧了道路功能混乱，矛盾全面激化。这正是我国的城市交通处在一个大发展的起步和转折时期的反映。

这些年来，城市客货汽车、自行车及行人猛增和混行，使道路交通密度和交通干扰骤增，结果：

交通事故

逐年上升，每年损失数亿元。在全国的城市交通事故中，80%～90%的伤亡事故都集中在二十多个城市里，事故中涉及自行车的占60%左右。为此，交通管理部门对市区道路加强了管理，采取隔离设施使机动车和非机动车分道行驶，取得了成效。近年来肇事地点逐步向城市郊区进出口和风景旅游点转移，因为那里缺乏管理，道路也差。

车速严重下降

由于交通过于复杂，司机为了减少单位时间内所接受的交通信息量和受干扰次数，确保交通安全，只能降低车速，车流密度增加，车辆就更无法开快。据统计，近三十年来特大城市道路上的行驶速度平均每10年下降5km，使车辆周转效率降低，每辆专业客货运车辆平均每年损失一万多元。公交车辆由于车速下降，使每年新增的车辆大多用来补偿损失的车公里数。

交通结构变化

车速下降还使居民乘公交车出行时耗超过骑自行车的时耗，原有的公交乘客纷纷向骑车转移。道路上自行车越多，交通就越挤，公交车辆无论在行驶中或进出停靠站都受自行车干扰，使它营运效能降低，乘客丧失交通主动权，更促使乘客改用自行车交通，结果公交掉进了恶性循环的漩涡里，不能自拔，城市交通结构也随之巨变。例如：天津市居民出行方式中，公交与自行车的比例，50年代中为62∶38，到80年代改为19∶81。有些城市自行车保有密度平均已达1.2～1.4人/辆，甚至以公交为主体的特大城市，近年来也每年增长30万～50万辆自行车，比公交增长速度快得多，使交通日趋严重。正由于大城市交通处于这样的状况下，人们的"腿"很短，跨不出去，纵然城市总体规划描绘了美好的前景，但实践中人们仍然不断向大城市中心地区挤，使得不少城市人口密度过高，城市环境质量下降，各种基础设施超负荷运转。在交通上给人一种争先恐后、烦乱的感觉，这对城市的精神文明建设是很不协调的。

应当指出：缓解我国城市交通是较难的。因为：

1. 我国发展交通的起点很低，群众自觉遵守交通规则的习惯尚未形成。古老的城市道路系统很不适应汽车时代交通的需求，而道路建设和改造又很缓慢，加上人们、包括一些专业工作者，对道路的功能缺乏认识，更增添了改造的难度。

2. 我国的城市人口密度高过国外十倍多，许多城市人均车行道面积仅 $2 \sim 3m^2$，而每个居民每天出行活动的次数都比国外略高一些。建国三十多年来，各城市的公交客流量增加十几倍，公交车辆数只增加几倍，据统计，我国重点城市每辆公交车年平均载客量在 70 万人次左右，折合每天运载能力达 2000 人次 / 辆，或高峰小时运载能力 200 ~ 300 人次 / 辆，而目前平均每辆城市公交车服务 2000 ~ 3000 个居民。假设其中一半为职工，上班时间职工中有一半步行，其余一半要求乘公交车，则每辆公交车需运的人数将达 500 ~ 700 人，由此可见车少人多、乘车难的严重性。显然，公交车无力承担，最后只能靠自行车作为主要的交通工具来分担客流。而自行车在城市交通中十分灵活，使用频繁，占用大量的道路时间和空间，抵消了我国目前城市中机动车少的情况。一旦这些私人交通工具向机动化方向转化，交通问题将更为严重。

此外，道路网的布局也不能适应发展公交线路的要求，使公交线路网过稀，增加了乘客的步行时间。

3. 我国的城市交通工具种类多型号杂，快慢差异大，且混行，尤其在城市进出口，道路狭窄，用拖拉机和非机动车运输多，干扰交通特别严重，束缚城市向外伸展。

4. 城市交通还受到一些社会或政策因素的定期冲击。例如：80 年代初大量下乡知识青年回城就业，继之城市流动人口猛增，公交难以承受。今后，普及型小轿车投产、大型集装箱车运输发展，都将出现新的交通压力。从宏观上说，这些事物的出现，会加快城乡经济的发展和人们活动能力，但要解决由此产生的一系列交通问题，往往在技术、经济和社会诸方面，由于条块分割，投资渠道不同，相互牵制，使难度倍增。

二、改变旧的观念——几个必须讨论的问题

1. 治理交通的目标

治理城市交通是十分综合和复杂的，不是用建造一两个工程项目所能解决的，它只能暂时缓解激化的矛盾，而要治本必须有一个治理交通的宏观战略研究，使远、近结合、建、管结合。从总体上看，治理交通的目标应该包括如下几个方面：

（1）解决交通本身的问题

一个好的交通规划，真正起到的作用，是使居民出行能安全、方便、准

时到达目的地；使货物能快速、直接地运到，不走冤枉路，不浪费时间，不多花钱。而不能认为道路网四通八达、有大型多层立体交叉、有宽阔的道路就算是好的规划。

为此，应该结合城市土地使用规划，综合研究各种交通方式所能达到的效果，发挥各自的长处，构成一个适合的交通系统。此外，还应有一系列交通管理政策来保证交通规划的实施。

（2）提高城市土地的使用效益。

要发展城市，交通起先导作用，有了方便的交通联系，能使开发的城市用地增值，提高它的使用效益。

（3）做好环境保护

发展城市交通，同时要重视交通对城市环境的影响，要重视对交通噪声、交通震动和尾气污染的防止和治理，以及对交通视觉和景观的改善。这方面在发达国家已提高到相当高的地位；在我国交通处于发展阶段，也应给予考虑，防患于未然。

（4）必须代价低廉。

治理交通的方案要求造价低，经常使用费也少。通过技术经济评价，比较出较合理的治理交通方案。

2. 利用交通充分发挥中心城市的职能。

中心城市既然在地域的经济、文化和技术的发展中起着主导的作用，它就应该有一个"客堂"来接待四面八方的来客、洽谈业务、联系工作，以及旅游、购物等等；对本市居民也需要有一个"起居室"，从事高一层次的生活和文化娱乐活动。这就需要在中心城市有一个强大吸引能力的市中心区，在那里有各种功能——包括行政管理、金融贸易、商业服务、文化娱乐、技术信息等的公共建筑和设施，有方便的交通联系和换乘站点，有宽畅的步行街和广场，供市内外来人的活动，使人们可以用很短的时间在较近的范围内完成各种事情。这种规划布局的做法，在西欧已经普遍实现，效果非常好。深圳华侨城的规划实例，也清楚地说明这种处理手法有很大的优点。当然，对于特大城市，一个中心区人流汇集量过多，不胜负担，也需要有一些次级的区中心来分担。但绝对不能像目前一些城市的做法，将各种公共建筑和设施无规律地散布在全市各条交通干道的两侧，使人们为了办成几件事，在市内到处转，既费时、疲劳，又受交通公害的影响。

3. 道路系统要功能分类吗？

国内交通发展的实践已经证明：当道路功能混乱、交通间相互干扰严重时，交通事故是与车辆数同步增长的，这是不以人的主观意愿而转变的。只有当道路功能分清、再辅以严格的交通管理手段时，交通事故才明显下降。国外在 60 ～ 70 年代重视了道路分工，已收到了效果，每万人或万车的交通事故数明显比我国的低数倍、甚至十倍。

道路的功能是多方面的，除了保证交通畅通以外，它还是城市的骨架，建筑的依托，反映城市历史、文明和风貌的地方，提供地下管线埋设的空间，防灾避难的场所，新鲜空气流通的渠道。就交通的功能而论，道路宜分为交通性和生活性两类。前者是城市的主要交通网络，它联系着城市几个大区，并通过出入口连接郊区城镇，其上行驶以汽车为主的交通，它联系面广、距离长，荷载重，车速也快，因此，对路面和桥梁的建造标准也高。后者是生活性道路，它包括市内的居住区道路、商业区街道等，在道路外可布置商店、文化娱乐和生活服务设施，其上的交通以步行和慢速的自行车交通为主。目前有些城市常在主要交通干道的两侧、尤其爱在交叉口四角密布商店，吸引了大量车流和人流，相互干扰严重，成为交通事故的多发地段。最后只能是：司机主动降低车速，使干道的交通功能逐步丧失，或者交通管理部门采取强制措施——限制、禁行或用大量栏杆分隔，造成人、车均不便，减少了商店营业额。结局是两败俱伤。

4. 道路的服务对象是为谁？

从古到今，交通工具在变化，道路的服务对象，在设计者的思想中经历了从为人到为车，再到为人又为车的变化过程。但至今仍有不少人认为建造道路是为车服务的。设计时，人行道少得可怜，或者只有用地而不铺人行道面，扩宽道路时，可以任意侵吞人行道；交通管理人员可以允许车辆任意停在人行道上，商业摊贩、临时建筑等等都可以自由地蚕食人行道，因为在他们的思想中，只有车辆是第一位的，人是从属的。其实这是一个很错误的观点。

需要大声疾呼：居民是城市的主人。从雅典宪章到马丘比丘宪章的精神，一直强调城市规划是为人的，而不是为车的。人的活动应先考虑，要创造一个步行者的天堂，而不能让汽车到处横行。从城市居民出行调查资料可知，城市居民出行的主要交通方式是慢速的步行，约占出行总量的一半，即使乘公交或其他交通工具的居民，他们也有在车站两头步行的活动。从年龄结构看，采用步行交通最多的是老人和小孩，他们有的步履碎小，跨越艰难，有的反应迟钝或缺乏瞬时决断力，因此，必须为他们建造远离汽车交通的平坦的步行道路，以策安全。伤残人活动时，更需要无障碍的道路和建筑。

此外，在城市中还有不少居民是将步行的过程作为其出行目的的，如逛街、人看人。在这里有大量无声的交往，增强人们相互之间的模仿和联系，获得大量新产品的信息，增添了生活的情趣和对环境亲切的感受。为什么人们在内地或城市远郊的工人新村里待不住，就因为生活太平淡单调，他们对生活要求多样化、热闹，要得到许多新的信息无法满足。

应该使人们在城市道路和广场上得到这些。当人们在交通性干道上——人车共存的空间快速经过时，他接受的景观是被动的，感受的时间是短暂的，空间是带状的，形态是不稳定的，多半留下的是粗犷的轮廓性的印象。当人们在生活性道路上——人与建筑共存的空间慢速走过时，他接受的景观是主动的，感受的时间是充裕的，可以细细欣赏，感受的形态是稳定或渐变的，空间是完整的，甚至他可以深入到建筑空间的内部去。正由于这两者之间有这样大的差别，反映在道路规划设计时，就不是简单地划两条道路边线。为车辆交通，要创造良好的交通环境，线型流畅，建筑要有层次变化，高层建筑要后退，有进深和节奏感，要有标志性建筑物，配以和谐的色彩变化，使轮廓更丰富。如人行交通，要创造良好的步行空间，它是建筑物间的道路和广场，或建筑物外部空间的延续，是人们交往的地方，在其上可配置商店、文化设施、建筑小品（花坛、水池、雕塑和交通信息牌等），供市民和旅游者在自由自在、东观西望的漫步中感受生活的美好、城市的文明质量和社会的精神面貌。反之，若要求一条道路兼容这两种功能，其结果只能给人一种感受——乱。

5. 道路横断面用三幅路（俗称三块板）是否好？

随着城市规模扩大，道路上交通量和车种的增加，对快慢车辆实行分流、各行其道是十分必要的。对宽阔的道路采用纵向的交通护栏、隔离墩或建造三幅路，使路段上的交通安全条件得到了改善。但是，当纵向的机动车、非机动车和过街的行人交通量都很大时，到了交叉口就将交通的矛盾高度集中在一起，尤其在左转的交通，干扰着各个方向的车人流，产生了大量冲突点，造成交叉口交通延误、阻滞。道路横断面越宽，相互干扰的情况越严重，若要较彻底解决交叉口的矛盾，就得建造多层立体交叉。它不仅占地大，拆迁多，造价也过于昂贵。从北京第一次搞隔离墩护栏以来，仅仅十年时间，交通管理部门已感觉到采用三块板已非上策。为此，需要从路网上对交通进行分流，实现各行其道。

由于交通流在方向上是不均匀的，为了确保高峰时间自行车畅通，不少城市采用了单向6～7m宽的非机动车道。若将两边车道合在一起，有9～10m

宽就足够了,这对节约城市用地也是十分有利的。沈阳的实践证明,将自行车交通组织在另一条专用道上,两旁开设商店,其营业额要比在三块板混行的道路上高。分流后,两条道路的车速和交通安全程度都有提高。

自行车专用道的线型要求,路面结构厚度和桥梁荷载均比走汽车的道路低,造价也便宜。当它与机动车主干道相交时,可以采用平交或简单立交穿过(因为没有左右转弯交通),自行车道的净空低、造价也便宜。自行车专用道的道路要长,路面要平整,绿荫和照明要好,才有吸引力。西欧自行车并不多,但不论在市区或乡间都设置了自行车专用道;我国是世界上的自行车王国,更应该为解决自行车交通做出范例。

近年来一些大城市在建设路网时,开始搞快速干道,这是一种机动车专用道,道路两边严格控制出入口和沿街建筑物,其实际车速有时可达到100km/h 以上,其运转的效能已明显反映出来。在其平行的方向上,另有一条原来的老路,起集散道路两侧工厂和企业客货的作用,其断面可以处理成三幅路(原有)。这种作法,在今后必将越来越受到重视。在城市中设置机动车专用的干道系统是提高城市运转效率的必然措施。

6. 建造多层大型立体交叉是交通现代化的标志吗?

前面已讲过,交叉口流量过大,交通干扰过甚,用信号灯在时间上错开车流矛盾已经困难时,才采用多层立体交叉在空间上将各种车流干扰错开。因此,建造大型多层立体交叉是出于无奈。若将它看成是交通现代化的标志,这是颠倒是非。

交叉口是左转、直行、右转车辆换向的地方,我国自行车多,在路口又多了一套换向停车行驶的要求。而在交叉路口前能取得的通行时间不到路段上的一半(另一半时间要给横向道路和行人过街用)。因此,交通干道的路口要能展宽,绝对不能与路段一样宽,如果在交通干道的交叉口四角建造四幢高层大楼,就将交叉口卡死了。再在大楼内开设吸引大量人流活动的商场,这对解决城市交通问题就如同雪上加霜。

我国城市交通构成中,铰接公共汽车和拖挂载重汽车的比重大,这些汽车的动力因素很低,爬坡能力差,建造立体交叉时,要求坡度小,坡道长,自行车和货运非机动车还要求在平地上行驶,因此,我国的立体交叉,层数比国外的多,占地比国外的大,造价也高。况且,在一条干道上建一个大型立体交叉是不够的,它仍受着四面平面交叉口通行能力的限制。只有建造一系列立体交叉,才能发挥作用,但付出的代价太高。

关于道路的间距。快速交通干道的间距是大的,其上的出入口、交叉口及沿线用地性质和建筑也应受到控制。对于一般城市用地上的次要道路和支路的间距可以小些，路网密些，以利分担交通。有的城市，只规划和建造主干道，忽视了其余的道路，致使 1.5km² 内的人、车交通安全部汇集到四周的干道上，造成交通拥塞，就好像一个人的机体内，只有动脉和静脉，没有微血管一样。根据道路上绿波交通的使用情况看，交叉口的间距在 400m 左右，其效果还是很好的。

必须指出，大型平面交叉口和环形交叉口是由于车辆交通的需要而建造的，这是一个交通广场，不是生活广场，也不是停车场，更不是商业广场，后者应该设在步行区内。但目前不少城市将它们合而为一，在车辆交通繁忙的路口当中建造供人们进入游憩的花坛、喷泉、甚至搞集市贸易，这是产生交通事故的危险温床。

7. 城市用地扩大，铁路车站是否要搬家？

建国以来，不少城市的铁路车站搬了家，且不讨论搬迁的耗费巨大，从城市居民使用方便出发，也不宜将车站外迁得很远。诚然，城市用地扩大后，铁路分割了城市，造成道路交通受阻，铁路两边用地联系不便等缺点，但是搬铁路车站后，城市用地再扩大，难道再搬一次？有的城市担心此事，就将车站设在离城市很远的地方，多少年来一直给乘客带来不便，实属憾事。联邦德国的铁路已有 150 多年的历史，当年设在城墙外面的车站，至今未动站址，有的站屋还是一百多年前的。他们的做法是：①老车站（虽今已在市中心区边缘）作为客运站、并与地铁站、近郊快速轨道交通（简称轻轨）站、有轨电车站结合在一起，所迁出的是货运站和编组站等；②铁路的标高处理得好，进入市区的路段，常设置在路堑或路堤上，与道路相交时，就用高架桥通过。在柏林、科隆等市，铁轨和月台都设在二楼上，人的活动在楼下地面层，与广场相连，铁路两面的汽车和行人可以在铁路和车站下自由穿行，毫无阻碍。按这种模式设置的铁路车站，最大的优点是外来旅客下车后，即可步行到市中心区，极其方便，对市中心区人流的集散能力非常强。

8. 要设置公交的综合换乘枢纽。

人们在城市里活动，如果乘公交的时耗大于骑自行车的时耗，他就不大愿意乘公交。作为公交企业就应该设法在各个环节上节约乘客的时耗，减少换乘次数，缩短换乘时间和步行距离。国外十分重视对外交通与市内公交站点之间的衔接，各种公交线路站点之间的衔接。创造各种条件设置综合换乘站。有的在立交两层之间直接上下换乘，也有的在大城市里设置了几个大型综合换乘枢纽，市民只要一到这种枢纽站上，可以自由乘换多种线路到达全市各地，十分方便乘车。我国由于城市道路建设、交通管理和客运经营分属各家，缺乏统一协调的治理。各家强调自己的利益，常不考虑综合换乘。有的城市为了缓解交叉路口交通拥挤而迁走公交站，或建造大型立体交叉时不设公交站，使乘客换乘一次公交，需步行三四百米以上，既难找又劳累，更使公交丧失了吸引能力。

9. 要建造道路外的停车系统。

城市中车辆的动和停是交通过程的两个方面：动的目的是停（供上下乘客、装卸货物），是实现位移；停的延续是动（得到新的位移），为动作准备。因此，两者缺一不可，应予同样重视，但目前各城市的停车场极为缺乏。习惯上占用车行道停汽车、占用人行道停自行车，使道路断面宽度任意受到缩减，产生了大量活动的瓶颈；行人无路可走，随意走在车行道上，造成交通混乱，车速变化无常，通行能力大为降低。所造成的交通损失远远超过在道路以外建造停车场地的费用。应该看到国外城市中心地区的地价是很贵的，但为了保证道路的效能充分发挥，尚且建造了一系列道路外停车场地、停车库和完善的停车指引系统。我国城市道路系统不够完善、道路面积率低、功能混乱，更应该借助停车系统的建立达到改善交通秩序的目的。为此，要根据城市中各种车辆的停车需求、停放时间的长短，分别为它们建造公共停车场。对外来车辆要考虑有过夜的地方；本市车辆在公共建筑附近活动频繁，应按照公共建筑性质、吸引人流活动的特点，考虑不同的机动车和自行车停车场地或停车库；对于专业运输的服务网点及场站也应有统一的规划，留给足够的用地，以适应今后城市发展的需要。

10. 干道下布置干管还是支管。

目前，城市基础设施正在加强建设，经常出现交通干道下面埋主干管的情况。从防灾救援的角度看，是不适宜的。一旦发生不幸之灾，要抢修地下生命线——水、电、煤气、通讯的管线，就得开挖路面，而这时也正是抢救伤员、提供救灾物资最紧张的时候，要尽一切力量保证救援交通的畅通。因此，在规划时就应改变将所有干管、干线、干道集中在一起的做法。现实生活中已经多次在局部地段发生过这种事故，造成了很大损失。这个教训应该吸取。

综上所述，仅仅是治理交通中一些经常遇到的问题，在这样或那样做法的情况下，往往造成的得失是巨大的，对城市居民生产和生活带来的不便和烦恼也是难以计算的，有些事情还是不可逆的。

三、综合治理城市交通

国外在 70 年代前,只注意局部的技术措施研究和实施,采用"头痛医头"的办法,往往顾此失彼。因此,目前世界各国均已认识到道路交通的治理必须根据国家的交通政策和规划,结合当地的特点,使城市规划和建设部门与各有关经济部门协调起来,才能综合治理。

1. 治理交通的指导思想。应采取积极治理的态度。片面强调安全而采取限速、限行的方法,并不能限住生产生活所需的各种车流和人流,只是将矛盾转移,或者变成一个运输效率低的城市。这种现象在东南亚发展中国家也发生过,实践使他们认识到:改善交通政策是使他们实现经济和社会飞跃发展的前提。城市是国民经济的重要中枢,要发挥它的功能,根本途径是积极改善道路系统及交通工具设施。要建设新的干道,修整现有的道路网;要大力扶助公共交通;要错开客货运的高峰,以减轻道路负担;要为城市中的交通弱者——幼老残弱病,创造方便的交通条件。

2. 做好交通调查和预测。

首先,要掌握城市交通中产生客货流的"源"。它们在城市中的布点是否合理,对今后交通的流动是起决定作用的。不少城市"东工西宿",又"西工东宿",数以万计的职工长途对流,就是居住区建设和住房分配没有同职工上班交通统一考虑。货物在城市里的对流也是常见的,同一种货由于分配渠道不同,相邻单位的货不能提,都要到十几公里外去取,这种不合理的运输,对运输部门说,是完成了"吨公里",创造了"产值",完成了上缴利润,实际上是浪费运力。

其次,通过"起讫点"调查,掌握城市居民和货物的流向、流量及其流动特征,这对公交企业是规划和调整公交线路系统、改善行车组织,提高运营质量的重要依据。对城市规划部门是加深规划、提高规划质量、调整工业布点、货运场站和码头布点,居住区布局的依据,同时也是城市道路系统改造规划的依据。城市交通调查工作的重要性正在被认识,在摸清了城市交通源和流的特征以后,就可以进行近远期交通发展趋势的预测,建立综合治理城市交通的宏观战略模型,确定分期实施的主攻方向。目前在国内已有一批城市进行了综合交通调查,并运用电子计算机整理分析数据获得成功。今后随着计算机软件的开发和引进,对城市交通和运输的规划评价,方案比较、线路优化、行车调度等方面,都将得到很大的发展。

3. 道路系统是城市的骨架,一旦形成,就随着时间延续下去,很难有大的改动，即在天灾人祸中，城市已成为废墟，但人们仍然按原样重建家园，在国内外城市屡见不鲜。城市还要发展长大，道路网也要能随之长大。道路与周围用地的关系，尤其在城市出入口处，应该像"藤上结瓜"，藤粗瓜大，而不是"穿心糖葫芦"，卡死了城市的发展，将来这块用地圈入城市，又是改造的难题。道路网的规划不只满足数量，更要重视路网规划的质量。

4. 要优先发展公共交通。

在现阶段的经济能力和交通服务水平下，不论男女都十分喜欢骑自行车，因为它有许多优点：维修方便，不用燃料，无废气噪声污染，又能锻炼身体，自行车能门到门的联系，车速自便，客货两用，胡同小巷都能走，道路施工也不会中断自行车的交通，自行车还特别适宜在一次行程中作多目的活动，可节约不少活动时间，这是目前的公共交通方式所不能代替的。

但它有缺点：一辆自行车行驶时，占用的道路面积大约相当于 6 位公交乘客所需的道路面积。停放时，在城市约需三个停放车位，需面积约 $2 \sim 2.5m^2$。若一个百万以上人口的大城市，有 50 万辆自行车、仅停车面积就要 $100 \sim 120hm^2$。自行车在我国城市中得到发展的根本原因是由于道路系统不全、道路稀疏狭窄、道路面积不够、使城市公交开辟线路困难、公交发展难以满足居民各种出行活动的需要、而补缺的交通工具正好就是占用道路面积最大的自行车。因此，就加剧了交通问题产生。

为此，应根据不同规模的城市采取相应的对策：

中、小城市。城市用地在自行车活动范围内、步行的比例比较高、市内交通应以它们为主，其他交通方式为辅。公交主要用在联系郊县和周围城镇之间。

大城市。应大力发展公交、使它成为城市客运交通的主体。不仅有全天的定班车、还要有高峰车、夜间车等所组成的城市公交路线网、使它能在大范围的客运服务上胜过自行车、从而缩小自行车活动的范围、减少骑车人长途跋涉的劳累、也减少了道路上自行车的交通量，使自行车成为一种有利的辅助交通工具。

特大城市。一般城市面积都很大、出行距离长、不宜用自行车作长途跋涉的工具、应积极发展多种类型的公共交通，以及快速大容量轨道交通。使它们与公共汽车和无轨电车线路网配合起来、构成一个换乘方便的公交系统，以适应中心城市内部的交通联系、中心城市与近郊、远郊城镇和居民点的便捷联系，使自行车在同公交竞争中逐步改变它的用途，缩小它的活动范围。而要实现这个目标，必须在财力和政策上给予保证。

5. 加强城市交通管理。

同城市建设一样，三分靠建、七分靠管。对道路交通进行科学管理是发挥道路潜力、提高道路使用效能的重要手段。根据国外经验，近年来大力推行的"交通系统管理"（T.S.M）可提高道路交通效能 10% ~ 20%。反之，光修路、加车辆、交通管理不善、路上秩序仍然会混乱、事故频繁。为此：

要提高市政设计和养护人员以及交通管理人员业务水平、这是管好交通、提高道路交通效能的关键。同一个交叉口、仅由于划线不同、红绿灯信号配时不同，就会出现差别很大的效果。因此、完善交通标志信号、健全交通法规、整顿交通秩序是十分重要的。从事故类型和地点分析、在郊区发生的交通事故多半是快速行车、驾驶失控所致、其中有相当一部分是道路宽不划线、车流游荡。从国外经验教训看、也是如此、路宽车少、更要划线。西欧在交叉口范围内全部划线、渠化车流导向、效果很好。划线标志的工作应在道路交付使用前就完成。

国外从 60 年代以来，十分重视电子计算机在交通管理中的应用。它可以统计、分析和贮存各种交通信息，也能监测和控制交通管理，使交通安全和效能得以提高。目前我国已开始采用，但交通信号和标志的应用要有一个普及过程，让广大群众理解和接受，才能共同遵守交通管理。否则，即使安装了现代化的设备,也难以发挥高效。因此,要加强对道路的使用者——司机、骑车人和步行者的安全教育和交通道德教育。这是城市要做的一项十分重要、艰巨而又持久的工作，许多良好的交通习惯要从小抓起，学会"走路"，学会自觉遵守交通规则。当然、良好的交通习惯首先要有合适的道路作保证,人们行走时才能遵纪守法。要切实管好道路及两旁的商业网点、确保道路畅通、严禁蚕食道路。

总之，要搞好城市交通，涉及的面非常广。包括：城市规划管理部门、城市建设和建筑管理部门、公交公司、运输公司、市政工程公司、公用事业部门、公安局交通处、交通局、铁路局、航运局、商业局、环保局、等各部门，希望他们有共同的认识、才能相互配合协调、使城市交通得到综合治理。

本文原载于《城市规划汇刊》1989 年 03 期。作者：徐循初

城市道路交通评价指标体系及等级划分

    道路交通是维系城市生命活力重要的支持系统。改善其服务状况，提高发展水平是我国城市化进程中所面临的主要任务。发展改善需要投资，这不仅意味着保证道路交通系统的投资在国内生产总值中占有恰当的比重，同时也意味着系统有限的投资应该尽可能发挥更大的效用。建立道路交通系统发展水平的客观评价标准是选取系统自身的发展目标和投资方向的依据。它有助于系统内部的不断完善、有益于提高系统投资的质量。

    本章首先经过定性定量的分析研究建立了评价道路交通发展水平的指标体系。然后借以分析系统内部的发展规律试图为从内部提高投资质量提供依据。随后分析了不同城市类型对道路交通系统发展水平的客观需求及等级差异。最后，提出道路交通系统发展投资方向的决策程序和战略设想。

一、城市道路交通系统发展水平的评价指标体系

    国内尚未建立起整体评价道路交通系统发展水平的指标体系，现有指标反映的多为"纵深"发展水平而缺乏横向综合的总体评价指标，并且在指代意义、指标结构、指标管理等方面存在不足。

    本章根据评价指标体系建立的条件与原则，借鉴国内外相关理论与实践，对总体评价指标进行了讨论与选择，得出了道路设施基础、路网系统、城市客运服务、交通管理四大类共19项总体评价指标，并确定了各项总体评价指标的指代意义和计量方法以及总体评价指标对基础统计的要求。

二、城市道路交通系统发展的内在规律特征

    本章采用定量定性相结合的分析方法，先确定了质量指标的含义及其与系统目标的联系，以研究系统数量指标与质量指标的动态关系特征及其效用差异。并在定量分析中提供了两种可供比照的状态——理论分析研究与我国实际状况，从而建立起相对的系统目标，借以反映我国城市道路交通系统内部的发展特点以及存在的问题，反映系统内部组成的功能效用次第，从而试图为寻找系统内部的有效投资观点提供客观依据。

三、不同的城市类型对道路交通设施发展水平需求特征

城市道路交通设施的发展水平受到城市规模等级、经济水平、职能特征、结构形态和在国土地域空间中的分布的影响，本章主要通过这五个方面分析不同城市类型中道路交通的活动特点，以研究不同的城市类型对道路交通设施发展水平的需求特征及等级差异，并归纳出了相关的规律与启示。

四、我国城市道路交通设施系统发展投资的方向分析

本章首先在不同类型城市道路交通设施系统的发展水平实态及客观需要特征的分析基础上，提出我国城市道路交通设施系统发展投资的五大方向性战略决策：城市公交与自行车并举的发展战略、大力发展公交的战略、重点扶持的战略、优先发展的战略及保证重点的战略。其次。依据设施系统内部组成的功能效用次第以及类型因子综合影响下，设施系统数量对于质量的支持特征，试图建立起改善具体城市设施发展目标的方向性投资决策程序。

本文原载于《中国城市基础设施的建设与发展》（1990 年，中国建筑工业出版社出版），本文仅摘录原文中主要内容，原文详见《中国城市基础设施的建设与发展》第十二章 P203—P253。

作者：徐循初　王英姿

城市交通投资规模与使用方向探讨

城市交通投资规模是指在一定规划期和城市发展阶段内，为适应或满足多种交通需求而应投入的最低或必要货币总量。其中，既包括新建、改建、扩建工程项目的投入量，也包括用于运营管理、维护保养、科学研究等方面的投入量。城市交通投资系统是一个复杂的社会经济系统，城市交通投资规模及其使用方向，对形成城市交通系统的合理结构与有效承载具有十分重要的意义。

1 城市交通投资规模与城市经济发展的关系

现代城市交通系统是一种完全开放的社会共享资源。为了适应和满足日益增长的多种交通需求，其投资规模常在城市基础设施总投资中占有很大比重（国外城市道路交通投资占城市基础设施投资的比例一般在 41% ~ 45%，其中道路投资在 27% ~ 30%，公共交通投资在 14% ~ 15%）。一般来说，投资规模是根据需要和可能两方面的条件来确定，即根据一定发展阶段来确定合理的规模，以恰当地解决交通供给总量与结构性短缺的矛盾。

解决城市交通供给能力不足的问题，单纯依靠交通设施的建设（增加供给总量）是不行的，还需要对城市交通结构进行调整，使之适应交通需求。合理的城市交通结构是指交通系统中各种交通方式的优势都能得到充分发挥，交通系统的综合能力达到最高，其经济和社会效益达到最优。要想解决好城市交通供给结构不合理的问题，一方面要处理好道路面积增长与路网密度提高、路网结构改善之间的关系，以最大限度地发挥道路系统的整体效率。另一方面要处理好道路投资与公共交通投资（包括现有公共交通的发展与改善），以及与地铁等高投资运输方式的关系。

城市经济发展是引起交通需求总量增长的直接和首要因素，同时也是增强交通投资能力和交通供给能力，调整交通结构和逐步实现城市交通现代化的重要条件。反映经济发展的指标既有国内生产总值和国民收入等宏观经济运行方面的指标，也包括城市基本建设投资总额、生产性与非生产性固定资产总额等扩大再生产、技术进步和增强、改善城市基础产业等方面的指标。它们与城市交通需求总量的增长有着密切的关系。

1.1　交通投资规模与国内生产总值的比例关系

国内生产总值是在一定时期内所生产的最终产品和提供的劳务总量的货币表现。它反映了城市经济发展的总状况。国内生产总值的大小与各经济部门、行业的发展息息相关，与城市交通的关系尤为密切。因为，交通阻塞将使城市陷入瘫痪，经济趋于萎缩，而交通通畅，城市社会经济就繁荣，即通常所说的"道路通，百业兴"。

1.2　交通投资规模与基本建设投资的比例关系

基本建设投资是社会扩大再生产的主要手段。基本建设投资额是基本建设完成量的货币表现形式，它的大小反映了基本建设的规模和速度。当基本建设规模过大、战线过长、速度过高时，社会经济发展就会过热，后果必然是比例失调，难以为继。如果基本建设战线过短，也会造成经济萧条和萎缩。因此，确定恰当的基本建设投资规模是经济建设中一个非常关键的问题。由于城市交通是城市全局性、先导性的基础产业，所以，有效的交通对保障城市社会经济持续、稳定、健康发展起着重要的作用。在确定交通投资与基本建设投资比例关系时，要对交通投资实行倾斜政策，以保证交通适应城市经济发展和改善人民生活的需要。

1.3　城市交通建设应有"适度超前"的意识

近年来，我国城市交通建设取得了令人瞩目的成就。但由于历史欠账较多和国民经济的高速发展，以及城市化进程的不断加快，我国许多大、中城市相继出现了严重的交通拥挤及堵塞问题，城市交通在总体上仍处于滞后的状态，并已成为影响人民生活质量提高和城市经济发展的主要障碍。要想从根本上改变这一现状，必须加快城市交通的现代化建设，实现交通发展由滞后型向适应型的转变，以支持国民经济持续、稳定、健康的发展。

首先，交通投资应有"超前"意识。这是因为交通建设是资金密集型、劳动密集型产业，投资大、工期长、配套慢，从开始建设到建成投入使用有个"时间差"，往往需要几年时间。

第二，对交通投资需考虑交通运输能力的适当储备。这是因为交通量具有明显的时间上和空间上的不均匀性，由此就产生了交通高峰时段（如上下班时间）和非高峰时段，也产生了交通高负荷地区（如市中心区、主要交通走廊）和非高负荷地区。由于运输能力在空间上不能储存，在时间上不能挪用等特性，因此，只能进行储备。

第三，交通是个大系统，交通建设要使点线结合、路车协调、各种设施配套，以增强整个交通网络的综合运输能力。

由此可见，交通作为国民经济的基础产业，只有先行发展，才能适应社会经济发展的需要。但由于交通建设规模大、耗资巨，无论在时间上，还是在资金、物资的筹措和供应上，都受到经济发展阶段及水平的局限，所以，达到交通先行不可能一蹴而就。根据我国国情，城市交通发展应遵循从滞后到与国民经济基本适应,再到适度超前的循序渐进的原则。也就是说，在突出交通先行地位的同时，近期要在实现"基本适应"的前提下，以"适度超前"为目标，加强交通设施建设，以尽快弥补历史欠账，逐步达到与经济发展同步，并使城市交通网络的建设规模、空间布局和现代化管理水平等方面，基本适应国民经济和社会发展的需要。

2 城市交通投资的战略决策

由于我国城市经济发展水平与国外发达国家相比还存在相当大的差距，所以，我国城市用于市政基础设施建设的投资是十分有限的。这就要求我们既要考虑还清欠账"需用多少钱"的问题，更要考虑"有限的资金如何利用"。另外，从大多数城市的发展历史来看，交通作为城市的基础设施，一旦形成，几十年内难以更改，甚至是被地震或战争毁灭的城市，也很难改变原有交通网络的骨架。根据我国自行车交通占城市交通的比重很大，而且其在今后相当长的一段时期内，仍将大量存在的现实，我们认为，我国的城市交通投资战略主要应包括以下四种。

2.1 公共交通与自行车交通并举的发展战略

发展公共交通不仅能收到少花钱、多办事、见效快的效果，而且世界各国与我国的实践表明，公共交通的道路利用率、能源消耗、环境污染、交通事故率和运营成本等指标，都远远低于小汽车。优先发展公共交通已成为我国的一项基本国策，它不仅大大节约了人们社会活动和生活出行的时间，同时也加快了城市经济发展的速度。

自行车的大量存在确实给城市交通治理带来了很多麻烦，在以往的交通政策研究中，自行车也多被视为"被限制发展"的对象。但事物没有绝对的优和劣，自行车方便灵活与经济实惠的特点，尤其是在短距离、多目的出行中，有着公共交通无法替代的优势。另外，从城市可持续发展的要求来看，自行车是一种"绿色交通"，而且它对道路的要求远比小汽车要低，只要"容得下、散得开"就可以。

根据以上对公共交通和自行车交通的分析，公共交通与自行车交通并举发展战略的指导思想是：顺应自行车发展的客观规律，借助旧城区路网密度较高的良好条件，充分利用自行车特有的优势，用自行车解决近距离出行，而将有限的投资用于中、远程公交客运的建设。也就是说，该战略的重点在于自行车与公交的换乘组织（类似于国外的"存车换乘"），使自行车成为中长距离出行中的一个组成部分。中科院院士何祚庥曾在90年代初就提出过设想：解决中国城市的交通问题要有新思路，我国城市未来的交通模式，将主要是发展能携带可折叠轻便自行车的大型公共交通工具。凡属于中长距离的运送，主要仰仗于快速的公共汽车、电车、地铁等。但近距离的交通就由可折叠的小型自行车解决。

2.2 大力发展公共交通战略

根据经济发展水平、地理条件特征及对公交客运的客观需求，我们认为，中西部地区，尤其是其丘陵山区比东部地区更具公交市场。只要中西部地区积极改善公交服务水平，必将增强其中心城市对周围地区的吸引力，强化其中心城市的职能，从而促进该地区的城市化进程。否则，中西部地区将很可能因公交吸引力下降而迫使私人交通工具大量增加，从而重蹈东部地区大城市的覆辙。

2.3 优先发展战略

优先发展战略就是把有限的资金优先用于交通设施的薄弱点和最需要的地方（如交通管理设施的建设和交叉口或瓶颈路段的改善），以提高整个路网的通行能力。其重点应在于解决商业交通和公共交通的需要，而不是小汽车的需要。与其他战略相比，该战略花钱不多而见效大，可以说是一种"低造价"战略。

2.4 保证重点战略

一般来说，保证重点战略适合于北京、上海、广州等具有国际影响的大城市，因为这类城市的交通问题已达到十分严重的境地，缓解它们的交通矛盾，无疑需要加大交通设施建设的投资力度。

从投资方向来看，北京、上海、广州等特大城市，应把发展快速轨道交通、公交专用路及公交专用道放在首位。尽管快速轨道交通的一次性投资规模比常规式道路要大，但其却可以收到一举多得的效果和明显的社会与经济效益。比如，地铁和高架轻轨可以利用地下和地上空间，以节省紧缺的市区土地资源，减少大量拆迁费和土地征用费，并使沿线走廊的土地升值。再如，轨道交通方式的大容量和快速优点，辅以良好的换乘组织，可以吸引和运送大量人流，有效地减轻常规道路和公共交通的负荷强度，包括减少小汽车的出行量，避免西方国家私人小汽车的泛滥成灾。另外，为了把特大城市的某些功能构成、人口向卫星城镇转移，以减轻市区，特别是市中心区的交通压力，修建快速轨道交通也（包括市郊铁路）是必不可少的。但目前存在的问题是，当投资能力有限时，如何根据不同城市的具体条件，通过定性与定量相结合的分析与评价，选择交通投资的战略重点与投资结构。同时，在建设快速轨道交通时，还应该树立节约的思想，积极研究建设公共交通（公共汽车或电车）专用路或专用道的可能性，使之与轨道交通网络统一考虑。

北京市交通投资比例结构（%）　　　　　　　　　　附表

年份	1985	1990	1995	2000	2005	2010
快速轨道交通	31.23	32.42	34.22	37.11	42.34	46.74
道路桥梁	31.20	27.71	24.84	23.48	22.10	21.04
公共汽电车	14.80	15.42	15.70	16.20	17.08	17.69
专业化货运	17.34	19	19.29	17.11	12.33	8.15
公安交通管理	5.43	5.45	5.95	6.10	6.15	6.38
合计	100	100	100	100	100	100

（资料来源:《1991 年中国交通年鉴》）

　　以北京市为例（北京市交通投资比例结构见附表），今后北京市交通设施投资的主要方向是快速轨道交通，以及公共电、汽车和交通管理（比例将有所上升），而道路、桥梁和专业化货运系统的投资比例将有所下降。

　　以上是四种发展战略的简单介绍，其孰优孰劣没有绝对的标准，各自持有一定的侧重面。各类城市要根据交通设施情况、投资水平和管理技术能力，选择合理的投资方向。但决策的指导思想应是"因势利导"和"用有限的资金解决尽可能多的问题"，从总体上提高资金的有效利用率。

　　本文原载于《北京规划建设》2000 年 03 期。之前发表于 1999 年中国城市交通规划学术委员会论文集，刊发时有所改动。

作者：单晓芳　王正　徐循初

城市交通设计问题总结和经验借鉴

交通设计理论成果较少，一般都来自实践当中。由于过去国内对交通设计不够重视，导致交通在交叉口、步行道、枢纽等处以及停车方面产生了许多问题，如秩序混乱、安全度不高、可靠性差等。相对于机动化交通，步行交通设计考虑得较少，忽略其除了通行以外的其他功能，如散步、休憩和游乐等。交叉口是道路网中产生交通阻塞的关键，交叉口设计合理与否将对通行效率、安全等有较大的影响，有些城市人口规模并不大，机动车拥有量不多，但交通阻塞却时常发生，其中一个重要的原因就是交叉口渠化太少或者不合理。城市的静态交通对于特大城市来说尤为重要，土地资源紧缺，道路使用面积有限，停车设施的设计和使用的效率变得越来越重要。城市交通枢纽对于城市交通流具有锚固作用，在整个城市交通系统的运营效率上扮演越来越重要的角色。

1 步行交通设计

步行系统是道路系统中的重要内容，现在道路系统规划重点还侧重于机动车这方面，往往忽视了人行道。例如，给残疾人设计盲道，缺乏人性化的设计，实际上并不受残疾人的欢迎，从这方面可以了解到交通与人的关系，以人为本的设计理念并没有落到实处。城市步行系统设计主要包含以下几个方面：城市游憩集会的广场、滨水地带的林荫步道；交通集散广场和商业步行街；人行道与行人过街横道。

1.1 城市游憩集会广场、滨水地带林荫步行道

城市广场具有游憩和集会的功能，规模不一定大，但每个广场都有一定的服务半径，供外来的参观者和居住在周围的居民使用。广场是城市的客厅，要求小、多、匀，不能单纯追求规模大，否则会造成浪费和使用效率低下。同时，游憩广场也要考虑多功能性，例如，北海的明珠广场，早晨周边居民打拳健身，中午外来的人群可以休息，晚上打工者进行活动。在市中心地区还应多设置一些步行广场和生活游憩的绿地，有水面条件时，要尽量争取留出较多的生活岸线，供市民享用。城市滨水地带的道路是城市一道亮丽的景观，属于休闲、散步的好去处，滨水带步行道的设计同样也要注

重它的多功能性。

1.2 交通集散广场、商业步行街

交通集散广场包括车站、码头等，这些地方人群比较集中，如何快速、高效地将人群集中到广场和疏散到周围区域，是交通规划和设计者首先考虑的方面。对于这类区域，完成集散功能的首选交通方式是公共交通，有地铁线路的城市应在此设站，没有地铁线路的城市应设置大容量的公共汽车交通系统。同时，交通集散广场停车场的设计也很重要，车位数过多会造成该区域的拥堵，过少则不能满足需要。另外，交通集散广场的交通组织也是一个重要的方面，包括机动车交通组织，公共汽车站点位置、线路和换乘组织以及行人交通组织等。

商业步行街也是城市比较具有代表性的步行道路，如北京的王府井和上海的南京路等，都已成为一座城市的地标，成为外来人口了解城市的重要窗口，其设计的合理性与美观性赋予了除交通以外更多的意义。所以，商业街设计要给步行交通一个完整、合理、独立的空间，使人、车、货各得其所，通过人、车分离，把商业活动从汽车交通的威胁中解脱出来。

1.3 人行道、行人过街横道

对于交叉口行人过街问题，当某个方向没有设置左转专用相位，绿灯时左转机动车受过街行人干扰不能顺畅通过交叉口，进而影响对向直行机动车的通行，降低了交叉口的通行能力，同时造成了人车冲突现象，行人被动闯红灯，事故责任不清。造成这种现象的原因是行人过街横道设计不合理，应将人行道位置退后，使左转机动车和行人的冲突点移至交叉口中心范围之外，避免影响对向直行车的通行，同时给行人留有二次过街的余地，也就是要在中央分隔带处增加安全岛。

国内人行道设计的通常做法是人行道设置靠近交叉口（人行道不退后），当东西向绿灯时，西向北左转机动车受到东西向过街行人的影响，在位置 a 处会受到阻隔（见图 1），这时对东向西直行的机动车会产生很大影响，大大降低了交叉口的通行能力。如果人行横道退后，当东西向绿灯时，西向北左转机动车受到东西向过街行人的影响，在位置 b 处受到阻隔，左传机动车滞留点已经退出对向直行车行驶线路，对通行能力影响较小。

我国许多城市在马路非常宽的时候，人行横道中间也不设置安全岛，行人在过街当中还没有走完就遇到红灯，造成机动车和行人的冲突，非常危险。这种情况在国外做得就相当成熟，如图 2 所示，道路中间有这样一个站立区，形成一种保护，机动车不至于冲过来。我国现在交叉口上很少有对行人的保护，上海和深圳刚着手做了一些。

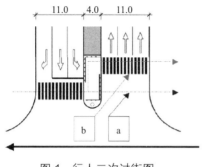

图1 行人二次过街图

图2 行人过街安全岛

步行系统设计还要体现以人为本。如图3所示，步行系统和机动车系统相交处，采取了不同颜色的路面提醒，汽车行驶至此路面要先停驶，然后再通行，行人要优先通过。这就是步行系统，从城市道路直到居住区里面的道路，都要体现对人关怀和安全步行的理念。

图3 日本行人过街保护图

2 交叉口设计

从我国城市道路设计发展历程来看，过去由于忽视运用交通分析与设计的方法来设计道路交叉口，致使许多道路交叉口通行效率低，无法适应混合交通的要求，而且成为交通事故的多发点。长期的设计实践证明：借鉴国内外先进的道路设计方法和成功的设计经验，从时间到空间上合理地对道路交叉口进行规划和设计，可以在有限的投资量情况下，额外地获得相当可观的交通效益，避免和改善城市交通阻塞的状况。

2.1 平面交叉口

平面交叉口需要考虑分时和换向两个方面，一方面是人、车共享通行时间，另一方面是在这里要换向，车要分左、直、右，行人要安全过街。所以，交叉口实际上是所有交通冲突的集中点，如果能够把交叉口展宽一点，做到时间损失空间补，就达到了缓解交叉口矛盾的目的。交叉口矛盾的焦点主要是左转引起的。对于十字形交叉口，不仅相位设计要慎重，做到先左转后直行，而且交叉口要尽量消除或者减少非机动车的干扰。

交叉口转弯半径的设置也需要注意一些问题，有些城市道路交叉口的转弯半径仍延续公路上的标准，导致右转车转弯速度过快，给非机动车和行人的安全带来很大的隐患。一般来说，右转弯半径在 20 m 左右。同时，交通导向岛与安全岛是保证行人安全过街行之有效的手段。

另外，掉头车道的设置也应考虑中央分隔带的宽度。调头车辆没有等待调头的安全区域，容易发生事故，应该有一定宽度的中央分隔带，使车辆在调头时有一定的余地，否则，一辆调头车将影响对向三个车道的车辆通行。

在有些情况下，交叉口很小，路很窄，并且交通量也不是太大，可以让非机动车在交叉口提前左转待行，绿灯亮后，非机动车先完成左转，接着机动车再直行和左转。

丁字路口的设计按道理是比较简单的，但丁字路口也是造成互相扣死很重要的原因。例如在北京的长安街，一边是工会大厦，一边是海洋局，两个单位的车辆都要出行，由于是错位的丁字路口，两边的车就会扣死。所以，对于错位的丁字路口一方面是禁止在里面停车。另外，可以把两边的路拓宽，通过排队，使直行的车辆可以比较方便地通过。

2.2 环形交叉口

环形交叉口作为道路平面交叉的一种特殊形式，曾在城市道路交通的发展历史上起过重要作用，并且以它独特的特点，还继续因城市道路交通的需求而存在着。环形交叉口与一般平面交叉口相比，消除了车辆在交叉口运行的冲突点，到达交叉口的车辆，可连续有序地进入交叉口，并逆时针顺岛绕行直至到达自己的出口。这种特点，使得环形交叉口上的车辆运行连续、平稳和安全，避免了无控制交叉口的混乱、多冲突点及信号灯控制平交口的停车和仍存在少数冲突点的现象。但是，环形交叉口并不是一种完美无缺的道路交叉形式。因为环岛的存在，进环与出环的车辆需做交织运行，使得环形交叉口上无论有多少条车道，真正起作用能用于车辆绕行的车道只有一条。这就大大限制了环形交叉口的通行能力，使它不适用于流量过大的交叉口。城市两条主要道路相交的环形交叉口，当各进口道进入交叉口的流量达到或超过常规环形交叉口的通行能力时，可通过设置信号灯控制来提高环形交叉口的通行能力。

环形交叉口的关键问题就是交织段，从车辆交织速度和交织的关系上来看，相交道路的条数越多，交叉口中分担的长度就越短，而且还有夹角，车辆通行就会不顺畅，通行效率低。环形交叉口机动车通行能力一般能达到 4000 辆 /h，加设信号灯管理以后，通行能力可以达到 10000 辆 /h。

很多城市喜欢建同心圆环岛，这是错误的。从理论上分析，车辆进环岛以后，第一是右转，第二是直行，第三是左转。在这个交织点上，一个方向左转加直行的车和另一个方向直行加左转的车交织，右转车本来可以不必和这个点交织就能通过，但是花很大财力建了同心圆环岛后，却要使右转车占用左转交织区和左转交织的时间，反而降低了环岛的通行能力。另外，就是环岛的导向岛问题，做导向岛对机动车来说，不容易违反交通规则；而且对行人过街也是安全的。

2.3 立体交叉口

立交是服务于路网系统的大型交通枢纽，对调节路网交通负荷有重要作用。但是立交绝对不是现代化的标志，而且立交和匝道建成以后很难改造。如果在没有很多立交的情况下开始建第一个立交，那么这个立交的前方就是交通拥堵的一个节点，所以，立交出入口与交叉口的配套很重要。同时，建立交也要非常慎重。快速路应该建立交，立交是快速路系统中重要的交通节点，其功能配置是否合理对平衡路网交通十分重要，不同的立交形式和匝道布设方式，对相关路网的影响程度也有所不同。

互通式立交的形式很多，最为普遍采用的有喇叭型、菱型、定向型和半定向型、苜蓿叶型和部分苜蓿叶型、环型等基本形式。一般来说，单喇叭互通式立交属于 T 形交叉的一种。十字路口则可通过行车能力、地形、经济效益等因素，结合实施工程可行性技术手段，在选取时不必拘泥于一种立交形式。

苜蓿叶型造型美观，主线通行能力强，但受左转交通量的限制，如果苜蓿叶半径设计得太小，没有向外延伸，就会遇到交通流交织的问题。在立交与地面交叉口交通流交织时，要处理好立交下面的非机动车和机动车的转弯设计。武汉建成立交以后，就没有处理好这个问题，所以，当地人就说建了一个新加坡，就是新加了一个坡；说建了一个奥地利，就是凹到地下去。

另外，就是定向型。西直门立交后来就改成了定向。西直门立交当时的优点是自行车交织长度要求短，机动车要求长。而现在的主要矛盾是：积水潭方向过来的车流本来是非机动车道，现在改成机动车道，而且是两个机动车道，由此，产生了交织段。还有一个公共汽车终点站，公共汽车连续进行交织，这样的结果就是所有的车都要停下来然后才能行驶，这个时候要到环岛上的车流密度已达到饱和，车辆无法实现交织了，西直门立交当然就无法承受。因此，交织段长度够不够就是一个大问题。

运用半苜蓿叶半定向型组合立交形式，能够较好地解决问题。国外的立交就是苜蓿叶的半边，可以设置公共汽车站。车站设计的时候把人的地位考虑得非常周到，把公交的问题考虑得也很周到，公交车和行人可以通过交通组织在同一个站台上换乘，而我们现在做立交却不考虑这些问题。

3　停车设计

出行过程包括两个方面，即行与停。行和停实际上是一个事物的两个方面，缺一不可。行，到最后一定要停，停是为下一次行。行里边有两个问题，一个是 Mobility，一个是 Accessibility，即一个是通，一个是达。车在不走的时候是停止的，日文里是讲"止"，即在有速度的情况下把速度降到 0；还有一个字日本用"泊"，指要存放一段时间，这是长时间存车的 Parking。关于停车还有几种情况：①上下车即离开，如夫妻俩一个车，先把太太送到一个地方，然后马上开车走，这叫 Kiss &Ride；②短时间存车的 Parking，就是去办事、找人、接人，马上就走，大概要停 10min 左右；③长时间存车，即 Park &Ride。

通过停车调查有这样一个规律，停车时间分布中以半小时居多，短时间和长时间停车的情况都较少。停车设计中，要根据实际调查该区域的停车周转率来设计停车场的数量和规模。非机动车停车的需求量也不能随便确定，要根据调查的结果。当在人行道上设计自行车停车位的数量时，应考虑其周转率。

公共停车场的数量和分布是调控城市交通的一种重要手段。在市中心地区可以通过少建停车位、提高停车收费的手段，控制小汽车进入中心区。这样，进入中心区就需要选择公交或者出租车的公共交通方式。

市区停车场宜为中小型、多而密，补充配建停车场的不足。配建停车场应占全市总量的 70% 左右，在市中心地区最好有一部分配建停车场可以向社会开放。另外，如果支路很多的话，单边停车也比较好。由于城市道路使用面积紧张，用来停车的面积就更少，所以，停车设计中立体停车库的设计也很重要。

除此之外，停车设计还有许多细致的地方，如图 4 所示，这是日本的一幅描述在陡坡处停车设计的照片。该区域坡度约为 15%，下坡后为一丁字路口，在坡道上停车十分危险。所以，在陡坡上的安全行车以及对支路路口怎样停车，日本做得非常详细。该设计采用直径 12 cm，间距 35 cm 的圆来增大路面的阻力，即使是在冬天也没有任何问题，并且在该区域没发生过一次交通事故。恰恰相反，国内也有许多这样的路口，大多都是事故高发地带，其重要原因就是停不住车。

图 4　日本陡坡停车设计图

4　交通换乘枢纽设计

欧美许多发达国家为解决交通拥挤问题，从 20 世纪 50 年代就陆续开始进行城市交通换乘枢纽的规划、设计及政策研究，并探索出很多适合各自城市特色的换乘枢纽规划设计的经验和方法，取得了较好的效果。目前，我国在城市客运换乘枢纽的设计及管理方面仍比较落后，普遍存在换乘设施缺乏、不便捷等问题。

现在城市都热衷于轨道交通建设，这是先进的交通方式。但是，如果换乘设施非常落后，没有缩短时空的、非常好的换乘交通工具，那是非常遗憾的事情。交通建设首先要考虑交通时耗，不能把居民出行时间无限地延长，所以，要为优先发展公交多做一点实事，就是要认真考虑换乘手段。交通建设要考虑投入与产出，交通换乘枢纽是非常重要的一件事情。武汉的高架轻轨就是由于没有与其他交通工具的换乘，所以乘坐的人就少。

欧洲和香港的换乘非常方便，轨道交通是同站换乘，换乘距离都非常短，这就是以方便乘客换乘为指导思想的，消除各建各站的本位主义，统一建站。尤其是在郊区，如果换乘非常方便，小汽车就不进城了。所以，城市用地的布局、土地使用的情况就决定了客源的生成，而客源分布决定了交通枢纽的位置。要以交通换乘枢纽来锁定交通网，因为所有的出行者到最后都要在这里换乘，线路也是从这里出发的，网络系统决定了道路的功能，用这种方法布置各条线路，也就带动了土地的开发。如图5所示。

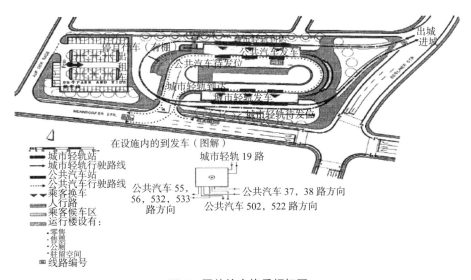

图5　国外综合换乘枢纽图

换乘枢纽具体设计应多借鉴国外的一些设计方法和成功实例。如图6所示，交叉口区域内公交换乘的数量非常多、频率非常高，交叉口的交通量也非常大，所以，可以在交叉口附近区域设置专门的公交换乘车站。同时，在交叉口附近开辟一条小支路，使车和人在不同的道路上通行，提高道路通行效率，保证行人安全换乘。

图 7 是巧妙地运用一个畸形交叉口内部的多余空间,设计公交换乘车站,并进行合理的交通组织,同时也考虑了行人的换乘距离。

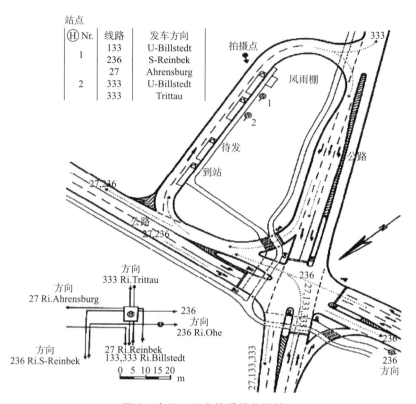

站点			
Ⓗ Nr.	线路	发车方向	
1	133	U-Billstedt	
	236	S-Reinbek	
	27	Ahrensburg	
2	333	U-Billstedt	
	333	Trittau	

图 6　交叉口公交换乘优化设计

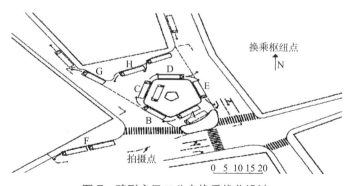

图 7　畸形交叉口公交换乘优化设计

5 结语

前面讲了很多技术问题，需求都是远远大于供给，要以很大的财力去支持交通设施的建设，是永远难以满足的。也就是硬件的建设很难完全满足，所以，必须强化管理。这个管理就是组件，落实到各个环节当中，就是通过交通发展的战略决策、体制、运营机制、管理政策和规章制度等等，使设施的运行发挥最大的效率和效益。也就是说，我们的政策一定要配套，要建立一套整合治理城市交通的政策和措施。交通设施建设要平衡，交通运行要协调，交通管理要统一。基础设施的建设是硬件，交通运行是软件，综合管理是组件。

首先，要转变对城市交通的认识。北京宣言很早就提出来了：要强调交通为人和物的移动，做好为他们的服务，提高步行交通在城市交通中的地位，改变以车辆交通为主的思想。要树立一个综合交通规划和整合交通建设、运行和管理的理念，切忌各自为政。在土地使用上要同步考虑交通，要分清道路的功能，改变逢路必开店的观念。同时，还要保证对纳税市民有平等使用道路交通设施的权利。

其次，整合治理，包括道路设施、轨道设施、枢纽等等都要整合到一起考虑。在城市道路路段上要解决好"瓶颈"，路网上要解决好"中腰"，在整个城市交通行驶的过程当中抓好"交织"。要用很多具体的物质措施，包括画线、交通岛等等解决行人和司机的交通安全问题等。另外，导致交通系统运行不畅，运营效率低下的重要原因就是交通设计的不到位，不够细致，这也是重建设、重工程设计，轻功能设计的管理思想造成的。在大力建设城市道路交通设施的同时，制定管理政策的目的是：保证城市交通拥挤在合理的限度内，允许有拥挤。但是，要拥挤得合理，在公平共享有限的道路交通设施时，使市民能普遍的得到最大的利益，使城市能以较少的投入得到较多的总体效益，这才是我国现代化城市交通努力的方向。

再次，要理顺关系。因为城市设计部门涉及很多部门之间的关系，特别是协调好城建部门和交通部门的关系。在建委系统下各单位之间有关体制方面的问题也要理顺。在体制方面，应该很好地协调交通体制与法制的关系，包括交通环境管理、规划与投资、运输经营、定价与收费等。另外，做规划的时候要控制土地开发强度，一定要做好交通规划与交通影响分析，使它与道路交通疏解能力相协调。对公交还是要优先发展，落实到各个实处，要从交通政策、停车政策等等各方面来考虑将来交通结构的变化，如何把公共交通作为主要交通工具。同时，还要协调好公交和其他非机动车、公交和个体机动交通以及货运与客运等之间的关系等。

最后，要加强对道路使用者的宣传和教育。日本在第二次世界大战之后花了 20 年的时间教小孩子怎么正确走路，所以日本的小孩长大了以后都会自觉遵守。德国也是，如果交叉口是红灯，就是没有车也绝对不闯过去。这不仅仅表现在自觉遵守交通规则上，也表现在遵守国家的法律法规上。因此，对市民要加强交通意识宣传和自觉遵守交通法规的长期教育，养成车让人、人让车、车让车的礼貌交通习惯。

本文原载于《城市交通》2006 年 02 期。作者：徐循初

城市交通的综合治理

改变旧的观念——几个必须讨论的问题

治理交通的目标

治理城市交通是十分综合和复杂的，不是用建造一两个工程项目所能解决的，它只能暂时缓和激化的矛盾。而要治本必须有一个治理交通的宏观战略研究，使远近结合，建管结合。从总体看，治理交通的目标应该包括如下几个方面。

解决交通本身的问题

一个好的交通规划，真正起到的作用是使居民出行能安全、方便、准时到达目的地；使货物能快速、直接地运到，不走冤枉路，不浪费时间，不多花钱，而不能认为道路网四通八达，有大型多层立体交叉、有宽阔的道路就算是好的规划。为此，应该结合城市土地使用规划，综合研究各种交通方式所能达到的效果，发挥各自的长处，构筑一个适合的交通系统。此外还应有一系列交通管理政策来保证交通规划的实施。

提高城市土地的使用效益

要发展城市，交通起先导作用。有了方便的交通联系，能使开发的城市用地增值，提高它的使用效益。

做好环境保护

发展城市交通，同时要重视交通对城市环境的影响，要重视对交通噪声、交通震动和尾气污染的治理，以及对交通视觉和景观的改善。这方面在发达国家已提高到相当高的地位，在我国交通处于发展阶段，也应给予考虑，防患于未然。

必须代价低廉

治理交通的方案要求造价低，使用费也要少。通过技术经济评价，比较出较合理的交通方案。

利用交通充分发挥中心城市的职能

中心城市既在地域的经济、文化和技术的发展中起着主导的地位，它就应该有一个"客堂"来接待四面八方的来客，洽谈业务、联系工作，以及旅游、购物等等；对本市居民也需要有一个"起居室"，从事高一层次的生活和文化娱乐活动。这就需要在中心城市有一个强大吸引能力的市中心区，在那里有各种功能的公共建筑和设施，有方便的交通联系和换乘站点，有宽畅的步行街和广场，使人们可以用很短的时间在较近范围内完成各种事情。这种规划布局的做法，在西欧已经普遍实现，效果非常好。深圳华侨城的规划实例，也清楚地说明这种处理手法有很大的优点。当然，对于特大城市，一个中心区人流汇集量过多，不胜负担，也需要有一些次级的区中心来分担。但绝对不能像目前一些城市的做法，将各种公共建筑和设施无规律的散布在全市各条交通干道的两侧，使人们为了办成几件事，在市内到处转，既费时、疲劳又受交通公害的影响。

道路系统功能分类

国内交通发展的实践已经证明：当道路功能混乱，交通间相互干扰严重时，交通事故是与车辆数同步增长的，这是不以人主观意愿而转变的。只有当道路功能分清，再辅以严格的交通管理手段时，交通事故才明显下降。

道路的功能是多方面的，除了保证交通畅通以外，它还是城市的骨架，建筑的依托，是反映城市历史、文明和风貌的地方，并是提供地下管线埋设的空间、防灾避难的场所、新鲜空气流通的渠道。就交通的功能而论，道路宜分为交通性和生活性两类。前者是城市的主要交通网络，因此，对路面和桥梁的建造标准要高。后者是生活性道路，它包括市内的居住区道路、商业区街道等，在道路外可布置商店、文化娱乐和生活服务设施，其以步行和慢速的自行车交通为主。目前有些城市常在主要交通干道的两侧，尤其在交叉口四角密布商店，吸引了大量车流和人流，相互干扰严重，成为交通事故的多发地段。最后的结果只能是：司机主动降低车速，使干道的交通功能逐步丧失，或者交通管理部门采取强制措施——限制、禁行或用大量栏杆分隔，造成人、车均不便，减少了商店营业额，结局是两败俱伤。

道路的服务对象

从古到今，交通工具在变化，道路的服务对象在设计者的思想中经历了从为人到为车，再到为人又为车的变化过程。至今仍有不少人认为建造道路是为车服务的。设计时，人行道少得可怜，扩宽道路时，可以任意侵吞人行道；交通管理人员可以允许车辆任意停在人行道上，商业摊贩、临地建筑等等都可自由地蚕食人行道，因为在他们的思想中，只有车辆是第一位的，人是从属的。其实这是一个很错误的观点。

需要大声疾呼：人是城市的主人。从雅典宪章到马丘比丘宪章的精神，一直强调城市规划是为人的，而不是为车的。人的活动应优先考虑，要创造一个步行的天堂，而不能让汽车到处横行。从城市居民出行调查资料可知，城市居民出行的主要交通方式是慢速的步行，约占出行总量的一半，即使乘公交或其他交通工具的居民，他们也有在车站两头步行的活动。从年龄结构看，采用步行交通最多的是老人和小孩，他们有的步履碎小，跨越艰难，有的反应迟钝或缺乏瞬时决断力。因此，必须为他们建造远离汽车交通的平坦的步行道路，以保证安全。

此外，城市中还有不少居民是将步行的过程作为其出行目的的。当人们在交通性干道上——人车共存的空间快速经过时，他接受的景观是被动的，感受的时间是短暂的，多半留下的是粗略的轮廓性印象。当人们在生活性道路上—人与建筑共存的空间慢速走过时，他接受的景观是主动的，感受的时间是充裕的，可以细细欣赏。正由于二者之间有这样大的差别，反映在道路规划设计时，就不是简单地划两条道路边线。为车辆交通，要创造良好的交通环境，线型流畅，建筑要有层次变化，高层建筑要后退，有进深和节奏感；要有标志性建筑，配以和谐的色彩变化，使轮廓更丰富。为人行交通，要创造良好的步行空间，它是建筑物间的道路和广场，或建筑物外部空间的延续，是人们交往的地方。在其上可配置商店、文化设施、建筑小品（花坛、水池、雕塑和交通信息牌等），供市民和旅游者在自由自在、东观西望的漫步中感受生活的美好、城市的文明质量和社会的精神面貌。反之，若要求一条道路兼容这两种功能，其结果只能给人一种感受—乱。

道路横断面

随着城市规模扩大，以及道路上交通量和车种的增加，对快慢车辆实行分流，采用纵向交通护栏、隔离墩或建造三幅路，使路段上的交通安全条件得到改善是十分必要的。但是，当纵向的机动车、非机动车和过街的行人交通量都很大时，到了交叉口就将交通的矛盾高度集中在一起，尤其是左转的交通，干扰着各方面的车流和人流，道路横断面越宽，相互干扰的情况越严重。搞隔离墩护栏多年以来，交通管理部门已感觉到采用三块板已非上策。为此，需要从路网上对交通进行分流，实现各行其道。

由于交通流在方向上是不均匀的，为了确保高峰时间自行车畅通，不少城市采用了单向 6～7m 宽的机动车道。若将两边车道合在一起，有 9～10m 宽就足够了，这对节约城市用地也是十分有利的。沈阳的实践证明，将自行车交通组织在另一条专用道上，两旁开设商店，其营业额要比三块板混行的道路上高。分流后，两条道路的车速和交通安全程度也都有提高。

建造多层大型立体交叉

若要彻底解决交叉口的矛盾，就得建造多层立体交叉，在空间上将各种车流干扰错开。但它不仅占地大，且拆迁多、造价也过于昂贵。可以说，建造大型多层立体交叉是出于无奈，若将它看成是交通现代化的标志，这是颠倒是非。

另外必须指出，大型平面交叉口和环形交叉口是由于车辆交通的需要而建造的，这是一个交通广场，不是生活广场，更不是商业广场，后者应该设在步行区内。若将它们合而为一，在车辆交通繁忙的路口当中建造供人们进入游憩的花坛、喷泉甚至搞集市贸易，这是产生交通事故的危险温床。

铁路车站

建国以来。不少城市的铁路车站搬了家。且不讨论搬迁耗费巨大，从城市居民使用方便出发，也不宜将车站外迁得很远。诚然，城市用地扩大后，铁路分割了城市，造成道路交通受阻，铁路两边用地联系不便等缺点，但是搬铁路车站后，城市用地再扩大，难道再搬一次？有的城市将车站设在离城市很远的地方，多少年来一直给乘客带来不便，实属憾事。德国的铁路已有150多年历史，当年设在城墙外面的车站，至今未动站址，有的站屋还是一百多年前的。

公交综合换乘枢纽的设置

人们在城市里活动，如果乘公交的时耗大于骑自行车的时耗，他就不大愿意乘公交。作为公交企业就应该设法在各个环节上节约乘客的时耗，减少换乘次数，缩短换乘时间和步行距离。根据国外经验，在对外交通与市内公交站点之间的衔接处要设置综合换乘站。我国由于城市道路建设、交通管理和客运经营分属各家，缺乏统一协调的治理，各家强调自己的利益，常不考虑综合换乘。有的为了缓解交叉路口交通拥挤而迁走公交站，或建造大型立体交叉时不设公交站，使乘客换乘一次公交，需步行300～400m以上，既难找又劳累，使公交丧失了吸引能力。

干道下的管线布置

随着城市基础设施建设的加强，经常出现交通干道下面埋主干管的情况。从防灾救援的角度看，这是不适宜的。一旦发生不幸之灾，要抢修地下生命线—水、电、煤气、通讯的管线，就得开挖路面，而这时也正是抢救伤员，提供救灾物资最紧张的时候，要尽一切力量保证救援交通的畅通。因此，在规划时就应改变将所有干管、干线集中在干道的做法。

综合治理城市交通

治理交通的指导思想

片面强调安全而采取限速、限行的方法，并不能限住生产生活所需的各种车流和人流，只是将矛盾转移，或者变成一个运输效率低的城市。这种现象在东南亚发展中国家也发生过。实践使他们认识到：改善交通政策是使他们实现经济和社会飞跃发展的前提。城市是国民经济的重要中枢，要发挥它的功能，根本途径是积极改善道路系统及交通工具设施。要建设新的干道，修整现有的道路网，要大力扶助公共交通；要错开客货运的高峰，以减轻道路负担；要为城市中心的交通弱者——幼老残弱病，创造方便的交通条件。

做好交通调查和预测

首先，要掌握城市交通中产生客货流的"源"。它们在城市中的布点是否合理，对今后交通的流动是起决定作用的。不少城市"东工西宿"或"西工东宿"，数以万计的职工长途对流，就是居住区建设和分配没有同职工上班交通统一考虑。货物在城市里的对流也是常见的，同一种货由于分配渠道不同，相邻单位的货不能提，却要到十几公里外去取，这种不合理的运输，对运输部门来说是完成了"吨公里"，创造了"产值"，完成了上缴利润，但实际上是浪费运力。

其次，通过"起讫点"调查，掌握城市居民和货物的流向、流量及其流动特征，这对公交企业是规划和调整公交线路系统、改善行车组织、提高运营质量的重要依据，对城市规划部门是加深规划、提高规划质量（调整工业布点、货运场站和码头布点、居住区布局）的依据。城市交通调查工作的重要性正在被认识，在摸清了城市交通源和流的特征以后，就可以进行近远期交通发展趋势的预测，建立综合治理城市交通的宏观战略模型，确定分期实施的主攻方向。

第三，道路系统是城市的骨架，一旦形成，很难有大的改动。道路与周围用地的关系，应该像"藤上结瓜"、藤粗瓜大，而不是"穿心糖葫芦"，卡死了城市的发展，将来这块用地圈入城市，又是改造的难题。道路网的规划不只满足数量，更要重视路网规划的质量。

要优先发展公共交通

在现阶段的经济能力和交通服务水平下，不论男女都十分喜欢骑自行车，因为它有许多优点：维修方便，不用燃料，无废气噪声污染，又能锻炼身体。自行车能门到门的联系，车速自便，客货两用，胡同小巷都能走，道路施工也不会中断自行车的交通。自行车还特别适宜在一次行程中作多目的活动，可节约不少活动时间，这是目前的公共交通方式所不能代替的。

但它也有缺点：一辆自行车行驶时，占用的道路面积大约相当于 6 位公交乘客所需的道路面积，停放时，3 个停车位需面积 2 ~ 2.5m²。若一个百万以上人口的大城市，有 50 万辆自行车，停车面积就要 100 ~ 120hm²。自行车在我国城市中得到发展的根本原因是由于公交发展难以满足居民各种出行活动的需要，而补缺的交通工具正好就是自行车。为此，应根据不同规模的城市采取相应的对策。

中、小城市。城市用地在自行车活动范围内，步行的比例也较高，市内交通应以它们为主，其他交通方式为辅。公交主要用在联系郊县和周围城镇之间。

大城市。应大力发展公交，使它成为城市客运交通的主体。不仅有全天的定班车，还有高峰车、夜班车等所组成的城市公交路线网，使它能在大范围的客运服务上胜过自行车，从而缩小自行车的活动范围，减少骑车人长途跋涉的劳累，也降低了道路上自行车的交通量，使自行车成为一种有利的辅助交通工具。

特大城市。一般城市面积都很大，出行距离长，不宜用自行车作为长途跋涉的工具。应积极发展多种类型的公共交通，以及快速大容量轨道交通，使公共汽车和无轨电车线路网配合起来，构成一个换乘方便的公交系统，以适应中心城市内部以及中心城市与近郊、远郊城镇和居民点的便接联系，使自行车在同公交竞争中逐步改变它们的用途，缩小它的活动范围。而要实现这个目标，必须在财力和政策上给予保证。

加强城市交通管理

同城市建设一样，三分靠建，七分靠管。对道路交通进行科学管理是发挥道路潜力、提高道路使用效能的重要手段。根据国外经验，近年来大力推行的"交通系统管理"可提高道路交通效能 10% ~ 20%。反之，只靠修路和加车辆，而交通管理不善，路上秩序仍然会混乱，事故频繁。为此，要提高市政设计和养护人员及交通管理人员的业务水平，这是管好交通，提高道路交通效能的关键。同一个交叉口，仅由于划线不同，红绿灯信号配时不同，就会出现差别很大的效果。因此，完善交通标志，健全交通法规，整顿交通秩序是十分重要的。

本文原载于《北京规划建设》2006 年 04 期。作者：徐循初

附　录

指导学生论文

共指导完成 63 篇学生论文。其中硕士论文 44 篇；博士论文 15 篇；博士后出站报告 4 篇。

指导硕士论文一览表

姓名	导师	入学时间 – 毕业时间	论文题目
文国玮	金经昌 邓述平 徐循初	1979–1981	在城市道路系统规划和改建中实现交通分流的探讨
陈燕萍	徐循初	1982–1984	国内大城市交通分析与道路系统的改造
张涵双	徐循初	1982–1985	城市规划中的交通分析模型及其应用
何雁冰	徐循初	1983–1986	系统动力学在城市交通系统研究中的应用
华晨	徐循初	1983–1986	城市货运机动车调查及数据处理
王英姿	徐循初	1984–1987	城市道路交通设施系统发展投资方向的分析
宋兵	徐循初	1984–1987	中小型城市交通综合调查内容和方法研究（以常州市交通规划为实例）
宋小冬	徐循初 陈秉钊	1984–1987	居民出行可达性的计算机辅助评价
孙玉	徐循初	1985–1988	城市商业中心区的交通研究
程文	徐循初	1985–1988	出租汽车的发展方向研究
赵公社	徐循初	1985–1988	旧城工业调整改造系统的分析研究
张如飞	徐循初	1985–1988	城市客运交通的整体化研究
黄玉兰	徐循初	1986–1989	我国大城市道路网络系统发展的探讨
朱婷	徐循初 李佳能	1986–1989	大城市就业岗位规模与分布研究
周岚	徐循初	1987–1990	中国城市与交通改善之路
张文辉	徐循初	1987–1990	题目暂缺

姓名	导师	入学时间 – 毕业时间	论文题目
黄建云	徐循初	1988–1991	城市客运交通规划工作方法指南
阎军	徐循初	1986–1991	我国大城市客运交通结构的研究
苏春东	徐循初	1989–1992	我国城市自行车分流系统的综合研究
龙宁	徐循初	1989–1992	我国城市自行车停车问题研究
肖健飞	徐循初	1990–1993	中等城市道路系统发展研究
朱墨	徐循初	1990–1993	长江三角洲地区小城镇布局形态与道路网规划
张缨	徐循初	1991–1994	省会城市中心区的交通
龚汇汇	徐循初	1991–1995	高密度低收入的大城市公共交通发展规划
屠志伟	徐循初	1992–1995	城市公共交通系统优先
何海涛	徐循初	1993–1996	城市客运换乘枢纽研究
蔡军	徐循初	1994–1997	交通方式与城市土地利用相互作用
曹继林	徐循初	1994–1997	轨道交通与地区发展
马青	徐循初	1994–1997	城市步行系统规划的研究
王燕	徐循初	1994–1997	城市私人交通发展研究
包晓雯	徐循初	1996–1999	上海城市高架道路现状问题及对策研究
王天青	徐循初	1996–1999	城市平面交叉口交通环境若干问题的研究
张逸	徐循初	1996–1999	我国大城市道路立交研究
项陆海	徐循初	1998–2001	温州市城市轨道交通研究
纪立虎	徐循初	1999–2002	交通轴沿线城镇发展与形态演变
刘文兴	徐循初 边经卫	2000–2002	厦门市绿色交通发展研究
李俊勇	徐循初 边经卫	2000–2002	新建城区路网快速规划方法研究
张艳	徐循初	2000–2003	我国城市公交站点优化设计研究
朱丽芳	徐循初	2000–2003	江南水网地区中小城市道路网规划研究
吴志城	徐循初	2001–2004	轨道交通换乘枢纽研究
庄诚炯	徐循初	2001–2004	城市物流空间研究
韩勇	徐循初	2002–2005	交通需求管理政策比较研究——对我国私人小汽车拥有管理与使用管理政策选择的思考
许抒晔	徐循初	2002–2005	城市居住社区可达性规划研究
张乔	徐循初 刘冰	2003–2006	我国大城市小汽车停车问题研究——以上海市为例

指导博士论文一览表

姓名	导师	入学时间 – 毕业时间	论文题目
刘冰	徐循初	1994–1997	城市土地开发与交通设施配置的关系研究
汤宇卿	徐循初	1994–1997	城市流通空间研究
黄建云	徐循初	1995–1999	城市建设经营机制与体制改革的研究
詹运洲	徐循初	1995–1999	城市客运交通政策基础理论及交通结构优化
卫明	徐循初	1996–2000	我国特大城市中家庭小汽车的发展研究与客运交通规划改进的探讨
许传忠	徐循初	1996–2003	我国大城市居民出行交通结构研究
黄建中	徐循初	1997–2003	我国特大城市用地发展与客运交通模式研究
李朝阳	徐循初	1998–2003	面向可持续发展的城市道路规划设计研究
马强	徐循初	2000–2004	走向"精明增长":从小汽车城市到公共交通城市——国外城市空间增长理念的转变及对我国城市规划与发展的启示
蔡军	徐循初	2001–2005	城市路网结构体系研究
边经卫	徐循初	2001–2005	中国大城市空间发展与轨道交通互动关系研究
郭亮	徐循初 潘海啸	2002–2008	以人为本的城市客运交通与土地利用模式规划研究
孙玉	徐循初 潘海啸	2002–2008	集约化的城市土地利用与与交通发展模式研究
阮哲明	徐循初 陆锡明	2002–2008	城市交通规划经济评价研究
秦灿灿	徐循初 潘海啸	2003–2008	大型机场旅客集疏运体系规划研究

指导博士后出站报告一览表

姓名	导师	入学时间 – 毕业时间	论文题目
王璇	徐循初	1995–1998	城市空间规划的理论与实践
王正	徐循初	1996–1998	我国客运交通规划理论与实践
李彬	徐循初	2001–2004	城市快速轨道交通规划理论与实践
韩皓	徐循初	2002–2004	城市交通论——城市交通基础设施规划理论与实践

城市交通规划科研与实践项目

主持编写《城市道路交通设计规范》简介

《城市道路交通规划设计规范（GB 50220–95）》（以下简称《规范》）根据国家计委计综（1986）250号文的要求，由建设部会同有关部门共同制订，为强制性国家标准，自1995年9月1日起施行，适用于全国各类城市的城市道路交通规划设计。《规范》由建设部负责管理，同济大学城市规划设计研究所主编，中国城市规划设计研究院、天津市建委城乡建设研究所、北京市城市规划设计研究院参加编制，徐循初先生作为第一主要起草人参与了《规范》的编制。

《规范》的编制以科学、合理地进行城市道路交通规划设计，优化城市用地布局，提高城市的运转效能，提供完全、高效、经济、舒适和低公害的交通条件为指导思想。在交通发展战略、道路系统规划、优先发展公交、慢行交通保障、客货运交通协调等方面，充分体现并实践了徐循初先生在城市交通规划领域的核心思想。

《规范》共分为八个部分。第一部分总则中，提出了城市道路交通规划的编制目的、适用范围、工作导向、主要任务、重大作用及组成部分，并提出了城市交通发展战略规划、城市道路交通综合网络规划的内容和城市客货运交通的发展方向；第二部分术语中，明确了各种交通术语的定义；第三至第五部分中，从城市公共交通、自行车交通、步行交通三个方面，以经济、舒适、低公害的绿色交通思想为基础，提出建议大/中城市先发展公共交通、保证自行车连续交通的网络、构建完整的城市步行系统等规定；第六至第八部分中，从城市货运交通、道路系统及道路交通设施三个方面，通过提供组织城市货运交通、划分城市道路等级、优化道路设施布局等内容，为科学、合理地进行城市道路交通规划设计，优化城市用地布局，提高城市的运转效能，提供完全、高效的交通条件提供了清晰的指导方向与实践要求。

以徐循初先生为核心的主要起草团队，根据国内外长期的理论研究与实践经验，为道路交通规划的各类指标取值和计算制定了明确翔实的标准与规范。作为中华人民共和国建设部主编的行业规范，《规范》一直是我国城市道路规划的主要依据。它的编制与施行既实现了政府对城市交通规划的指导作用，也为我国城市规划建设与道路交通规划设计提供了参照标准与技术支撑，对我国城市道路交通的过去、现状和未来都有重大影响，推进了我国城市交通现代化发展的进程，具有非常高的参考价值与应用价值。《规范》中提倡的理念与制定的标准沿用至今，仍然具有重大的现实指导意义。

徐循初先生作为《规范》的第一主要起草人，以其卓越的学识、丰富的经验、清晰敏锐的思维和认真严谨的治学态度，在《规范》的起草和编制过程中起了重要作用，为我国交通规划领域做出了卓越的贡献。

主持科研项目一览表

共 8 项，其中 6 项获奖。

项目时间	项目名称及获奖记录
1983	我国城市交通运输的发展方向问题——专题编号之二：我国大城市客运交通的合理结构和公共交通车型的选择——分报告之三：我国城市客运交通结构的探讨（总课题获建设部一等奖）
1983–1985	城市交通发展方向——专题六（城乡环保局 1985 年度科技进步二等奖）
1985–1987	常州市城市交通调查与交通规划（常州市人民政府 1988 年科技进步二等奖；同济大学 1988 年二等奖）
1986–1988	不同类型城市基础设施等级划分与发展水平研究（建设部科技进步一等奖）
1989	徐州自行车交通规划研究
1989–1992	低成本交通方式研究（以中国宁波市为例）/ 宁波市低费用交通方式研究
1995	乌鲁木齐市城市交通规划研究（国家教委科技进步三等奖）
1994–1996	发展我国大城市交通的研究（1999 年度建设部科技进步三等奖）

主持与参与规划实践项目一览表

共 43 项，其中 6 项获奖。

项目时间	项目名称及获奖记录
1960	包头市城市交通规划
1985	阿尔及利亚布格祖尔市和捷尔法市交通规划
1985	吐鲁番综合交通规划
1986	合肥市公共交通规划
1987–1988	常州城市交通规划（建设部 1989 年优秀设计三等奖；国家教委科学技术进步二等奖）
1987–1990	芜湖市交通规划（1991 年度安徽省优秀市政工程设计一等奖）
1988	湛江市道路交通规划与设计
1992	绍兴市公共交通规划
1993–1994	佛山市城市交通规划
1992–1993	柳州城市交通规划
1994–1995	乌鲁木齐市城市交通规划研究（建设部科技进步三等奖）
1994–1995	大亚湾经济技术开发区道路交通规划
1994–1996	哈密市城市总体规划
1996	溧阳市城市道路交通规划
1996	广西贵港市城市总体规划
1996–1997	温州市公共交通规划
1998–1999	苏州市公共交通规划
1998	厦门岛近期交通改善规划（1998–2002 年）（福建省优秀规划设计一等奖）
1999–2000	苏州工业园区公共交通详细规划
1998–1999	长沙市城市交通规划
1998–1999	温州市城市交通规划
1999–2000	上海市金山区吕巷镇总体规划
1999	泰顺县城总体规划
1999–2000	泰顺县域城镇体系规划

项目时间	项目名称及获奖记录
1999–2002	长沙公共交通规划
2000	肇庆市综合交通规划
2001–2003	驻马店市交通规划
2001	西宁市城南新区分区规划及控制性详细规划
2001	长沙市城市交通规划修编
2001	泰顺县城总体规划（2001–2020）
2002	舟山市城市公共交通规划
2002	上虞市城市总体规划（2001–2020）
2002	永嘉县县城城市总体规划
2002	苏州工业园区公共交通规划（2002–2020）
2002	中山市小榄镇综合交通规划
2003	广州大学城（小谷围岛）道路交通规划
2003	南昌市湾里区总体规划（2003–2020）
2004	邯郸市城市交通规划
2004	重庆沙坪坝核心区交通规划
2004–2007	眉山市城市综合交通规划
2005	广州从化流溪温泉旅游度假区道路交通专项规划
2005	遵义市中心城区城市综合交通规划
2005	顺德市中心城区道路交通专项规划（2007 年度上海市优秀城乡规划设计一等奖；2007 年全国优秀城乡规划设计项目三等奖）